周期表

10	11	12	13	14	15	16	17	18	族\周期
								4.003 $_2$He ヘリウム $1s^2$ 24.59	1
			10.81 $_5$B ホウ素 [He]$2s^2p^1$ 8.30 2.0	12.01 $_6$C 炭素 [He]$2s^2p^2$ 11.26 2.5	14.01 $_7$N 窒素 [He]$2s^2p^3$ 14.53 3.0	16.00 $_8$O 酸素 [He]$2s^2p^4$ 13.62 3.5	19.00 $_9$F フッ素 [He]$2s^2p^5$ 17.42 4.0	20.18 $_{10}$Ne ネオン [He]$2s^2p^6$ 21.56	2
			26.98 $_{13}$Al アルミニウム [Ne]$3s^2p^1$ 5.99 1.5	28.09 $_{14}$Si ケイ素 [Ne]$3s^2p^2$ 8.15 1.8	30.97 $_{15}$P リン [Ne]$3s^2p^3$ 10.49 2.1	32.07 $_{16}$S 硫黄 [Ne]$3s^2p^4$ 10.36 2.5	35.45 $_{17}$Cl 塩素 [Ne]$3s^2p^5$ 12.97 3.0	39.95 $_{18}$Ar アルゴン [Ne]$3s^2p^6$ 15.76	3
58.69 $_{28}$Ni ニッケル [Ar]$3d^84s^2$ 7.64 1.8	63.55 $_{29}$Cu 銅 [Ar]$3d^{10}4s^1$ 7.73 1.9	65.38 $_{30}$Zn 亜鉛 [Ar]$3d^{10}4s^2$ 9.39 1.6	69.72 $_{31}$Ga ガリウム [Ar]$3d^{10}4s^2p^1$ 6.00 1.6	72.63 $_{32}$Ge ゲルマニウム [Ar]$3d^{10}4s^2p^2$ 7.90 1.8	74.92 $_{33}$As ヒ素 [Ar]$3d^{10}4s^2p^3$ 9.81 2.0	78.97 $_{34}$Se セレン [Ar]$3d^{10}4s^2p^4$ 9.75 2.4	79.90 $_{35}$Br 臭素 [Ar]$3d^{10}4s^2p^5$ 11.81 2.8	83.80 $_{36}$Kr クリプトン [Ar]$3d^{10}4s^2p^6$ 14.00 3.0	4
106.4 $_{46}$Pd パラジウム [Kr]$4d^{10}$ 8.34 2.2	107.9 $_{47}$Ag 銀 [Kr]$4d^{10}5s^1$ 7.58 1.9	112.4 $_{48}$Cd カドミウム [Kr]$4d^{10}5s^2$ 8.99 1.7	114.8 $_{49}$In インジウム [Kr]$4d^{10}5s^2p^1$ 5.79 1.7	118.7 $_{50}$Sn スズ [Kr]$4d^{10}5s^2p^2$ 7.34 1.8	121.8 $_{51}$Sb アンチモン [Kr]$4d^{10}5s^2p^3$ 8.64 1.9	127.6 $_{52}$Te テルル [Kr]$4d^{10}5s^2p^4$ 9.01 2.1	126.9 $_{53}$I ヨウ素 [Kr]$4d^{10}5s^2p^5$ 10.45 2.5	131.3 $_{54}$Xe キセノン [Kr]$4d^{10}5s^2p^6$ 12.13 2.7	5
195.1 $_{78}$Pt 白金 [Xe]$4f^{14}5d^96s^1$ 8.61 2.2	197.0 $_{79}$Au 金 [Xe]$4f^{14}5d^{10}6s^1$ 9.23 2.4	200.6 $_{80}$Hg 水銀 [Xe]$4f^{14}5d^{10}6s^2$ 10.44 1.9	204.4 $_{81}$Tl タリウム [Xe]$4f^{14}5d^{10}6s^2p^1$ 6.11 1.8	207.2 $_{82}$Pb 鉛 [Xe]$4f^{14}5d^{10}6s^2p^2$ 7.42 1.8	209.0 $_{83}$Bi ビスマス [Xe]$4f^{14}5d^{10}6s^2p^3$ 7.29 1.9	(210) $_{84}$Po ポロニウム [Xe]$4f^{14}5d^{10}6s^2p^4$ 8.42 2.0	(210) $_{85}$At アスタチン [Xe]$4f^{14}5d^{10}6s^2p^5$ 9.5 2.2	(222) $_{86}$Rn ラドン [Xe]$4f^{14}5d^{10}6s^2p^6$ 10.75	6
(281) $_{110}$Ds ダームスタチウム [Rn]$5f^{14}6d^97s^1$	(280) $_{111}$Rg レントゲニウム [Rn]$5f^{14}6d^{10}7s^1$	(285) $_{112}$Cn コペルニシウム [Rn]$5f^{14}6d^{10}7s^2$	(278) $_{113}$Nh ニホニウム [Rn]$5f^{14}6d^{10}7s^2p^1$	(289) $_{114}$Fl フレロビウム [Rn]$5f^{14}6d^{10}7s^2p^2$	(289) $_{115}$Mc モスコビウム [Rn]$5f^{14}6d^{10}7s^2p^3$	(293) $_{116}$Lv リバモリウム [Rn]$5f^{14}6d^{10}7s^2p^4$	(293) $_{117}$Ts テネシン [Rn]$5f^{14}6d^{10}7s^2p^5$	(294) $_{118}$Og オガネソン [Rn]$5f^{14}6d^{10}7s^2p^6$	7

| 152.0 $_{63}$Eu ユウロピウム [Xe]$4f^76s^2$ 5.67 1.2 | 157.3 $_{64}$Gd ガドリニウム [Xe]$4f^75d^16s^2$ 6.15 1.2 | 158.9 $_{65}$Tb テルビウム [Xe]$4f^96s^2$ 5.86 1.2 | 162.5 $_{66}$Dy ジスプロシウム [Xe]$4f^{10}6s^2$ 5.94 1.2 | 164.9 $_{67}$Ho ホルミウム [Xe]$4f^{11}6s^2$ 6.02 1.2 | 167.3 $_{68}$Er エルビウム [Xe]$4f^{12}6s^2$ 6.11 1.2 | 168.9 $_{69}$Tm ツリウム [Xe]$4f^{13}6s^2$ 6.18 1.2 | 173.1 $_{70}$Yb イッテルビウム [Xe]$4f^{14}6s^2$ 6.25 1.1 | 175.0 $_{71}$Lu ルテチウム [Xe]$4f^{14}5d^16s^2$ 5.43 1.2 | ランタノイド |
| (243) $_{95}$Am アメリシウム [Rn]$5f^77s^2$ 6.0 1.3 | (247) $_{96}$Cm キュリウム [Rn]$5f^76d^17s^2$ 6.09 1.3 | (247) $_{97}$Bk バークリウム [Rn]$5f^97s^2$ 6.30 1.3 | (252) $_{98}$Cf カリホルニウム [Rn]$5f^{10}7s^2$ 6.30 1.3 | (252) $_{99}$Es アインスタイニウム [Rn]$5f^{11}7s^2$ 6.52 1.3 | (257) $_{100}$Fm フェルミウム [Rn]$5f^{12}7s^2$ 6.64 1.3 | (258) $_{101}$Md メンデレビウム [Rn]$5f^{13}7s^2$ 6.74 1.3 | (259) $_{102}$No ノーベリウム [Rn]$5f^{14}7s^2$ 6.84 1.3 | (262) $_{103}$Lr ローレンシウム [Rn]$5f^{14}6d^17s^2$ | アクチノイド |

Basic Organic Chemistry

ベーシック
有機化学

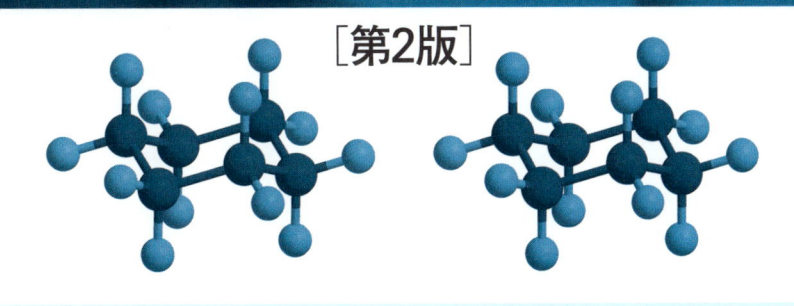

[第2版]

山口良平・山本行男・田村 類 共著

化学同人

● 各章末問題の詳解を，化学同人ウェブサイト（https://www.kagakudojin.co.jp/）内の「ベーシック有機化学(第2版)」のページに掲載いたしますので，ご活用下さい．

はじめに ── 改訂にあたって

　有機化学は，生命科学から材料科学の広範囲にわたる現代物質科学の中心的で基礎的な役割を担うたいへん重要な学問である．有機化合物の構造や性質あるいは反応性に関する基礎知識が，生命の働きやその作用機構の解明，高機能性材料の設計や創出，そして21世紀の課題でもある地球環境問題やエネルギー問題の解決などに必要不可欠といっても過言ではない．本書ではこのような観点から，化学系ばかりでなく，生物系や材料・物理系あるいは環境系などのすべての自然科学系学生諸君を対象にして，有機化学の基礎知識と基礎概念を容易に習得できるように，簡潔にわかりやすく解説した．

　大学に入学して有機化学を学び始めるときに，その量の多さや多岐にわたる内容に圧倒され，単に暗記物ですませるかあるいは興味を失ってしまう学生諸君も多い．さらに，最近の大学における基礎教育課程では，半期（長くても1年間）で有機化学の基礎を習得するようになってきた．短期間でその基礎を実際に身につけるためには，基本的な原理や法則そして規則を効果的に学び，理解する必要がある．長年にわたって新入生に有機化学の基礎を教えてきた著者3人が，この点を考慮して議論し，つくり上げたのが本書である．そのために，ほかの教科書では書かれている内容（たとえば構造解析）を思い切って削ったところもある．

　このような考えに基づいて著された本書（第1版）は，全国の多くの大学で教科書採用となり，たくさんの学生諸君の目に触れることとなった．この第1版が刊行されてから，すでに10年以上経過しており，その間にも日本人がノーベル化学賞を5度受賞するなど，化学の世界においても大きな出来事が続出している．また，教育現場も10年前とは相当大きく変わっていることもあり，この機会にもう一度内容を全般にわたって見直して，現状にあった良質の教科書をつくるべく改訂作業を行った．今回の改訂ではおもに次の4点に絞って見直しを行った．

1) 初学者が無理なく有機化学の世界に入ってこられるように章立てを大幅に整理・修正し，半期の授業で使いやすいように組み直した．さらに本文で不足している箇所には丁寧な解説を加え，また内容を中身に応じて【基礎項目】と【発展項目】に分けるなど，初学者が自学・自習しやすいように配慮した．

2) とくに初学者を意識して，各章のはじめには「学習目標」を，そして終わりには押さえておくべき「キーワード」を加えて，学習内容の確認と再確認ができる

ように配慮した．
3) 各章に添えた「有機化学のトピックス」は，できるだけ初学者が有機化学に興味をもってもらえる内容にすべて加筆・修正した．
4) 本書の最後には，初級の有機化学でぜひひとも覚えておきたい基本用語の一口解説を入れて，わからない言葉がでてきたときにすぐに見返せるようにした．また，本文中にも難しい用語の解説をできるかぎり入れて，はじめて有機化学を学ぶ学生にも十分理解できるように配慮した．

　もとより，この教科書は有機化学の初学者を対象とした基礎的なものなので，内容自体に基本的な変更はないが，今回の改訂によって学生諸君がより効果的に学習ができ，そして内容の理解が向上するものと期待している．

　有機化合物の性質と反応を理解することは，きわめて単純にいってしまえば，有機分子において電子の偏りや動きが生じる原理と法則を理解することである．これがわかれば，有機化学はもはや暗記物ではなくなり，論理的に考えることができて，有機化学がますます面白くなるであろう．本書がその役に立ち，多くの学生諸君が有機化学を理解し，その基礎を身につけて，化学分野はもとよりそのほかの分野においても，将来，活躍してくれれば著者としてこれ以上の幸せはない．

　なお，本書の改訂にあたっては，序章，6〜11章は山口，1〜3，12，13章は山本，4，5章は田村が主として担当した．

　最後に本書の改訂にあたり，内容に関する有益なご助言をいただくなど，たいへんお世話になった化学同人の平　祐幸さん，また本書の編集を担当していただいた川場直美さんに深く感謝いたします．

2010年　盛夏

著　者

【目　次】

序章　有機化合物の歴史と現代有機化学の役割・意義　1

PART I　有機化学の基礎概念

1章　有機化合物の電子構造と化学結合　9

- 1.1　化学結合 ……………………………… 9
  - 1.1.1　原子の電子構造 ………………… 9
  - 1.1.2　化学結合とオクテット則 ……… 12
  - 1.1.3　極性をもつ結合 ………………… 14
  - 1.1.4　共　鳴 …………………………… 15
  - 1.1.5　共有結合の軌道論的取り扱い … 17
  - 1.1.6　混成軌道 ………………………… 19
  - 1.1.7　分子間に働く力 ………………… 21
- 1.2　酸と塩基 …………………………… 22
  - 1.2.1　ブレンステッド-ローリーによる酸・塩基の定義 …………………… 22
  - 1.2.2　ルイスによる酸・塩基の定義 … 24
- 【章末問題】 …………………………… 25
- 【トピックス】立体構造式と分子モデル　26

2章　有機化合物の分類・命名法および有機反応の基礎　27

- 2.1　有機化合物の分類 ………………… 27
  - 2.1.1　異性体 …………………………… 27
  - 2.1.2　有機化合物の分類 ……………… 28
- 2.2　有機化合物の命名のしかた ……… 30
  - 2.2.1　有機化合物の命名法 …………… 30
  - 2.2.2　炭化水素の命名法 ……………… 30
  - 2.2.3　官能基をもつ化合物の命名法 … 32
- 2.3　有機反応のかたちとしくみ ……… 33
  - 2.3.1　反応形式と活性種 ……………… 33
  - 2.3.2　反応エネルギー図 ……………… 34
- 【章末問題】 …………………………… 35
- 【トピックス】形の特異な有機分子とその名称　36

3章　有機化合物の立体構造　37

- 3.1　立体異性体の分類 ………………… 37
- 3.2　立体配座異性体 …………………… 38
  - 3.2.1　鎖式アルカンの立体配座 ……… 38
  - 3.2.2　環式アルカンの立体配座 ……… 39
- 3.3　立体配置異性体 …………………… 43
  - 3.3.1　光学活性 ………………………… 43
  - 3.3.2　キラリティー …………………… 44
  - 3.3.3　R,S 表示法 ……………………… 45
  - 3.3.4　二重結合についての E,Z 表示法 …… 47
  - 3.3.5　D,L 表示法 ……………………… 47
  - 3.3.6　複数のキラル中心をもつ分子 … 48
  - 3.3.7　立体配置異性体の性質 ………… 49
  - 3.3.8　光学分割と不斉合成 …………… 50

【発展項目】
3.4 中心性キラリティー以外のキラリティー ……51
 3.4.1 軸性キラリティー ………………51
 3.4.2 面性キラリティー ………………52
 3.4.3 ヘリシティー ……………………53
【トピックス】絶対不斉合成　53
【章末問題】……………………………………54

PART II 有機化合物の基本構造と反応

4章　脂肪族化合物の基本骨格と反応　55

4.1 アルカンとシクロアルカン …………55
 4.1.1 アルカンの性質 …………………56
 4.1.2 アルカンの製法 …………………57
 4.1.3 アルカンの反応 …………………57
 4.1.4 シクロアルカン …………………58
4.2 アルケン ………………………………59
 4.2.1 アルケンの性質 …………………59
 4.2.2 アルケンの製法 …………………59
 4.2.3 アルケンの反応 …………………59
 4.2.4 共役ジエンの性質，製法，反応 ……64
4.3 アルキン ………………………………65
 4.3.1 アルキンの性質 …………………66
 4.3.2 アルキンの製法 …………………66
 4.3.3 アルキンの反応 …………………66
【発展項目】
4.4 アルケンとアルキンのそのほかの重要な反応 ………………………………69
 4.4.1 アルケンのワッカー反応 ………69
 4.4.2 アルケンのシクロプロパン化反応 ……69
 4.4.3 アルケンのアリル位ハロゲン化反応 …70
 4.4.4 アルケンの重合 …………………71
 4.4.5 アルキンの還元 …………………72
 4.4.6 アセチリドアニオンのアルキル化反応 ………………………73
4.5 共役ジエンの反応 ……………………73
 4.5.1 共役ジエンの求電子付加反応における1,2-付加体と1,4-付加体の生成比 ………73
 4.5.2 共役ジエンのディールス-アルダー付加環化反応 …………………74
4.6 分子軌道と協奏反応 …………………75
 4.6.1 分子軌道 …………………………75
 4.6.2 ペリ環状反応 ……………………77
【章末問題】……………………………………81
【トピックス】
 生理活性天然物アルケンとアルキン　82

5章　芳香族化合物の基本骨格と反応　83

5.1 芳香族化合物の構造と性質 …………83
 5.1.1 芳香族化合物の製法 ……………83
 5.1.2 芳香族化合物の性質 ……………84
5.2 芳香族化合物の反応 …………………85
 5.2.1 芳香族求電子置換反応 …………85
 5.2.2 側鎖の酸化 ………………………93
【発展項目】
5.3 芳香族化合物のそのほかの重要な反応 ………93
 5.3.1 芳香族求核置換反応 ……………93
 5.3.2 芳香環の還元 ……………………94
 5.3.3 芳香族性と反芳香族性 …………95
【章末問題】……………………………………96
【トピックス】芳香環を含む医薬品と発がん物質　98

PART III 官能基をもつ有機化合物とその反応

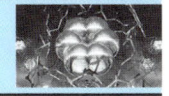

6章 有機ハロゲン化物　99

- 6.1 有機ハロゲン化物 ……………… 99
  - 6.1.1 命名法 ………………………… 99
  - 6.1.2 構造と性質 …………………… 101
  - 6.1.3 有機ハロゲン化物の合成 …… 101
- 6.2 有機ハロゲン化物の反応 ……… 102
  - 6.2.1 ハロアルカンの求核置換反応 …… 102
  - 6.2.2 ハロアルカンの脱離反応 …… 105
  - 6.2.3 求核置換反応と脱離反応の競争 …… 108
  - 6.2.4 有機金属化合物の調製 ……… 109
- 【発展項目】
- 6.3 求核置換反応に及ぼすそのほかの重要な効果 ……………………… 110
  - 6.3.1 求核剤の性質 ………………… 110
  - 6.3.2 反応溶媒の効果 ……………… 111
- 【章末問題】 ……………………………… 112
- 【トピックス】有機ハロゲン化物の光と影　114

7章 アルコールとフェノール, およびエーテルとエポキシド　115

- 7.1 アルコールとフェノール ……… 115
  - 7.1.1 命名法 ………………………… 115
  - 7.1.2 構造と性質 …………………… 117
  - 7.1.3 酸性度と塩基性 ……………… 117
  - 7.1.4 アルコールとフェノールの合成 …… 119
  - 7.1.5 アルコールの求核置換反応 … 120
  - 7.1.6 アルコールの酸触媒による脱水反応 ……………………… 122
  - 7.1.7 アルコールの酸化 …………… 123
  - 7.1.8 フェノールの反応 …………… 123
- 7.2 エーテルとエポキシド ………… 125
  - 7.2.1 命名法 ………………………… 125
  - 7.2.2 構造と性質 …………………… 126
  - 7.2.3 エーテルの合成 ……………… 127
  - 7.2.4 エポキシド（オキシラン）の合成と開環反応 ……………… 128
- 【発展項目】
- 7.3 エーテルのそのほかの重要な反応と性質 …… 130
  - 7.3.1 エーテルのC-O結合開裂反応 …… 130
  - 7.3.2 クラウンエーテル …………… 130
- 7.4 関連する含硫黄化合物 ………… 131
  - 7.4.1 チオールとチオフェノール … 131
  - 7.4.2 スルフィド …………………… 131
- 【章末問題】 ……………………………… 133
- 【トピックス】お茶とポリフェノール効果　134

8章 アルデヒドおよびケトン　135

- 8.1 アルデヒドとケトン …………… 135
  - 8.1.1 命名法 ………………………… 135
  - 8.1.2 構造と性質 …………………… 136
  - 8.1.3 アルデヒドとケトンの合成 … 137
- 8.2 アルデヒドとケトンの反応 …… 138
  - 8.2.1 カルボニル基への求核付加反応 …… 138
  - 8.2.2 水の求核付加 ………………… 139
  - 8.2.3 アルコールの求核付加 ……… 140
  - 8.2.4 シアン化水素の求核付加 …… 141
  - 8.2.5 有機金属化合物の求核付加 … 142
  - 8.2.6 ヒドリドイオンの求核付加 … 143
  - 8.2.7 アミンの求核付加 …………… 143
  - 8.2.8 アルデヒドの酸化 …………… 145

【発展項目】
8.3　そのほかの重要な反応 ·················· 145
　8.3.1　リンイリドの求核付加 ·············· 145
　8.3.2　ケトンの酸化 ······················ 146
【章末問題】 ··································· 147
【トピックス】　分子認識は化学のキーワード　148

9章　カルボン酸およびカルボン酸誘導体　149

9.1　カルボン酸 ······························ 149
　9.1.1　命名法 ···························· 149
　9.1.2　構造と性質 ························ 151
　9.1.3　カルボン酸の酸性度 ················ 152
　9.1.4　カルボン酸の合成 ·················· 153
　9.1.5　カルボン酸の反応 ·················· 154
9.2　カルボン酸誘導体 ······················ 155
　9.2.1　命名法 ···························· 155
　9.2.2　構造と性質 ························ 156
　9.2.3　カルボン酸誘導体の求核剤に
　　　　　対する反応性 ······················ 157
　9.2.4　酸ハロゲン化物の合成と反応 ······· 158
　9.2.5　酸無水物の合成と反応 ·············· 159
　9.2.6　エステルの合成と反応 ·············· 160
　9.2.7　アミドの合成と反応 ················ 163
9.3　ニトリル ································ 164
　9.3.1　命名法と性質 ······················ 164
　9.3.2　ニトリルの合成と反応 ·············· 164
【発展項目】
9.4　ラクタムの合成 ·························· 165
　9.4.1　ベックマン転位反応 ················ 165
【章末問題】 ··································· 166
【トピックス】
　合成高分子と生分解性プラスチック　168

10章　カルボニル化合物のもう一つの性質と反応性　169

10.1　ケト-エノール互変異性 ················ 169
**10.2　α水素の酸性度とエノラートアニオンの
　　　生成** ··································· 170
10.3　エノラートアニオンの反応 ·············· 172
　10.3.1　アルドール反応 ···················· 172
　10.3.2　交差(混合)アルドール反応 ········ 173
　10.3.3　分子内アルドール縮合 ············· 174
【発展項目】
**10.4　エノラートアニオンおよびエナミンが
　　　関与するそのほかの重要な反応** ········ 174
　10.4.1　エノラートアニオンの
　　　　　アルキル化反応 ···················· 174
　10.4.2　クライゼン縮合と
　　　　　ディークマン縮合 ·················· 175
　10.4.3　アセト酢酸エステル合成と
　　　　　マロン酸エステル合成 ·············· 177
　10.4.4　エナミンを経由するケトンの
　　　　　アルキル化反応 ···················· 178
10.5　1,4-付加反応(共役付加反応) ·········· 178
　10.5.1　α,β-不飽和カルボニル化合物の
　　　　　反応性 ···························· 178
　10.5.2　さまざまな求核剤による
　　　　　1,4-付加反応(共役付加反応) ······ 179
【章末問題】 ··································· 181
【トピックス】
　環境問題を科学的に捉えるための三つの指針　182

11章　アミンおよびその誘導体　183

11.1　アミンとその誘導体 ···················· 183
　11.1.1　命名法 ···························· 184

11.1.2　構造と性質 …………………… 185
11.1.3　アミンの塩基性度と酸性度 ……… 186
11.2　アミンの合成 ……………………… 187
11.2.1　ハロアルカンとアンモニアの求核置換反応 …………………… 187
11.2.2　ハロアルカンからアジドおよびイミドを経由する合成 ……… 188
11.2.3　ニトリルおよびアミドの還元 …… 188
11.2.4　アルデヒドおよびケトンからの還元的アミノ化反応による合成 …… 189
11.2.5　芳香族ニトロ化合物の還元による合成 …………………… 189
11.2.6　ホフマン反応による合成 ………… 189
11.3　アミンの反応 ……………………… 190
11.3.1　酸, ハロアルカンとの反応 ……… 190
11.3.2　スルホンアミドの生成 …………… 191
11.3.3　ホフマン脱離 ……………………… 191
11.3.4　亜硝酸との反応 …………………… 192
11.3.5　芳香族ジアゾニウムイオンの反応 … 193
【章末問題】 ……………………………………… 195
【トピックス】神経系に作用するアミン誘導体　196

PART IV　生体物質の有機化学

12章　基本となる生体物質　197

12.1　炭水化物(糖質) …………………… 197
12.1.1　単糖類 ……………………………… 197
12.1.2　オリゴ糖(小糖類) ………………… 200
12.1.3　多糖類 ……………………………… 201
12.2　核酸とその関連物質 ……………… 202
12.2.1　ヌクレオシドとヌクレオチド …… 202
12.3.2　核　酸 ……………………………… 203
12.3　脂　質 ……………………………… 203
12.3.1　油　脂 ……………………………… 204
12.3.2　リン脂質 …………………………… 204
12.3.3　テルペン …………………………… 206
12.3.4　ステロイド ………………………… 206
12.4　アルカロイド ……………………… 207
【章末問題】 ……………………………………… 208
【トピックス】生体内で情報物質として働く糖鎖　209

13章　アミノ酸・タンパク質, および酵素　211

13.1　アミノ酸とタンパク質 …………… 211
13.1.1　アミノ酸の構造と種類 …………… 211
13.1.2　アミノ酸の性質 …………………… 213
13.1.3　ペプチド …………………………… 213
13.1.4　タンパク質の構造 ………………… 214
13.2　酵素と酵素反応 …………………… 216
13.2.1　酵素反応の基礎 …………………… 216
13.2.2　酵素反応の例 ……………………… 217
【章末問題】 ……………………………………… 218
【トピックス】緑色蛍光タンパク質の発見　219

略　解 …………………………………………………………………………………………… 220
用語解説 ………………………………………………………………………………………… 229
索　引 …………………………………………………………………………………………… 237

序 — Organic chemistry

有機化合物の歴史と現代有機化学の役割・意義

　化学とは，物質の組成，構造，性質ならびに変化を原子・分子のミクロな次元で探究する学問であり，そのなかで有機物・有機化合物をおもな対象として扱う分野が**有機化学**(organic chemistry)である．19世紀半ばまでは，**有機物**(organic substance)とは**生物体**(organism)のみが生みだすことができる特別な物質と考えられていた．それ以外の物質は**無機物**(inorganic substance)と呼ばれてきた．しかし，有機物が無機物から人工的に合成できることがわかり，現在では有機化合物とは"炭素を含む化合物"と定義されている*．

　いうまでもなく，われわれの身のまわりには有機化合物が満ちあふれている．もちろん，生命体自身が有機化合物からできており，遺伝情報を担うDNAも，筋肉や酵素を構成するタンパク質などもすべて有機化合物である．また，太古の昔から人類は食料や衣服などの有機化合物を自然から得て生活をしてきた．現代では，さらに人間自身の手で多くのさまざまな有機化合物（医薬品，農薬，香料，化粧品，染料，塗料，感光剤，冷媒，合成繊維，プラスチック，合成ゴムなど）をつくりだし，われわれはそれらを利用して豊かで快適な生活を送っている．有機化学は現代の人間生活に最も密着した学問といえよう．そこでまずは，有機化学の発展の歴史を簡単に振り返ってみよう．

* ただし，一酸化炭素(CO)，二酸化炭素(CO_2)，炭酸塩（たとえば，$CaCO_3$），シアン化カリウム(KCN)などの少数の簡単な化合物は除く．

有機化学のはじまり

　化学が近代科学の一分野として確立しはじめたのは17世紀終わりから18世紀はじめにかけてである．**ボイル**(R. Boyle，英，1627～1691)は1661年に『懐疑的な化学者』を出版して，**アリストテレス**(Aristotelēs)以来の**四元素説**(土，水，火，空気)や**錬金術**(alchemy)の**三根源説**(水銀，硫黄，塩)を

退けて，現代に通じる元素の定義を行った．当時は物質の燃焼という現象が化学者の大きな関心の的であった．1703年に**シュタール**(G. E. Stahl，独，1660〜1734)は，それまでの説をまとめて"物質が燃えるためには**燃素**(フロギストン)が必要である"という"**燃素説**"を提案した．さらに，有機物の大きな特徴の一つは"燃える"という性質であり，有機物の生成には生物が関与する必要があるという"**生気説**"が生まれ，この学説は長い間，多くの学者の支持を受けた．**ラボアジェ**(A. L. Lavoisier，仏，1743〜1794)は精密な定量実験により"**質量保存の法則**"を発見するとともに，燃焼とは酸素との反応であることを明確にした"**燃焼理論**"を1774年に発表して，それまで信じられていた"燃素説"を打破した．

1808年に**ベルセリウス**(J. J. Berzelius，スウェーデン，1779〜1848)は物質を生物に由来する"有機物"と生物の関与しない"無機物"に分けることを提案して，ここで「有機化学」という概念が生まれた．1828年に**ウェーラー**(F. Wöhler，独，1800〜1882)は無機物であるシアン酸アンモニウム(NH_4CNO)を加熱すると，尿中に存在する有機物である尿素(H_2NCONH_2)に変化することを発見し，有機物を無機物から人工的に合成できる可能性を示した．さらに，1845年に**コルベ**(A. W. H. Kolbe，独，1818〜1884)は二硫化炭素(無機物)から酢酸(有機物)を合成[*1]することによって，"生気説"は完全に否定された．そして，有機化学は19世紀後半から急激な勢いで発展する．

[*1] コルベによる二硫化炭素(CS_2)からの酢酸(CH_3COOH)の合成

$$CS_2 \xrightarrow{Cl_2} CCl_4 \xrightarrow{加熱} Cl_2C=CCl_2$$

$$\xrightarrow[2) H_2O]{1) Cl_2} CCl_3COOH \xrightarrow{H_2} CH_3COOH$$

有機化学の発展

リービッヒ(J. von Liebig，独，1803〜1873)はウェーラーとともに，1826年に雷酸銀(AgCNO)とシアン酸銀(AgNCO)の研究から"異性体"の存在や，1832年に有機化合物の基本単位としての"**基**"の存在を明らかにした．さらに，有機化合物の元素分析法を確立したり，多くの有機化学の実験法を開発した．1850年に**ウィリアムソン**(A. W. Williamson，英，1824〜1904)は**エーテル合成法**[*2]を発表し，これに基づいて1853年に**ジェラール**(C. F. Gerhardt，仏，1816〜1856)は多数の有機化合物を四つの型に分類する"**類**

[*2] ウィリアムソンエーテル合成法　7章 p.127参照．

ラボアジェ 　　　ウェーラー 　　　ケクレ

型説"を展開した．**ホフマン**(A. W. von Hofmann, 独, 1818～1892)はアニリンなどの有機化合物やさまざまな有機反応を発見し，1851年に脱離反応における経験則(**ホフマン則**[*1])を発表した．1856年に**パーキン**(W. H. Perkin, 英, 1838～1907)ははじめての合成染料としてモーブを発見し，その後の合成染料の発展の契機となった．1868年に**マルコウニコフ**(V. V. Markovnikov, 露, 1838～1904)は付加反応における経験則(**マルコウニコフ則**[*2])を発表した．また，1875年に**ザイツェフ**(A. M. Zaitzev, 露, 1841～1910)は脱離反応における経験則(**ザイツェフ則**[*3])を発表した．

ケクレ(F. A. Kekulé von S., 独, 1829～1896)は1858年に有機化合物の原子価の理論と構造式を提案し，炭素が4価の原子価をもつことを示すとともに，1865年にはベンゼンの六員環構造モデルを提出した(ケクレ構造)[*4]．また，**クーパー**(A. S. Couper, 英, 1831～1892)も，独立に同様な構造理論を提案した．1848年に**パスツール**(L. Pasteur, 仏, 1822～1895)は酒石酸[*5]のラセミ体から互いに逆の旋光性を示すエナンチオマーの分離に成功し，この発見がのちの炭素の**四面体構造モデル**[*6]の基礎となった．1874年に**ファント・ホッフ**(J. H. van't Hoff, 蘭, 1852～1911)は有機化合物が示す旋光性の原因を，炭素の四面体構造モデルで説明できることを提案し，有機化合物が三次元の立体構造をもつことを示した．2カ月後に同じ四面体構造モデルが**ル・ベル**(J. A. Le Bel, 仏, 1847～1930)によっても独立に提案された．1884年から1891年にかけて**フィッシャー**(E. Fischer, 独, 1852～1919)はアルドヘキソース[*7]の16個の可能な立体異性体のうち13個を合成して四面体構造モデルを実証するとともに，**フィッシャー投影式**[*8]を案出した．

グリニャール(F. A. V. Grignard, 仏, 1871～1935)は指導教授の**バルビエ**(P. A. Barbier, 仏, 1848～1922)の勧めでハロゲン化アルキルとマグネシウムとの反応を研究し，エーテル中でC－Mg結合をもつ有機金属化合物(**グリニャール試薬**[*9])が生成すること，ケトンと反応してアルコールを与えることを発見し，1900年に報告した．この発見が契機となって，有機金属化合物の分野はその後，大発展を遂げ現在に至っている．このほかにも，19世紀半ばから20世紀はじめにかけて多くの有機化学反応が見いだされ，発

[*1] ホフマン則(ホフマン型反応，ホフマン脱離) ☞6章 p.108, 11章 p.191 参照．

[*2] マルコウニコフ則 ☞4章 p.60 参照．

[*3] ザイツェフ則(ザイツェフ型反応) ☞6章 p.108 参照．

[*4] ケクレ構造 ☞5章 p.84 参照．ケクレは夢のなかで「蛇が自分の尻尾をくわえて，旋回している」のを見て，ベンゼンの構造を思いついたと，回想している．

[*5] 酒石酸 ☞3章 p.43 参照．

[*6] 四面体構造モデル ☞3章 p.43 参照．

[*7] ヘキソース ☞12章 p.197 参照．

[*8] フィッシャー投影式 ☞3章 p.47 参照．

[*9] グリニャール試薬 ☞6章 p.109 参照．

ファント・ホッフ 　　グリニャール 　　ウッドワード

代表的な人名反応
フリーデル-クラフツ反応
☞5章 p.88 参照.
ジョーンズ酸化 ☞7章 p.123 参照.
ウィリアムソンエーテル合成法
☞7章 p.127 参照.
フィッシャーエステル合成法
☞9章 p.160 参照.
ホフマン反応 ☞11章 p.189 参照.
ホフマン脱離 ☞11章 p.191 参照.
ザンドマイヤー反応 ☞11章 p.194 参照.

機器分析法
機器を用いて化合物や物質の構造を決定する方法.有機化学で用いられる代表的な機器分析法には,赤外吸収分光法(IR),紫外・可視吸収分光法(UV-Vis),核磁気共鳴スペクトル法(NMR),質量分析法(MS),X線回折法などがある.

*1 オクテット則(8電子則)
☞1章 p.12 参照.

*2 ルイス酸・塩基 ☞1章 p.24 参照.

*3 混成軌道 ☞1章 p.19 参照.

ポーリングの業績
ポーリングは,量子力学を化学に応用するなど,多方面の研究を手がけ,数多くの業績を遺した.1954年には,「化学結合の本性ならびに複雑な分子の構造に関する研究」でノーベル化学賞を単独で受賞した.また,1962年には核実験の反対運動の功績によりノーベル平和賞を受賞した.20世紀最大の化学者.

見者にちなんだ"**人名反応**"†として分類されている.

20世紀にはいると有機化学はますます発展し,**機器分析法**†の発達と相まって,天然から得られる,生理活性をもつ複雑な構造の有機化合物(アルカロイド,ビタミン,ホルモンなど)の構造決定やその合成が行われた.たとえば,**ウッドワード**(R. B. Woodward,米,1917~1979)らによるキニーネ(1944),コレステロール(1951),レセルピン(1956),クロロフィル(1960),ビタミンB_{12}(1972)などの全合成がその金字塔である.また,医薬品や農薬ならびに高分子化合物の開発も発展しはじめた.そして,石炭を原料とする大規模な**石炭化学工業**が発展した.1950年代からは石炭に代わって石油が化学原料となり,**石油化学工業**が発展し現在に至っている.今日の有機化学分野では有機金属触媒や有機分子触媒(有機触媒ともいう)の開発とそれらを用いた不斉合成反応などの高選択的反応や環境調和型合成反応が大いに発展している.また液晶分子,超分子,包接錯体,フラーレン(C_{60}),分子マシンなどの高機能分子の研究も活発に行われている.一方,生物科学分野においても1953年に**ワトソン**(J. D. Watson,米,1928~)と**クリック**(F. H. C. Crick,英,1916~2004)によりDNAの二重らせん構造が発見されてから,**分子生物学**が爆発的な勢いで発展し,有機化学がますます重要な役割を担っている.

有機化学の理論化・体系化

20世紀までに有機化合物や有機反応についての膨大な知識が蓄積されてはいたが,まだ原子の構造が未知であった.そのため,当然のことながら有機化合物の原子・分子レベルでの化学構造や反応機構は明確ではなかった.1911年に**ラザフォード**(E. Rutherford,英,1871~1937)により原子核理論,ついで1913年に**ボーア**(N. Bohr,デンマーク,1885~1962)により量子論に基づいた原子構造モデルが発表されてから,現在に通じる化学結合,化学構造,そして反応機構の理論が構築されはじめた.**ルイス**(G. N. Lewis,米,1875~1946)は**ラングミュア**(I. Langmuir,米,1881~1957)とともに"**八隅説(オクテット則***1)"を1919年に提案し,共有結合の概念を導き,またルイス構造式を考案した.さらにルイスは,プロトン(水素イオン,H^+)の授受に基づいた酸・塩基の定義である**ブレンステッド**(J. N. Brønsted,デンマーク,1879~1947)-**ローリー**(T. M. Lowry,英,1874~1936)酸・塩基を拡張して,電子の授受に基づいた新しい酸・塩基の定義*2を1923年に発表した.しかしながら,この理論では四面体構造などの立体構造までは説明できなかった.1925年に**ハイゼンベルグ**(W. K. Heisenberg,独,1901~1976)と**シュレーディンガー**(E. Schrödinger,オーストリア,1887~1961)により独立に量子力学が提案されると,これに基づいて化学結合の理論化が行われた.1931年に**ポーリング**†(L. C. Pauling,米,1901~1994)は**混成軌道***3の概念を提案して,メタンの正四面体構造,エチレンの平面構造,アセチレンの直

線構造を説明することに成功した．さらに，混成軌道の概念は金属錯体の立体構造まで説明できることを示した．また，ポーリングは**共鳴**[*1]の概念を導入して，一つの化学構造式では表せない化合物の真の構造と性質を説明できることを示した．さらにポーリングは，**電気陰性度**[*2] の概念と数値化を提案するなど，多大な貢献をした．これらの理論は『化学結合論』(1939) にまとめられている．

一方，それまでに発見された多くの有機反応の機構についても理論化・体系化が行われはじめた．1930 年代から**ロビンソン**(R. Robinson，英，1886〜1975) や**インゴールド**(C. Ingold，英，1893〜1970) らは有機反応を"電子の動き"に基づいて説明する"**有機電子論**"を構築した．有機電子論は有機反応をイオン反応とラジカル反応に大別し，とくにイオン反応について大きな成功をおさめた．結合の分極によって生じる反応中心の電荷の偏りを考えて，負電荷の原子から正電荷の原子への電子の移動を"**曲がった矢印**"で表すのが特徴である[*3]．反応を電子の流れ（求核反応と求電子反応），反応のかたち（置換，付加，脱離，転位），そして反応速度の次数によって理論化・体系化した．有機電子論は定性的な理論ではあるが，ほとんどすべてのイオン反応を説明でき，複雑な計算も必要がないことから，現在でも教育面から研究面まで広く用いられている．本書においても，ほとんどの場合に有機電子論による説明を用いている．

量子力学に基づいた，より定量的な理論化には膨大な計算が必要であり，複雑な構造をもつ有機化合物に応用することは難しかった．しかし，1931 年に**ヒュッケル**(E. A. J. Hückel，独，1896〜1980) は従来の"**原子価結合法**"に代えて，"**分子軌道法**"を用いて，π 電子の分子軌道のみを扱う大胆な近似計算によりベンゼンの特別な安定性とそのエネルギーを説明することに成功した．そして，π 電子の数により"**芳香族性**"と"**反芳香族性**"があること（**ヒュッケル則**[*4]）を示した．さらに，1952 年に**福井謙一**(1918〜1998) は**フロンティア軌道理論**を発表し，またウッドワードと**ホフマン**(R. Hoffmann，米，1937〜) は 1965 年に**ウッドワード-ホフマン則**を発表して，有機化合物の反応性が分子軌道によって支配されていることを明らかにした．化学現

[*1] 共鳴 ☞1章 p.15 参照．

[*2] 電気陰性度 ☞1章 p.14 参照．

[*3] 電子の移動 "曲がった矢印" ☞4章 p.60 参照．

[*4] ヒュッケル則 ☞5章 p.85 参照．

ルイス 　　ポーリング 　　福井謙一

医薬品・農薬化学の発展

　19世紀後半から多くの病原菌が発見されはじめて，病原菌だけを選択的に殺す化合物を探索して，化学的に病気を治療するという**化学療法**が考えられた．1909年に**エールリッヒ**(P. Ehrlich, 独, 1854〜1915)は**秦佐八郎**(はたさはちろう)(1873〜1938)とともに梅毒の病原体スピロヘータに対する特効薬サルバルサンを発見し，化学療法剤の先鞭をつけた．1932年に**ドーマク**(G. Domagk, 独, 1895〜1964)は多くの細菌に抗菌性を示すプロントジル(スルホンアミド化合物)を発見し，その後，スルホンアミド化合物は**サルファ剤**＊としてさまざまな感染症の治療に大きく貢献した．また，1928年に**フレミング**(A. Fleming, 英, 1881〜1955)によって青カビから殺菌作用をもつ**ペニシリン**が発見され，1941年になって**フローリー**(H. W. Florey, 豪, 1898〜1968)と**チェーン**(E. B. Chain, 独, 1906〜1979)により精製，実用化された．ペニシリン以後，多くの抗生物質が発見され，また合成されている．さらに，天然から発見された生理活性をもつ有機化合物(ビタミン，ホルモン，アルカロイドなど)が合成され，医薬品などに使われている．一方，1939年に**ミュラー**(P. H. Müller, スイス, 1899〜1965)は合成殺虫剤**DDT**†を開発した．DDTはさまざまな病気を媒介する害虫の駆除に成功し，また農薬としても広く使われた．その後も多くの農薬が開発されている．

＊サルファ剤　☞5章トピックス　p. 98参照．

DDT
(6章トピックス　p. 114参照)
DDTは第二次世界大戦中にミュラーにより開発され，その顕著な殺虫効果と持続性で広く用いられた．その功績によりミュラーは1948年にノーベル医学生理学賞を受賞している．しかし，自然界では分解されない安定性と残留毒性のために自然環境や生態系の汚染が深刻になり，現在では原則的に製造・使用が禁止されている．

高分子化学の発展

　1920年に**シュタウディンガー**(H. Staudinger, 独, 1881〜1965)は，分子の集合状態に対する当時の学説である"ミセル説"に対抗して，セルロース，デンプン，そしてゴムなどが小さな分子が重合して生じる"巨大分子"であることを主張し，**高分子**という概念をはじめて提唱した．この考えが受け入れられていくとともに，重合によって高分子を合成しようとする研究が行わ

エールリッヒ　　シュタウディンガー　　カロザース

れはじめた．1931 年に**カロザース**(W. H. Carothers, 米, 1896〜1937)はクロロプレンを付加重合させて合成ゴムを発明した．さらに，1935 年にアミド結合により重合させた**ナイロン**を発明し，その後の合成繊維の先駆けとなった．一方，1907 年に**ベークランド**(L. H. Baekeland, 米, 1863〜1944)は，フェノールとホルムアルデヒドからなる合成樹脂の**ベークライト**を発明し，プラスチック合成の先鞭をつけた．1953 年に**チーグラー**(K. Ziegler, 独, 1898〜1973)は有機アルミニウム–四塩化チタン触媒(**チーグラー触媒**)を用いたエチレンの低圧重合法* を発見した．そして，**ナッタ**(G. Natta, 伊, 1903〜1979)は 1954 年にチーグラー触媒を改良した**ナッタ触媒**を用いて，プロピレンの立体規則性重合* に成功した．その後の高分子化学の発展はめざましく，さまざまな高分子化合物が開発され，合成繊維やプラスチックなどに広く利用されている．

* エチレンやプロピレンの低圧重合 ☞ 4 章 p.71 参照．

現代有機化学の役割・意義

現代までに知られている天然あるいは合成有機化合物の数は 3000 万以上ともいわれ，毎年多くの有機化合物が合成あるいは発見されている．現代の有機化学は生物科学から材料科学に至るまで，物質を対象とするほとんどすべての分野において，人類の生活の向上と豊かな社会づくりに大きく貢献している．しかしながら，公害などの地域的な問題と異なった，新たな地球的規模での環境問題が浮上してきた．たとえば，フロンによるオゾン層破壊，有機的塩素系化合物による環境汚染，プラスチックなどによる一般廃棄物処理問題，そして最近では地球温暖化と温暖化物質の増大，気候変動，水資源や森林資源の減少などのグローバルなリスクを抱える問題である．20 世紀の後半になってあらわになってきたこれらの負の面は，有機化合物の安易な利用に警鐘を鳴らしている．

21 世紀においては，さまざまな環境問題を克服した"環境と調和する"有機化合物の生産と利用が求められている．また，石油や石炭などの化石資源の大量消費に代わる，再生可能な炭素資源やエネルギー，ならびに効率的な物質循環法の開発も重要な課題である．これらの諸課題を解決するために，

白川英樹 　　　野依良治 　　　田中耕一 　　　下村脩

有機化学は重要な役割を担っている．有機化学本来の分野では，有機化合物の構造と機能(分子認識・超分子システムや新機能物質)，ならびに有機反応の制御(分子触媒や不斉合成)などについての探究がよりいっそう広範囲にわたって行われるであろう．

　この分野における日本の貢献は最近めざましいものがある．これは，この10年ほどで，日本人が5度ノーベル化学賞を受賞していることからも明らかである．**白川英樹**(1936～　，2000年「導電性高分子の発見と発展」)，**野依良治**(1938～　，2001年「触媒による不斉水素化反応[*1]の研究」)，**田中耕一**(1959～　，2002年「生体高分子の質量分析法のための穏和な脱着イオン化法の開発」)，**下村脩**(1928～　，2008年「緑色蛍光タンパク質[*2]の発見とその応用」)，**鈴木章**(1930～　)，**根岸英一**(1935～　)ともに2010年「有機合成におけるパラジウム触媒クロスカップリング」の6氏(いずれも共同受賞)であるが，受賞内容はいずれも有機化合物・分子に関連した研究である．

　さらに，有機化学は今までにも増してバイオテクノロジーに代表される生命科学[*3]や，電子・光学材料に代表される材料科学やエネルギー科学の分野とも密接にかかわりあい，新しい境界領域の学問分野を創出していくものと考えられる．

　このように，有機化学は物質科学の中心に位置しており，今後さらにその基盤となる重要な役割を担っていくであろう．

＊1 不斉水素化反応　3章 p.52参照．

＊2 緑色蛍光タンパク質　13章トピックス　p.219参照．

＊3 最近では有機化学を基礎として生命科学研究を行う**ケミカルバイオロジー**(chemical biology)という新しい分野も台頭してきている．分子生物学と有機化学を融合したこの学問分野は，生命現象のもとになるDNAやタンパク質などの生体物質の働きを分子レベルから解き明かそうというものである．未来の生命科学をはぐくむ基礎として，現在とくに期待される分野の一つである．

PART I

1 Organic chemistry

有機化合物の電子構造と化学結合

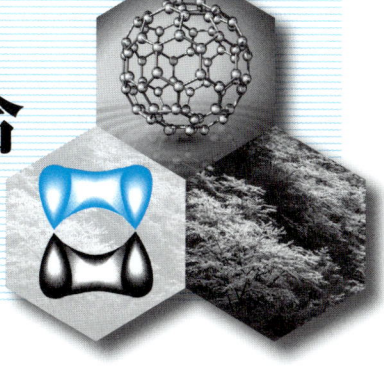

【この章の目標】◆◆◆

　まず，原子の電子構造から始め，有機分子の電子構造をオクテット則と共鳴の考えから理解する．次に，混成軌道，σ 結合，π 結合を学んで，軌道論的な立場から有機分子の電子構造を考察する．これらの化学結合の基本を学ぶと同時に，多くの有機反応で重要な役割を果たす酸と塩基の基礎を学ぶ．

　有機化合物の性質や反応を学習していくためには，原子がどのようにして集まって有機分子を組み立てていくか，その成立ちをまず理解する必要がある．それは有機化合物の「構造式」を読みとること，言い換えると，「構造式」が何を表しているかを理解することともいえる．有機化合物の構造を表現する「構造式」にはいくつかの種類があり，それぞれに長所と短所がある．原子と原子の結びつきは量子力学の成果から精密にモデル化されており，その基礎を学ぶことも重要である．

1.1 化学結合

　有機化合物の性質や反応性を学んでいくうえで，分子の成立ちを理解することは非常に重要である．化学結合の主役となるのは電子であるから，原子において，そして分子において，電子がどのような状態で存在するかを知る必要がある．そのなかで生じてくるオクテット則や形式電荷の取り扱い方は，軌道論的な考えとともに十分に習熟することが望まれる．

1.1.1 原子の電子構造

　原子と原子をある一定の空間的関係にとどめておき，分子を形成させる化

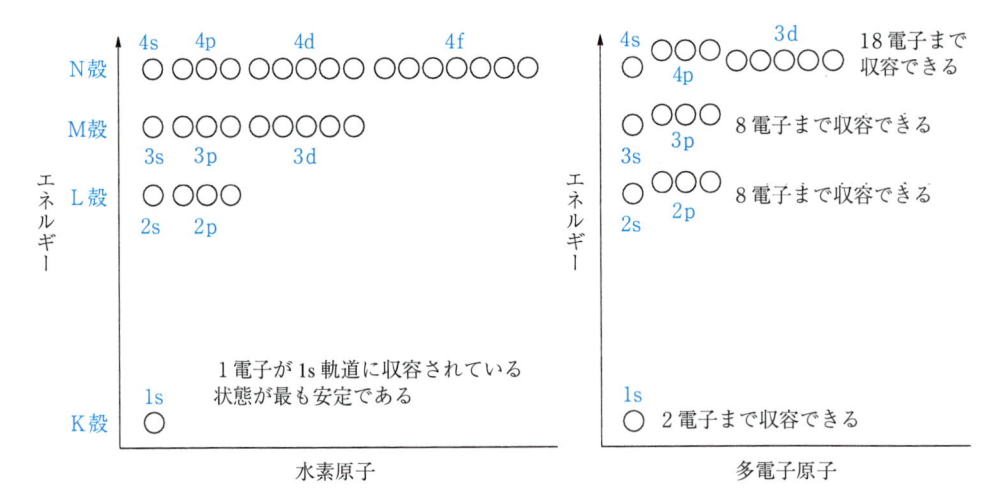

図 1.1　原子軌道の相対的エネルギー準位

　学結合の本質を理解するには，まず原子自体の電子構造を知る必要がある．原子は，その質量のほとんどを占める正電荷を帯びた重い**原子核**(nucleus)と，そのまわりに存在する軽くて負電荷をもつ**電子**(electron)とから構成されている．量子力学によれば電子の位置を特定することはできないが，原子核のまわりのどのような空間に存在するか，その存在確率を知ることができる．その空間は**原子軌道**(atomic orbital)と呼ばれ，それぞれ特有の形と広がりをもっており，そのエネルギーもそれぞれ異なる．エネルギーの等しい軌道をまとめたものが**電子殻**(electron shell)であり，エネルギーの低い順にK，L，M，N，…殻と呼ばれ，この順序で原子核から遠くに広がっている．1電子だけをもつ水素原子の軌道のエネルギーを図1.1の左に示す．この1電子がエネルギーの最も低い1s軌道に収容されている状態が最も安定である．この電子が外部からエネルギーを得て，原子核からより離れた，よりエネルギーの高い軌道に励起(p.76 参照)された場合を考えてみよう．水素原子は1個の電子しかもたないので，いま電子が占めている軌道より原子核に近い軌道はすべて空である．図1.1の左はそのときの軌道の相対的エネルギー準位である．水素以外の多電子原子の電子構造は，これをもとにしてつくりあげることができる．

　電子を順次収めていく過程は，次の三つの規則に従って進められ，このことを**構成原理**(Aufbau principle)という．

　① 電子はエネルギーの低い軌道から収まっていく．この場合，水素原子[†]とは異なり，すでに収まっている電子の影響を受けて，外にある高いエネルギーをもつ軌道のエネルギーは少し変化する(図1.1右)．とくに注意が必要なのは，3d軌道のエネルギーが4s軌道と4p軌道の中間にあることである．このため，軌道のまとまりの数は下から順に，1，4，4，9となり，収容できる電子数はそれぞれ2，8，8，18となる．この数は元素[†]の周期表の第一

原子と元素の使い分け
原子と元素という用語を混同しがちである．原子は実際に存在する粒子という実体をさし，元素は，原子番号で区別される原子の種類を表す．炭素元素とはいわないし，原子周期表とはいわない．

1.1 化学結合　11

表1.1　第三周期までの元素の電子配置

元素	原子番号	軌道								
		1s	2s	$2p_x$	$2p_y$	$2p_z$	3s	$3p_x$	$3p_y$	$3p_z$
H	1	1								
He	2	2								
Li	3	2	1							
Be	4	2	2							
B	5	2	2	1						
C	6	2	2	1	1					
N	7	2	2	1	1	1				
O	8	2	2	2	1	1				
F	9	2	2	2	2	1				
Ne	10	2	2	2	2	2				
Na	11	2	2	2	2	2	1			
Mg	12	2	2	2	2	2	2			
Al	13	2	2	2	2	2	2	1		
Si	14	2	2	2	2	2	2	1	1	
P	15	2	2	2	2	2	2	1	1	1
S	16	2	2	2	2	2	2	2	1	1
Cl	17	2	2	2	2	2	2	2	2	1
Ar	18	2	2	2	2	2	2	2	2	2

周期，第二周期，第三周期，第四周期の元素の数にそれぞれ一致する．

② 各軌道には2個の電子まで収容することができる．同じ軌道に収まる場合，電子はそのスピン†を互いに逆にして入る．これを**パウリの排他原理**（Pauli exclusion principle）という．

③ エネルギーが等しい軌道がある場合，各軌道には1個ずつ電子（同じ向きのスピン）が収まった後，2個目（逆向きのスピン）が収容される．これを**フントの規則**（Hund's rule）という．

マージン部分にホウ素（B）からフッ素（F）までの元素を例にとって，2p軌道に電子が収まっていく様子を図示する．また，有機化学にとって，とりわけかかわりの大きい第三周期までの元素の電子配置を表1.1に示す．①～③の規則に従って原子が収まっていることを確かめてもらいたい．

有機化合物を構成する中心的な元素である炭素原子について，重要な1s, 2s, 2p軌道の形と広がりを図1.2に示す．図示されたこれらの形は**ローブ**（lobe）とも呼ばれる．1s軌道と2s軌道は球形であり，2p軌道は鉄アレイに似た形をしており，互いに直角の方向に広がった $2p_x$, $2p_y$, $2p_z$ の三種類の軌道がある．p軌道で図示されているように，ローブには＋と－の符号がついているが，これは軌道を数学的に表現したときに現れる関数の符号（位相）*であって，正の電荷，負の電荷を表しているのではない．

電子スピン

電子はそれ自身が回転（自転）するという性質をもっており，この性質を電子スピンという．そして，その回転の方向の違いによって二種類の状態をとることができる．それらは矢印を用いて，上向き（↑）と下向き（↓）で表す．この区別を示す必要のない場合は，・（1電子）や：（2電子）というようにドット（点）で表す．

* 位相の説明はp.17にある．

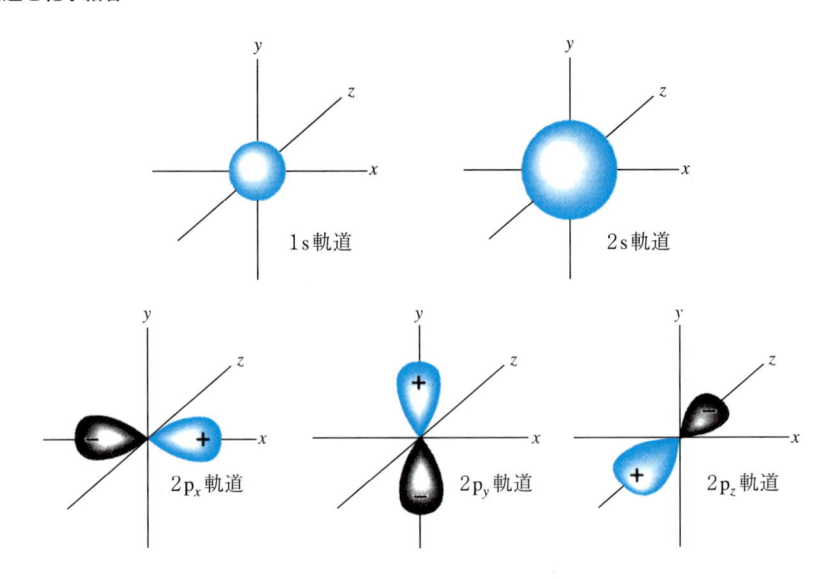

図 1.2
原子軌道の形と広がり

原子価

ある原子が通常形成する結合の数は**原子価**(valence)と呼ばれ，オクテット則から導かれる(例：水素 1，炭素 4，窒素 3，酸素 2，ハロゲン 1).しかし，必ずしもその数を満足しない結合様式を含む化合物も多数存在し，原子価という概念は使用されなくなってきている．一方，原子価電子，原子価構造式という用語は現在でも使用されている．また，希ガスであるキセノンでさえ，フッ素と反応して XeF_2 などの化合物を形成する．これはオクテット則の限界を示す事実であるが，それでもこの理論は取り扱いが単純で簡便であるため，現在でもその有用性は失われていない．これを補う理論として，後に述べる分子軌道法(**1.1.5**)がある．

*1 数値は周期表（前見返し）参照．

*2 数値は後見返しを参照．

1.1.2 化学結合とオクテット則

化学結合に利用されるのは最外殻（原子価殻）にある電子である．これらの電子は**価電子**(valence electron)あるいは**原子価**[†]**電子**と呼ばれ，その数がその元素がつくる化学結合の様式を支配する(表 1.2)．内殻電子を無視して，価電子のみをドット(・)として表した化学式を**ルイス構造式**(Lewis structure)と呼ぶ．希ガス(18 族)のヘリウム(第一周期)，ネオン(第二周期)，アルゴン(第三周期)では最外殻が電子で満たされている．それらより左にある元素では，電子を放出したりあるいは獲得して，希ガスと同じ電子配置をとろうとする傾向があり，第二および第三周期の元素では最外殻が 8 電子で満たされた電子配置となる．このような規則性は**オクテット則**(octet rule，あるいは **8 電子則**)と呼ばれている．最外殻にある電子を放出して**カチオン**(cation，陽イオン)となり，希ガスの電子配置をとろうとする傾向は**イオン化エネルギー**[ionization energy，**イオン化ポテンシャル**(ionization potential)ともいう]として見積もられており[*1]，その傾向は同じ周期の元素では周期表の左端にある元素(1 族)で最も大きい(ただし，数値は小さくなる)．一方，電子を取り込んで**アニオン**(anion，陰イオン)となり，希ガス配置をとろうとする傾向は**電子親和力**(electron affinity)と呼ばれ[*2]，ハロゲン(17

表 1.2 第三周期までの元素の価電子

周期	1 族	2 族	13 族	14 族	15 族	16 族	17 族	18 族
1	H・							He:
2	Li・	・Be・	・B̈・	・C̈・	・N̈:	:Ö:	:F̈:	:N̈e:
3	Na・	・Mg・	・Äl・	・S̈i・	・P̈:	:S̈:	:C̈l:	:Ä̈r:

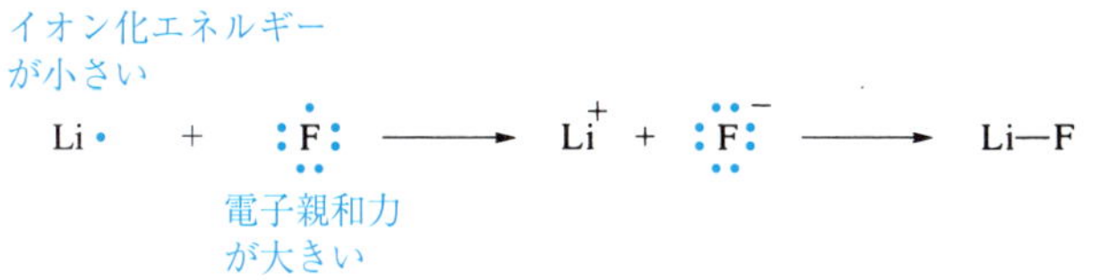

図1.3 イオン結合の形成

族)で最も大きい(アニオンになるためのエネルギーは最も小さい)．したがってこれらの元素間では，一方の原子からもう一方の原子へ完全に電子が移動し，**イオン結合**(ionic bond)が形成される(図1.3)．

有機化合物の骨格となる炭素は周期表の中央に位置し，価電子の数は4であるため，イオン結合をつくる傾向は小さく，**共有結合**(covalent bond)を形成する．共有結合では結合している原子間で電子を共有し，それらの原子はそれぞれオクテット則を満足している．二つの原子間で2個の電子を共有している場合が**単結合**(single bond)であり，4個，6個を共有する場合はそれぞれ**二重結合**(double bond)，**三重結合**(triple bond)と呼ばれる．これら電子の共有関係はルイス構造式で端的に表現される(図1.4)．

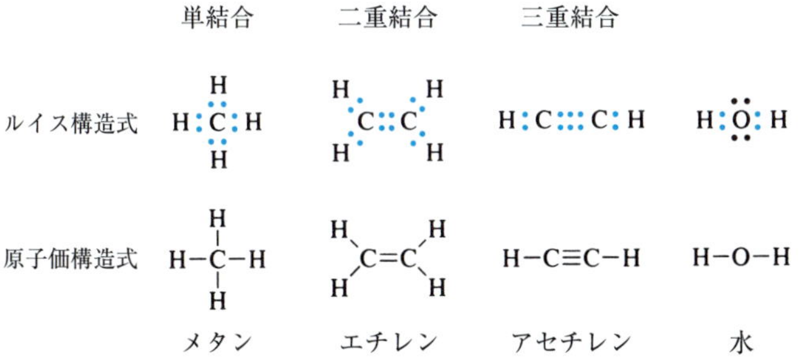

図1.4 **ルイス構造式と原子価構造式**
青いドット(•)は共有電子対を，黒いドット(•)は非共有電子対を示す．

分子の化学構造を表すのに一般に用いられる**原子価(結合)構造式**〔valence-bond structure，**線結合式**(line-bond formula)ともいう〕は，オクテット則を満足する電子の共有関係に基づいて書かれたものである．水のルイス構造式では結合に関与しない電子対があり，水の酸素原子はこれを含めてオクテット則を満足している．この電子対は**非共有電子対**(unshared electron pair)あるいは**孤立電子対**〔lone pair (electrons)〕と呼ばれる．硝酸分子(HNO_3)には三つの窒素-酸素結合があるが，その一つでは窒素原子から提供された電子対を窒素原子と酸素原子(O1)で共有していると考えられる(図1.5)．このような結合は**配位結合**(coordination bond)と呼ばれ，共有結合の一種である．この場合，構造式中に示された電荷に注意する必要がある．これは**形式電荷**(formal charge)と呼ばれ，オクテット則を満足するように価電子をやりとりして，ルイス構造式をつくりあげる過程で生じる電荷である．形式電荷は次のようにして求められる．

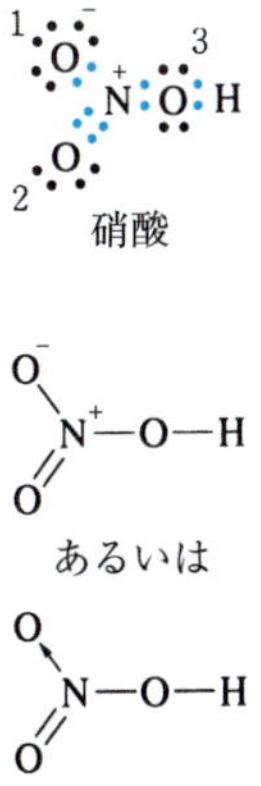

図1.5 **配位結合と形式電荷**

形式電荷 ＝ ［中性原子の価電子数］－［共有電子数/2］－［非共有電子数］

硝酸を例に考えてみると，

形式電荷(N) ＝ 5 － 8/2 － 0 ＝ ＋1
形式電荷(O1) ＝ 6 － 2/2 － 6 ＝ －1
形式電荷(O2) ＝ 6 － 4/2 － 4 ＝ 0
形式電荷(O3) ＝ 6 － 4/2 － 4 ＝ 0
形式電荷(H) ＝ 1 － 2/2 － 0 ＝ 0

となり，図1.5に示すようになる．硝酸の窒素原子，酸素原子すべてがオクテット則を満足していることを確かめてほしい．また，配位結合は図の一番下のように矢印を用いて示す場合もある．反応機構を学ぶと，電荷をもった化学種が頻繁にでてくる．ここで形式電荷の計算法を十分習得してほしい．

1.1.3 極性をもつ結合

同種の二つの原子が電子を共有して結合している場合，その電子は均等に共有されているが，異なる種類の原子が結合しているときは，これらの原子がその電子を等しく共有しているわけではなく，一方に偏っている場合がある．電子を引きつけようとする傾向は元素によってそれぞれ異なり，その傾向はポーリングによって**電気陰性度**(electronegativity)として見積もられている〔表1.3, 周期表(見返し参照)〕．電気陰性度は，同一周期では右にいくほど，同じ族では上にいくほど増大し，フッ素(F)で最大となる．電気陰性度に大きい隔たりがある二種類の原子が結合するとき，共有されている電子は電気陰性度の大きい原子のほうに強く引きつけられる．したがって，そのような結合は**分極**(polarize)しており，結合は**極性**(polarity)をもつといわれる．電子を引きつけている原子は部分的負電荷を，電子を押しやっている原子は部分的正電荷を帯びており，それぞれ $\delta-$ (デルタマイナス)，$\delta+$ (デルタプラス)で示す(図1.6)．有機化合物の骨格をつくるC－C結合やC－H結合では電荷の偏りはほとんどないが，C－N，C－O，C－X(X＝F, Cl, Br, Iのハロゲン原子)結合では炭素原子は $\delta+$，N，Oなどのヘテロ原

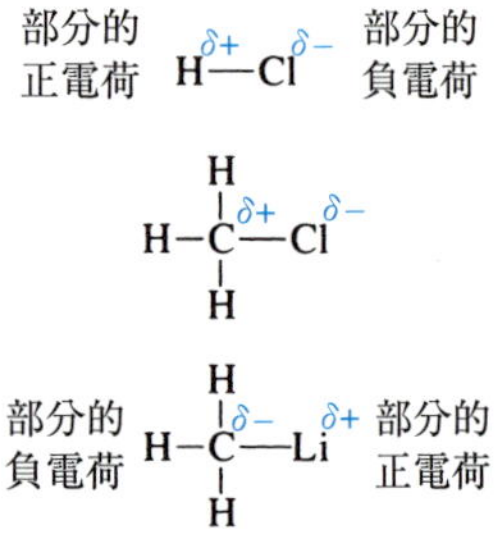

部分的正電荷 H$^{\delta+}$—Cl$^{\delta-}$ 部分的負電荷

H–C$^{\delta+}$–Cl$^{\delta-}$ (with H above and below C)

部分的負電荷 H–C$^{\delta-}$–Li$^{\delta+}$ 部分的正電荷 (with H above and below C)

図1.6 極性結合

表1.3 ポーリングの電気陰性度

周期	1族	2族	13族	14族	15族	16族	17族	18族
1	H 2.2							He
2	Li 1.0	Be 1.5	B 2.0	C 2.5	N 3.0	O 3.5	F 4.0	Ne
3	Na 0.9	Mg 1.2	Al 1.5	Si 1.8	P 2.1	S 2.5	Cl 3.0	Ar

子*1 は δ− の部分的電荷を帯びている．一方，C−Li 結合や C−Mg 結合では，炭素原子は逆に δ− の部分的電荷を帯びている．

*1 有機分子中に存在する炭素(C)と水素(H)以外の原子をヘテロ原子という．

1.1.4 共　鳴

価電子のやりとりで分子の電子構造を表現する原子価構造式やルイス構造式は，大部分の有機化合物の構造を適切に表現できるが，限界もある．たとえば，酢酸イオン(CH_3COO^-)の構造式では C=O 二重結合と C−O 単結合があり，それぞれの酸素原子の形式電荷は 0，−1 となる．したがって，一方の結合(C=O)がもう一方の結合(C−O)より短く*2，電荷が一方の酸素原子に局在する構造が予想される．しかし，実際の酢酸イオンでは二つの結合は等しい結合長をもっており，二つの酸素原子が帯びている負電荷も等しい(図 1.7 左)．このように電荷が一つの原子に局在しているのではなく，複数の原子にわたって分散している状態を**非局在化**(delocalize)しているという．この分子の真の構造は，原子価構造式を重ね合わせることによって適切に表現できる．このとき，個々の原子価構造式は**共鳴構造**†(resonance structure)あるいは**限界構造式**(canonical formula)と呼ばれ，この手法で表現される実体，すなわち真の構造を**共鳴混成体**(resonance hybrid)と呼ぶ．

*2 2個の電子でつくられる単結合より，4個の電子でつくられる二重結合のほうが結合力は強く，その結果，結合長が短くなる．

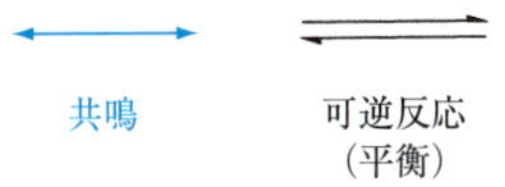

もしベンゼンが，単結合と二重結合が組み合わさった一つの原子価構造式で示される結合状態で存在するなら，六角形の辺の長さは等しくないはずであるが，実際のベンゼンは正六角形構造を有している．この事実も同様に共鳴の考え方から適切に説明される．すなわち，ベンゼンの真の構造は図 1.7 右上に示す左右二つの共鳴構造が合わさったものである．真の構造を表現するのに，部分的結合を意味する円や点線を用いた構造式を用いるときもある．これらの表記法は分子の電子構造の実体に即したものではあるが，分子中の一つひとつの原子の結合に関与する電子の数や共有関係を示しづらいという難点がある．

共鳴を表す矢印

共鳴を表す限界構造式の重ね合わせは，両端に頭(やじり)のある 1 本の矢印を用いて表す．可逆反応(平衡)を表現する片側に頭のある 2 本の矢印と混同してはいけない．

⟷　　⇄
共鳴　可逆反応
　　　（平衡）

共鳴式中では電子対の移動を表すのに曲がった矢印(図 1.7，青色)を用いるが，これは一つの共鳴構造からほかの共鳴構造への変化を明瞭にするためのものであり，実際の分子中でこのような移動が起こっているわけではないことに注意してほしい．

共鳴構造を書くとき，次の点に注意しなければならない．この基準については，上のもの(番号の小さいもの)がより重要であり，その優先順位に基づ

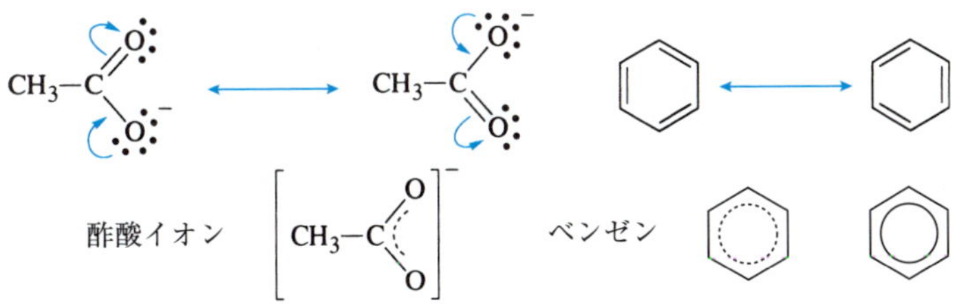

図 1.7
酢酸イオンとベンゼンの共鳴構造

いて真の構造に対する寄与(真の構造に占める割合)の大小を判断できる．
① オクテットを超えるものは共鳴構造となりえない．
② オクテットを満足している共鳴構造は，オクテットを満たしていないものに比べて寄与は大きい．
③ 電荷の偏りが小さい共鳴構造は，電荷の偏りが大きいものより寄与は大きい．
④ 電荷の偏りは電気陰性度の大小関係に一致するのが一般的である．

図1.8に示すケトン〔$(CH_3)_2C=O$〕の共鳴構造を例にとれば，❶ではすべての原子がオクテット則を満足し，電荷の偏りもないため，最も寄与が大きいことがわかる．次にC=O結合の一つの結合電子対を酸素原子の非共有電子対に移動した❷では，炭素原子を取り囲む電子が6個であり，かつ電荷に偏りがあるため❶より寄与が小さい．しかし，電気陰性度との関係を見ると，酸素原子に負電荷，炭素原子に正電荷と，その関係は保たれている．一方，C=O結合の一つの結合電子対を炭素原子の非共有電子対に移動した❸では，電荷の偏りが電気陰性度の大小関係と逆になっており，この共鳴構造の寄与はないと考えられる．これら共鳴構造の評価から，カルボニル基(C=O)の実態は，炭素-酸素間は二重結合であり，なおかつ，かなり分極している($C^{\delta+}-O^{\delta-}$)ことがわかる．

次にアミド〔$CH(=O)NH_2$〕の共鳴構造を見てみよう．まず，窒素原子にオクテット以上に電子を割り当てた構造❼は書いてはいけない．ケトンの場合と同様に，❹は最も大きく❺は小さく寄与している．ケトンの場合になかった❻は，電荷の偏りはあるが，C，N，Oのすべての原子がオクテット則を満足しており，❹の次に寄与が大きい．そのことから，アミドのC-N結合は部分的に二重結合性をもっていることがわかる*．

与えられた構造から新たな共鳴構造を書く場合，原子と原子を結びつけて

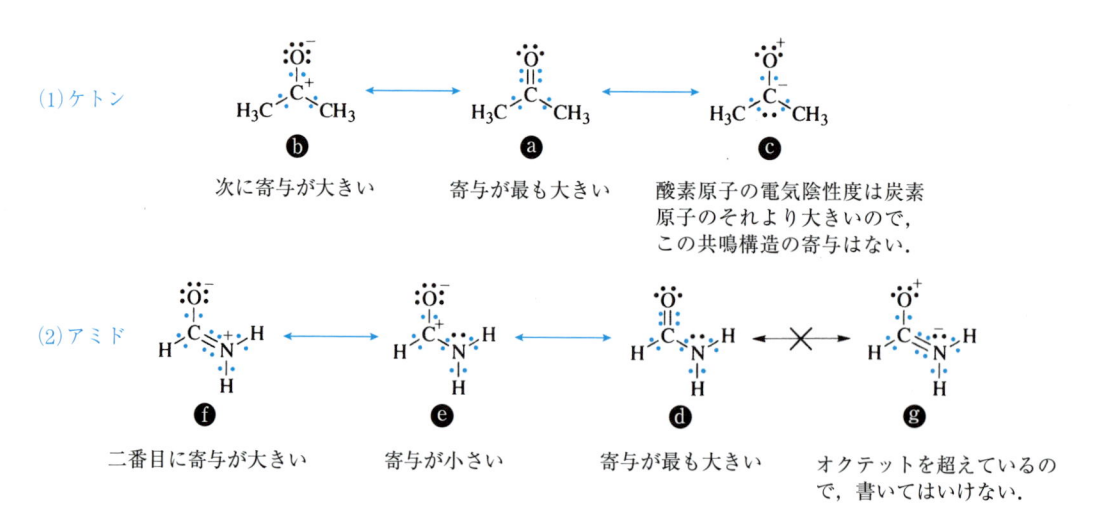

* 共鳴構造をどこまで書けばよいか迷うことがあるだろう．「いま問題としている分子の性質を説明できるまで」ということがその基準となる．たとえばアミドのC-N結合は部分的に二重結合の性質をもっていることを説明したいなら，❹と❻まで書けばよい．もし炭素原子が部分的正電荷をもっていることを述べたいなら，これらに加えて❺まで書くことになる．

(1) ケトン

❷ 次に寄与が大きい　　❶ 寄与が最も大きい　　❸ 酸素原子の電気陰性度は炭素原子のそれより大きいので，この共鳴構造の寄与はない．

(2) アミド

❻ 二番目に寄与が大きい　　❺ 寄与が小さい　　❹ 寄与が最も大きい　　❼ オクテットを超えているので，書いてはいけない．

図1.8　ケトンとアミドの共鳴構造

いる結合を単結合から二重結合へ，あるいはその逆へと結合次数を変化させるが，このとき結合のなかったところに結合をつくったり，結合をなくしたりしてはいけない．つまり，原子の結合位置を変化させてはいけない．たとえば図1.9のように，左の構造で炭素原子に結合していた水素原子を，右の構造のように酸素原子に結合しなおしてはいけない．このようにして生じる新たな構造は共鳴構造ではなく，別の化学種，すなわち異性体の構造である．ここで示した異性現象は互変異性と呼ばれ，10章で詳しく説明する．共鳴構造の例(図1.7と図1.8)と互変異性の例(図1.9)を比較して，その違いを確かめてほしい．

図 1.9 共鳴構造とは違う互変異性の例
ケト-エノール平衡は原子の結合位置が変化しているので共鳴構造ではない．

1.1.5 共有結合の軌道論的取り扱い

有機化合物の成立ちや空間的な形は，オクテット則や共鳴理論だけでは十分に説明できない．現代の有機化学では軌道論の考え方が取り入れられ，これらを精密に理論づけている．図1.10に示す水素分子の場合を例にすると，この理論では左の水素の原子軌道(1s軌道)と右の水素の原子軌道(1s軌道)が重なり合って**分子軌道**†(molecular orbital)ができ，そこに共有される電子が収まって水素分子が形成されると考える．

二つの同位相†の原子軌道が大きく重なった空間では，電子の存在確率がもとに比べて大きくなり，一方，重なりが小さい空間ではそれほど変化しない．結果的に水素分子の分子軌道では，二つの原子核の中央付近で電子の存在確率が最大となる卵形になる．このような空間に負電荷をもった電子が収まる(簡単にいえば，原子核・電子・原子核という電子構造をとる)と，正電

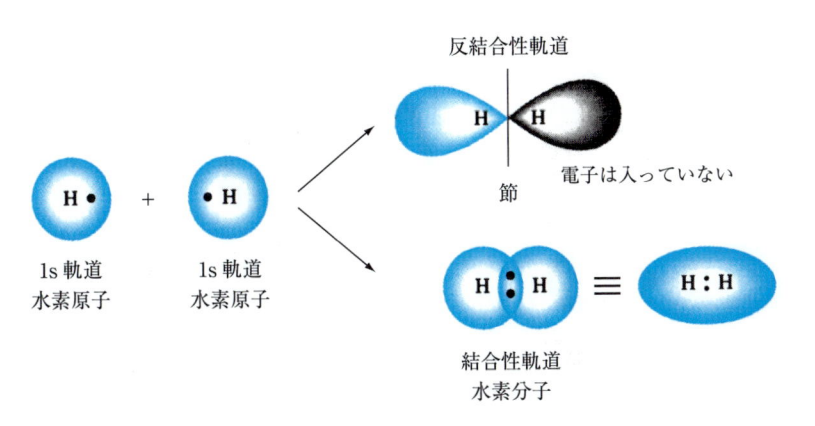

分子軌道法

分子を構成するすべての原子の原子軌道が重なり合うことにより分子全体に広がった分子軌道ができ，それに関係するすべての電子は分子全体に分布していると考えるのが**分子軌道法**(molecular orbital method)の立場である．したがって，分子中の個々の原子を取りだして，この原子とこの原子の間に電子対が共有されて結合をつくるという**原子価結合法**†(Valence Bond method，VB法)の観点とは異なり，直感的には理解しにくく，表記も複雑となる．しかし，オクテット則と共鳴理論で説明できない事象をうまく解釈でき，そのことは4.6.1で説明される．

原子価結合法

原子価結合法とは，一つの原子の原子軌道に局在化している電子を考えて，それが相互作用して化学結合が形成されるという考えに基づいて分子の軌道を説明する手法である．

同位相と逆位相

原子軌道は原子核からの距離と方位を変数とする関数で表され，この関数は正または負の値をとる．この符号が同じ場合を同位相，逆の場合を逆位相と呼ぶ．符合(位相)が逆であっても，関数の絶対値が等しければ電子の存在確率が等しいことに注意しよう．

図 1.10
水素分子の形成

* 二つの原子核がある一定の距離より内側に近づくと，今度は原子核の正電荷どうしが反発して，系は不安定となる．

荷をもった原子核と静電引力が働き，系全体のエネルギーが安定化する．この二つの原子核を一定の距離*まで引きつけあう要因となる分子軌道は**結合性軌道**(bonding orbital)と呼ばれる．もう一つ，原子軌道と原子軌道を引き算で重ね合わせて（逆位相†の原子軌道の重なり）つくられる分子軌道もある．この場合，二つの原子核から等距離にある点では，それぞれの原子軌道における電子の存在確率が等しいため，分子軌道では電子の存在確率がゼロになる．つまり，原子核と原子核の中央に電子が存在しない**節**(node)をもつことになる．一方，原子核の反対方向では引き算の影響があまりでないので，電子の存在確率は相対的に大きくなる．このような軌道に電子が収まる（簡単にいえば，電子・原子核・原子核・電子という電子構造をとる）と，二つの原子核を遠ざけようとする作用をもつ．そのため，この軌道は**反結合性軌道**†(anti-bonding orbital)と呼ばれる．反結合性軌道のエネルギーは結合性軌道のそれよりも高く，通常，軌道は空になっている．そのため，今後は結合性軌道のみを図示して話を進めることにする．

反結合性軌道
外部からエネルギー（たとえば光エネルギー）が加えられたとき，結合性軌道にある電子が押し上げられて反結合性軌道に収まる．そのため，反結合性軌道は有機分子の電子スペクトル（紫外可視スペクトル）の解析の際に考慮される．この反結合性軌道は，化合物の立体構造や反応性の理解に欠くことのできない要素でもある．

球状のs軌道どうしの重なりは，原子核と原子核を結ぶ直線を中心に円筒状の対称性をもっており，この分子軌道は**σ(シグマ)軌道**(sigma orbital)と呼ばれ，この結合を**σ結合**(sigma bond)と呼ぶ．s軌道とp軌道の重なりによってもσ結合が生じる（図1.11）．p軌道とp軌道が同じ軸上で重なればσ結合が生じるが，平行に配向して側面で重なることもできる．このようにしてできあがった分子軌道を**π(パイ)軌道**(pi orbital)，生じる結合を**π結合**(pi bond)と呼ぶ．この場合，電子雲（電子の存在確率を示す空間）の広がりは結合の軸をサンドイッチ状に取り囲んでいる．一般にはσ軌道のエネルギーはπ軌道のそれより低く，σ軌道に収まった電子はπ軌道中の電子に比べ，より強く原子核に束縛されている．

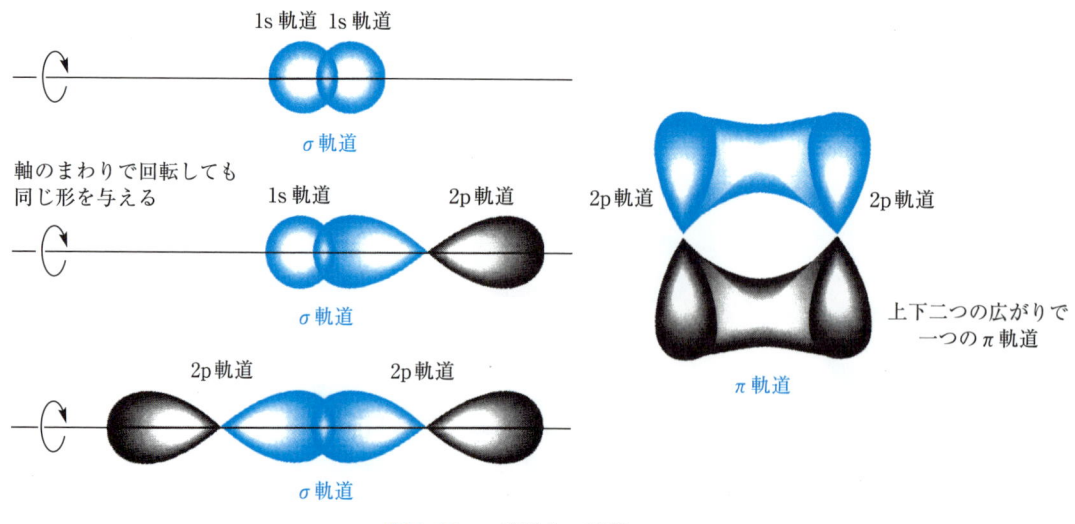

図1.11　σ軌道とπ軌道

1.1.6 混成軌道

炭素原子の価電子が収まっている軌道は($2s^2$, $2p_x^1$, $2p_y^1$)であり，この電子配置をもとにして，水素原子との間に形成される化合物を直接導けば，互いに直交するC–H結合をもつCH_2という分子が予測されるが，このようなものは安定に存在できる化学種ではなく，また炭素原子はこの状態でオクテット則を満足していない．有機化合物の基本となるメタン(CH_4)では炭素原子は当然オクテット則を満足しており，また**正四面体構造**(tetrahedral structure)をとっているが，この電子配置は軌道論的な立場からどのように説明されるのだろうか．

炭素原子が結合を形成する前に，まず2s軌道にある電子の1個が空の2p軌道に励起すると考える(図1.12)．将来4本の結合を形成することで獲得

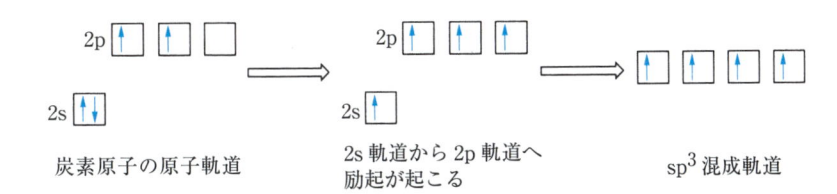

図1.12
sp^3混成軌道の成立ち

するエネルギーは，この励起に必要なエネルギーよりずっと大きい．次に，一つの2s軌道と三つの2p軌道が混成して，新たに等価な四つの**sp^3混成軌道**(sp^3 hybrid orbital)を形成し，それぞれに電子が1個ずつ収まる．これらの軌道は，そこに収まっている電子どうしが反発するので，互いにできるだけ遠くに位置する．その結果，それらは正四面体の中心から各頂点に向かうことになり，それらがつくる角度は109.5°となる(図1.13)．一つのsp^3混成軌道は大きなローブとその裏の小さなローブからなるが，図を単純にするため小さなローブは書かないのが普通である．炭素原子の各sp^3混成軌道と水素原子の1s軌道が重なり合ってσ軌道が形成され，そこに電子が収まってσ結合がつくられる．

この混成軌道の概念を用いて多重結合を軌道論的に表すと，その電子状態

正四面体構造

sp^3混成軌道
大きなローブと
小さなローブ

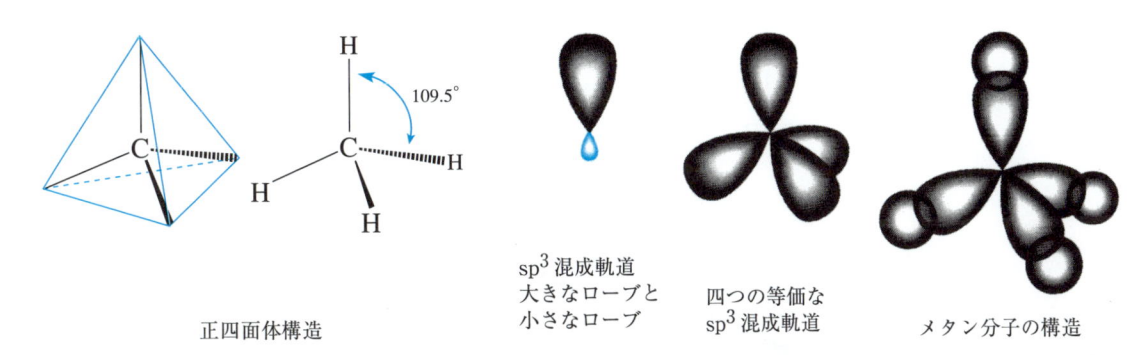

四つの等価な
sp^3混成軌道

メタン分子の構造

図1.13 メタンの正四面体構造とsp^3混成軌道

2p ↑ ↑ □　　2p ↑ ↑ ↑　　2p ↑
2s ↑↓　　　 2s ↑　　　　sp² 混成軌道

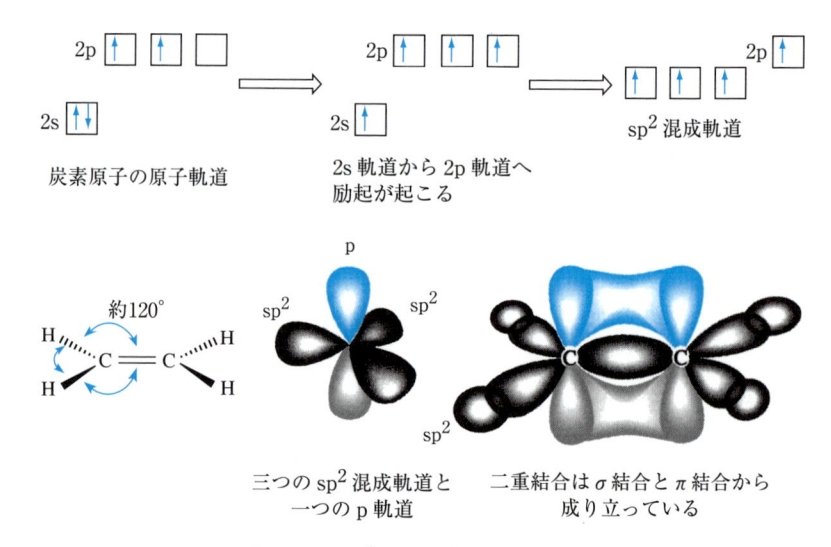

炭素原子の原子軌道　　2s 軌道から 2p 軌道へ励起が起こる

図 1.14　sp² 混成軌道とエチレンの構造

三つの sp² 混成軌道と一つの p 軌道　　　二重結合は σ 結合と π 結合から成り立っている

が明確に示される．エチレン($H_2C=CH_2$)は平面構造をとっており，一つの炭素原子には，ほぼ 120° の角度で三方向にもう一つの炭素原子と二つの水素原子が結合している．この構造は炭素原子の **sp² 混成軌道**(sp² hybrid orbital)で説明される．一つの 2s 軌道と二つの 2p 軌道が混成して，等価な三つの sp² 混成軌道が新たにつくられる(図 1.14)．それらは互いをできるだけ遠ざけあい，同一平面上 120° で三方向に向かっている．混成に加わらなかった一つの p 軌道はこの平面に対して垂直方向に伸びている．三つの sp² 混成軌道のうち一つがもう一つの炭素原子と σ 結合で結合し，残った二つの sp² 混成軌道が 2 個の水素原子と σ 結合で結合する．混成に加わらなかった p 軌道は，そのローブの側面でもう一つの炭素原子の p 軌道と重なり合い π 結合をつくる．すなわち，C=C 二重結合は一つの σ 結合と一つの π 結合からできあがっている．

アルケン(4 章で詳しく学ぶ)にシス体とトランス体が存在する事実*はこの電子構造から説明される．シス体からトランス体に変化するということは，C=C 二重結合が結合軸のまわりで回転するということである．そのとき σ 軌道についてはその重なりに変化はないが，この回転で p 軌道と p 軌道の重なりがなくなり，π 結合が切断される．一般的にこの過程は不都合なため，C=C 二重結合のまわりで回転は普通起こらない．すなわち，シス体とトラ

* たとえば，2-ブテンには二つのメチル基が二重結合をはさんで同じ側にあるシス形と，反対側にあるトランス形がある．

trans-2-ブテン

cis-2-ブテン

図 1.15
通常は起こりにくい二重結合の異性化

大きなエネルギー

ンス体はそれぞれ独立して存在する事実と一致する(図1.15).

直線状のアセチレン(HC≡CH)の構造も混成軌道の考えから説明される. 炭素原子の一つの2s軌道と一つの2p軌道が混成すると，原子核から直線上を反対方向に伸びた二つの**sp混成軌道**†(sp hybrid orbital)が形成される. アセチレン分子の炭素-炭素結合は，この二つのsp混成軌道からつくられるσ結合と，直交する二つのp軌道間で形成される二つのπ結合でつくりあげられ，結果的に三重結合となる(図1.16).

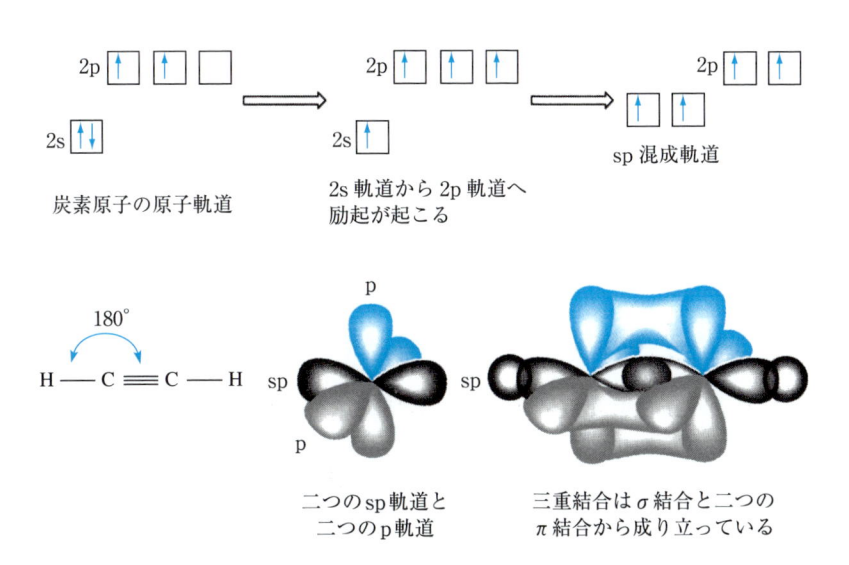

図1.16　sp混成軌道とアセチレンの構造

1.1.7　分子間に働く力

原子と原子が結合して分子ができあがるが，その分子どうしにも引き合う力が存在する. 分子が極性をもっている場合，分子間には静電的な引力〔**クーロン力**(Coulomb force)あるいは**静電引力**と呼ぶ〕が働く. 液体から気体になるには，この引力に打ち勝つ熱エネルギーを余分に獲得しなければならないため，極性の大きな有機化合物は無極性の化合物に比べて高い沸点をもつようになる(表1.4). 無極性な有機分子の間でも引き合う力があり，この力は量子化学の立場から説明される. この力は分子間で接触する表面積に比例するため，直鎖状の伸びた構造をもつ化合物は，枝分れして全体としての形がコンパクトなものに比べて，高い沸点をもつ(表1.4). このような分子間に働く引力を**ファンデルワールス力**†(van der Waals force)と呼ぶ.

-OH基や-NH基をもつ分子では，部分的に正電荷を帯びた水素原子と隣接する分子の酸素あるいは窒素原子の非共有電子対の間で，特別な強い静電的引力が働く. この相互作用は**水素結合**(hydrogen bond)と呼ばれる(図1.17). そのため，このような**官能基**(functional group, p.32で詳しく説明)をもつ化合物はとりわけ高い沸点をもつ(表1.4).

sp混成軌道の成立ち

sp混成軌道はただ二つの原子軌道の混成で生じるため，sp^3やsp^2混成軌道では説明が困難であった混成の成立ちを，比較的簡単に図で示すことができる. s軌道は球形のため一つの符号しかないが，p軌道は鉄アレイ状で節をもっており，それぞれのローブで符号(位相)が異なる. これらが重なり合うとき，足し算の相互作用では，同符号となる右側では強めあい，逆符号となる左側では打ち消しあう. その結果，一つのsp混成軌道ができる. 一方，引き算の相互作用では符号が逆になるので，左側では強めあい，右側では打ち消しあい，もう一つのsp混成軌道ができる. もともとp軌道の左右のローブは一直線上にあったので，これら二つのsp混成軌道も一直線上にある.

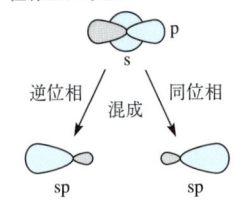

ファンデルワールス力

ファンデルワールス, J.(オランダ, 1837-1923)は，下に示す実在気体の状態方程式を提案した.
$$[P + (a/V^2)](V - b) = RT$$
ここで，圧力の補正項(a/V^2)は気体分子間に働く弱い引力に由来し，ここで定義された弱い引力がファンデルワールス力である.

(点線は水素結合を示す)

図1.17　水素結合

表 1.4　分子量の等しい化合物の沸点の比較

化合物	沸点/℃
分子形状の違い	
CH$_3$CH$_2$CH$_2$CH$_2$CH$_3$	36.1
CH$_3$CHCH$_2$CH$_3$ 　│ 　CH$_3$	27.9
CH$_3$ 　　　　│ CH$_3$—C—CH$_3$ 　　　　│ 　　　　CH$_3$	9.5
水素結合の有無	
CH$_3$CH$_2$OH	78.5
CH$_3$OCH$_3$	−24
極性の有無	
CH$_3$CH$_2$CH$_2$CHO	75
CH$_3$CH$_2$CH$_2$CH$_3$	36.1

1.2　酸と塩基

これから述べる定義でわかるように，酸と塩基は単に水溶液のpHを変える物質というばかりでなく，かなり広い意味あいをもっており，ここで学ぶことがらは有機化学全般にかかわる重要な事項である．

1.2.1　ブレンステッド-ローリーによる酸・塩基の定義

ブレンステッドとローリーは，**酸**(acid)とは水素イオンすなわち**プロトン**(proton, H$^+$)の供与体であり，**塩基**(base)とはプロトンの受容体であると定義している．たとえば酢酸(CH$_3$COOH)の水中での解離平衡では，プロトンを放出する酢酸を酸，受けとる水を塩基と定義する．また，プロトンを失って形成された酢酸イオンは酢酸の**共役塩基**(conjugate base)，プロトンを得て形成されたオキソニウムイオンを水の**共役酸**(conjugate acid)と呼ぶ(図1.18).

　　　　酸　　　　塩基　　　　　酢酸の共役塩基　水の共役酸
　　CH$_3$COOH ＋ H$_2$O ⇌ CH$_3$COO$^-$ ＋ H$_3$O$^+$
　　　酢酸　　　水　　　　　　　酢酸イオン　　オキソニウム
　　　　　　　　　　　　　　　　　　　　　　　　イオン

図1.18　酸解離平衡

平衡点において，この反応に含まれる各成分の濃度の間には次の式で示す関係が成立し，定数Kは平衡の位置を示している．

$$K = \frac{[\text{CH}_3\text{COO}^-][\text{H}_3\text{O}^+]}{[\text{CH}_3\text{COOH}][\text{H}_2\text{O}]}$$

酸の濃度に比べ水の濃度([H$_2$O])は圧倒的に大きいので，水の一部がオキソニウムイオン(H$_3$O$^+$)に変化しても，水の濃度は最初の濃度と等しいと考えられる．したがって，これを一定値と見なして平衡定数Kに取り込めば，上式は下式のように変形される．ここで左辺のK_aは酸の解離のしやすさを示す**酸解離定数**(acid dissociation constant)と呼ばれる．

$$K_a = K[\text{H}_2\text{O}] = \frac{[\text{CH}_3\text{COO}^-][\text{H}_3\text{O}^+]}{[\text{CH}_3\text{COOH}]}$$

たとえば酢酸のK_a値は1.8×10^{-5}であるが，この表記は見づらいため，K_aを常用対数に変換してマイナスを掛けた**pK_a値**(pK_a value, p$K_a = -\log K_a$)を使用する．式の定義からわかるように，K_a値が大きいほど，そしてpK_a値が小さいほど強酸である．代表的な有機化合物のpK_a値を表1.5に示す．上式を変形すると，pK_a値とpH値の間には次式に示す関係があることがわかる*．

* 水溶液中の水素イオン濃度([H$_3$O$^+$])の常用対数にマイナスを掛けたものがpHである(pH = $-\log$[H$_3$O$^+$]).

表 1.5 代表的な有機化合物および無機化合物の pK_a 値

有機化合物		pK_a	酸の強さ	共役塩基の強さ	有機化合物		pK_a	酸の強さ	共役塩基の強さ
H$_3$CH	(メタン)	49		強い	ROH	(アルコール)	~16		強い
H$_2$C=CH-H	(エチレン)	44			HOH	(水)	15.7		
C$_6$H$_5$-H	(ベンゼン)	43			R$_3$N$^+$H	(トリアルキルアンモニウムイオン)	~10		
C$_6$H$_5$-CH$_2$H	(トルエン)	41			C$_6$H$_5$-OH	(フェノール)	10		
H$_2$NH	(アンモニア)	36			H$_3$N$^+$H	(アンモニウムイオン)	9.2		
CH$_3$O-CO-CH$_2$H	(酢酸メチル)	25			HO-CO-OH	(炭酸)	6.4		
H-C≡C-H	(アセチレン)	25			H$_3$C-CO-OH	(酢酸)	4.8		
H$_3$C-CO-CH$_2$H	(アセトン)	20	強い		H$_2$O$^+$H	(オキソニウムイオン)	−1.7	強い	
シクロペンタジエン		16			HCl	(塩酸)	−7.0		
					HF·SbF$_5$	〔フルオロアンチモン(V)酸〕	~−25		

$$\log K_a = \log \frac{[\text{CH}_3\text{COO}^-]}{[\text{CH}_3\text{COOH}]} + \log[\text{H}_3\text{O}^+]$$

$$\text{p}K_a - \text{pH} = -\log \frac{[\text{CH}_3\text{COO}^-]}{[\text{CH}_3\text{COOH}]}$$

たとえば，酢酸の水溶液の pH を水酸化ナトリウム水溶液を用いて 4.8 に調節したとき，pH = pK_a となり，その溶液中での酢酸の濃度と酢酸イオンの濃度は等しくなる（[CH$_3$COOH] = [CH$_3$COO$^-$]）*．酸としての強さを表す pK_a 値は，その共役塩基の塩基としての強さも表している．すなわち，酸の pK_a 値が小さいほどその共役塩基は弱く，酸の pK_a 値が大きいほどその共役塩基は強い．

下のような反応の平衡の位置を考えてみよう．表 1.5 の pK_a 値から計算すると酢酸は炭酸より $10^{1.6}(= 10^{6.4-4.8})$ 倍強い酸であり，反応式（1）の平衡は右側に片寄っていることがわかる．

* 上式に pH = pK_a を代入して計算すると，以下のようになる．

$$0 = -\log \frac{[\text{CH}_3\text{COO}^-]}{[\text{CH}_3\text{COOH}]}$$

常用対数の定義より，

$$\frac{[\text{CH}_3\text{COO}^-]}{[\text{CH}_3\text{COOH}]} = 10^0 = 1$$

すなわち，
[CH$_3$COOH] = [CH$_3$COO$^-$]
となる．

			共役塩基	共役酸	
CH$_3$COOH 酢酸	+ HCO$_3^-$ 炭酸水素イオン	⇌	CH$_3$COO$^-$ 酢酸イオン	+ H$_2$CO$_3$ 炭酸	(1)
C$_6$H$_5$-OH フェノール	+ HCO$_3^-$ 炭酸水素イオン	⇌	C$_6$H$_5$-O$^-$ フェノキシドイオン	+ H$_2$CO$_3$	(2)

一方, 炭酸はフェノールより $10^{3.6}(=10^{10-6.4})$ 倍強い酸であり, 反応式 (2) の平衡は左側に片寄っている. 次に, 塩基の立場からこれらの反応を見ると, 共役塩基の強さが簡単に比較できる. 反応式 (1) の平衡が右側に片寄っていることから, 酢酸イオンより炭酸水素イオンのほうが強い塩基であることがわかる. また反応式 (2) から, 炭酸水素イオンよりフェノキシドイオンのほうが強い塩基であることがわかる. つまり, 酸の強さとその共役塩基の強さは逆比例の関係にある.

1.2.2 ルイスによる酸・塩基の定義

酸と塩基のルイスによる定義は, ブレンステッド–ローリーの定義に比べ, より一般的である. すなわち, 酸とは電子対受容体であり, 塩基とは電子対供与体であると定義される. この定義によれば, H^+ 自体が酸となる. それだけではなく, 空の軌道に電子対を受けとる傾向の強い電子不足の化学種 (たとえば, 金属イオン, BF_3 や $AlCl_3$) も酸として定義される (図 1.19). これらも有機反応において重要な役割を演じることがあり, それらは後の章 (たとえば 5.2.1(1) のベンゼンのハロゲン化など) で説明する. 一方, 非共有電子対をもつ化学種が塩基と定義されており, それはブレンステッド–ローリーの塩基と一致する. さらに, ルイス酸は π 電子 (π 結合) にも配位できるので, π 結合をもつアルケンやアルキンなどもルイス塩基になりうる.

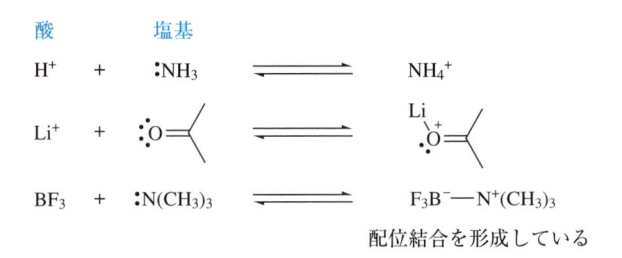

図 1.19 ルイスの定義による酸塩基平衡

Key Word

【基礎】□原子軌道 □構成原理 □パウリの排他原理 □フントの規則 □価電子 □オクテット則 □イオン化エネルギー □電子親和力 □イオン結合 □共有結合 □非共有(孤立)電子対 □配位結合 □形式電荷 □電気陰性度 □極性結合 □共鳴 □非局在化 □共鳴構造 □共鳴混成体 □原子価結合法 □分子軌道法 □節 □結合性軌道 □反結合性軌道 □σ結合 □π結合 □sp混成軌道 □sp^2混成軌道 □sp^3混成軌道 □クーロン力(静電引力) □ファンデルワールス力 □水素結合 □酸と塩基 □共役酸と共役塩基 □pK_a □ルイス酸とルイス塩基

章末問題

1. 次の原子からイオン性化合物が生成するとき，理論上での反応式をルイス構造式で示せ．
   (a) ナトリウムと塩素から塩化ナトリウム
   (b) マグネシウムと塩素から塩化マグネシウム

2. 次の化合物の原子価構造式とルイス構造式を書き，また各原子の形式電荷を計算せよ．
   (a) メタン (b) エチレン
   (c) アセチレン (d) ベンゼン (e) 水
   (f) 過酸化水素 (g) メチルアミン
   (h) 三フッ化ホウ素 (i) 二酸化炭素
   (j) 亜硝酸 (k) 硫酸 (l) 一酸化炭素

3. 次の化合物の構造を書き，各結合の分極の様子を，部分電荷を表す $\delta-$ と $\delta+$ を用いて示せ．
   (a) フッ化水素 (b) メタノール
   (c) 臭化メチル (d) 三臭化ホウ素
   (e) 塩化メチルマグネシウム(CH_3MgCl)
   (f) アセトニトリル

4. かっこに示された特徴を説明できるように，次の分子の共鳴構造式を書き，構造の変化に伴う電子移動を矢印を用いて示せ．
   (a) 硝酸イオン（三つの酸素原子は等しい負電荷をもっている）
   (b) ニトロメタン（二つの酸素-窒素結合の長さは等しい）
   (c) 炭酸イオン（三つの酸素原子は等しい負電荷をもっている）
   (d) ナフタレン（すべての炭素-炭素結合は単結合と二重結合の中間的な結合である）
   (e) ジアゾメタン（$CH_2=N^+=N^-$，炭素原子は部分的負電荷をもっている）

5. 水分子は直線状ではなく折れ曲がった構造をとっている．酸素原子の混成軌道を考えて，水の構造を書け．

6. アンモニアとアンモニウムイオンの構造を，窒素原子の混成軌道を考えて書け．

7. アレン($H_2C=C=CH_2$)分子の三つの炭素原子は一直線上に並び，また両端の $=CH_2$ 部分はそれぞれ平面を形成し，それら二つの平面がつくる角は 90° である．混成軌道の概念に基づいて，アレン分子の構造を書け．

8. 次の化合物を沸点の高い順に並べよ．

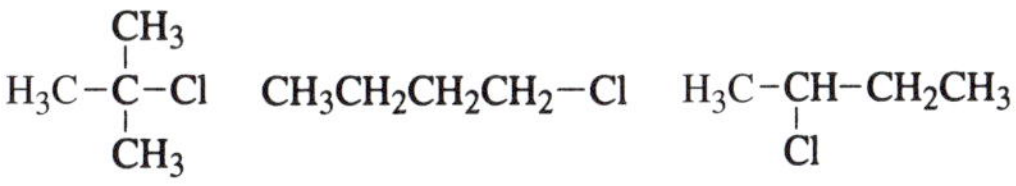

$$\underset{A}{\underset{|}{\overset{CH_3}{\underset{CH_3}{H_3C-\overset{|}{C}-Cl}}}} \quad \underset{B}{CH_3CH_2CH_2CH_2-Cl} \quad \underset{C}{H_3C-\underset{\underset{Cl}{|}}{CH}-CH_2CH_3}$$

9. 安息香酸($pK_a = 4.2$)とフェノール($pK_a = 10$)の混合物から，それぞれを分離する操作方法を具体的に示せ．

有機化学のトピックス

立体構造式と分子モデル

メタンの正四面体構造で見たように，有機化合物のほとんどは空間的な広がりをもっている．一見，平面上の構造しか与えないと思われる sp^2 炭素と水素のみからつくられる化合物でも，三次元的構造をもつ場合もある．これらの立体構造を紙面すなわち二次元的に表記するために，さまざまな工夫がなされている．最も一般的な立体構造式は，紙面上にある結合を実線で表し，紙面より手前に向かっている結合をくさび形の実線（▶━），紙面から奥に向かっている結合をくさび形の破線（⫶⫶⫶⫶⫶）を用いて表現する方法である．ただし，このくさび形の破線については，くさび形ではない破線（⫶⫶⫶⫶⫶）や点線（------）を用いる場合もある．そのほか，目的に合わせていろいろな投影式や表記法が用いられるが，それらは必要に応じて説明する．

分子モデル（分子模型）は分子の三次元的な形をより直接的に表現でき，学習用あるいは研究用にさまざまなものが利用されている．分子モデルを用いれば，原子の大きさや位置関係，結合軸のまわりでの回転などを，直接手にとって動かしながらいろいろな角度から見ることができる．ただ，実際の分子とは違って分子モデルでは，結合の長さと角度が固定されており，また単結合のまわりでの回転に束縛がないことに注意しなければならない．分子モデルには，原子にボールを，結合にスティックを用いるボール&スティックモデル（代表例，HGS モデル）や，ワイヤーで結合と原子を表すワイヤーモデル〔代表例，ドライディング（Dreiding）モデル〕があり，それらは原子や結合の位置関係を見るのに便利である．また，空間充填モデル（代表例，CPK モデル）は実際の分子中の原子の大きさに忠実につくられており，結合はそのなかに隠れてしまうが，置換基の混みぐあいを見るのに便利である．近年，コンピュータを用いた分子のモデル化も分子計算と直結して盛んに利用されており，下に示した図もすべてコンピュータを用いて描いたものである．

また，分子構造が立体的に見えるステレオ図（詳しい説明は p.40 参照）はコンピュータの得意とするところで，最近いろいろな本や雑誌に掲載されているので，その見方にも慣れてほしい．

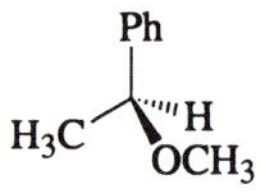

くさび形と破線は同じ方向に置く 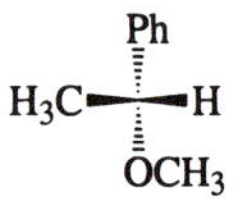　　このような描き方でもよい

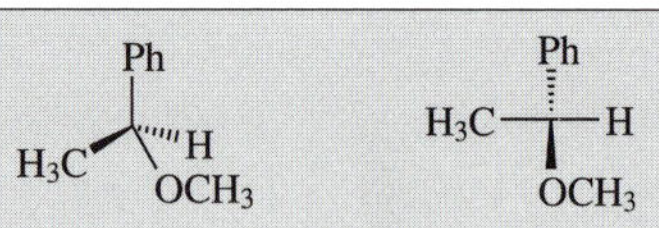

不適当な描き方

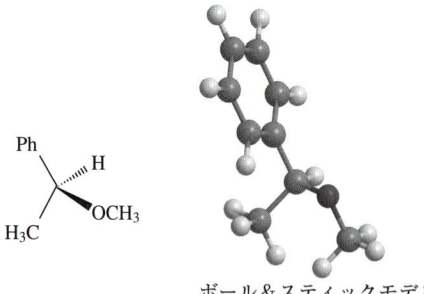

ボール&スティックモデル 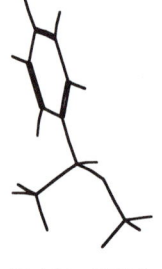　　ワイヤーモデル 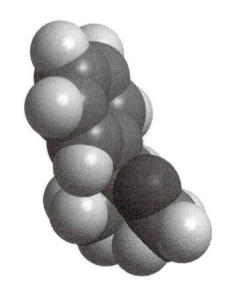　　空間充填モデル

2

Organic chemistry

有機化合物の分類・命名法
および有機反応の基礎

【この章の目標】◇◇◇

　有機化学に習熟するには，有機化合物の名称と構造にすぐに対応できるようにならなければならない．そのため，まずここでは有機化合物の命名法の基礎を学ぶ．次に，有機化合物の反応を暗記ではなく系統的に理解するために，反応機構を記述する基本概念を習得する．

2.1　有機化合物の分類

　有機化合物の骨格となる炭素-炭素結合には単結合，二重結合，そして三重結合があり，さらに炭素-炭素結合はほぼ無限に連続して繰り返すことができる．また，酸素，窒素，ハロゲンをはじめとした多くの元素が炭素原子と安定な結合を形成できる．そのため，有機化合物の種類と数は多くなり，それが有機化合物の特徴の一つとなっている．膨大な数の有機化合物の性質を学ぶには，化合物を分類して，それに従って系統的にその要点を把握していく必要がある．ここではその分類に加えて命名法を概観するが，少しの基本的な約束事でかなりの化合物を命名することができる．

2.1.1　異性体

　分子を構成する原子の種類と数が同じであっても（つまり，その分子式が同一であっても），異なる分子が複数存在することがある．そのような分子は互いに**異性体**（isomer）であるという．

　原子の並ぶ順序が異なる異性体は**構造異性体**（structural isomer または constitutional isomer）と呼ばれ，それらは平面構造が異なるといわれることがある．平面構造が同じでありながら，分子の空間的な形が異なる場合もあ

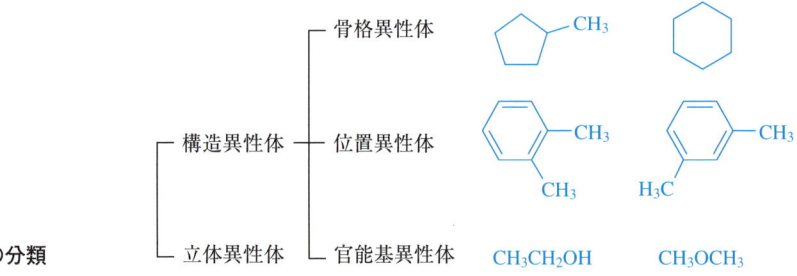

図2.1 異性体の分類

構造異性体
- 骨格異性体
- 位置異性体
- 官能基異性体

立体異性体

CH₃CH₂OH　　CH₃OCH₃

る．このような場合は，互いに**立体異性体**(stereoisomer)の関係にあるという．これについては3章で説明する．構造異性体のなかには，炭素骨格が異なる骨格異性体，置換基や官能基の位置が異なる位置異性体，そして原子の配列が異なるために官能基の種類が異なる官能基異性体がある(図2.1)．

2.1.2 有機化合物の分類

有機化合物はいくつかの観点から分類されるが，代表的なものは炭素骨格による分類と，官能基による分類である．骨格によっては，**鎖式化合物**(acyclic compound，非環式化合物ともいう)と**環式化合物**(cyclic compound)に分類される(図2.2)．環式化合物はさらに，炭素原子のみから構成される環をもつ炭素環式化合物と，炭素以外のヘテロ原子を一つ以上含む環から構成される**複素環式化合物**(heterocyclic compound)に分類される．環式化合物については，ベンゼンを代表例とする特別な不飽和結合の性質を示す**芳香族化合物**(aromatic compound)があり，それ以外の飽和あるいは不飽和化合物である**脂肪族化合物**(aliphatic compound)と区別する．

有機化合物の性質や反応性は，分子の炭素骨格が異なっていても，ある部分(原子の種類とその並び方)が共通しているときわめて似てくる．たとえば，エタノールとシクロヘキサノールは鎖式と環式の違いはあるが，ともにヒドロキシ基(-OH基)をもつため，金属ナトリウムを加えると水素ガスを発生し，酢酸とはエステルを形成する(図2.3)．この分子の性質を特徴づける構造部分を**官能基**(functional group)という．この官能基の種類をもとにして有機化合物を分類し，その性質と反応を特徴づければ，膨大な数の有機化合物も比較的少ないグループにまとめられる．主要な官能基を表2.1に示す．

脂肪族化合物
- 鎖式化合物
  - CH₃CH₂CH₂CH₂CH₃　ペンタン
- 炭素環式化合物
  - シクロペンタン
- 複素環式化合物
  - ピロリジン

芳香族化合物
- 炭素環式化合物
  - ベンゼン
- 複素環式化合物
  - ピリジン

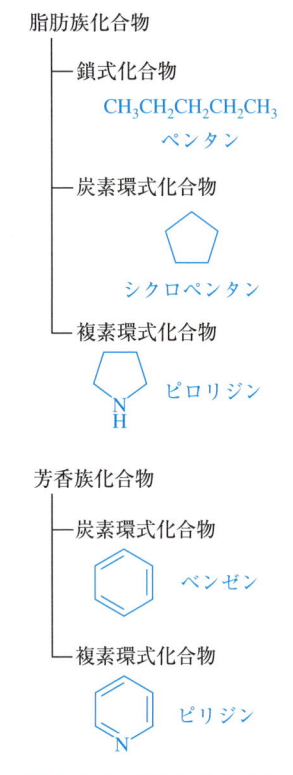

図2.2 有機化合物の骨格による分類

図2.3 ヒドロキシ基の反応

CH₃CH₂OH
←CH₃COOH── CH₃CH₂-O-C(=O)-CH₃
──Na→ CH₃CH₂ONa + ½H₂

シクロヘキシル-O-C(=O)-CH₃ ←CH₃COOH── シクロヘキシル-OH ──Na→ シクロヘキシル-ONa + ½H₂

それぞれエステルを形成　　それぞれ水素を発生

表2.1 主要な官能基と命名法

構造	分類	例	化合物名	命名法
●炭素骨格の一部を構成する官能基				
—C—C—	アルカン(官能基ではない)	H-CH₃-H (メタン構造)	メタン	炭化水素命名法
>C=C<	アルケン	H₃C,H/C=C/H,H	プロペン	炭化水素命名法
—C≡C—	アルキン	H₃C—C≡C—H	プロピン	炭化水素命名法
ベンゼン環	芳香族化合物	ベンゼン環	ベンゼン	炭化水素命名法
●酸素原子を含む官能基				
—C-OH	アルコール	CH₃—OH	メタノール / メチルアルコール	置換命名法 / 基官能命名法
—C-O-C—	エーテル	CH₃—O—CH₂CH₃	メトキシエタン / エチルメチルエーテル	置換命名法 / 基官能命名法
>C=O (H)	アルデヒド	CH₃CH₂-C(H)=O	プロパナール	置換命名法
>C=O	ケトン	CH₃CH₂-C(CH₃)=O	2-ブタノン / エチルメチルケトン	置換命名法 / 基官能命名法
—C(=O)-OH	カルボン酸	CH₃(CH₂)₄—C(=O)—OH	ヘキサン酸	置換命名法
—C(=O)-O-C—	エステル	CH₃—C(=O)—O—CH₃	酢酸メチル	置換命名法
—C(=O)-O-C(=O)—	酸無水物	(CH₃CH₂CH₂—C(=O)—)₂O	酪酸無水物	置換命名法
●窒素原子を含む官能基				
—C-NH₂	アミン	CH₃—NH₂	メタンアミン / メチルアミン	置換命名法 / 固有の命名法
—C≡N	ニトリル	CH₃-C≡N	エタンニトリル / アセトニトリル	置換命名法 / 固有の命名法
●酸素原子と窒素原子を含む官能基				
—C(=O)-NH₂	アミド	CH₃(CH₂)₄—C(=O)—NH₂	ヘキサンアミド	置換命名法
●ハロゲン原子を含む官能基				
—C-X	ハロアルカン	CH₃—Cl	クロロメタン / 塩化メチル	置換命名法 / 基官能命名法
—C(=O)-X	酸ハロゲン化物	CH₃—C(=O)—Cl	塩化アセチル	基官能命名法

2.2 有機化合物の命名のしかた

2.2.1 有機化合物の命名法

有機化合物の名称は，人間生活になじみ深いものを中心にその起源や特性に由来して，おもにラテン語や学名をもとにつけられてきた．たとえば，酢酸(acetic acid)は食酢(ラテン語 *acetum*)から，酒石酸(tartaric acid)はぶどう酒の石(アカ，ラテン語 *tartarus*)から命名された．ときには，発見者の思い入れで命名される場合もある．ところが有機化合物の数が膨大になってくるとそのような**慣用名**(trivial name)だけでは手に負えなくなり，命名のための約束事が必要となってきた．現在では国際純正・応用化学連合*が，化合物を整理しながら体系的な命名の規則をつくりあげている．

そこでは，なるべく簡単で一意的に間違いなく化合物の構造を表す名称を定めることを目的として，**系統名**(systematic name，組織名ともいう)が組み立てられている．IUPAC 規則では，多くの論文などで統一的に使われている比較的簡単な基本的化合物については，古くからの慣用名の使用を認めており，命名法に幅をもたせている．情報を正確に伝え，混乱を避けるには，この規則にのっとって有機化合物を命名するのが好ましく，世界各国の化学会でも系統名の使用を勧めている．それでも現実には，使用しないほうがよい古くからの慣用名や，特定の分野や業界だけで使用される名称にでくわすことが多くある．また，明らかに誤った用法が使われていることもあるので注意が必要である．

官能基による化合物の分類表(表 2.1)に，有機化合物を命名する方法(規則)を示してある．それぞれの化合物群固有の命名法は 4 章以降で詳しく説明するが，ここでまず命名の基礎となる炭化水素命名法と，官能基をもつ有機化合物全般に用いられる置換命名法と基官能命名法について説明する．

* International Union of Pure and Applied Chemistry, IUPAC と略す．

2.2.2 炭化水素の命名法

直鎖アルカン(normal alkane)は表 2.2 に示すように，C_4 までのものは以前からの慣用名を系統名として使用し，C_5 以上のものは数詞(倍数接頭辞)に語尾アン(-ane)をつけて命名する．アルカンから水素原子を 1 個除いた原子団を**アルキル基**(alkyl group)と呼び，アルカンの語尾アン(-ane)をイル(-yl)に換えて表す．枝分れしたアルカンは直鎖アルカンの誘導体として命名する．そのときの手順を以下にまとめる．

① 最も長い直鎖アルカンを母体名とする．
② 両端から位置番号をつけていって，はじめに現れる置換基の位置番号が小さくなるほうを選ぶ．それが同じときはその先を次つぎ比較して，先に小さい位置番号を与えるほうを選ぶ．
③ 側鎖置換基をその位置番号とその数を示す数詞とともに接頭語として加える．
④ 置換基(数詞は除く)をアルファベット順に並べる．

2.2 有機化合物の命名のしかた

表 2.2 数詞と直鎖アルカン名

数詞	直鎖アルカン名	基名
1 モノ (mono)	メタン (methane)	メチル (methyl)
2 ジ (di)	エタン (ethane)	エチル (ethyl)
3 トリ (tri)	プロパン (propane)	プロピル (propyl)
4 テトラ (tetra)	ブタン (butane)	ブチル (butyl)
5 ペンタ (penta)	ペンタン (pentane)	ペンチル (pentyl)
6 ヘキサ (hexa)	ヘキサン (hexane)	ヘキシル (hexyl)
7 ヘプタ (hepta)	ヘプタン (heptane)	ヘプチル (heptyl)
8 オクタ (octa)	オクタン (octane)	オクチル (octyl)
9 ノナ (nona)	ノナン (nonane)	ノニル (nonyl)
10 デカ (deca)	デカン (decane)	デシル (decyl)
11 ウンデカ (undeca)	ウンデカン (undecane)	ウンデシル (undecyl)
12 ドデカ (dodeca)	ドデカン (dodecane)	ドデシル (dodecyl)
13 トリデカ (trideca)	トリデカン (tridecane)	トリデシル (tridecyl)
20 イコサ (icosa)	イコサン (icosane)	イコシル (icosyl)

$$\underset{2}{\overset{1}{CH_3}}\overset{CH_3}{\underset{|}{CH}}CH_2\overset{3}{CH_2}\overset{4}{CH_2}\overset{CH_3}{\underset{|}{CH}}\overset{6}{CH_2}\overset{7}{CH_3}$$

2,5-ジメチルヘプタン
(2,5-dimethylheptane)

[3,6-ジメチルヘプタンでは ない.]

$$\underset{2}{\overset{1}{CH_3}}\overset{CH_3}{\underset{|}{CH}}\overset{3}{CH_2}\overset{4}{CH_2}\overset{CH_2CH_3}{\underset{|}{CH}}\overset{6}{CH_2}\overset{7}{CH_2}\overset{8}{CH_3}$$

5-エチル-2-メチルオクタン
(5-ethyl-2-methyloctane)

[2-メチル-5-エチルオクタン ではない.]

図 2.4 アルカンの命名法

日本語でも英語でも名称を組み立てるとき，数字と数字はカンマ (,) で，数字と文字はハイフン (-) で区切り，文字と文字の間は直結しスペースも入れないことに注意しよう (図 2.4). 分岐鎖アルキル基のうちよく使用される慣用名を図 2.5 にあげる.

イソプロピル (isopropyl)　イソブチル (isobutyl)　s-ブチル (s-butyl)　t-ブチル (t-butyl)

図 2.5
慣用名が用いられる分岐鎖アルキル基
s- は sec- とも書き, secondary の略.
t- は tert- とも書き, tertiary の略.

アルケン (alkene) と **アルキン** (alkyne) は，アルカンの語尾アン (-ane) をそれぞれエン (-ene) とイン (-yne) に換えて命名する (図 2.6). 多重結合が複数ある場合は，語尾はそれぞれジエン (diene), トリエン (triene) あるいはジイン (diyne), トリイン (triyne) となる. 二重結合と三重結合を含む化合物はエン，インの順に並べる. 母体鎖には二重結合と三重結合を区別せず多重結合を含む最も長い炭素鎖を選び，番号も同じく多重結合の位置番号ができる

2,4,5,5-テトラメチル-2-ヘキセン
(2,4,5,5-tetramethyl-2-hexene)

[2,2,3,5-テトラメチル-4-ヘキセン ではない.]

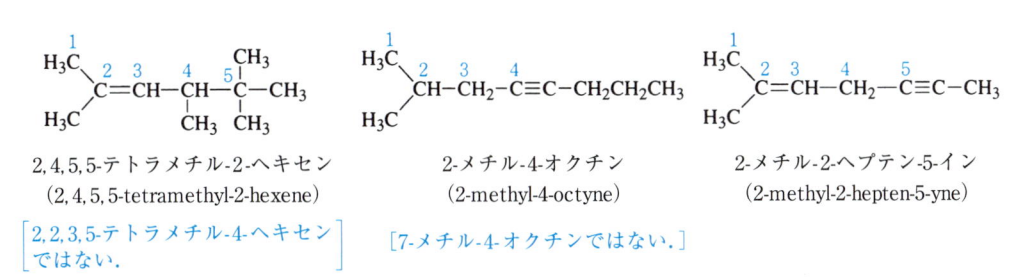

2-メチル-4-オクチン
(2-methyl-4-octyne)

[7-メチル-4-オクチンではない.]

2-メチル-2-ヘプテン-5-イン
(2-methyl-2-hepten-5-yne)

図 2.6 アルケンとアルキンの命名法

H₂C=CH₂
エチレン (ethylene)

H₂C=C=CH₂
アレン (allene)

HC≡CH
アセチレン (acetylene)

H₂C=CH—
ビニル (vinyl)

H₂C=CH—CH₂—
アリル (allyl)

図2.7 **慣用名が用いられるアルケンとアルキン**

* 二置換ベンゼンで，二つの置換基が隣り合っているもの（1位と2位）をオルト，隣の隣のもの（1位と3位）をメタ，反対側のもの（1位と4位）をパラという．

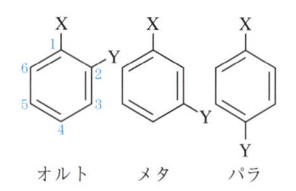

オルト　メタ　パラ

表2.3 **接尾語となる官能基と接頭語となる官能基**

接尾語となれる官能基の優先順位
1　カルボン酸
2　酸無水物
3　エステル
4　アミド
5　ニトリル
6　アルデヒド
7　ケトン
8　アルコール
9　アミン

常に接頭語となる官能基
ハロゲン基
ニトロ基
アルコキシ基

だけ小さくなるようにつける．それで決まらないときは，置換基の位置番号が小さくなるようにとる．よく使用される化合物と基の慣用名を図2.7にあげる．

環式炭化水素は対応する鎖式炭化水素に接頭語**シクロ**(cyclo)をつけて命名する（図2.8）．位置番号のとり方は鎖式のものと同様であるが，多重結合の位置番号のつけ方には注意が必要である．多重結合ははじまりの番号を示し，終わりの番号（はじまりの番号より1大きい）は省略するのであるから，例にあるような誤った番号づけをしてはいけない．

1-メチル-2-プロピルシクロペンタン
(1-methyl-2-propylcyclopentane)

3-メチルシクロヘキセン
(3-methylcyclohexene)
[2-メチルシクロヘキセンではない．]

図2.8 **環式炭化水素の命名法**

芳香族炭化水素はベンゼン(benzene)の誘導体として命名され，置換基の位置は番号で示されるが，二置換ベンゼンだけについては慣用的な o-（オルト），m-（メタ），p-（パラ）* も使用される（図2.9）．

o-ジエチルベンゼン
(o-diethylbenzene)

1,2,3-トリメチルベンゼン
(1,2,3-trimethylbenzene)

フェニル
(phenyl)
(Phと略す)

ベンジル
(benzyl)

図2.9 **芳香族炭化水素の命名法**

2.2.3 官能基をもつ化合物の命名法

置換命名法(substitutive nomenclature)においては，炭化水素を母体として対象化合物を命名する．アルキル基やハロゲン基は接頭語として，官能基は接尾語あるいは接頭語として，母体に連結する．接尾語となる官能基は，表2.3に示した優先順位に従って一つだけ選び，残りは接頭語とする．接頭語はアルファベット順に並べる．図2.10の例で説明すると，左上の化合物はアルコール（OH基をもつ）であり，またアミン（NH₂基をもつ）でもあるが，優先順位からアルコールとして命名される．アミノ基（-NH₂）はメチル基（-CH₃）とともに接頭語となり，位置番号はヒドロキシ基（-OH）の位置番号ができるだけ小さくなるようにとる．この順位は最優先され，ほかの例に見

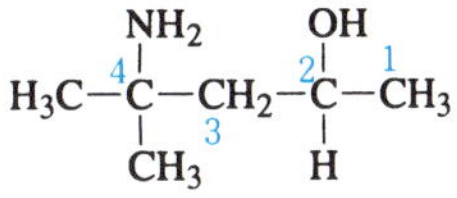

4-アミノ-4-メチル-2-ペンタノール
(4-amino-4-methyl-2-pentanol)

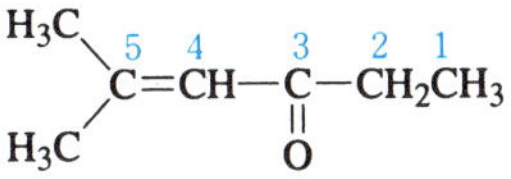

5-メチル-4-ヘキセン-3-オン
(5-methyl-4-hexen-3-one)

[二重結合の位置番号より接尾語となる官能基の位置番号が優先される．]

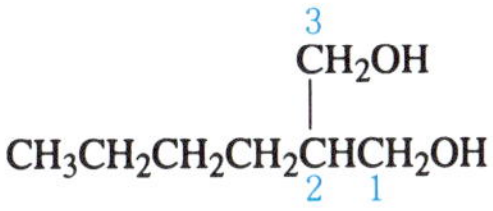

2-ブチル-1,3-プロパンジオール
(2-butyl-1,3-propanediol)

[母体鎖には，鎖長より接尾語となる官能基を多くもつものを選ぶ．]

図 2.10 官能基をもつ化合物の命名法

られるように多重結合や鎖長に関する順位よりも優先される．この命名法は系統的命名法の基本となるもので，複雑な構造の化合物まで命名できる特長がある．ただ，単純な化合物については分子構造の特徴をずばり表現しにくいという難点がある．

単純な化合物の場合，**基官能命名法**(radicofunctional nomenclature)が好んで使用される．この方法では基名と官能基名を並べて命名する*．日本語表記と英語表記では基名と官能基名の位置が逆転していることに注意してほしい．この方法は単純で明確な基名がある場合は優れているが，それがないときには命名はきわめて複雑となるので，一般的には置換命名法を使うことが好ましい(図 2.11)．

* 命名法でいう官能基は**特性基**(characteristic group)と呼ばれる．ただし，表 2.1 に示した官能基のうちアルケン，アルキン，ベンゼンなどは特性基には含まれない．

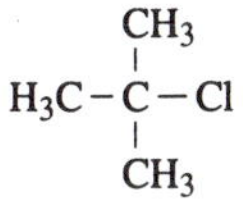

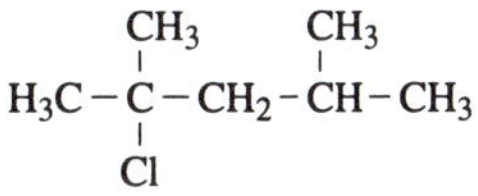

置換命名法　　2-クロロ-2-メチルプロパン　　2-クロロ-2,4-ジメチルペンタン
　　　　　　　(2-chloro-2-methylpropane)　　(2-chloro-2,4-dimethylpentane)

基官能命名法　　塩化 *t*-ブチル　　　　　　　きわめて複雑なので採用されない
　　　　　　　(*t*-butyl chloride)

図 2.11 置換命名法と基官能命名法

2.3 有機反応のかたちとしくみ

有機化合物の種類が多様なように，その反応も数多くある．その詳細はそれぞれの化合物群に分類して，4章以降で詳しく説明する．ここでは，それを学習するために必要とされる基礎知識として，全体を通じて使用される用語を解説する．出発物質が反応して生成物に至る過程は，単純なものもあれば複雑なものもあり，また直接生成物に至る反応もあれば，途中に中間体を経由するものもある．その過程は**反応機構**(reaction mechanism)と呼ばれ，それを反応の形式とともに整理すれば，有機反応全体に対する視野が明快になってくる．

2.3.1 反応形式と活性種

有機反応の形式や反応機構を考えるとき，変化を受ける物質を**基質**(substrate)，基質に作用する物質を**反応剤**†(reagent)と分類すると便利である．

反応剤という用語
"reagent"という英語は従来「試薬」と表記されてきたが，最近では実態に合わせて「反応剤」と表記されることが多い．本書でも，グリニャール試薬などの固有名を除いて「反応剤」と表記する．

この定義は多分に人為的であるが，有機化合物と無機化合物との反応では一般に有機化合物が基質に，無機化合物が反応剤に分類される．有機化合物どうしの反応では，議論の都合で適宜決められる．反応の前後での基質の形式的な変化をもとに有機反応を分類すると，① **置換反応**(substitution reaction)，② **付加反応**(addition reaction)，③ **脱離反応**(elimination reaction)，④ **転位反応**(rearrangement reaction)の四つに分けることができる(図 2.12)．

当然のことながら，どのような反応においてもどこかの結合が切断され，新たな結合がどこかに生成している．反応が結合の切断から始まる場合が多いが，その様式には**ヘテロリシス**†(heterolysis)と**ホモリシス**†(homolysis)がある．

一般にヘテロリシスによってアニオンとカチオンが生じ，ホモリシスによって**不対電子**(unpaired electron)をもつ**ラジカル**(radical)が生じる．有機反応にはこのような完全なイオンや，電荷の偏りが生じてイオン的となった**化学種**(chemical species)を含む**極性反応**〔polar reaction，イオン反応(ionic reaction)とも呼ぶ〕と，ラジカルを含む**ラジカル反応**(radical reaction)がある．また，結合の切断と生成が同時に起こる反応も存在し〔**4.6.2** 参照〕，転位反応の例として挙げた図 2.12 の最後の反応がそれにあたる．

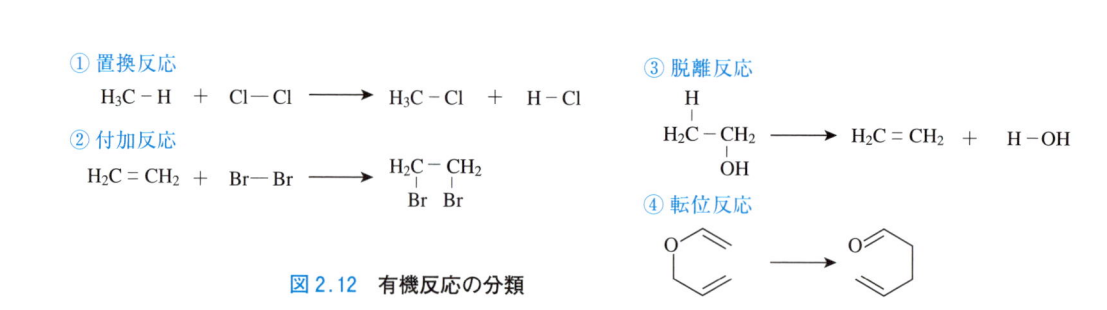

ヘテロリシス
A:B ⟶ A⁺ + B:⁻
　　　　　カチオン　アニオン

ホモリシス
A:B ⟶ A・ + B・
　　　　　ラジカル　ラジカル

① 置換反応
H₃C−H + Cl−Cl ⟶ H₃C−Cl + H−Cl

② 付加反応
H₂C=CH₂ + Br−Br ⟶ H₂C−CH₂
　　　　　　　　　　　　|　　|
　　　　　　　　　　　Br　Br

③ 脱離反応
　　H
　　|
H₂C−CH₂ ⟶ H₂C=CH₂ + H−OH
　　|
　　OH

④ 転位反応

図 2.12 有機反応の分類

2.3.2 反応エネルギー図

反応の進行度とそれに伴うエネルギー変化をグラフにして，反応機構を議論するとその特徴が明確になる．これは反応のエネルギー図と呼ばれ，その典型的な形を図 2.13 と図 2.14 に示す．図 2.13 は一段階で進行する反応のエネルギー図である．反応が起きるためには，エネルギー障壁を越えなければならない．これは**活性化エネルギー**(activation energy)と呼ばれ，これが大きくなると反応速度は減少し，逆に小さくなると増大する．エネルギーが最大となる点における反応の状態は**遷移状態**(transition state)と呼ばれる．反応が一段階で完結するのではなく，途中にカチオンやアニオンあるいはラジカルといった不安定で短寿命の化学種が生じて多段階で進行する場合もある．このような化学種は**反応中間体**(reaction intermediate)と呼ばれ，図 2.14 におけるエネルギー曲線の山の途中に現れるくぼみに位置する．

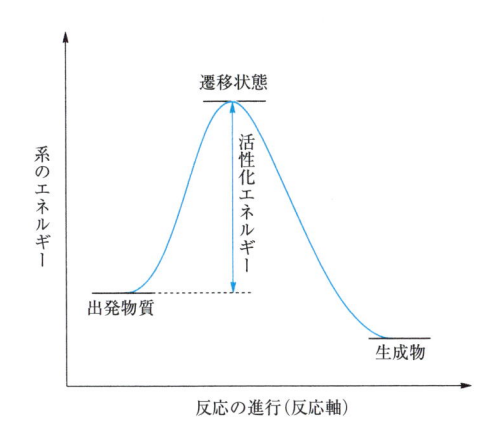

図 2.13 一段階で進行する反応のエネルギー図

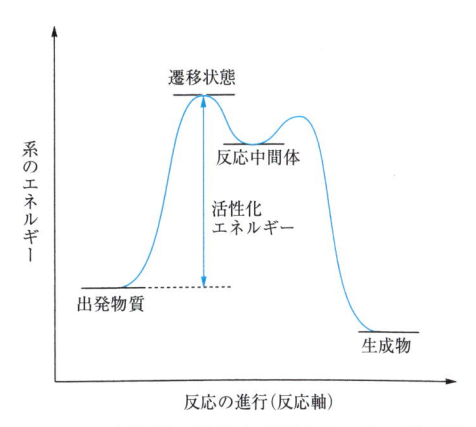

図 2.14 多段階で進行する反応のエネルギー図

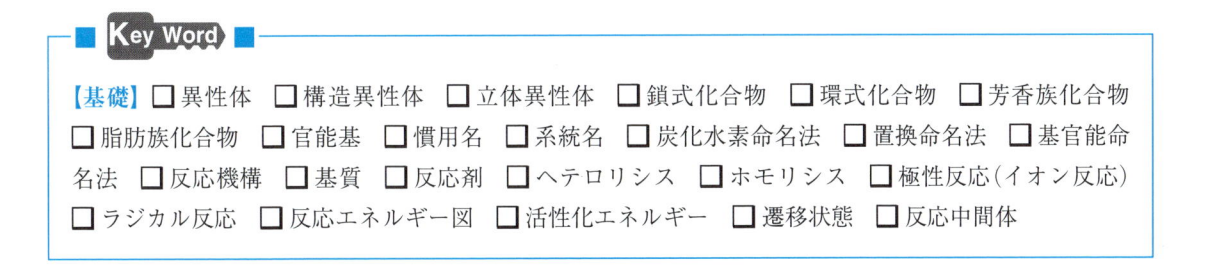

Key Word

【基礎】 □異性体 □構造異性体 □立体異性体 □鎖式化合物 □環式化合物 □芳香族化合物 □脂肪族化合物 □官能基 □慣用名 □系統名 □炭化水素命名法 □置換命名法 □基官能命名法 □反応機構 □基質 □反応剤 □ヘテロリシス □ホモリシス □極性反応(イオン反応) □ラジカル反応 □反応エネルギー図 □活性化エネルギー □遷移状態 □反応中間体

章末問題

1. 次の分子式をもつ化合物の考えられうる構造をすべて書け.
   (a) C_5H_{12}(アルカン)　(b) C_5H_{10}(アルケン)
   (c) C_5H_8(アルキン)　(d) $C_5H_{11}Cl$(ハロアルカン)
   (e) $C_5H_{12}O$(アルコール)　(f) $C_5H_{12}O$(エーテル)
   (g) $C_5H_{10}O$(アルデヒド)　(h) $C_5H_{10}O$(ケトン)
   (i) $C_5H_{10}O_2$(カルボン酸)　(j) $C_5H_{10}O_2$(エステル)

2. 次の化合物の命名に誤りがある. 正しい系統名を記せ.
   (a) 2-エチルオクタン
   (b) 3-イソプロピルペンタン
   (c) 1-メチル-3-エチルシクロヘキサン
   (d) 4-ビニルノナン
   (e) 2-メチル-5-ヘキセン
   (f) 6-ヒドロキシ-2-オクチン
   (g) o-ジメチルシクロヘキサン
   (h) 4-ヒドロキシ-2-ヘプタンアミン

3. 基官能命名法の次の化合物を置換命名法で記せ.
   (a) 臭化エチル　(b) 塩化ビニル
   (c) エチルアルコール　(d) ジメチルエーテル

4. 次の反応を置換反応, 付加反応, 脱離反応に分類せよ.

(a) $H_3C-\underset{\underset{OH}{\|}}{\overset{O}{C}} + C_2H_5OH \longrightarrow H_3C-\underset{\underset{OC_2H_5}{\|}}{\overset{O}{C}} + H_2O$

(b) $H_3C-\underset{\underset{CH_3}{|}}{\overset{\overset{CH_3}{|}}{C}}-OH \longrightarrow \underset{H_3C}{\overset{H_3C}{>}}C=CH_2 + H_2O$

(c) 〔phenyl〕$-\overset{+}{N}\equiv N$ + 〔phenyl〕$-OH \longrightarrow$ 〔phenyl〕$-N=N-$〔phenyl〕$-OH + H^+$

有機化学のトピックス

形の特異な有機分子とその名称

炭素原子の4本の結合をうまく組み立てると，興味深い形のアルカンができあがる．プリズム (prism) からのプリズマン (prismane)，立方体 (cube) からのキュバン (cubane)，正十二面体 (dodecahedron) からのドデカヘドラン (dodecahedrane) は見たままの形から命名されている．形といえば同じく，コロネン (coronene) は太陽のコロナに見立てて，ヘリセン (helicene, 3.4.3 参照) はらせん状ということで名づけられた．ケクレン (kekulene) の名前はベンゼンの構造を解明したケクレにちなんでいる．8章トピックスで紹介する，クラウンエーテル (crown：王冠)，クリプタンド (crypt：墓)，カリックスアレーン (calix：杯) も同様である．さらに，フラーレン (C_{60}, 5.3.3 参照) の名称は建築家・フラーの名前に由来する．フラーのつくったドーム建築物の構造がヒントになって，C_{60} にこの構造が与えられた．

超分子 (8章トピックスでも紹介) として知られる，共有結合以外の相互作用によってつくられる秩序だった分子あるいは分子集合体やその関連化合物も同様に，姿かたちから命名されている．ギリシャ語の *dendron* (樹木) に由来するデンドリマー (dendrimer) と呼ばれる化合物群は，次つぎと規則的に枝分れを繰り返しながら放射状に広がった樹木のような構造をしている．この大きな分子を用いて，光エネルギーの捕捉や分子認識 (8章トピックス参照) が実現されている．二つのリングが鎖のようにつながった分子があり，これにはラテン語の *catena* (鎖) に由来するカテナン (catenane) という名前が与えられている．化学的相互作用が一切なくても二つのリングは離ればなれにならない興味深い分子構造である．ロタキサン (rotaxane) と呼ばれる超分子の名前は，ラテン語の *rota* (輪) と *axis* (軸) に由来している．両端にストッパーがついた線形分子 (軸) に環状分子 (輪) がはまった構造をしている．pH変化あるいは光や電気エネルギーによって，環状分子を軸上で思いのまま左右に移動させる分子マシンをつくりあげることが試みられている．

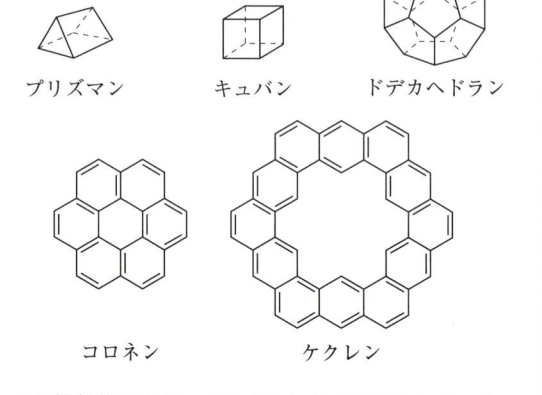

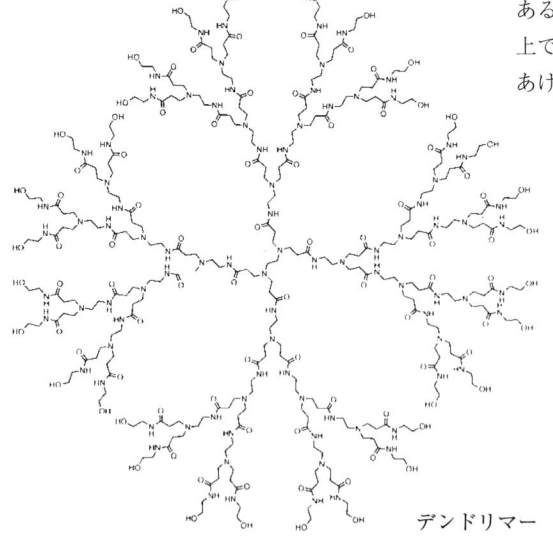

3 Organic chemistry

有機化合物の立体構造

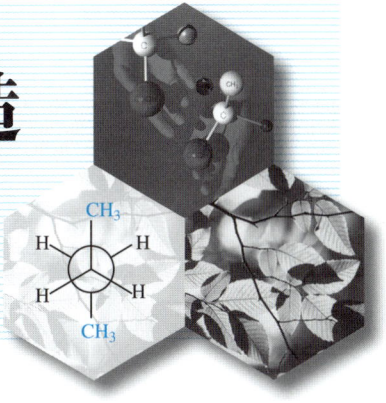

【この章の目標】

ここでは，単結合のまわりでの回転によって有機分子の立体的な形がどのように変化するかを学ぶ．また，置換基が結合する向きが異なっているために生じる異性現象についても説明する．これらの事柄は古くから旋光性と関係づけられて研究され，近代的な有機化学の誕生と発展に深くかかわってきた．有機分子の空間的な形を論じる**立体化学**(stereochemistry)を習熟することは，さまざまな化合物の性質と反応を秩序づけながら理解するための基盤となる．

3.1 立体異性体の分類

有機分子を構成する原子の種類と数，さらにそれらの結合する順序が同じでありながら，つまり平面的に書いた構造式が同一でありながら，分子の三次元的構造が異なる異性体を，**立体異性体**(stereoisomer)と呼ぶ(**2.1.1**参照)．そのうち，単結合のまわりの回転で互いに相互変換できる異性体を，**立体配座異性体**(conformational isomer または conformer)あるいは単に**配座異性体**と呼ぶ．また，それらを異性体として表記することなく，ある分子の一つの立体的な形〔それを**立体配座**(conformation)またはコンホメーションと呼ぶ〕として記述される場合もあり，今後はこの表現を用いる．一方，単結合のまわりの回転では相互変換できず，結合を一度切断した後，再びつなぎなおしてはじめて相互変換できる立体異性体を，**立体配置異性体**(configurational isomer)または単に**配置異性体**と呼ぶ(図3.1)．

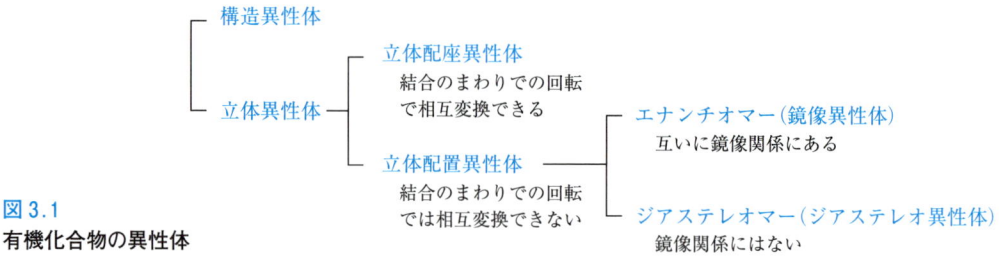

図 3.1 有機化合物の異性体

- 構造異性体
- 立体異性体
  - 立体配座異性体：結合のまわりでの回転で相互変換できる
  - 立体配置異性体：結合のまわりでの回転では相互変換できない
    - エナンチオマー（鏡像異性体）：互いに鏡像関係にある
    - ジアステレオマー（ジアステレオ異性体）：鏡像関係にはない

3.2 立体配座異性体

単結合のまわりでの回転で有機分子はどのような形をとることができるのだろうか．また，それらの安定性はどうなっているのだろうか．これらの問題は有機化合物の性質と反応にも深くかかわっている．

3.2.1 鎖式アルカンの立体配座

エタン分子（CH_3-CH_3）中央のC-C結合のまわりで回転すると，さまざまな形すなわち立体配座が生じ，その数は無限にある．このように隣接した置換基（この場合は水素原子）どうしの相対的な位置関係を明確に示すために，結合する2個の炭素原子を一端から投影する**ニューマン投影式**（Newman projection）が工夫されている（図3.2）．また，水素原子間の立体的関係を示すには，面H(1)-C(1)-C(2)と面C(1)-C(2)-H(2)がつくる角度，すなわち**二面角**（dihedral angle，記号 θ）が利用される．エタンについては代表的な立体配座として，ニューマン投影式で奥の水素原子が手前にある二つの水素原子の中央に位置する**ねじれ形**（staggered form）と，奥と手前の水素原子が重なり合った**重なり形**（eclipsed form）がある．これらのニューマン投影式と二面角を図3.3に示す．重なり形においてはC-H結合の電子対が互いに近づき，その反発のためねじれ形に比べて不安定であり，この平衡は圧倒的にねじれ形に片寄っている．その回転の様子をエネルギー図で表してある

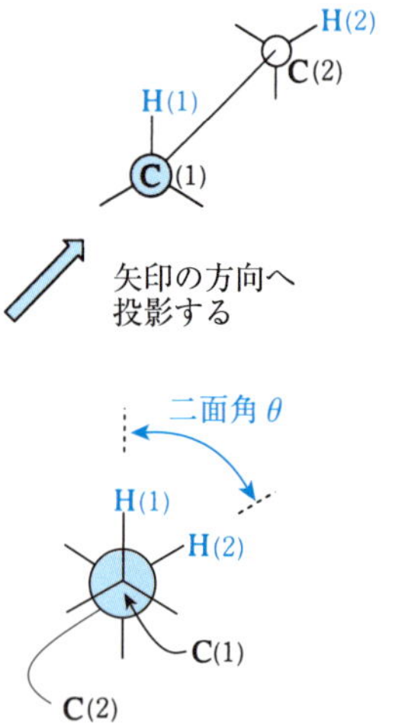

図 3.2 エタンのニューマン投影式と二面角

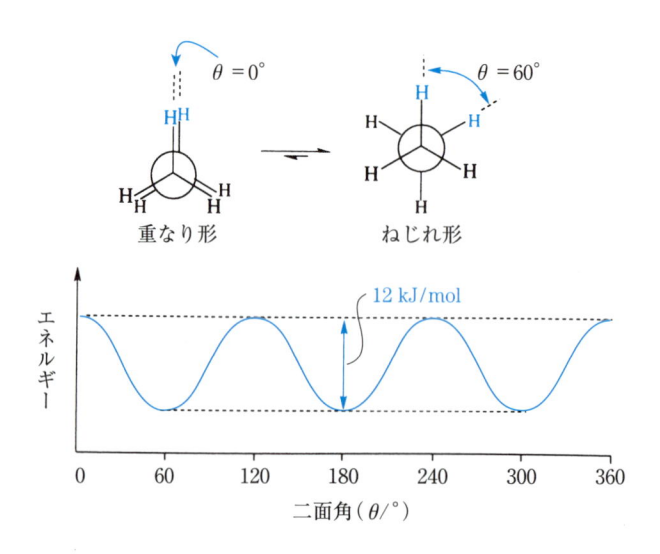

図 3.3 エタンの立体配座とエネルギー図

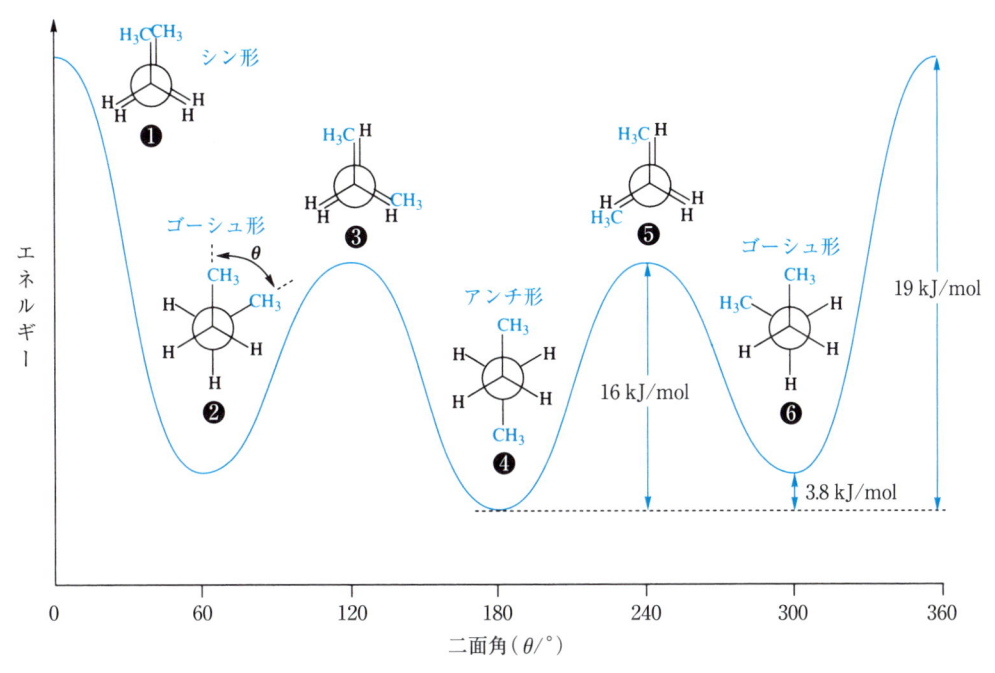

図 3.4 ブタンの立体配座とエネルギー図

が，このエネルギー障壁は室温では回転を止めるほど大きくなく，メチル基は室温においてほぼ自由に回転している．

ブタン($CH_3CH_2-CH_2CH_3$)の中央の C–C 結合が内部回転して生じる立体配座については，少し事情が複雑になる*．図 3.4 に示すように，重なり形については，メチル基どうしが重なる立体配座❶と，メチル基と水素原子が重なる立体配座❸，❺がある．またねじれ形についても，メチル基どうしが隣にくる立体配座❷，❻〔**ゴーシュ形**(gauche form)と呼ばれる〕と，逆方向にくる立体配座❹がある．中央の結合について，立体配座❶のように二つの基が同一平面にあって同じ方向を向いている場合を**シン形**(syn form)，同じく立体配座❹のように逆の方向を向いている場合を**アンチ形**(anti form)と呼ぶ．ブタンの代表的な立体配座の安定性は❶＜❸＝❺＜❷＝❻＜❹の順で増していき，立体配座❹が最も安定で最も多く存在する．

これ以上長鎖の直鎖アルカンでは，代表的な立体配座だけでもその数は等比級数的に増加するが，最も安定なのは立体配座❹と同じように炭素鎖の各部分がアンチ形をとっているもので，分子全体の形としては折れ曲がりが少なく，ジグザグ状に伸びたものとなる．

3.2.2 環式アルカンの立体配座

環式アルカンがとることのできる立体配座の数は，鎖式アルカンに比べてずいぶん少ない．シクロプロパンでは単結合のまわりでの回転はできないので，直鎖アルカンのように結合の回転によって立体的な形が変化する可能性

* ブタンの各配座間のエネルギー差を特定の相互作用のエネルギーに分割すると，下表が得られる．

相互作用	kJ/mol
(a) $H \leftrightarrow H$ 重なり	4.0
(b) $H \leftrightarrow CH_3$ 重なり	6.0
(c) $CH_3 \leftrightarrow CH_3$ 重なり	11
(d) $CH_3 \leftrightarrow CH_3$ ゴーシュ	3.8

たとえば，ブタンのシン形配座❶では，相互作用(a)が二つと(c)が一つある．ところが，アンチ形配座❹では何もない．したがって，それらの配座間のエネルギー差は $(4.0 \times 2 + 11) - 0 = 19$ kJ/mol と計算される．

40 3章 有機化合物の立体構造

バナナ結合

シクロプロパンのC–C結合を形成している軌道は，正三角形の外側で張りだしている．その電子雲はバナナのように曲がっており，**バナナ結合**(banana bond)と呼ばれる．

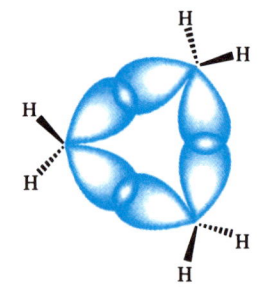

* シクロプロパンの開裂反応 4章 p.59 参照．

図3.5 シクロプロパンの立体配座

はない(図3.5)．シクロプロパンの結合角C–C–Cは60°(正三角形の内角)であり，sp^{3}混成軌道の間の角度(結合角)109.5°よりかなり小さい．そのため，シクロプロパンの結合には大きなひずみがかかっている(これをバナナ結合†と呼ぶ)．環開裂が起こることによってこのひずみを解消するように，シクロプロパンでは，一般のアルカンにはない独特の反応が起こることがある*．

シクロブタンでも正方形(内角90°)の立体配座でC–C–C結合角の大きなひずみが予想される(図3.6)．それでも，シクロブタンの安定な立体配座でのC–C–C結合角は約88°と90°より小さく，平面より少しひずんだ構造をしている．平面構造では環のすべてのC–CとC–H結合について，重なり形になるため不安定である．安定配座†では重なり形から少しずれている(図3.7)．このように結合角や二面角などが互いに影響し合って，安定配座はそれらのバランスで決定される．

シクロペンタンは正五角形の立体配座をとると，C–C–C結合角は108°と予測され，正四面体構造での結合角109.5°とほぼ等しい．この平面状の

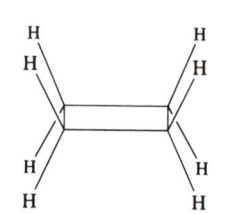

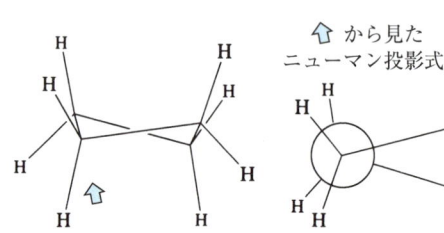

安定配座と立体配座解析

分子の立体配座は，単結合のまわりでの内部回転だけで変化するわけではない．結合長や結合角も二面角と同様に互いに影響を及ぼし合って変化し，分子全体として安定なところに落ち着いて安定配座となる．この考えに基づいて，分子内で働くさまざまな力を見積もることによって，安定配座を見つけだす作業を**立体配座解析**(conformational analysis)という．コンピュータが手軽に使用できるようになった現在，誰もが簡単に立体配座解析を行えるようになってきた．

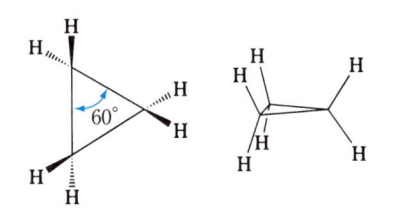

環が平面であるときのシクロブタンの立体配座　　シクロブタンの安定配座　　⇧から見たニューマン投影式

図3.6 シクロブタンの立体配座

ステレオ図の見方

図の下の二つの黒点を見つめていると，二つが四つに見えてくる．見る角度や目と紙面との距離を微調整しながら，さらに見つめ続けると，中央の二つの点が重なって全部で三つの点となる．このとき目を図に移すと三つの図が見え，そのうち中央のものが立体的に見える．

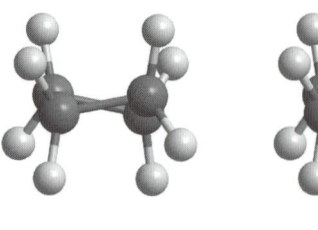

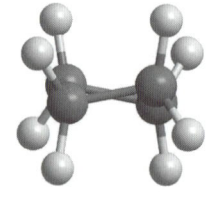

図3.7 シクロブタンの安定配座　(ステレオ図)

立体配座では結合角のひずみはないと考えられるが，これではすべての結合が重なり形になるので不利が生じる．そのため，シクロペンタンの安定配座も平面から少しずれている（図 3.8）．シクロペンタンでは，骨格となる炭素原子の数がシクロブタンより一つ多いため，大きなひずみを伴わずに環を変形することが可能となり，複数の安定配座が知られている．

　シクロヘキサンの代表的配座は**いす形**（chair form）と**舟形**（boat form）である．いす形配座においては，結合角にひずみをかけずに，環内のすべての結合についてねじれ形配座をとることができる（図 3.9）．このため，いす形がシクロヘキサンの最も安定な配座である．一方，舟形でも結合角にはひずみはないが，環内の 2 本の C–C 結合と 4 本の C–H 結合について重なり形となり，重なった軌道の電子対どうしが反発する．また，環上部の水素原子が近づきすぎるために，舟形配座はきわめて不安定になる（図 3.10）．

　いす形のシクロヘキサンの C–H 結合は全部で 12 本あるが，これらは二種類に分類されることが図 3.11 からわかる．一つは**アキシアル結合**（axial bond）であり，シクロヘキサン環をほぼ平面に見立てたとき，その平面に垂

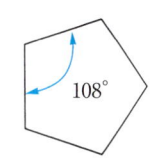

正五角形

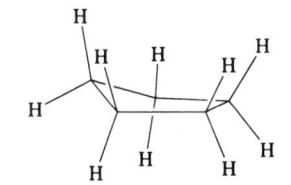

結合角が 108°より小さくなり重なり形から少しずれている

図 3.8　シクロペンタンの安定配座

ニューマン投影式
すべての結合についてねじれ形

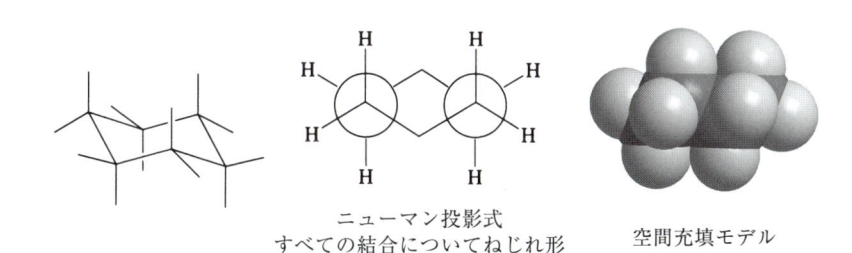

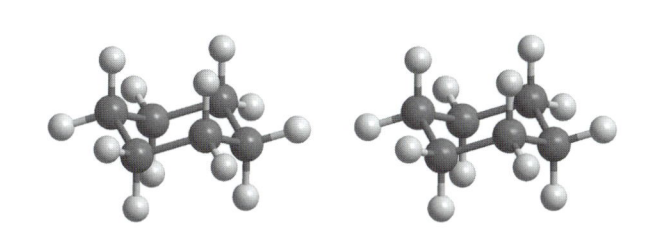

空間充填モデル

図 3.9
シクロヘキサンのいす形配座

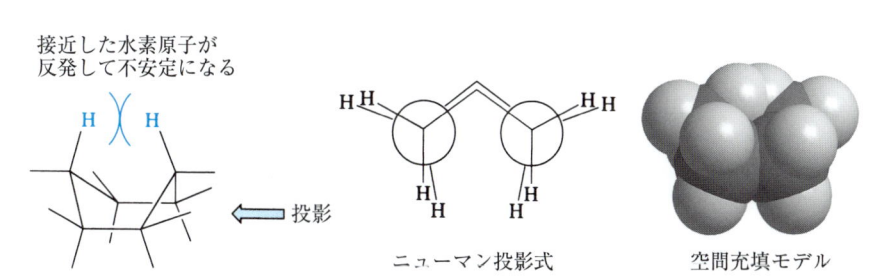

接近した水素原子が反発して不安定になる

投影

ニューマン投影式

空間充填モデル

図 3.10
シクロヘキサンの舟形配座

図 3.11 アキシアル結合とエクアトリアル結合
a：アキシアル結合，e：エクアトリアル結合．

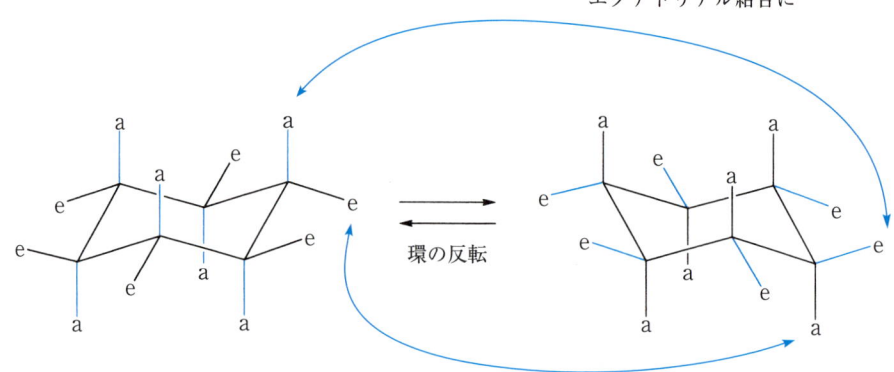

エクアトリアル結合

エクアトリアル結合は，一つ離れた環内のC–C結合に平行にするとうまく書ける．

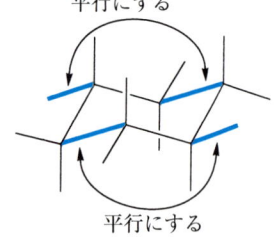

直である．もう一方は**エクアトリアル結合**†(equatorial bond)であり，その平面にほぼ平行である．アキシアル結合とエクアトリアル結合の空間的(立体的)性質は異なるが，室温ではすばやく環が反転して，一つのいす形配座からもう一つのいす形配座に変化するため，見分けがつかない．

次に，メチルシクロヘキサンについて考えてみよう(図 3.12)．メチル基がエクアトリアル結合した立体配座とアキシアル結合した立体配座が存在することに気づくだろう．エクアトリアル結合した立体配座では，メチル基は外に向かっている．一方，アキシアル結合した立体配座ではメチル基は環のすぐそばにあり，図に示した3位のアキシアル水素原子と反発しあうことになる．このようなアキシアル置換基の効果は，相互作用する基との位置関係

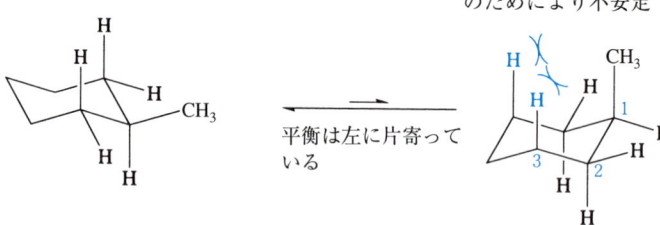

図 3.12
メチルシクロヘキサンの立体配座

から**1,3-ジアキシアル相互作用**(1,3-diaxial interaction)と呼ばれている(表3.1). この効果のため, 相互に変換することは可能であるが, その平衡はメチル基がエクアトリアル結合した立体配座に片寄っている.

3.3 立体配置異性体

分子の立体構造が化合物のどんな性質にかかわっているのかについて, 立体化学の発展の歴史に沿って説明しよう.

3.3.1 光学活性

光は電磁波の一種であり, その振動面は進行方向に対して直角である. 自然光にはあらゆる方向に振動面をもつ電磁波が含まれているが, ニコル(W. Nicol)のプリズムやポラロイド板に通すと, 振動面が一方向だけのものが通過し, その他の成分は除かれる. この光は**平面偏光**(plane-polarized light)と呼ばれる. ある種の有機化合物の溶液に平面偏光を通すと, その振動面が回転することがあり, この性質を旋光性と呼び, この物質は**光学活性**[†](optically active)であるといわれる(図3.13).

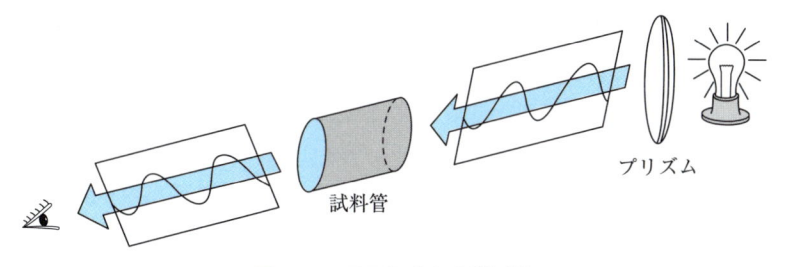

図3.13 平面偏光と光学活性

では, どのような物質が光学活性となるのだろうか. 19世紀の終わりごろ, ファント・ホッフとル・ベルはこの問題にはじめて明快な答えを与えた. 彼らの理論の基盤は, 炭素原子が正四面体構造をとっているという仮説(四面体構造モデル)であった. 一つの炭素原子に種類の異なる四つの原子あるいは原子団が結合しているとき, この炭素原子は**不斉炭素原子**(asymmetric carbon atom)と呼ばれ, そこには空間的に二つの形が可能となり, 互いに鏡像関係にある立体異性体が生じる(図3.14). この二つの異性体を**エナンチオマー**(enantiomer)という. 彼らは, 一方の異性体が偏光面を右に回転し, 他方は同じ角度だけ左に回転させると提唱した. すると, 両者の等量混合物〔**ラセミ体**(racemic modification または racemate)〕は結果的に偏光面を回転しない. つまり光学不活性となる. また, 不斉炭素原子をもたない分子ではエナンチオマーは生じることがないので光学不活性となる. この理論によって, 光学活性の問題が説明されただけでなく, 炭素原子が正四面体構造をとっていることがはじめて示され近代の有機化学発展の基盤となった.

表3.1 シクロヘキサンの水素原子と置換基間の1,3-ジアキシアル相互作用エネルギー

置換基	kJ/mol
$-CH_3$	3.8
$-CH_2CH_3$	4.0
$-CH(CH_3)_2$	4.6
$-C(CH_3)_3$	11.4

アルキル基が大きくなるにつれ, 立体反発は大きくなる. メチルシクロヘキサンのアキシアル配座では1,3-ジアキシアル相互作用(3.8 kJ/mol)が二カ所あるので, エクアトリアル配座に比べ7.6 kJ/mol不安定である.

光学活性と酒石酸
19世紀のなかごろパスツール(L. Pasteur)は, ラセミ酸(ぶどう酸)と呼ばれていた光学不活性な酒石酸が, (+)-および(-)-酒石酸の等量混合物(ラセミ体)であることを見いだした. 当時, 有機分子の構造についての知見が十分でなかったため, 光学活性という現象と分子構造の間にどのような関係があるか明確な答えをだすことはできなかったが, この発見が後のsp^3炭素の正四面体説の基礎となった(序章 p.3参照).

3章 有機化合物の立体構造

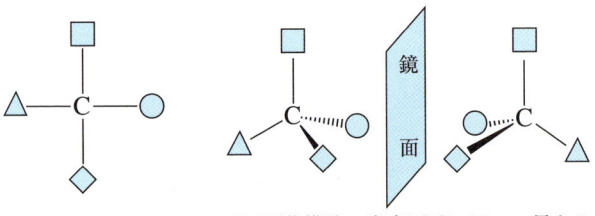

図 3.14
不斉炭素原子

正四面体構造の炭素原子に四つの異なる原子または原子団が結合すると、もとの化合物とその鏡像は同一ではなくなる

偏光面が回転する角度は旋光度と呼ばれ、これは試料の濃度と試料管（セル）の長さに比例する。また、光の波長、測定温度、そして溶媒の種類によっても変化する。したがって、物質の固有の物理定数としては、旋光度を規格化した下式に示す**比旋光度**(specific rotation)が用いられる。**右旋性**† は＋（プラス）、**左旋性**† は－（マイナス）で示される。

$$[\alpha]_\lambda^T = \frac{100 \cdot \alpha}{l \cdot c}$$

$[\alpha]$：比旋光度（単位はつけないことになっているが、[°]がついている場合もある）

α：旋光度(°)

l：試料管の長さ（dm：デシメートル ＝ 10 cm）

c：試料の濃度（g/100 mL：溶液 100 mL 中の溶質のグラム数）

T：温度

λ：測定波長(nm)。一般にはナトリウムのD線(589 nm)を用いることが多い。この場合"D"と記す。

例 $[\alpha]_D^{25} + 25.0$ (c 1.0, C_2H_5OH)　　$[\alpha]_D^{10} - 15.0$ (c 2.0, $CHCl_3$)

3.3.2 キラリティー

現在では、化合物が光学活性であるか光学不活性であるかは、不斉炭素原子をもっているかもっていないかだけでは説明できないことがわかっており、**キラリティー**＊(chirality)という概念で統一的に理解されている。ある分子構造とその鏡像が重なり合わないとき、その構造は**キラル**(chiral)であり、重なり合わない二つの立体異性体は、互いにエナンチオマー(enantiomer)の関係にあるという。エナンチオマーという言葉は、以前から使われてきた鏡像異性体† と同じ意味である。一方、それらが重なり合うときは**アキラル**(achiral)であるという。H_2O、CH_4、CH_3CH_2OH などは不斉炭素原子をもたず、アキラルである。これらの分子構造中には対称面を置けることに注意してほしい（図3.15）。

不斉炭素原子を一つもつ分子では対称面が存在せず、その構造はキラルとなる（図3.14参照）。炭素原子だけでなく、窒素原子、ケイ素原子、硫黄原子なども**キラル中心**(chiral center)となることができる。キラル中心をもつ

右旋性と左旋性

偏光面を右（時計回り）に回転させる物質は**右旋性**(dextrorotatory)、左（反時計回り）に回転させる物質は**左旋性**(levorotatory)であるという。これらをd、lで示すこともかつてあったが、後に述べる立体配置を指定するD,Lときわめて紛らわしいので、通常は(＋)、(－)を用いる。

＊ キラリティーはギリシャ語 *cheir*（英語で hand）に由来し、掌性と訳されることもある。

鏡像異性体と対掌体

鏡像異性体間の関係は右手と左手の関係と同じなので、鏡像異性体は対掌体(antipode)と呼ばれたこともある。しかしこの用語は"対照体"と同じ発音で紛らわしく、誤解を招きやすいので使用しないほうがよい。なお、光学異性体(optical isomer)という用語は鏡像異性体の同義語として用いられる。

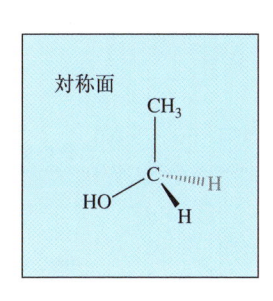

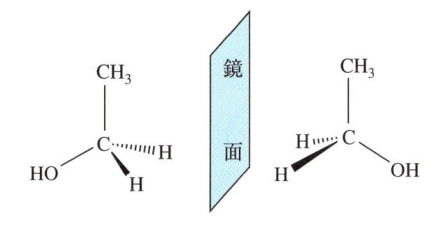

図3.15
アキラルな構造

分子内に対称面をもつため，互いに重ね合わせることができる

ことから生じるキラリティーは**中心性キラリティー**(central chirality)と呼ばれ，有機分子がキラルとなる最も一般的な場合である．それでは，キラル中心をもたないでキラルな構造となるのはどのようなものであろうか．このことについては，この章の発展項目にその例をあげる．逆にキラル中心をもちながらアキラルとなる例については3.3.6で述べる．

3.3.3 R, S表示法

一般の有機化合物についてキラル中心における二つの立体配置を指定するには，カーン(R. S. Cahn)，インゴールド(C. Ingold)，プレローグ(V. Prelog)らによる $R, S^†$ **表示法**(R, S convention)が用いられる．その手順を以下にまとめる．

① キラル中心に結合している原子あるいは原子団に順位をつける．
② 順位が最も低いものを最も遠くになるように見る．
③ 残りの三つを順位の高いものから低いものへ見まわしたとき，時計回りならばR，反時計回りならばSと指定する(図3.16)．

4を一番遠くにして残りが時計回り
R配置

4を一番遠くにして残りが反時計回り
S配置

R と S
R, S の記号は，ラテン語の右(*rectus*)，左(*sinister*)に由来する．

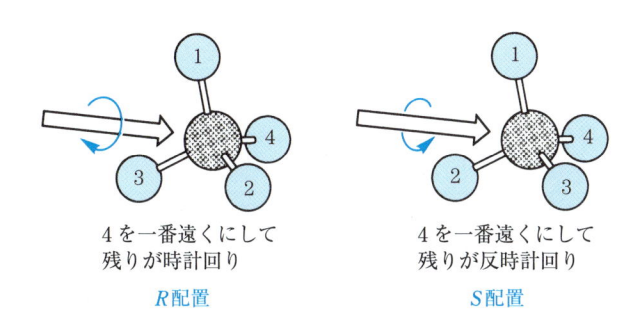

図3.16
R, S配置の定義

順位づけ
R, S表示に限らず有機化合物を命名する場合，母体鎖のとり方，位置番号のつけ方などについて，順位づけを行うことが頻繁にある．このとき，比較するもののうちで最も優先されるものから始め，優劣が決まったならそこで比較をやめる．

順位については次のように定められている．まず，原子番号の大きいものを高順位にする．原子番号が同じ場合は，物質量の大きいものを高順位にする．この規則でキラル中心に直結した原子(1巡目)を比較して，そこで決まれば順位づけ†は終わる．もし決まらなければ次の原子(2巡目)で比較して，そこで決まれば終わる．順位づけができるまで，3巡目，4巡目，5巡目と比較は続くが，そのような場合はめったにない．多重結合については結合を

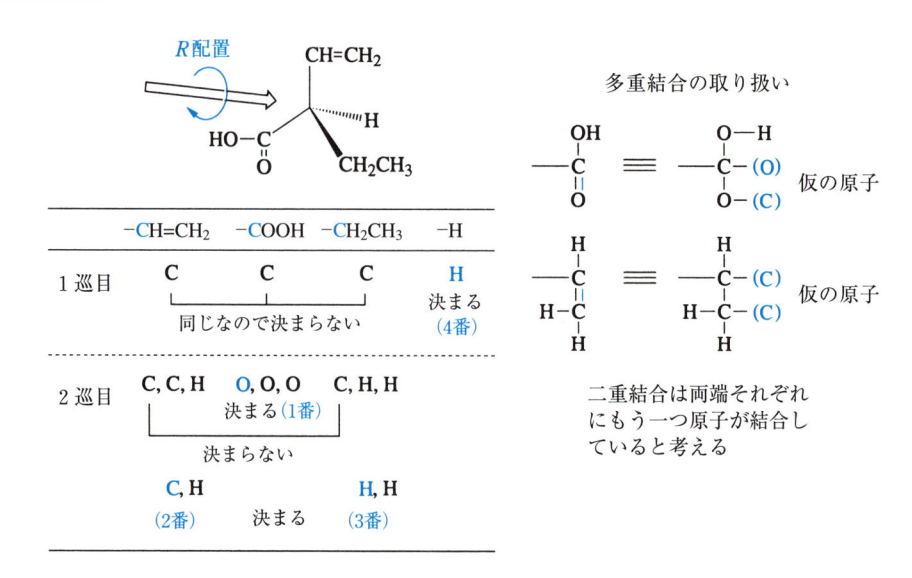

図 3.17 R, S 配置の決定法

　開いて，同じ原子が結合の数だけついているものと仮定する．つまり二重結合を単結合に変えて，仮の原子を追加して，その分を含めて原子を二度数える．三重結合では三度数えることになる．

　図 3.17 の分子を例にして具体的に考えてみよう．最初に，原子団 $-CH=CH_2$ と $-COOH$ は多重結合をもっているので，図右のように仮の原子を加えて書き換える．キラル中心原子に直結した原子(1 巡目)を比較すると，$-H$ の順位が 4 番目であることが決まり，その他はすべて C であるから順位が決まらない．そこで 2 巡目を比較することになる．$-COOH$ では O, O, O, $-CH=CH_2$ では C, C, H, $-CH_2CH_3$ では C, H, H であるから，それらのなかで最も順位の高い原子を比較すると，O をもっている $-COOH$ の順位が 1 番目であることがわかる．残りの $-CH=CH_2$ と $-CH_2CH_3$ は，その次の C と H を比較して，それぞれ 2 番目，3 番目と決まる．順位が 4 番目の $-H$ を一番遠くに置いて(白矢印の向き，紙面の上から)，残りの原子団を見まわすと，1 番目($-COOH$)→2 番目($-CH=CH_2$)→3 番目($-CH_2CH_3$)が時計回りであり，このキラル中心は R 配置であると決定できる．

　優先順が最も低い原子が紙面の手前にきて，回り方が見にくい立体構造式

図 3.18 R, S 決定の際の置換基の入れ替え

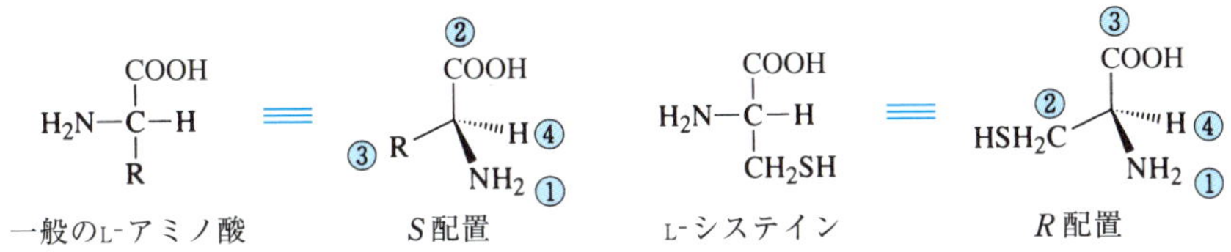

3.3 立体配置異性体　47

図3.19
R, S 配置と D, L 配置

の場合，キラル中心に結合しているグループを二度入れ替えてもよい．すると立体配置はもとに戻る（図3.18）．

R, S 表示法は，おのおのの分子に対して立体配置を指定するには優れた方法であるが，化合物群を形成する分子の立体配置を系列として指定することはできない．同じ空間配向をもつ化合物のなかで，順位の規則のために R, S 表記が逆転することもある（図3.19）[*1]．たとえば後に述べるように，「L-アミノ酸がタンパク質を構成する」という表現は正しいが，「S-アミノ酸がタンパク質を構成する」とはいえないことに注意してほしい．

3.3.4 二重結合についての E, Z 表示法

2-ブテンのように，二重結合の両端それぞれに水素原子が1個ずつ結合している分子では，その異性体をシス，トランスで指定することができる．しかし，三置換，四置換アルケンでは紛らわしくなって，そのような命名はできない．R, S 表示法の順位則を適用すれば，この問題はうまく解決できる（図3.20）．まず，二重結合の両端それぞれで順位づけを行う．順位の高い基どうしが同じ側にくるときを Z 配置，逆側にくるときを E 配置と呼ぶ[*2]．

[*1] 表 13.1「タンパク質を構成するアミノ酸」(p.212) を確かめてみよう．側鎖置換基の2巡目の原子は，セリン（−CH₂OH）とシステイン（−CH₂SH）を除けば，すべて水素か炭素であることがわかる．したがって，それら置換基の順位は −COOH よりも低く，その状況はセリンでも同様である．システインの場合，硫黄であるため，−COOH より順位が高くなり，R 配置となる．

[*2] Z はドイツ語の「zusammen：ともに」に由来し，E は同じく「entgegen：反対側に」に由来する．

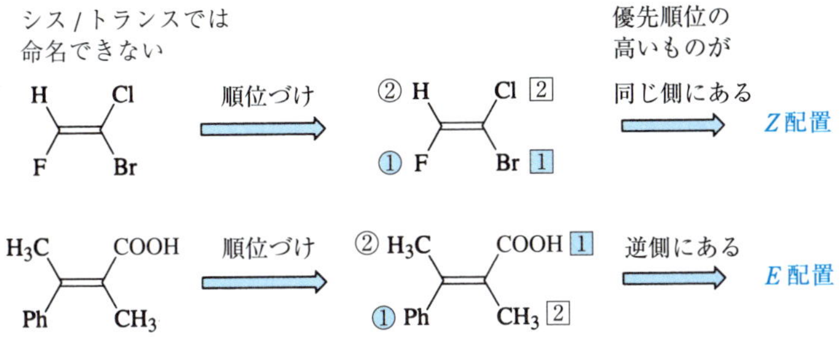

図3.20
E, Z 配置決定法

3.3.5 D, L 表示法

D, L 表示法（D, L convention）は糖やアミノ酸の配置を指定するとき用いられ，その他の一般の有機化合物に対しては，紛らわしくなるため使用されることはない．D, L 配置の指定は**フィッシャー投影式**（Fischer projection）で行われるので，それと一般の立体構造式の関係を知っておく必要がある．まず，−CHO あるいは −COOH（酸化状態の高い官能基）が上にくるようにして，分子の母体鎖を縦方向に置く．この際，不斉炭素原子に結合している水素原子とヒドロキシ基（あるいはアミノ基）は紙面より手前にくるようにする．こ

図 3.21
フィッシャー投影式と
D, L 配置

立体構造式　　　　　　　　　　　　　　　　　フィッシャー投影式

D-グリセルアルデヒド

L-グリセルアルデヒド

D-セリン

L-セリン

の状態で紙面へ投影して得られるのがフィッシャー投影式であり，このときヒドロキシ基（あるいはアミノ基）が右にくるのが D 配置，左にくるのが L 配置である（図 3.21）．この表示法は，D-あるいは L-グリセルアルデヒドを基準にして，それらと同じ空間配置をもつ化合物群に，同系列の立体配置を指定するものである．したがって，糖やアミノ酸のように類型構造をもつ化合物群に対しては適切な表記法である．

3.3.6　複数のキラル中心をもつ分子

有機分子がキラル中心を一つもつと，エナンチオマーが現れることはすでに説明した．キラル中心を二つもつとどうなるだろうか．1,2-二置換シクロプロパンで考えてみよう（図 3.22）．一つのキラル中心について二つの立体

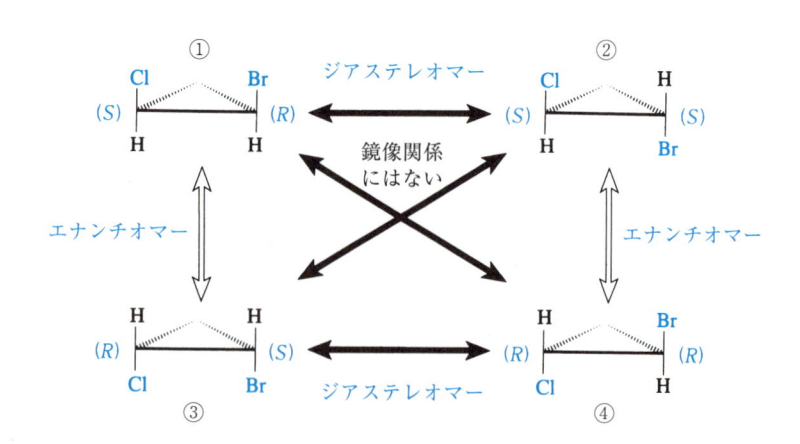

図 3.22
エナンチオマーとジアステレオマー

異性体が現れるから，n 個のキラル中心をもつ分子では，一般に計 2^n 個の立体異性体が出現する．ここでは可能な四つの異性体を図示するが，すべての構造はキラルである．そのなかで①と③，②と④は互いに鏡像関係，すなわちエナンチオマーの関係にあり，それ以外の組合せはもはや鏡像関係にはない．このようなエナンチオマー以外の立体配置異性体を**ジアステレオマー** (diastereomer) または**ジアステレオ異性体**と呼ぶ．二置換シクロプロパンの例からわかるように，環のシス，トランス異性はジアステレオ異性の一種である*．鏡像関係にあるかどうかが問題なのだから，環式化合物に限らず鎖式化合物でもジアステレオマーは現れる．

次に 1,2-ジクロロシクロプロパンについて考えてみよう（図3.23）．この場合，①と③が同一の構造であることに注意してほしい．したがって，三つの立体異性体が存在することになり，そのうち②と④がエナンチオマーの関係にあり，それ以外がジアステレオマーの関係にある．①にはキラル中心が二つ存在するが，分子構造のなかに対称面が存在する．そのため①はその鏡像である③と重なり合い，アキラルである．このような構造を**メソ形** (meso form) という．

* 二重結合についてのシス，トランス異性もジアステレオ異性の一種と考えてもよい．

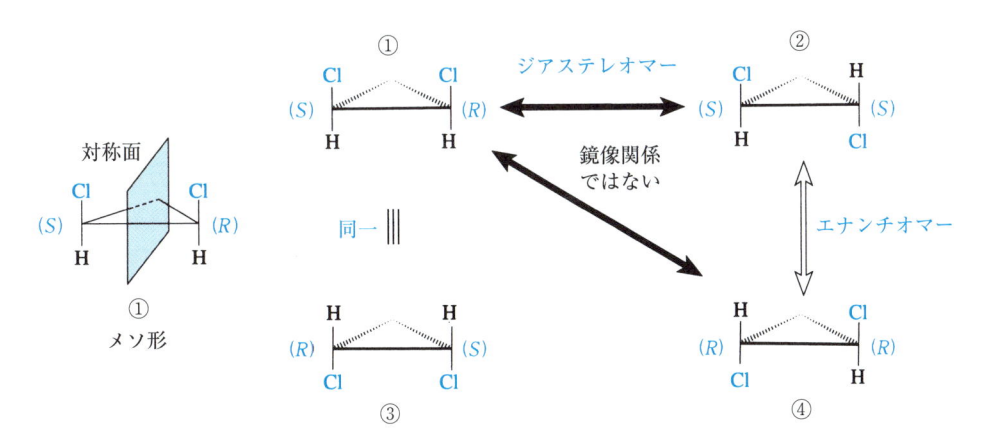

図3.23 対称面とメソ形

3.3.7 立体配置異性体の性質

互いにジアステレオマーの関係にある化合物は，まったく別の物質である．*cis*-2-ブテンと *trans*-2-ブテンで見られるのと同じように，それらの沸点，融点，比重，溶媒への溶解度，いろいろな反応剤との反応性などすべての性質が異なる．

では，エナンチオマーどうしではどうだろうか．エナンチオマーはアキラルなものに対しては同じ性質，挙動を示し，キラルなものに対しては異なった性質，挙動を示す．この状況は右利き用と左利き用の野球のグローブ（エナンチオマーの関係にある）にたとえてよく説明される．ボールはアキラルなのでどちらにも同じように収まるが，キラルな右手は右手用グローブにはうまく収まるが，左手用グローブには収まらない．このように，キラリティ

キラリティーと平面偏光

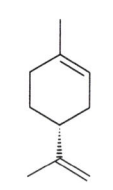

一見したところ，平面偏光はキラリティーに関係した性質をもたないと思えるかもしれないが，旋光性は次のように説明される．平面偏光は左円偏光（左向きにらせん回転をしながら進む光）と右円偏光（右向きにらせん回転をしながら進む光）が合わさったものと考えられる．左円偏光と右円偏光は互いにエナンチオマーの関係にあるので，キラルな物質に対する性質は異なる．この結果，偏光面が左あるいは右に回転する．

(R)-(+)-リモネン
柑橘系の芳香

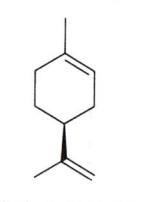

(S)-(−)-リモネン
石油臭い

図 3.24 エナンチオマーと生物活性

ーに関係しない性質（沸点，融点，比重，溶媒への溶解度，アキラルな反応剤との反応性など）はエナンチオマー間で等しい一方，キラリティーに関係した性質[†]（旋光性，キラルな反応剤との反応性など）は異なってくる．このうち旋光性が最も古くから知られている性質である．

酵素はL-アミノ酸から構成されるタンパク質であり，もちろんキラルである．L-アミノ酸酸化酵素はL-アミノ酸のみを酸化し，D-アミノ酸はそのまま残す．舌にある，味覚をつかさどる味覚レセプターもキラルであり，一般にD-アミノ酸は甘く感じるが，L-アミノ酸は甘く感じない．においについても同様で，（＋）-リモネンは柑橘系の芳香がするが，（−）-リモネンは石油臭い（図3.24）．医薬や農薬の多くは生体内のさまざまな酵素の阻害剤であったり，レセプターのブロック剤であったりする．そのため，エナンチオマーの一方のみが活性であることが多く，他方は活性がないばかりか，ときにはまったく異なる活性（あるいは毒性）をもつこともある．

3.3.8 光学分割と不斉合成

光学活性体を得るには，自然界に存在する光学活性な糖やアミノ酸から変換する方法のほかに，**光学分割**（optical resolution または enantiomeric resolution）と**不斉合成**（asymmetric synthesis）があり，両者とも光学活性な反応剤や触媒を利用する．

光学分割とはエナンチオマーの等量混合物であるラセミ体から，それぞれのエナンチオマーを分離する方法である．エナンチオマーはそのままでは分離できないが，ジアステレオマーに誘導すると，その性質の違いから分離できる．その例として，（−）-酸を用いた（±）-アミンの光学分割を示す（図3.25a）．また，光学活性な反応剤との反応ではエナンチオマー間で反応速度が異なり，これを利用する方法もある．このとき酵素がとりわけよく用いられる（図3.25b）．

アキラルな基質が反応してキラルな生成物を与えるとき，一般的な反応剤

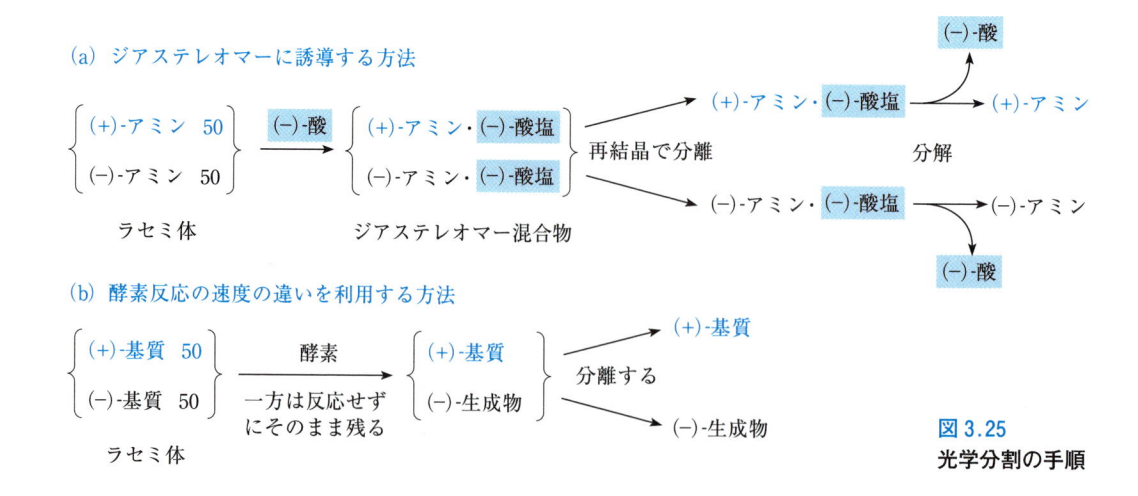

(a) ジアステレオマーに誘導する方法

{(+)-アミン 50 / (−)-アミン 50} ラセミ体 →[(−)-酸] {(+)-アミン・(−)-酸塩 / (−)-アミン・(−)-酸塩} ジアステレオマー混合物 →再結晶で分離→ (+)-アミン・(−)-酸塩 / (−)-アミン・(−)-酸塩 →分解→ (+)-アミン + (−)-酸 / (−)-アミン + (−)-酸

(b) 酵素反応の速度の違いを利用する方法

{(+)-基質 50 / (−)-基質 50} ラセミ体 →[酵素 一方は反応せずにそのまま残る] {(+)-基質 / (−)-生成物} →分離する→ (+)-基質 / (−)-生成物

図 3.25 光学分割の手順

3.4 中心性キラリティー以外のキラリティー 51

図 3.26 アミノ酸の不斉合成
一般の反応では C=C 二重結合の面に対して上下等しい割合で水素が付加する．これを上からの付加だけにするのが不斉合成である．

を用いるとラセミ体が生じる．このとき，光学活性な反応剤や触媒を用いると，エナンチオマーの一方を優先的に生成させることができ，この方法は**不斉合成**と呼ばれている（図 3.26）．必要な立体異性体のみを得ることができる不斉合成は，きわめて効率のよい方法で，近年急速に発展し，光学活性体の工業的生産にも応用されている．

3.4 中心性キラリティー以外のキラリティー

キラル中心がないもので，分子全体の形がキラルとなる構造には以下のものがあり，そのような現象は**分子キラリティー**（molecular chirality）と呼ばれる．

3.4.1 軸性キラリティー

アレン分子の左右は互いに 90°ねじれているため（図 3.27），両端に置換基をもつアレンの構造はキラルとなる．このような分子内に存在する軸を中心

【発展項目】について

基礎の有機化学としては少し難解ではあるが，これからより高度な有機化学を学ぶうえで重要となる内容を【発展項目】としてあげた．場合によっては省略することも可能であるが，できれば全項目を読んでもらいたい．

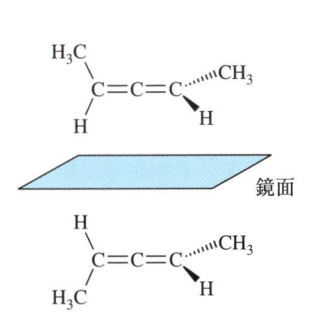

1,3-二置換アレンでは分子の左右が 90°ねじれているため，分子全体としてはキラルとなる

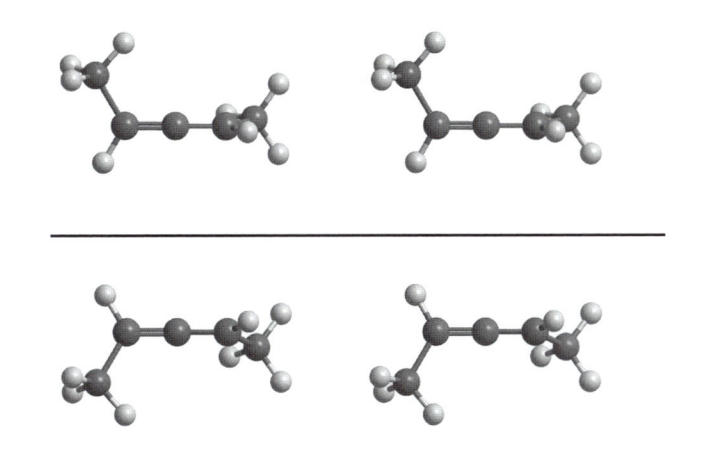

図 3.27 軸性キラリティーをもつ分子構造

BINAPの合成とノーベル賞

序章(p.8)でも述べたように，野依良治らは，軸性キラリティーをもつBINAP(バイナップと読む)から分子触媒を調製して，高選択的に望む立体配置をもつ化合物が得られるいろいろな不斉合成(不斉水素化反応)を開発し，その業績によってノーベル化学賞(2001年度)を受賞した．

として生じるキラリティーを**軸性キラリティー**(axial chirality)と呼ぶ．

軸性キラリティーをもつもう一つの興味深い分子に，次に示すナフタレン環が二つ結合したBINAP†がある(図3.28)．BINAPの構造では，二つのナフタレン環をつなぐ結合aがキラル軸となっている．Ph(phenyl)はフェニル基の略称である．二つのナフタレン環は同一平面上にあるのではなく，結合aを中心としてねじれた状態にある．このことを表現するために，紙面にある結合aを中心として，紙面より手前にある部分を太い実線で示す．その反対部分は紙面より奥にあるのだが，破線を用いると図が混乱するので普通の実線で示してある．

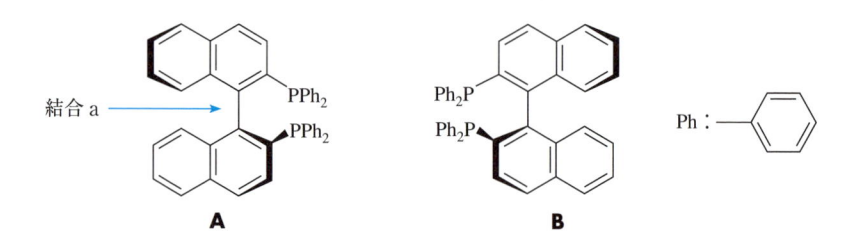

図 3.28
BINAPの分子構造

ジフェニルホスフィノ基($-PPh_2$)は十分大きいため，もう一つのPPh_2基や左側の置換基のないナフタレン環との立体障害によって，室温では結合aは自由に回転することができない．そのためBINAPの二つの構造**A**と**B**は相互変換することができず，それらはエナンチオマーの関係になる．

3.4.2 面性キラリティー

2,5-ジメチル安息香酸の分子構造はベンゼン環平面を含む対称面をもつのでアキラルである．すなわち，**C**とその鏡像である**D**は同じものであり，またベンゼン環の上下の面も等価である(図3.29)．

ところが**E**のように，このメチル基が炭素鎖で結ばれた「環」をつくると，ベンゼン環の上下の面が等価でなくなり，分子構造はキラルとなる．すなわち**E**とその鏡像である**F**は重なり合わない．このような分子内に存在する面を中心として生じるキラリティーを**面性キラリティー**(planar chirality)と呼ぶ．このとき炭素鎖が十分短いことが重要で，もしこの炭素鎖が長いとベンゼン環の上から下へ移動できるようになり，**E**と**F**が相互変換できることになる．

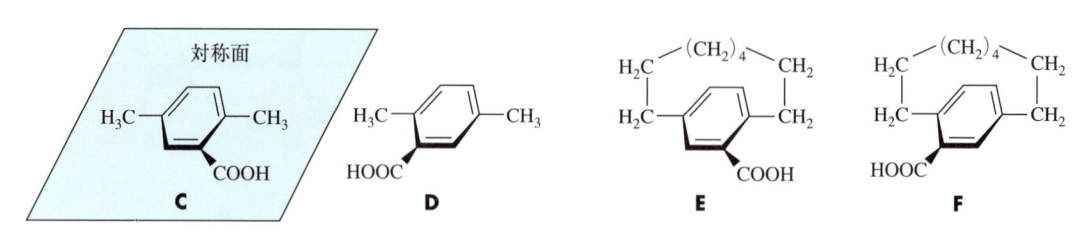

図 3.29 面性キラリティーをもつ分子構造

3.4.3 ヘリシティー

図 3.30 のヘキサヘリセンの **G** のように 6 個のベンゼン環が連結した分子構造では，両端のベンゼン環はぶつかり合うので平面構造をとらない．すなわち，一方のベンゼン環を上にして，他方を下にして重なることになる．このとき分子全体の形はらせん状となり，**ヘリシティー**(helicity，らせん性) が生じ分子構造はキラルとなる．すなわち **G** とその鏡像である **H** は重ね合わせることができない．

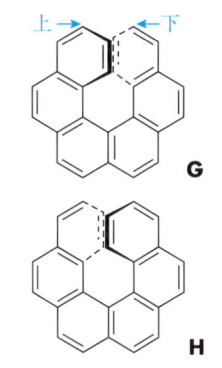

図 3.30 ヘリシティーをもつ分子構造

■ Key Word ■

【基礎】□立体化学　□立体異性体　□立体配座異性体　□立体配置異性体　□ニューマン投影式　□ねじれ形　□重なり形　□ゴーシュ形　□シン形　□アンチ形　□いす形　□舟形　□アキシアル結合　□エクアトリアル結合　□1,3-ジアキシアル相互作用　□光学活性　□不斉炭素原子　□エナンチオマー(鏡像異性体)　□ラセミ体　□比旋光度　□キラリティー　□キラル　□アキラル　□キラル中心　□R,S 表示法　□E,Z 表示法　□D,L 表示法　□フィッシャー投影式　□ジアステレオマー　□メソ形　□光学分割　□不斉合成　【発展】□分子キラリティー

有機化学のトピックス

絶対不斉合成——光学活性な有機化合物に依存しない不斉合成

有機化合物は生命に関係する過程からのみつくられると古くは考えられていたが，それによらなくても有機化合物が合成できることが見いだされて，近代的な有機化学が打ち立てられた(序章参照)．しかし，光学活性な物質は古い意味での有機化合物にしか見いだされなかったので，この性質は生命現象に関係するという考えがその後も残った．ところが，さまざまな光学分割法や不斉合成の手法が開発され，すなわち人の手で達成されることによって，このことも生命とは本質的には無関係であることがわかった．しかし，それらのプロセスを冷静に見てみると，やはり微生物や動植物が生産する光学活性なカルボン酸，糖，アミノ酸，あるいはアルカロイド(11 章トピックス，12.4 参照)やその誘導体を用いているので，生命活動に完全に依存していないとはいえない．

光学活性な有機化合物にまったく依存しないで光学活性な有機化合物を合成する手法を**絶対不斉合成**(absolute asymmetric synthesis)と呼ぶ．ここでは，たとえば水晶(SiO_2)のようなキラルな無機結晶が利用される．四つの酸素原子が結合している四面体構造のケイ素原子の部分だけを見ていても，水晶にキラリティーがあることはわからない．この結晶中で -O-Si-O-Si-O-Si-O- 結合は右回りあるいは左回りのらせん状に伸びており，その結果，水晶には右水晶と左水晶が生じる．その一方をキラル源として用いる絶対不斉合成がある．また，右円偏光あるいは左円偏光(p.50 参照)を利用する絶対不斉合成も報告されている．これらの絶対不斉合成の選択性は一般には低く，エナンチオマーの一方をほんの少ししか過剰に生成しない．しかし，この小過剰がいったんできると，これが増幅する過程も見いだされている．生命体をつくりあげる物質はどちらか一方のエナンチオマーから構成されるが，それがどのようにして生じたか，これらのプロセスから議論されている．

章末問題

1. プロパンのすべての C–C 単結合についてニューマン投影式を書き，最も安定な配座を予測せよ．

2. 次の化合物のうちキラルなものはどれか．
   (a) 2-メチルブタン
   (b) 4-エチルシクロペンテン
   (c) 3-エチルシクロペンテン
   (d) 3-ブロモヘプタン
   (e) 2-クロロ-3-ヘキセン
   (f) 2-クロロ-1-ヘキセン

3. ジブロモシクロブタンについて次の問いに答えよ．
   (a) 位置異性体はどのようなものがあるか．
   (b) それぞれの位置異性体について，シス，トランス異性体は存在するか．また，それらはキラルかアキラルか．
   (c) キラルな場合，それぞれのエナンチオマーの R, S 配置を指定せよ．

4. 次の化合物のキラル中心の立体配置を R, S 表示法で示し，フィッシャー投影式に書きなおせ．また，エナンチオマーの関係およびジアステレオマーの関係にあるのはどれとどれかを示せ．

   (a) 化合物 A, B, C, D

   (b) 化合物 E, F, G

5. 1,3- および 1,4-ジメチルシクロヘキサンについて次の問いに答えよ．
   (a) シス，トランス異性体は存在するか．また，それらはキラルかアキラルか．
   (b) (a)で答えたすべての化合物について，いす形配座での安定配座を示せ．

6. ある化合物 (200 mg) のメタノール溶液 (10 mL) の旋光度を 20 ℃，光路長 10 cm のセル，D 線で測定したところ +0.320° であった．比旋光度を計算せよ．

7. 次の化合物の立体配置を R, S 表示法で指定せよ．

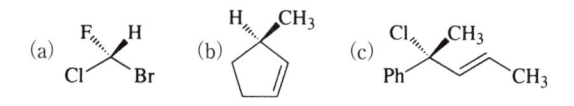

   (a), (b), (c)

8. 次の化合物の立体配置を D, L 表示法で指定せよ．また，R, S 表示法ではどうなるか．

   (a), (b)

9. 次の化合物の構造を書け．
   (a) $(2E, 5Z)$-2,5-オクタジエン
   (b) (Z)-2-ブロモ-3-フェニル-2-ブテン
   (c) (E)-2-クロロ-3-メチル-2-ペンテン

10. 2,3-ジクロロブタンのすべての立体配置異性体の構造を書け．

11. 硫酸を触媒として 1-ブテンを水和したとき，どのような異性体が，どのような割合で生成するか示せ 〔4.2.3(1) 参照〕．

PART II

4 Organic chemistry

脂肪族化合物の基本骨格と反応

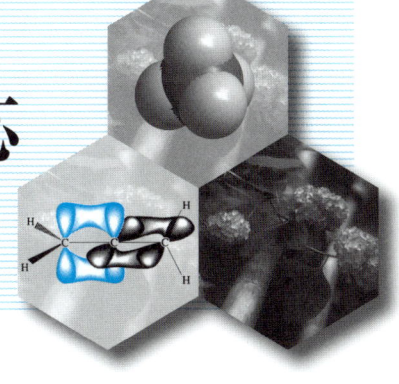

【この章の目標】

この章では，脂肪族化合物であるアルカン，アルケン，アルキンのそれぞれの性質・製法・反応について学ぶ．π電子をもたないアルカンはハロゲンガスとラジカル連鎖機構で反応し，ハロアルカンを与える．一方，π電子をもつアルケンとアルキンは，その電子豊富な性質を活かした求電子付加反応，還元反応，酸化反応，ペリ環状反応などの合成化学上有用なさまざまな反応を起こすことを学ぶ．

現在までに，3000万を超える天然および人工の有機化合物が知られている．多くの有機分子は，おもに炭素原子どうしが単結合や二重結合，三重結合によってつながった炭素骨格と，これに結合したいろいろな元素からなる官能基から構成されている．一般に有機化合物は，その構造上の特徴と反応性に基づいて，数十のサブグループに分類される．本章では，最も基本となる炭素と水素だけからなる炭化水素の構造，性質，製造法，反応について述べる．炭化水素は，脂肪族炭化水素と芳香族炭化水素に大別され，前者はさらに飽和炭化水素(アルカンまたはパラフィン)，不飽和炭化水素(アルケン，アルキン)の二つに分類される(図4.1)．

```
炭化水素
├─脂肪族炭化水素
│  ├─飽和炭化水素
│  └─不飽和炭化水素
└─芳香族炭化水素
```

図 4.1 炭化水素の分類

4.1 アルカンとシクロアルカン

アルカン(alkane)は C_nH_{2n+2} の一般式で示され，C–C と C–H 単結合だけをもつ鎖式化合物である．一方，**シクロアルカン**(cycloalkane)は -CH_2- 単位からなる環式化合物で，一般式 C_nH_{2n} で表される．両者の化学的性質には類似点が多い．

4.1.1 アルカンの性質

アルカン骨格は，メチル(CH_3)，メチレン(CH_2)，メチン(CH)，第四級炭素(C)から構成されている．すべてのアルカンのC–C単結合距離[*1]と**結合解離エネルギー**[*2](bond dissociation energy)はほぼ一定で，平均値はそれぞれ0.154 nmと368 kJ/molである．同様に，アルカンのC–Hの平均結合距離と結合解離エネルギーもほぼ一定で，それぞれ0.110 nm，400 kJ/molである．表4.1に示すように，アルカンの分子量が大きくなるに従

[*1] いろいろな結合の原子間距離は後見返しを参照．単位 nm は，
$1\,\text{nm} = 10\,\text{Å}$(オングストローム)$= 1 \times 10^{-9}\,\text{m}$.

[*2] 結合解離エネルギーは結合が開裂または生成する際のエネルギー変化量の目安である．25℃で気体状態の分子の結合が均一に開裂して二つのラジカルになるとき
$$A\text{–}B \longrightarrow A\cdot + B\cdot$$
に必要なエネルギーの量として定義される．数値は後見返しを参照．単位 kJ/mol は，
$1\,\text{kcal/mol} = 4.18\,\text{kJ/mol}$.

表4.1 直鎖アルカンの物理的性質

炭素数	分子式	融点/℃	沸点/℃	密度/g ml^{-1}
1	CH_4	−182.5	−164.0	—
2	CH_3CH_3	−183.3	−88.6	—
3	$CH_3CH_2CH_3$	−189.7	−42.1	—
4	$CH_3CH_2CH_2CH_3$	−138.3	−0.5	—
5	$CH_3(CH_2)_3CH_3$	−129.7	36.1	0.6262
6	$CH_3(CH_2)_4CH_3$	−95.0	68.9	0.6603
7	$CH_3(CH_2)_5CH_3$	−90.6	98.4	0.6837
8	$CH_3(CH_2)_6CH_3$	−56.8	125.7	0.7026
9	$CH_3(CH_2)_7CH_3$	−51.0	150.8	0.7177
10	$CH_3(CH_2)_8CH_3$	−29.7	174.1	0.7299
11	$CH_3(CH_2)_9CH_3$	−25.6	195.8	0.7402
12	$CH_3(CH_2)_{10}CH_3$	−9.6	216.3	0.7487
13	$CH_3(CH_2)_{11}CH_3$	−5.5	235.4	0.7564
14	$CH_3(CH_2)_{12}CH_3$	5.9	253.7	0.7628
15	$CH_3(CH_2)_{13}CH_3$	10	270.6	0.7685
16	$CH_3(CH_2)_{14}CH_3$	18.2	287.0	0.7733
17	$CH_3(CH_2)_{15}CH_3$	22	301.8	0.7780
18	$CH_3(CH_2)_{16}CH_3$	28.2	316.1	0.7768
19	$CH_3(CH_2)_{17}CH_3$	32.1	329.7	0.7855
20	$CH_3(CH_2)_{18}CH_3$	36.8	343.0	0.7886
4	$CH_3CH(CH_3)CH_3$	−159.4	−11.7	0.579
5	$CH_3CH(CH_3)CH_2CH_3$	−159.9	27.9	0.6201
5	$CH_3C(CH_3)_2CH_3$	−16.5	9.5	0.6135
8	$CH_3CH(CH_3)(CH_2)_4CH_3$	−107.4	99.3	0.6919

って，融点と沸点が規則的に高くなる．しかし，同じ炭素数のアルカンを比較すると，分枝が増えると沸点が下がる傾向にある．これは，アルカンが無極性分子であり，分子間のファンデルワールス力が，分子の分枝の増加とともに減少することに起因する（1章 p.21 参照）．

4.1.2 アルカンの製法

アルカンの主要な供給源は**天然ガス**（natural gas）と**石油**（petroleum）である．天然ガスの主成分はメタン（80％）とエタン（10％）であり，残りの10％はプロパン，ブタン，メチルプロパン（イソブタン）などの混合物である．石油は炭化水素の複雑な混合物であり，アルカンを主成分とし，若干のシクロアルカンを含む．原油の分別蒸留により，表4.2に示すような沸点でいろいろな用途をもつ留分に分かれる．ガス成分やナフサは石油化学原料として用いられる．プロパンは石油精製の際の副産物として得られ，**液化石油ガス**（liquefied petroleum gas, LPG）の主成分である．

高沸点留分の長鎖アルカン（C_{12}〜C_{25}）は**クラッキング**[†]（cracking, 熱分解ともいう）により切断されて短鎖（C_5〜C_{10}）のアルカンやアルケンになるため，石油精製工業において，アルカンを芳香族炭化水素に変える**リホーミング**[†]（reforming, 改質ともいう）とともにきわめて重要なプロセスとなっている．クラッキングにより得られた分子は高度に分枝しており，芳香族炭化水素と同様にオクタン価[*1]の高いガソリン燃料となる．

化石燃料の枯渇に備えて，メタンや低分子アルカンを，有機廃棄物から発酵法によってつくりだす技術も開発されつつある．また，コスト高ではあるが，**フィッシャー−トロプシュ反応**[*2]（Fischer-Tropsch reaction）と呼ばれる金属触媒（コバルトまたは鉄）を用いた一酸化炭素（CO）と水素（H_2）の反応により飽和炭化水素を得る工業技術も確立されている．

表 4.2 原油の分別蒸留留分

留分	沸点/℃	炭素数	容量/%
ガス成分	<30	C_1〜C_4	1〜2
ナフサ / 直留ガソリン	30〜200	C_4〜C_{12}	15〜30
灯油	200〜300	C_{12}〜C_{15}	5〜20
ディーゼル油 / 潤滑油 / ワックス	300〜400	C_{15}〜C_{25}	10〜40
アスファルト / 残油	>400	>C_{25}	8〜69

4.1.3 アルカンの反応

アルカンを燃焼させると酸素との反応が起こり，二酸化炭素と水が生成し，

クラッキング
高沸点の石油留分の長鎖アルカンを熱分解して炭素数5〜10のアルカンに変換する方法．

$$C_{18}H_{38} \xrightarrow{熱,\ 触媒} C_{10}H_{22} + 4\ CH_2=CH_2$$

リホーミング
直留ガソリン中に含まれる直鎖アルカンをベンゼンやトルエンのような芳香族化合物に変換する方法．この反応はガソリンのオクタン価を高める方法であると同時に，芳香族炭化水素の重要な供給源である．

ヘプタン（オクタン価0） → トルエン（オクタン価103） + $4H_2$
（Pt触媒，400℃）

[*1] ガソリンエンジンではスパークプラグによる点火で燃焼が開始されるが，点火前に燃料が自然発火して金属性雑音を発すると，エンジンを傷める原因となる．この現象をノッキングという．スポーツカーに搭載されている圧縮比の大きいエンジンでは，ノッキングを起こしにくい（アンチノッキング性）ガソリン（通称ハイオクタンガソリン）を用いる必要がある．直鎖炭化水素は，分枝した化合物よりノッキングを起こしやすいことが知られており，そのアンチノッキングの程度の指標がオクタン価である．2,2,4-トリメチルペンタン（イソオクタン，オクタン価100）とヘプタン（オクタン価0）を基準として決められている．

[*2] フィッシャー−トロプシュ反応（下式）は第二次世界大戦前の1914年に，ドイツで人造石油合成法として開発された．

$$CO + H_2 \xrightarrow[加熱加圧]{Co または Fe 触媒}$$
$$CH_3(CH_2)_n CH_2OH +$$
$$CH_3(CH_2)_n CH_2=CH_2 +$$
$$CH_3(CH_2)_n CH_3$$

＊ アルカンの燃焼による単位エネルギーあたりの二酸化炭素の生成量を考慮すると，アルカン中でメタンが最も優れた燃料といえる．

大量の熱が放出される＊．

$$CH_4 + 2\,O_2 \longrightarrow CO_2 + 2\,H_2O + 878\,kJ/mol$$
メタン

1 mol あたり生成する熱量は，アルカン分子が大きくなるにつれて増し，炭素原子が1個増えるごとに約 653 kJ/mol のエネルギーが増す．

酸素が不足すると不完全燃焼を起こし，一酸化炭素やカーボンブラックが生じる．

$$CH_4 + \tfrac{3}{2}\,O_2 \longrightarrow CO + 2\,H_2O + 598\,kJ/mol$$

$$CH_4 + O_2 \longrightarrow C + 2\,H_2O + 493\,kJ/mol$$

ポリハロメタン
四塩化炭素(CCl_4)は発がん性（膀胱がん）が高いため，製造中止となった．ジクロロメタン(CH_2Cl_2)やクロロホルム($CHCl_3$)も有害であるため，取り扱いには十分注意が必要である．

アルカンとハロゲンガスの混合気体を 300 ℃ 以上に加熱するか，あるいは紫外線を照射すると，アルカンの水素原子が順にハロゲン原子と置換し，ハロゲン化生成物（ポリハロメタン[†]）の混合物を与える．この反応は塩素化と臭素化に適しており，フッ素化は反応があまりに激しすぎて実用的でなく，逆にヨウ素化はほとんど起こらない．

$$CH_4 \xrightarrow[-HCl]{Cl_2} CH_3Cl \xrightarrow[-HCl]{Cl_2} CH_2Cl_2 \xrightarrow[-HCl]{Cl_2} CHCl_3 \xrightarrow[-HCl]{Cl_2} CCl_4$$

ハロゲン化反応は，下のメタンのモノ塩素化反応の例で示すように，**ラジカル連鎖機構**(radical chain reaction)で進行する．反応は，熱的なあるいは紫外線照射下での塩素分子の切断による反応性の高い塩素ラジカル($Cl\cdot$)の生成〔**連鎖開始**(initiation)〕，$Cl\cdot$ によるメタンからの水素原子の引き抜きと，生成したメチルラジカル($CH_3\cdot$)と塩素分子の反応による $Cl\cdot$ の生成〔**連鎖伝播**(propagation)，**連鎖成長**ともいう〕，ラジカル種どうしの反応〔**連鎖停止**(termination)〕の三段階に分けることができる．

連鎖開始
$$Cl_2 \xrightarrow{\text{熱または紫外線}} 2\,Cl\cdot$$

連鎖伝播（連鎖成長）
$$CH_4 + Cl\cdot \longrightarrow CH_3\cdot + HCl$$
$$CH_3\cdot + Cl_2 \longrightarrow CH_3Cl + Cl\cdot$$

連鎖停止
$$Cl\cdot + Cl\cdot \longrightarrow Cl_2$$
$$CH_3\cdot + Cl\cdot \longrightarrow CH_3Cl$$
$$CH_3\cdot + CH_3\cdot \longrightarrow CH_3CH_3$$

表4.3 シクロアルカン〔$(CH_2)_n$〕のひずみエネルギー

環の員数 (n)	全ひずみエネルギー kJ/mol
3	115.4
4	110.4
5	27.2
6	0
7	26.3
8	40.1
9	52.7
10	50.2
11	46.0
12	10.0
13	21.7
14	0

4.1.4 シクロアルカン

各シクロアルカンの環構造による**ひずみエネルギー**(distortion energy)を表4.3に示す．シクロプロパン（三員環）が最も大きく，環のサイズが大きく

なるにつれて減少し，シクロヘキサン(六員環)で最小となり，その後，環の
サイズとともに増加し，シクロノナン(九員環)で極大となる．環のサイズが
さらに大きくなると再び減少し，シクロテトラデカン(十四員環)以上ではひ
ずみが解消される．このひずんだ構造のため，シクロプロパンのC−C結合
解離エネルギーは比較的小さく(約272 kJ/mol)，環開裂が起こりやすくな
るため鎖式のアルカンには見られない高い反応性を示す(右式)(**3.2.2**参照)．

4.2 アルケン

アルケン(alkene)はC_nH_{2n}の一般式で表され，官能基としてC=C二重結
合をもつため高い反応性を示し，工業的に有用な物質合成のための重要な原
料となっている．

4.2.1 アルケンの性質

C=C二重結合の結合解離エネルギー(平均636 kJ/mol)と結合距離(平均
0.134 nm)は，C−C単結合(平均368 kJ/mol，0.154 nm)と比較して，より
大きくそしてより短い．アルケンのπ結合の結合解離エネルギーは両者の差
をとることにより約268 kJ/molと見積もられ，二重結合のまわりで回転さ
せるにはこれ以上のエネルギーが必要となる．このため，*cis*-2-ブテンと
trans-2-ブテンを区別して単離することができる(**1.1.6**参照)．一般に同じ
アルケンのトランス異性体はシス異性体よりもわずかに安定である(2-ブテ
ンの場合は約4.2 kJ/mol)．この差はおもに，シス異性体の二重結合の同じ
側にある置換基間の**立体反発**(steric repulsion)による．また，アルケンの安
定性†は，二重結合に結合するアルキル基の置換基の数が増すにつれて，空
の反結合性C−C π*軌道と隣のC−H σ結合間の**超共役**(hyperconjuga-
tion, p.61参照)のために増大する＊．

4.2.2 アルケンの製法

工業的に最も重要なエチレンとプロピレンは，天然ガス(C_1〜C_4アルカ
ン)や直留ガソリン(C_5〜C_{11}の*n*-アルカン)の熱分解で工業的につくられる．
実験室の小スケール実験ではハロアルカンの脱ハロゲン化水素反応(**6.2.2**参
照)や，アルコールの脱水反応〔**7.1.6(1)**参照〕などの脱離反応により合成される．

4.2.3 アルケンの反応

(1) 求電子付加反応

アルケンの反応の特徴は，二重結合のπ電子に対する**求電子剤**(electro-
phileまたはelectrophilic reagent)の付加反応である．付加と脱離はちょう
ど表裏の関係にあり，両者の相補的な理解が必要である(**6.2.2**参照)．

(a) ハロゲン化水素(HX)の付加

反応は求核的(電子供与性)なπ電子が求電子剤であるプロトン(H^+)を攻

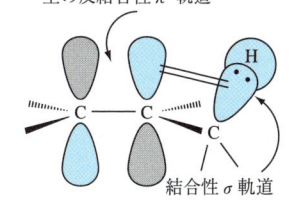

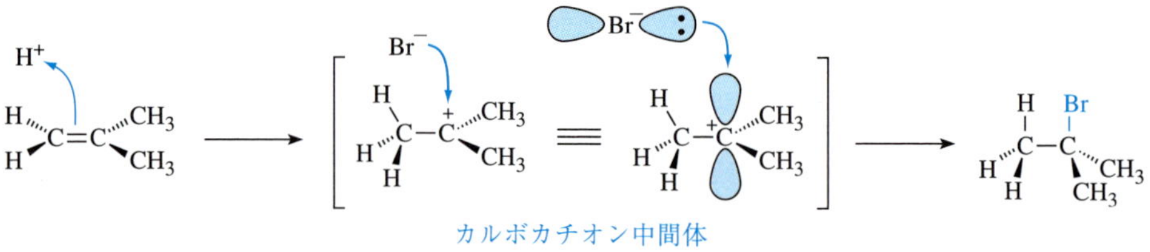

図4.2 アルケンに対するHBrの求電子付加の機構

電子の移動を表す"曲がった矢印"
有機電子論では電子対（2電子）の移動を両鉤の曲がった矢印で表す．

また，1電子の移動を片鉤の曲がった矢印で表す．片鉤の矢印についてはp.34のマージン参照．

撃することにより開始する．その結果，生成するカルボカチオンは求電子的となり，求核的なハロゲン化物イオン（X⁻）と結合し，中性の付加生成物を与える（図4.2）．この求電子付加反応のエネルギー図（図4.3）から明らかなように，プロトンの付加による**カルボカチオン**[†]（carbocation）中間体の生成過程が律速段階となり，次のカルボカチオンと臭化物イオンの結合反応は速やかに進行し，付加反応全体としては発熱反応となる．

カルボカチオン
炭素原子上に正電荷をもつカチオン．アルキル型とビニル型があり，前者はsp^2混成軌道と空の1個のp軌道からなり，後者はsp混成軌道と2個のp軌道（1個は空，1個はπ結合に使われる）からなる〔4.3.3(1)参照〕．

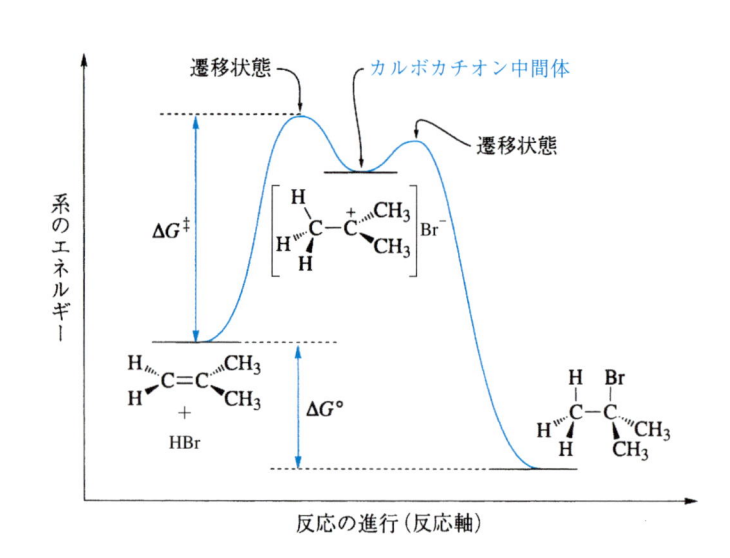

図4.3
アルケンに対するHBrの求電子付加反応のエネルギー図

非対称の置換アルケンを用いた場合には，二種の付加生成物が考えられるが，実際には，「Hは水素原子の数の多い炭素に結合し，Xはアルキル置換基の多い炭素に結合する」とする**マルコウニコフ則**（Markovnikov rule）に従って反応は位置選択的[†]に進む．

選択性と特異性
選択性とは，反応によりある異性体が優先的に生成する性質をいう．特異性とは，反応によりある異性体からは生成物として単一の異性体が生成し，ほかの異性体からは別の異性体が生成する性質をいう．

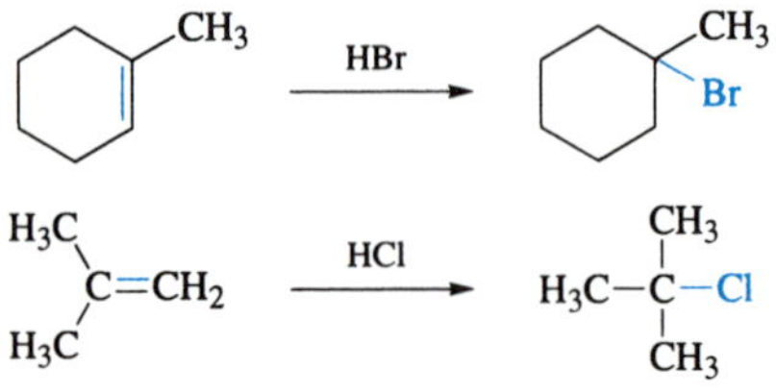

この経験則は，カルボカチオン中間体の熱力学的な安定性を考慮すると容易に理解できる．すなわち，熱力学的な測定により，カルボカチオンの安定性は，その炭素に結合するアルキル置換基の数が増えると増大することが明らかとなっている(図 4.4)．この実験事実は，①カルボカチオンの空の p 軌

$$H_3C-\overset{CH_3}{\underset{CH_3}{C^+}} > H_3C-\overset{H}{\underset{CH_3}{C^+}} > H_3C-\overset{H}{\underset{H}{C^+}} > H-\overset{H}{\underset{H}{C^+}}$$

　　第三級　　　　第二級　　　　第一級　　　メチル

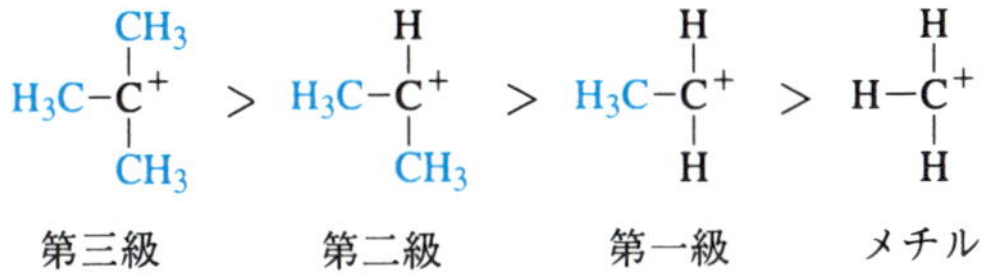

図 4.4　カルボカチオンの相対的安定性

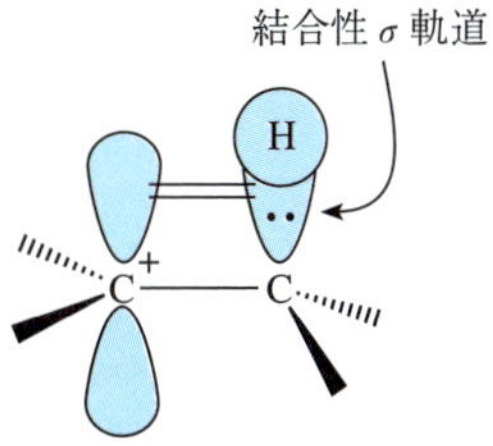

図 4.5　超共役による安定化
空の p 軌道と隣の C–H σ 結合軌道の重なりによりカルボカチオンは安定化する．

道と隣の C–H σ 結合間の超共役(図 4.5)と，②アルキル基の電子が σ 結合を通じて正電荷のほうへ移動する誘起効果〔**5.2.1 (5)**参照〕によるカルボカチオンの安定化，の 2 点により定性的に説明されている．

(b) ハロゲンの付加

塩素(Cl_2)と臭素(Br_2)はともに，アルケンに容易に付加して 1,2-ジハロアルカンを与える．しかし，フッ素(F_2)との反応は激しすぎて制御できず，ポリフルオロ化や炭素–炭素結合の切断が起こるので実用的でない．また，ヨウ素(I_2)はアルケンと反応しない．

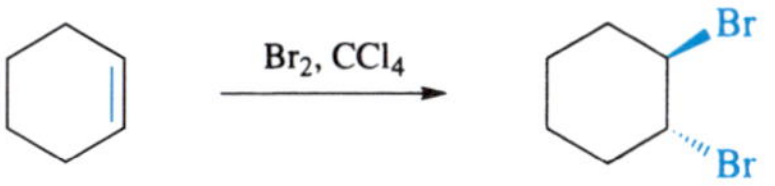

trans-1,2-ジブロモシクロヘキサン

塩素や臭素のアルケンへの付加は二段階で進み，トランス付加体(アンチ付加体ともいう)のみを与える．たとえば，臭素分子が求核的なアルケンに近づくにつれて，分子が Br^+Br^- のように分極し，ついで二重結合の π 電子が分極した Br^+ を攻撃し，Br^- を追いだし，カルボカチオン中間体ではなく，ブロモニウムイオン中間体が生成する．こうして臭素原子が分子の一方の面を遮蔽するため，第二段階の Br^- の攻撃はこれと反対側の面から起こり，トランス生成物を与えると考えられる(図 4.6)

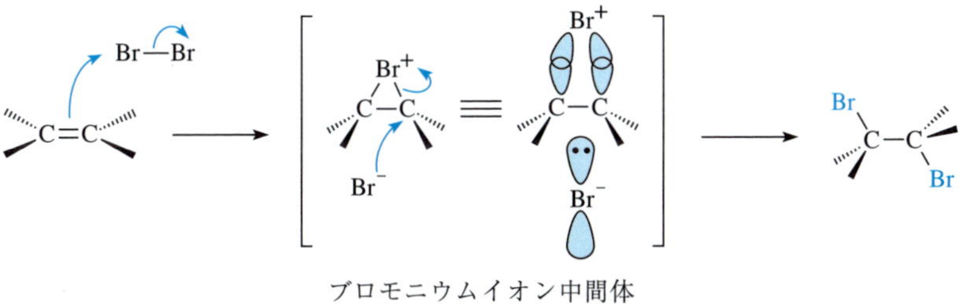

ブロモニウムイオン中間体

図 4.6　アルケンに対する Br_2 の求電子付加の機構

ハロヒドリン

β-ハロアルコールをハロヒドリンと呼ぶ。

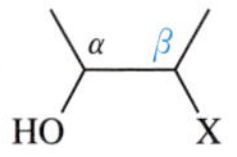

(c) ハロヒドリンの生成

大過剰の水の存在下に Br_2 または Cl_2 とアルケンを反応させると，**ハロヒドリン**†(halohydrin)が生成する．これはハロニウム中間体に大過剰の水が求核攻撃するためと考えられる(図4.7)．

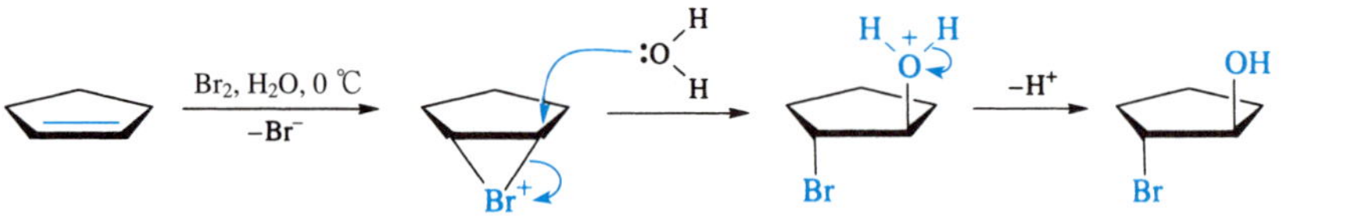

図4.7 ブロモヒドリンの生成機構

(d) 水和反応

希硫酸中，低温で，アルケンは水と反応しアルコールを与える．

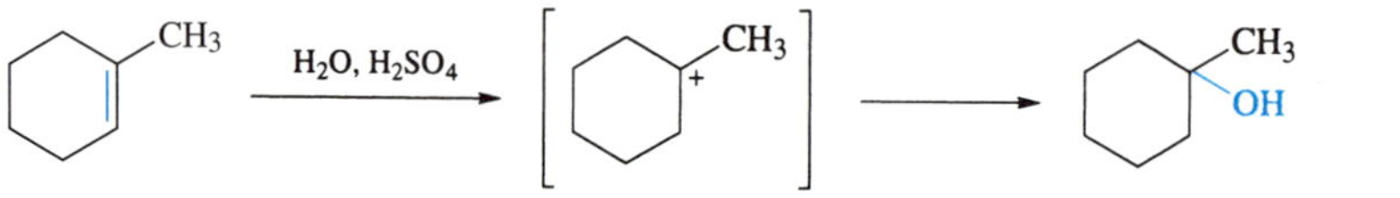

1-メチルシクロヘキサノール

この反応は酸触媒平衡反応であるため，濃い酸を用いて高温にすると逆反応の脱水が優先的に起こる．

(e) ヒドロホウ素化

ボラン†(borane, BH_3)中のホウ素原子は，価電子を6個しかもたないためルイス酸性を示し求電子反応性にも富む．このため1分子の BH_3 は，電子供与性のアルケン3分子と容易に反応して，トリアルキルボランを与える．この付加反応は協奏的な**四中心遷移状態**†(four center transition state)を経るため，シス付加生成物が得られる．この際，ホウ素はアルケンの置換基の少ないほうの炭素に結合する(立体効果)．こうして得られたトリアルキルボランを塩基存在下で過酸化水素で処理すると酸化が起こり，アルコールが得られる．

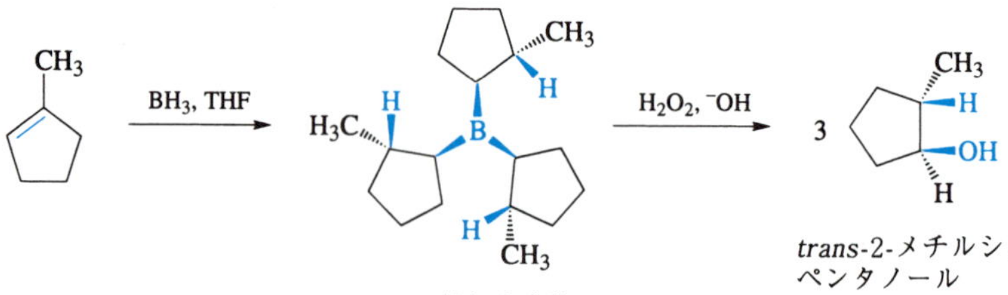

ボラン

ボランは常温，常圧で二量体 (B_2H_6) の気体として存在し，ジボランと呼ばれている．ジボランは，空気と接触すると爆発的に反応するため，実験室では取り扱いが容易なボラン・ジメチルスルフィド(BH_3・DMS)錯体やボラン・テトラヒドロフラン(BH_3・THF)錯体などの安定な錯体が使用されている．

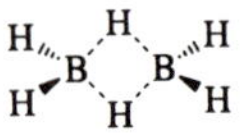

ジボラン

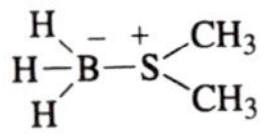

BH_3・DMS

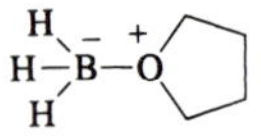

BH_3・THF

四中心遷移状態

シス付加生成物

trans-2-メチルシクロペンタノール

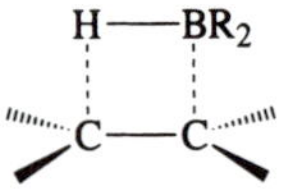

したがって，BH_3 の付加と酸化反応を組み合わせることで形式的に**逆マルコウニコフ則**(anti-Markovnikov rule)型水和反応が起こったことになる．

(2) 還元反応

白金やパラジウム触媒存在下，アルケンは水素ガスと容易に水素化反応を起こし，対応するアルカンを与える．水素化はシス付加となる．

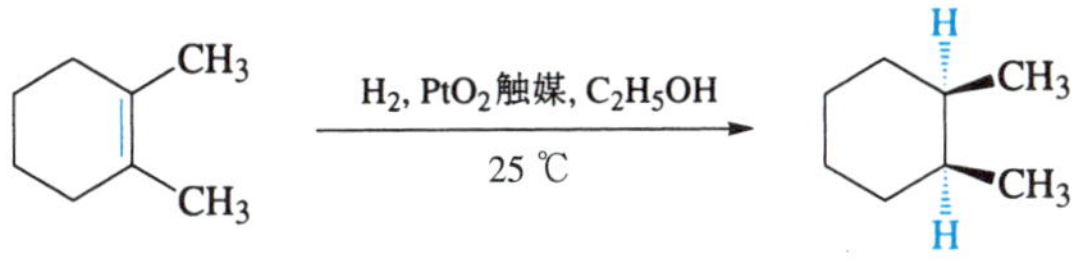

cis-1,2-ジメチルシクロヘキサン

(3) 酸化反応

アルケンの第二の特徴は，二重結合が電子供与性であるため容易に酸化反応を受ける点である．

(a) エポキシ化

ペルオキシカルボン酸（過酸）(RCOOOH)のヒドロキシ基は求電子的な酸素原子をもつため，アルケンと反応して，この酸素が二重結合に付加してエポキシドが生成する．エポキシドは有用な合成中間体であるため，このエポキシ化は重要な反応である(7.2.4参照)．過酸として，実験室ではm-クロロ過安息香酸(MCPBA)[†]が，工業的にはモノペルオキシフタル酸マグネシウム(MMPP)[†]が用いられている．

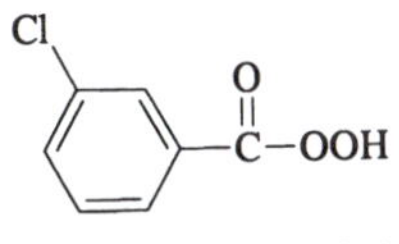

m-クロロ過安息香酸

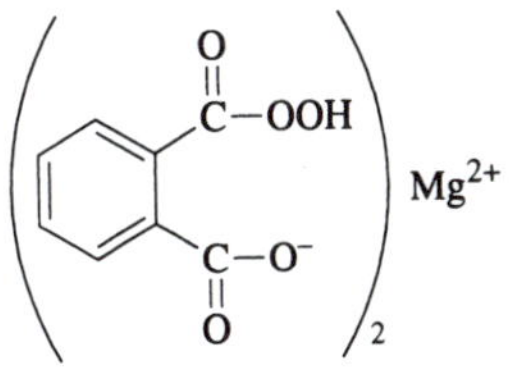

モノペルオキシフタル酸マグネシウム

エポキシド

(b) ジヒドロキシ化

二重結合の両方の炭素に対するヒドロキシ基の付加は，過マンガン酸カリウム($KMnO_4$)または四酸化オスミウム(OsO_4)を用いる酸化によって行うこ

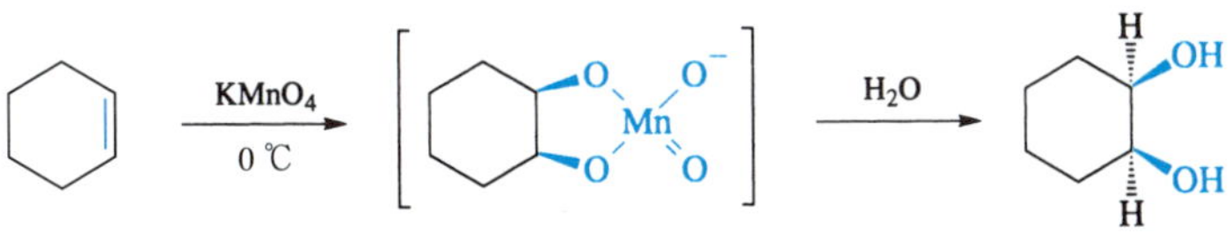

マンガン酸エステル中間体   cis-1,2-シクロヘキサンジオール

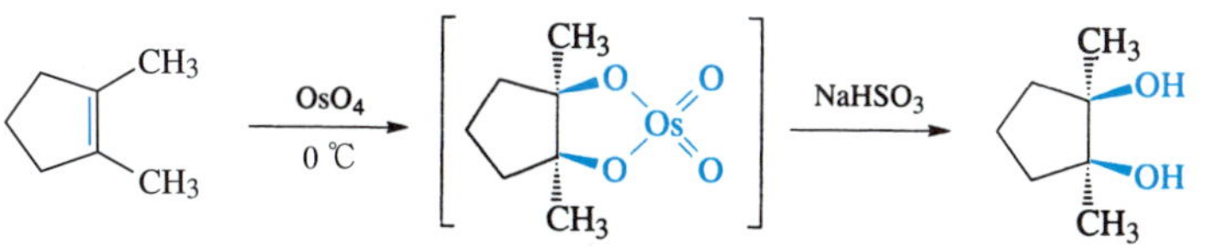

オスミウム酸エステル中間体   cis-1,2-ジメチル-1,2-シクロペンタンジオール

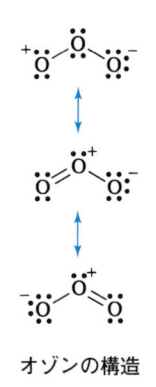

とができる．反応はいずれの場合も，アルケンへの反応剤の付加による環状エステル中間体の生成とその加水分解により進行し，生成物として cis-1,2-ジオールが得られる．OsO_4 は $KMnO_4$ より有毒でかつ高価であるが，より優れた酸化剤であり，好収率で生成物を与える．

(c) オゾン酸化

アルケンに不活性溶媒中で**オゾン**[†](ozone, O_3)を作用させると，速やかに付加してモルオゾニドを経て不安定なオゾニドが生成する．引き続きこれを亜鉛やジメチルスルフィド(CH_3SCH_3)などの還元剤で処理すると，カルボニル化合物(ケトンやアルデヒド)がほぼ定量的に生成する．

4.2.4 共役ジエンの性質，製法，反応

ブタジエンやイソプレンのように，二つの二重結合が単結合を一つはさんだ 1,3-ジエンを**共役ジエン**(conjugated diene)と呼ぶ(図 4.8)．1,3-ジエンの二つの π 電子は同一平面内にあるため，四つの p 軌道による π 電子の重なりが生じ，4 個の π 電子はこの軌道内で非局在化して安定化する．たとえば，1,3-ブタジエンの π 電子の非局在化構造は仮想される局在化構造に比べて約 15 kJ/mol 安定であり，この非局在化による安定化エネルギーは**共鳴エネルギー**(resonance energy)と呼ばれている．1,2-プロパジエン(アレン)では，二つの π 結合が互いに直交しているため，π 電子の非局在化は起こらず，1,3-ジエンほど安定ではない．

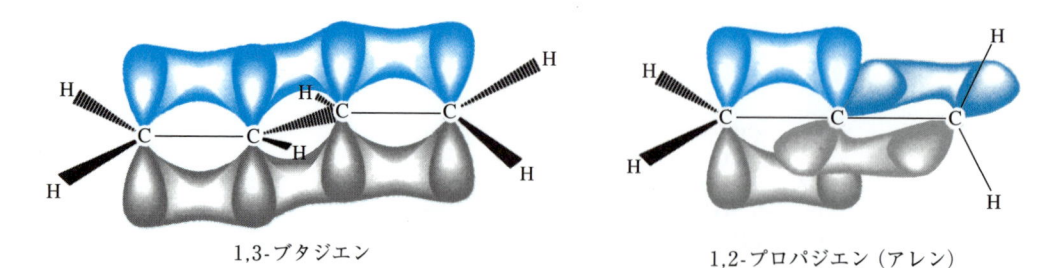

図 4.8　1,3-ブタジエンおよび 1,2-プロパジエン(アレン)の構造

ブタジエンや 2-メチル-1,3-ブタジエン（イソプレン）はナフサ分解物中の C_4 および C_5 留分として得られるほか，ブタンやイソブタンの熱分解による脱水素反応によっても製造され，合成ゴムや樹脂の重要な合成原料となっている．実験室では，塩基によるハロゲン化アリルからの脱ハロゲン化水素反応によって共役ジエンが合成される．

（シクロヘキセニルブロミド）──$(CH_3)_3CO^- K^+$──→ 1,3-シクロヘキサジエン

共役ジエンはアルケンと同様にハロゲン化水素やハロゲンと求電子付加反応を起こすが，生成物として常に 1,2-付加体† と 1,4-付加体† の混合物が得られる．1,4-付加体の生成については，アリル型カルボカチオン中間体の形成を考慮するとよく説明できる．アリル型カルボカチオンは共鳴によって安定化されており，X^- の攻撃は 1 位と 3 位のどちらの炭素に対しても可能であるため，1,2-付加体と 1,4-付加体が得られる．

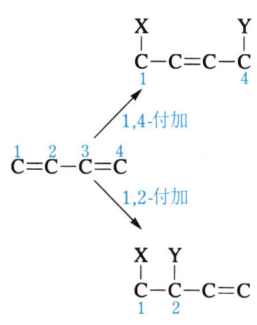

1,2-付加体と 1,4-付加体

$H_2C=CH-CH=CH_2$ （共役ジエン, 1 2 3 4） ──HBr──→ [$H_2\overset{+}{C}-\underset{H}{CH}-CH=CH_2$ ↔ $H_2C-CH=CH-\overset{+}{CH_2}$] Br^-
アリル型カルボカチオン中間体

──→ $H_2C-\underset{H}{CH}-CH=CH_2$ （1,2-付加体） + $H_2C-CH=CH-CH_2$ （1,4-付加体）
　　　　　$|\ \ |$　　　　　　　　　　　　　　　　　$|\ \ \ \ \ \ \ \ \ \ |$
　　　　　H Br　　　　　　　　　　　　　　　　　H　　　　　Br

	1,2-付加体	1,4-付加体
0 ℃	71%	29%
40 ℃	15%	85%

$H_2C=CH-CH=CH_2$ ──Br_2──→ $H_2C-CH-CH=CH_2$ （1,2-付加体） + $H_2C-CH=CH-CH_2$ （1,4-付加体）
　　　　　　　　　　　　　　　　$|\ \ \ |$　　　　　　　　　　　　　　　　$|\ \ \ \ \ \ \ \ \ \ \ |$
　　　　　　　　　　　　　　　　Br Br　　　　　　　　　　　　　　　Br　　　　Br

4.3 アルキン

アルキン（alkyne）は C_nH_{2n-2} の一般式で表され，官能基として C≡C 三重結合をもつため，アルケンと同様に高い反応性を示し，とくにアセチレンは工業的に重要なアルケンモノマーの原料として用いられている．

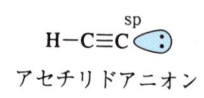

4.3.1 アルキンの性質

C≡C 三重結合の平均結合距離は 0.120 nm であり，その平均結合解離エネルギー(837 kJ/mol)は既知の炭素-炭素結合のなかで最も大きい．C−C 結合(368 kJ/mol)と C=C 結合(636 kJ/mol)の結合解離エネルギーとの比較より，C≡C 三重結合の最初の π 結合を切るのに約 200 kJ/mol，二つ目を切るのに約 268 kJ/mol のエネルギーが必要であることから，アルキンはアルケンよりも反応性に富んでいると予想される．

アルケンとアルキンの最も大きな性質の違いは，三重結合に結合した水素原子の酸性度(pK_a = 25)が二重結合上の水素原子(pK_a = 44)よりも大きい点である(p.23, 表 1.5 参照)．したがって，末端アルキンを強い塩基で処理すると，安定な**アセチリドアニオン**†(acetylide anion)が生成する．この酸性度の差は，アセチリドアニオンとビニルアニオン†の安定性の差を反映したもので，前者は sp 混成，後者は sp^2 混成であり，**s 性**†(s-charactericity)の高い軌道のアニオンのほうが安定であると定性的に説明できる．

4.3.2 アルキンの製法

アセチレンはカルシウムカーバイド(CaC_2)と水の反応でつくられる．

$$CaC_2 \xrightarrow{H_2O} HC\equiv CH + Ca(OH)_2$$
アセチレン

また，アルキンの一般的な合成法として，アルケンから得られる 1,2-ジハロアルカンの塩基処理による脱離反応と，アセチリドアニオンのアルキル化が用いられる(**4.4.6** 参照)．

$$CH_3CH_2CH_2\underset{Br}{C}H-\underset{Br}{C}H_2 \xrightarrow{NaNH_2, \text{液体 } NH_3} CH_3CH_2CH_2C\equiv CH$$

$$HC\equiv C^-Na^+ + CH_3Br \xrightarrow{THF*} HC\equiv C-CH_3 + NaBr$$

4.3.3 アルキンの反応

(1) 求電子付加反応

アルキンはアルケンとよく似た反応性を示す．三重結合は 4 個の π 電子をもち，かつその π 結合が弱いため，アルキンの求電子付加反応はアルケンの場合より反応性が高いと予想される(**4.3.1** 参照)が，実際は逆で，わずかにアルケンのほうが反応性が高い．これは，アルキンの求電子付加により生成する中間体であるビニル型カルボカチオン†が，アルケンの求電子付加によって生成する中間体のアルキル型カルボカチオンより不安定なためである(次ページ図参照)．

アセチリドアニオン

H−C≡C: sp

ビニルアニオン

H₂C=CH: sp^2

s 性

混成軌道に含まれる s 軌道の割合を s 性という．sp 混成軌道 50%，sp^2 混成軌道 33%，sp^3 混成軌道 25% となる．

* THF：テトラヒドロフラン(tetrahydrofuran)．有機溶媒の一つとして，有機反応によく用いられる．

ビニル型カルボカチオンの安定性

ビニル型カルボカチオンは，同じように置換されたアルキル型カルボカチオンより不安定である．この不安定性の原因の一つとして，ビニル型カルボカチオンでは，直線型の sp 混成をとるためアルキル型カルボカチオンにみられた隣接基との超共役による安定化が欠けていることがあげられる．

4.3 アルキン

$$RC\equiv CH \xrightarrow{HBr} \left[R-\overset{+}{C}=CH_2 \text{ (H,H)} \right] \longrightarrow \underset{R}{\overset{Br}{\diagup}}C=C\underset{H}{\overset{H}{\diagup}}$$
ビニル型カルボカチオン

(a) ハロゲン化水素の付加

内部アルキン[†]に対して2分子のハロゲン化水素(HX)が段階的に付加し，ハロアルケン，ついで gem-ジハロゲン化物[†]が生成する．

$$H_3C-C\equiv C-CH_3 \xrightarrow{HBr} \underset{H_3C}{\overset{H}{\diagup}}C=C\underset{Br}{\overset{CH_3}{\diagup}} \xrightarrow{HBr} CH_3CH_2-\underset{Br}{\overset{Br}{\underset{|}{C}}}-CH_3$$
(Z)-2-ブロモブテン　　　2,2-ジブロモブタン

gem-二置換化合物
同じ原子に二つの官能基が置換された化合物をさす．gem は geminal（'双生児の' という意味）の略．

HX の段階的な付加が起こる理由は，電気陰性度の大きいハロゲン原子の付加によるアルケンの π 結合の反応性の低下と立体効果のためである．しかし，末端アルキン[†]の場合には，1分子の HX の付加で止めることは困難である．

$$CH_3C\equiv CH \xrightarrow{HI} \underset{H_3C}{\overset{I}{\diagup}}C=C\underset{H}{\overset{H}{\diagup}} + \underset{H_3C}{\overset{H_3C}{\diagup}}\underset{I}{\overset{I}{\diagdown}}$$

末端アルキンと内部アルキン
アルキンのなかでも1-アルキン，すなわち三重結合が炭素鎖の末端にあるものを末端アルキンという．三重結合が炭素鎖の末端以外にあるものは内部アルキンという．

HX の付加の位置選択性は二段階ともマルコウニコフ則に従う．第一段目の反応はトランス付加の場合が多い．

アルキンに臭化水素(HBr)を紫外線照射下で作用させると，ラジカル的に反応して逆マルコウニコフ型付加が起こる．

$$RC\equiv CH \xrightarrow[\text{紫外線}]{HBr} R-CH=CHBr$$

(b) ハロゲンの付加

1分子の臭素や塩素はアルキンに対してトランス付加し，vic-ジハロアルケン[†]を与える．これはさらにもう1分子のハロゲンと反応し，テトラハロアルカンが生成する．

$$CH_3CH_2C\equiv CH \xrightarrow{Br_2} \underset{Br}{\overset{CH_3CH_2}{\diagup}}C=C\underset{H}{\overset{Br}{\diagup}} \xrightarrow{Br_2} CH_3CH_2CBr_2CHBr_2$$
　　　　　　　　　　vic-ジブロモアルケン　　　テトラブロモアルカン

vic-二置換化合物
隣接する(炭素)原子に二つの官能基が置換された化合物をさす．vic は vicinal（'隣の' という意味）の略．

(c) 水和反応

アルキンは反応性が低いため，通常のアルケンの水和反応条件では反応し

ない.しかし,硫酸水銀(Ⅱ)を触媒として用いると,**水和反応**(hydration)が容易に起こる.

$$RC\equiv CH \xrightarrow{H_2O, H_2SO_4, HgSO_4 触媒} \left[\begin{array}{c} R \\ \underset{HO}{C}=CH_2 \end{array} \right] \longrightarrow R-\underset{O}{\overset{\parallel}{C}}-CH_3$$
エノール　　　　　ケトン

水はアルキンにマルコウニコフ型に付加し,**エノール**(enol)が生成し,これが互変異性化してケトンが得られる(1章図1.9と10章図10.1参照).末端アルキンはメチルケトンを与える.非対称内部アルキンは二つのケトンの混合物を与える.

(d) ヒドロホウ素化

ボランは内部アルキンにシス付加してビニルボランを生成する.

$$R-C\equiv C-R \xrightarrow{BH_3} \left(\underset{H}{\overset{R}{C}}=\underset{B}{\overset{R}{C}} \right)_3$$
内部アルキン　　　　　　ビニルボラン

これを塩基性過酸化水素で酸化するとケトンが得られる.

$$\left(\underset{H}{\overset{R}{C}}=\underset{B}{\overset{R}{C}} \right)_3 \xrightarrow{H_2O_2, {}^-OH} \left[\underset{H}{\overset{R}{C}}=\underset{OH}{\overset{R}{C}} \right] \longrightarrow RCH_2-\underset{O}{\overset{\parallel}{C}}-R$$
エノール　　　　　　ケトン

内部アルキンが非対称の場合は,二つの生成物の混合物を与える.末端アルキンに対してボラン(BH_3)は逆マルコウニコフ型の付加反応をするが,反応をビニルボランで止めることは困難で,ボランの二重付加が起こる.

$$RC\equiv CH \xrightarrow{BH_3} [R-CH=CH-BH_2] \xrightarrow{BH_3} RCH_2-CH\begin{array}{c}B-\\B-\end{array}$$
末端アルキン　　　　ビニルボラン

これを防ぐために,かさ高いジアルキルボラン反応剤が使われている.これにより,ビニルボランが生成し,酸化によりエノールを経てアルデヒドが得られる.

$$\begin{array}{c} CH_3\ CH_3 \\ | \quad | \\ CH-C- \\ | \quad | \\ CH_3\ CH_3 \end{array}$$
テキシル基
(1,1,2-トリ

$$CH_3(CH_2)_5C\equiv CH \xrightarrow{\text{ジテキシルボラン}^\dagger (H)_2B-H} \underset{CH_3(CH_2)_5}{\overset{H}{C}}=\underset{H}{\overset{B(H)_2}{C}} \xrightarrow{H_2O_2, {}^-OH} CH_3(CH_2)_5CH_2-\underset{O}{\overset{\parallel}{C}}-H$$
オクタナール

(2) 水素化反応

一般にアルキンはアルケンよりも還元されやすいため，アルキンからアルケンへの部分還元が可能である．通常のパラジウムやニッケルを触媒として用いて水素化を行うと，アルキンはアルカンまで一挙に還元される．還元をアルケンで止めるためには，不活性化したパラジウム触媒である**リンドラー触媒**(Lindlar catalyst)を用いるとよい．この触媒は，パラジウムを炭酸カルシウムに沈殿させた後，酢酸鉛とキノリンで処理することにより調製する．反応はシス付加で進むので，cis-アルケンの有用な合成法となる．

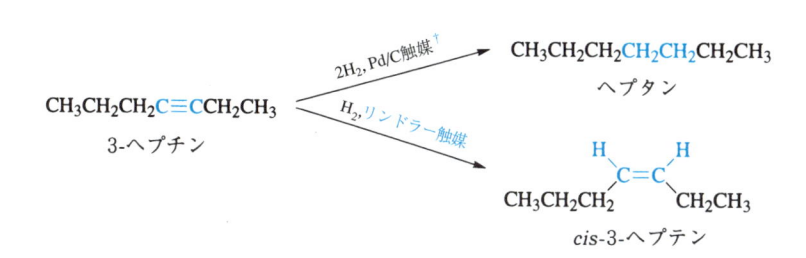

$$CH_3CH_2CH_2C\equiv CCH_2CH_3 \xrightarrow{2H_2, Pd/C触媒^\dagger} CH_3CH_2CH_2CH_2CH_2CH_2CH_3$$
3-ヘプチン　　　　　　　　　　　　　　　　　　　ヘプタン

$$\xrightarrow{H_2, リンドラー触媒} cis\text{-}3\text{-}ヘプテン$$

Pd/C 触媒
Pdを活性炭に分散して担持させた触媒．

4.4 アルケンとアルキンのそのほかの重要な反応

4.4.1 アルケンのワッカー法

塩化パラジウム($PdCl_2$)触媒を用いる末端アルケンの酸化的水和反応は**ワッカー法**(Wacker process)として工業的にも重要である．

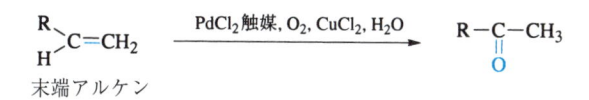

$$\underset{末端アルケン}{\overset{R}{\underset{H}{>}}C=CH_2} \xrightarrow{PdCl_2触媒, O_2, CuCl_2, H_2O} R-\underset{O}{\overset{\parallel}{C}}-CH_3$$

発展項目

4.4.2 アルケンのシクロプロパン化反応

アルケンのシクロプロパン化の簡便法〔**シモンズ–スミス反応**(Simmons-Smith reaction)〕が見いだされており，ジヨードメタンを亜鉛–銅合金で処理して生成するヨウ化(ヨードメチル)亜鉛(ICH_2ZnI)を，たとえばシクロヘキセンと反応させることにより，シクロプロパン環(橋かけ環炭化水素†)が得られる．この方法は従来のジアゾメタン(CH_2N_2)を用いる方法と比較して，安全でかつ収率も高い．

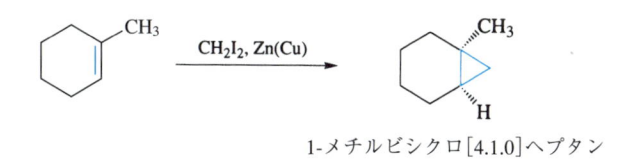

シクロヘキセン-CH₃ $\xrightarrow{CH_2I_2, Zn(Cu)}$ 1-メチルビシクロ[4.1.0]ヘプタン

橋かけ環炭化水素
二つの環が2個またはそれ以上の原子を共有している飽和炭化水素は，全炭素数の同じ直鎖炭化水素名に接頭語ビシクロ(bicyclo)をつけて命名し，2個の橋頭炭素原子を結ぶ二つの橋にそれぞれ含まれる炭素原子の数を，たとえば[4.1.0]のように大きいものから順に角カッコに入れて示す．

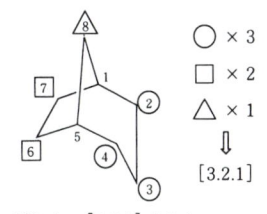

○ × 3
□ × 2
△ × 1
⇒ [3.2.1]

ビシクロ[3.2.1]オクタン
(bicyclo[3.2.1]octane)

カルベン

カルベン($R_2C:$)は，価電子を6個しかもたない2置換の炭素を含む中性分子である．カルベンは非常に反応性に富み，アルケンに付加してシクロプロパンを与える．カルベンには，2電子が炭素のsp^2混成軌道中で対をなして存在する一重項カルベンと，2電子がsp混成炭素の二つのp軌道に別べつに存在する三重項カルベンがある．

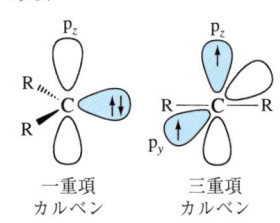

一重項カルベン　　三重項カルベン

クロロホルム($CHCl_3$)を水酸化カリウムのような強塩基で処理して生成する**ジクロロカルベン**†(dichlorocarbene：CCl_2)は，アルケンの二重結合へ付加し，ジクロロシクロプロパンが生成する．付加は立体特異的に起こり，シス付加体(シン付加体ともいう)を与える．

トリクロロメタニドアニオン　　ジクロロカルベン

4.4.3 アルケンのアリル位ハロゲン化反応

アルケンのアリル位は容易にハロゲン化される．たとえば，シクロヘキセンはハロゲン化剤であるN-ブロモスクシンイミド(NBS)と光照射下($h\nu$)で反応して，3-ブロモシクロヘキセンを与える．

NBS　　3-ブロモシクロヘキセン

この反応はアルカンのハロゲン化反応の場合と同様に，NBSからの臭素原子(ラジカル)の生成で開始するラジカル連鎖機構で進行する(**4.1.3**参照)．

シクロヘキセン

シクロヘキセンには三種類のC–H結合があり，アリル型C–H結合(解離エネルギー：361 kJ/mol)が，ビニル型C–H結合(444 kJ/mol)や典型的な第二級アルキルC–H結合(401 kJ/mol)より解離しやすく，より安定な**アリル型ラジカル**(aryl radical)を与えるため，選択的にアリル位で臭素化が起こる．

4.4.4 アルケンの重合
アルケン分子は互いに付加して重合し，ポリマーを与える．重合反応は，反応開始剤の種類によって三つの反応型に分類される．

（1）カチオン重合
アルケンの求電子付加反応と同様の機構で開始し，カルボカチオンに対してアルケンが求電子付加反応を繰り返して進行する．2-メチルプロペン（イソブチレン）の重合触媒として無水フッ化水素（HF）を用いることによりポリイソブチレンが生成する（図 4.9）．

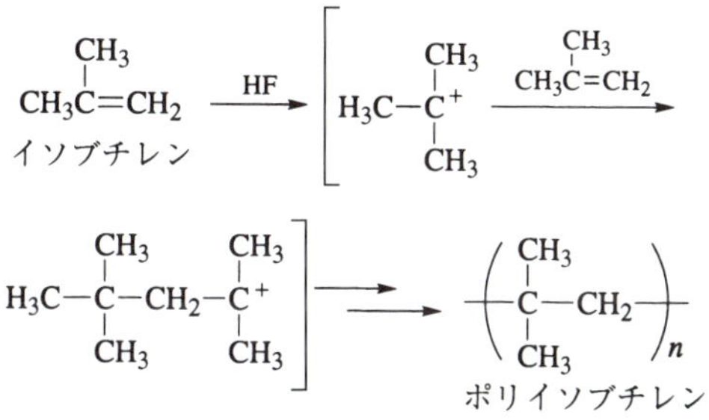

図 4.9 カチオン重合によるポリイソブチレンの生成機構

（2）ラジカル重合
スチレンの重合によるポリスチレンの製造はラジカル反応開始剤[†]を用いて行われている．反応開始剤として過酸化物を用い，これを加熱することでラジカルを発生させ，スチレンを重合させる．発泡ポリスチレンは断熱材に利用され，硬い固体状のポリスチレンはいわゆるプラスチックとしてさまざまな用途に用いられている．ポリエチレンやポリプロピレンもこの方法で製造されている（図 4.10）．

同様にして，共役ジエンのラジカル重合により，ポリブタジエン，ポリイソプレン，ネオプレンなどの合成ゴムが製造されている（図 4.11）．

ラジカル反応開始剤
ラジカルとは不対電子をもつ原子や分子のことで，通常 R• のように表される非常に反応性に富んだ化学種である．反応開始時に，このラジカルを発生させて，ラジカル連鎖反応を引き起こすための反応剤をいう．

（3）アニオン重合・配位重合
反応はアニオンや金属錯体によって開始され，カルボアニオンまたは類似の中間体を生成する．そのなかで，エチレンやプロピレンからポリエチレンやポリプロピレンを合成する方法では，チーグラー（K. Ziegler）とナッタ（G. Natta）が開発したトリエチルアルミニウム〔(C_2H_5)$_3$Al〕と塩化チタン（TiCl$_n$, n = 4, 3）の反応で生成するチーグラー-ナッタ触媒を用いる合成法がよく知られており，この業績に対して二人に 1963 年度ノーベル化学賞が与えられた[*]（図 4.12）．

ポリエチレンには，製造法の違いにより高密度と低密度の二種類があり，前者はパイプやビンなどの用途に，後者は包装用に用いられている．

[*] 序章 p.7 参照．

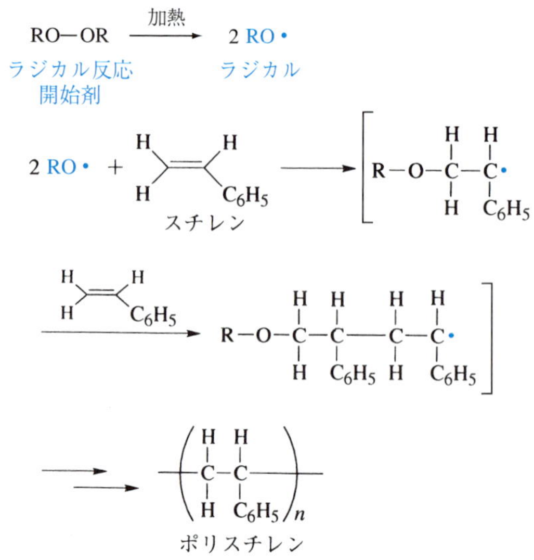

図 4.10 ラジカル重合によるポリスチレンの生成機構

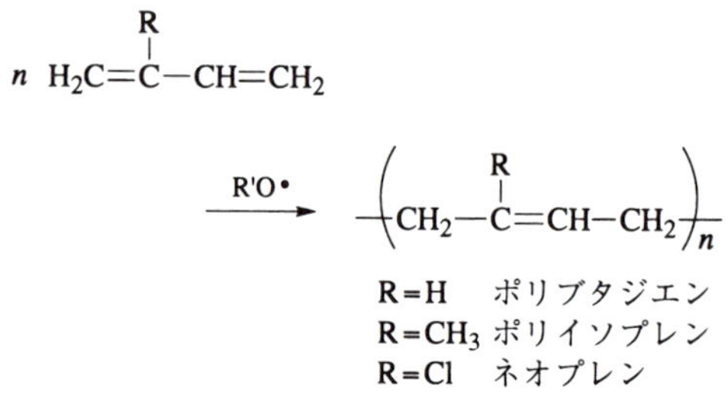

図 4.11 共役ジエンのラジカル重合

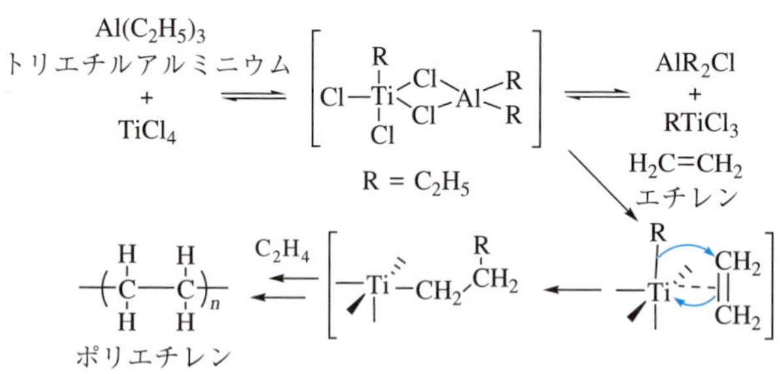

R = H　ポリブタジエン
R = CH₃　ポリイソプレン
R = Cl　ネオプレン

図 4.12 チーグラー–ナッタ触媒によるポリエチレンの生成機構

4.4.5 アルキンの還元
（1）ビニルボランの酸分解

　　ビニルボランを酢酸で処理すると *cis*-アルケンが得られるため，これも有用な還元反応の一つである（次ページ図参照）．

ビニルボラン　　*cis*-アルケン

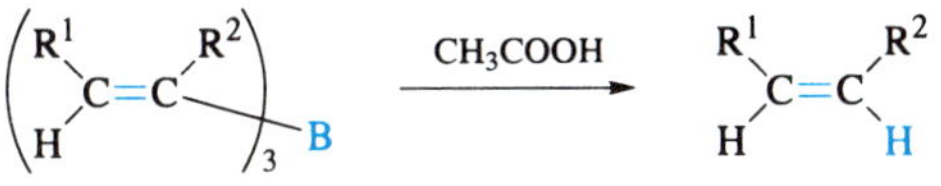

（2）アルカリ金属還元

液体アンモニア中で金属ナトリウムまたは金属リチウムでアルキンを還元すると，*trans*-アルケンが選択的に得られる．その立体選択性はリンドラー還元と相補的である．

trans-3-ヘプテン

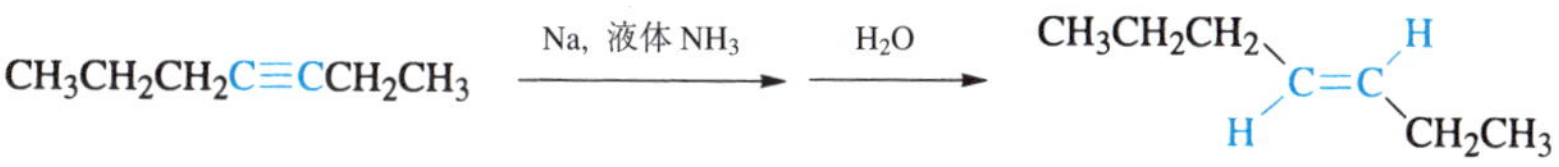

4.4.6　アセチリドアニオンのアルキル化反応

末端アルキンをアルキルリチウム(RLi)やナトリウムアミド($NaNH_2$)などの強塩基で処理することにより生成するアセチリドアニオン(p. 66 参照)は，炭素上に非共有電子対が存在するため強い求核性をもつ．そのため，第一級ハロアルカン，エポキシド，アルデヒド，ケトンなどのアルキル化剤との反応によりC−C結合が生成する(6，7，8 章参照)．

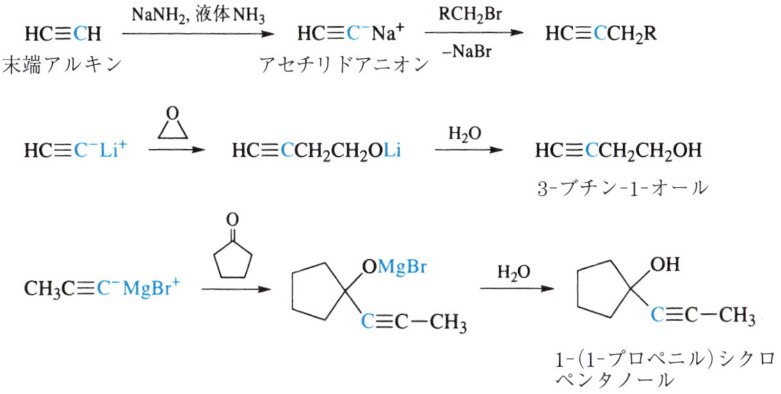

4.5　共役ジエンの反応

4.5.1　共役ジエンの求電子付加反応における 1,2-付加体と 1,4-付加体の生成比

1,2-付加体と 1,4-付加体の生成比は，反応条件，とくに温度の影響を大きく受ける(p. 65 参照)．室温またはそれ以下の低温では一般に 1,2-付加体が優先する．一方，同じ反応を高温で行うと，1,4-付加体が優先する場合が

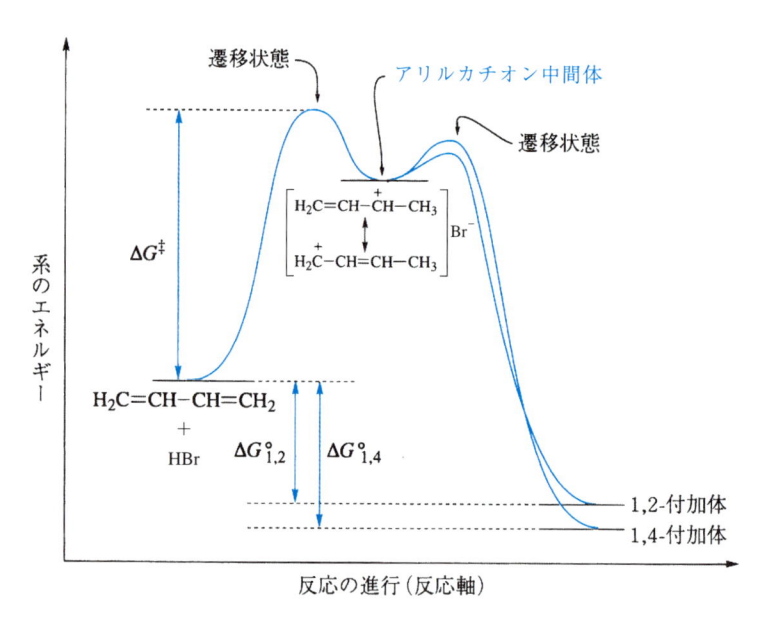

図 4.13
1,3-ブタジエンに対する HBr の求電子付加反応のエネルギー図

ある．これは図 4.13 に示すように，低温では活性化エネルギーの小さい 1,2-付加が起こりやすく（速度論支配[†]），高温になるとエネルギーの供給が十分となり熱力学的に安定な 1,4-付加体（熱力学支配[†]）が優先するためである．

4.5.2 共役ジエンのディールス-アルダー付加環化反応

共役ジエンの特徴的なもう一つの反応は，**ディールス-アルダー付加環化反応**(Diels-Alder cycloaddition reaction)である．

速度論支配と熱力学支配
活性化エネルギーの大きさが生成物を決定する反応を速度論支配といい，また生成物の安定性が生成物を決定する反応を熱力学支配という．

エノフィルとジエノフィル
ディールス-アルダー付加環化反応において，ジエンと反応するアルケンをジエノフィル（親ジエン），アルケンと反応するジエンをエノフィル（親エン）と呼ぶ．

この反応では，共役ジエン（エノフィル[†]）がアルケン（ジエノフィル[†]）と反応して，置換シクロヘキセンを与える．この反応はイオン反応でもラジカル反応でもなく，中間体を経由せずに環状の遷移状態を経る**協奏機構**(concerted mechanism)で進行する（**4.6.2 参照**）．

4.6 分子軌道と協奏反応

有機反応の多くは，求電子剤と求核剤間の極性機構で結合をつくるイオン反応と，二つの反応物が1電子ずつだし合って結合をつくるラジカル反応のいずれか，または両方が組み合わさって起こる．これらとは明瞭に区別されて，第三の重要な有機反応として**ペリ環状反応**(pericyclic reaction)がある．この反応は環状の遷移状態を経由する協奏機構[*1]で進行し，① 付加環化反応，② 電子環状反応，③ シグマトロピー反応の三つに分類される．ペリ環状反応は，立体特異的に進行し，単一の立体異性体を与えるという非常に重要な特徴をもっている．この立体特異性の発現は，出発物質と生成物の分子軌道の対称性を考慮することにより理解できる．

[*1] 中間体の存在しない協奏機構で進む反応を**協奏反応**(concerted reaction)という．

4.6.1 分 子 軌 道

1.1.5 (1章, p.17) で述べたように，2個の水素原子から1個の水素分子ができるときには，水素の二つの原子軌道の重なりにより二つの分子軌道ができる．そのうちの一つは原子軌道よりも低いエネルギーをもち〔**結合性分子軌道**(bonding molecular orbital)〕，もう一方はエネルギーが高くなる〔**反結合性分子軌道**(antibonding molecular orbital)〕．ほかの原子間に結合ができるときにも，同様に結合性分子軌道と反結合性分子軌道ができ，それぞれを Ψ (プサイ) と Ψ^* で表す．一般に n 個の原子軌道からは n 個の分子軌道が生じる．n が偶数の場合，そのうちの半数は結合性軌道であり，残りの半数は反結合性軌道となる．n が奇数の場合の真ん中の軌道は**非結合性軌道**(non-bonding orbital)と呼ばれる．分子軌道には，s, sp, sp^2, sp^3 原子軌道のうちの二つで形成される σ 軌道と，p 軌道の重なりにより形成される π 軌道がある．原子軌道と分子軌道の各ローブには代数的な波動関数の符号の＋と－の部分があり，それは単に位相[*2]の違いを示している．図4.14 に示すように，同じ符号をもつ(同位相の)二つのローブの加成的な重なりによってできる分子軌道が安定な結合性軌道となる．また一方，反結合性軌道では互いに異なる符号をもつ(逆位相の)二つのローブが隣接し，そのためローブは重な

[*2] 位相については p.17 参照．

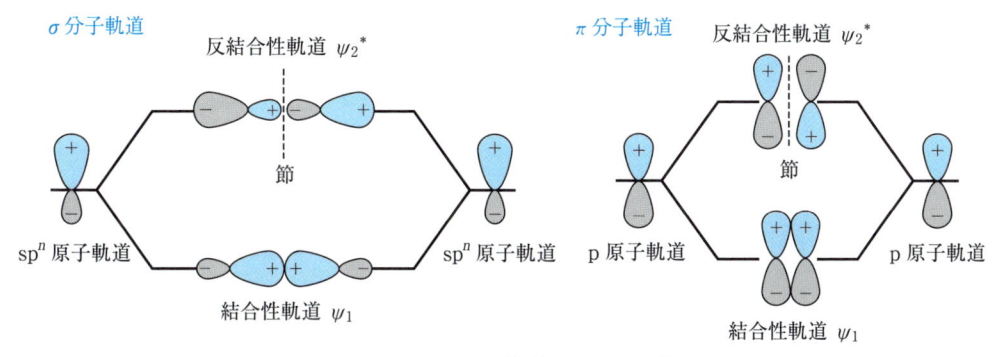

図 4.14 σ 分子軌道と π 分子軌道

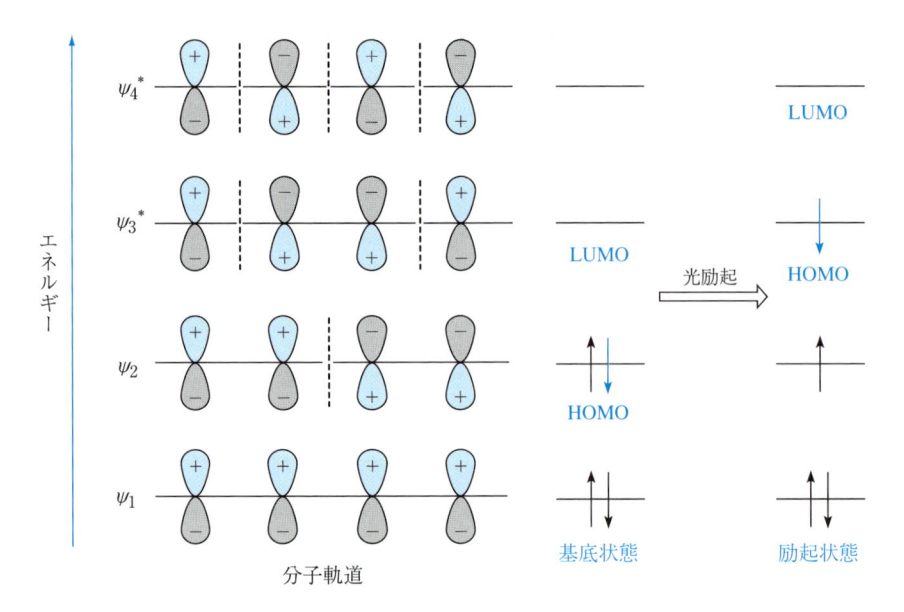

図 4.15　1,3-ブタジエンの π 分子軌道および基底状態と励起状態の HOMO と LUMO

らずに節をもち，エネルギーは高くなる．電子は分子軌道においても，原子軌道の場合と同様にエネルギーの低い軌道から順にパウリの排他原理とフントの規則に従って収まっていく．

次に共役ジエンである 1,3-ブタジエンの π 結合の分子軌道を考えてみよう．四つの p 原子軌道が重なってやはり四つの π 分子軌道ができる．図 4.15 に示すように，そのうちの二つは結合性分子軌道(Ψ_1 と Ψ_2)であり，残り二つは反結合性分子軌道(Ψ_3^* と Ψ_4^*)である．軌道に節が多いほどエネルギーが高くなることがわかる．ブタジエンの**基底状態**[†](ground state)の二つの結合性軌道は 4 個の p 電子で満たされているが，残り二つの反結合性軌道は空のままである．これに紫外線を照射すると Ψ_2 中の 1 個の電子が Ψ_3^* に昇位した**励起状態**[†](excitation state)が形成される．電子が入っている最もエネルギーの高い軌道を**最高被占軌道**(HOMO：highest occupied molecular orbital)，最もエネルギーの低い空の軌道を**最低空軌道**(LUMO：lowest unoccupied molecular orbital)，これらの HOMO と LUMO を**フロンティア軌道**(frontier orbital)と呼ぶ．したがって，1,3-ブタジエンの基底状態では，Ψ_2 が HOMO，Ψ_3^* が LUMO となり，励起状態では，Ψ_3^* が HOMO，Ψ_4^* が LUMO となる(図 4.15)．

同様にして，共役トリエンの π 分子軌道を記述できる(図 4.16)．基底状態では三つの結合性軌道(Ψ_1, Ψ_2, Ψ_3)に電子が満たされ，励起状態では Ψ_3 から Ψ_4^* への一電子励起がみられる．

基底状態と励起状態
基底状態とは，原子の原子軌道または分子の分子軌道のなかで，最低のエネルギーとなるように電子が配列した状態をいう．また，励起状態とは，基底状態の原子や分子に外部からエネルギーが加わって，より高い空の原子軌道または分子軌道に電子が移動した状態をいう．

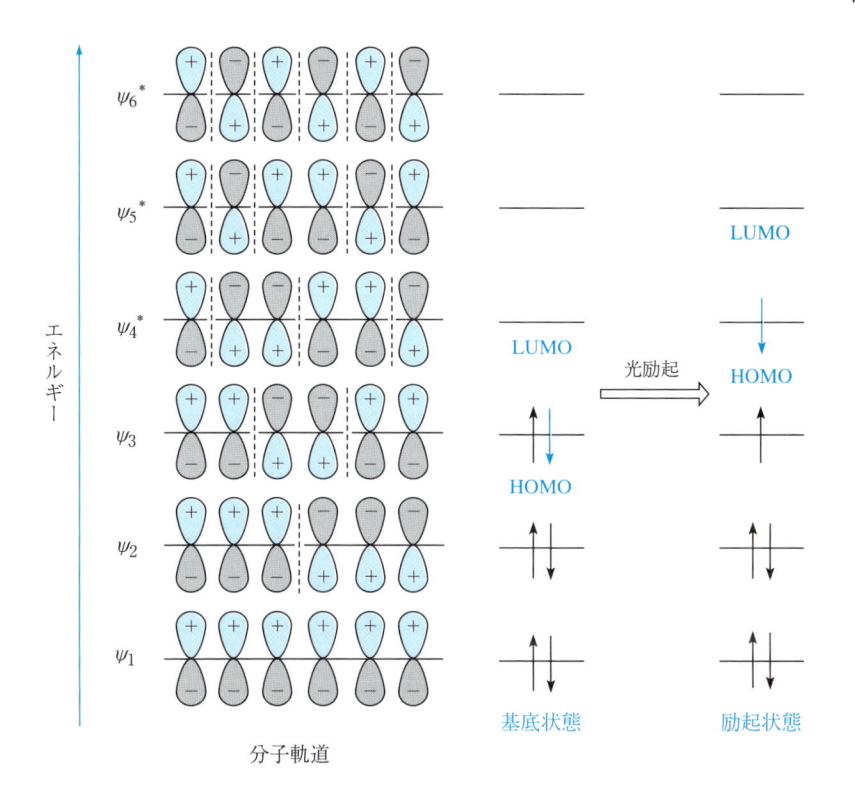

図 4.16
1,3,5-ヘキサトリエンのπ分子軌道および基底状態と励起状態の HOMO と LUMO

4.6.2 ペリ環状反応

ペリ環状反応が起こるか否かの判断とその立体化学を予測するのに，反応に関与する一つまたは二つの分子軌道を考慮するだけで結論を下せることが，福井により示された．この理論は**フロンティア軌道理論**†（frontier orbital theory）と呼ばれている．この理論により，一方の分子の HOMO ともう一方の分子の LUMO（この二つの軌道をフロンティア軌道という）間で，二つの軌道の対称性が等しく，かつ両者間のエネルギー差が十分小さい場合に，二つの軌道の重なりが大きくなって反応が進行することが明らかにされた．ディールス-アルダー付加環化反応はその一例である．以下，このフロンティア軌道の概念を用いて三種のペリ環状反応を説明する．

（1）付加環化反応

加熱条件下[*1]で起こるジエン（4π 電子）とジエノフィル（2π 電子）間のディールス-アルダー[4 + 2]反応や，紫外線照射条件下[*1]で起こる二つのアルケン間の[2 + 2]付加環化反応のように，二つの分子が結合して環状生成物を与える分子間のペリ環状反応を，**付加環化反応**（cycloaddition reaction）と呼ぶ[*2]．ディールス-アルダー付加環化反応では，図 4.17 に示すように，1,3-ブタジエンと cis-2-ブテン二酸ジメチル（マレイン酸ジメチル）との反応は cis-二置換シクロヘキセンのみを与え，一方，trans-2-ブテン二酸ジメチル（フマル酸ジメチル）との反応は trans-二置換シクロヘキセンのみをそれぞ

フロンティア軌道理論とウッドワード-ホフマン則

福井謙一によりフロンティア軌道理論が発表されたのは 1952 年のことである．この後，1965 年にホフマンはフロンティア軌道理論をもとにして，ウッドワード-ホフマン則（軌道対称性保存則）を発表し，ペリ環状反応が起こるための条件として，出発物質と生成物の軌道の対称性の一致が必要であることを示した．これらの業績により，福井とホフマンは 1981 年度ノーベル化学賞を受賞した．

[*1] 熱反応では基底状態の分子のみが反応に関与し，紫外線照射反応では励起状態の分子が反応に関与する．

[*2] [4 + 2]のように，付加環化反応に直接関与する両基質の p 電子の数（m 個と n 個）を [$m + n$] と表すことにより，反応の型を示す．

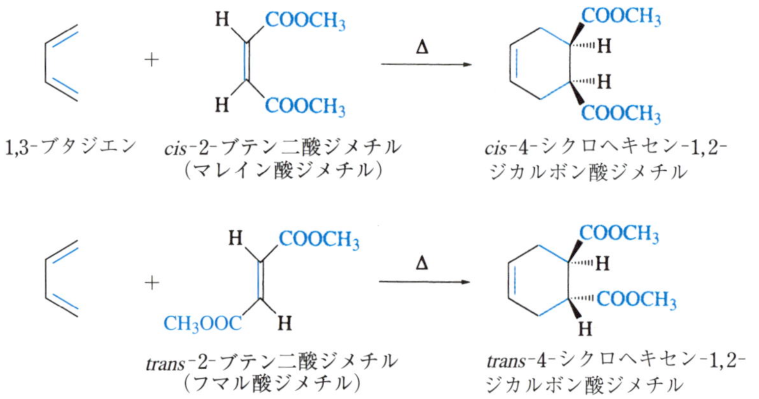

図 4.17
ディールス-アルダー
付加環化反応

* このとき軌道対称性が保存されるという.

れ立体特異的に与える.

　フロンティア軌道理論によると，ディールス-アルダー付加環化反応はジエンの基底状態の HOMO の両末端のローブの符号が，ジエノフィルの基底状態の LUMO の両末端のローブの符号とそれぞれ一致*するときに起こり，HOMO の 2 電子が LUMO の空軌道に入り新たな結合を形成する．そのため図 4.18 に示すように，生成物の立体化学は出発物質の立体化学を保持している．

　一方，二つのアルケン間では基底状態での [2 + 2] 付加環化反応は起こらない．アルケンの HOMO のローブの符号が，もう一方のアルケンの LUMO のローブの符号と一致しないため，結合は起こらない．この場合，紫外線照射により一方の HOMO を励起すると他方の LUMO の符号と一致するようになるので，[2 + 2] 付加環化反応が起こる（図 4.19）．したがって，紫外線照射による [2 + 2] 付加環化反応も立体特異的となる．

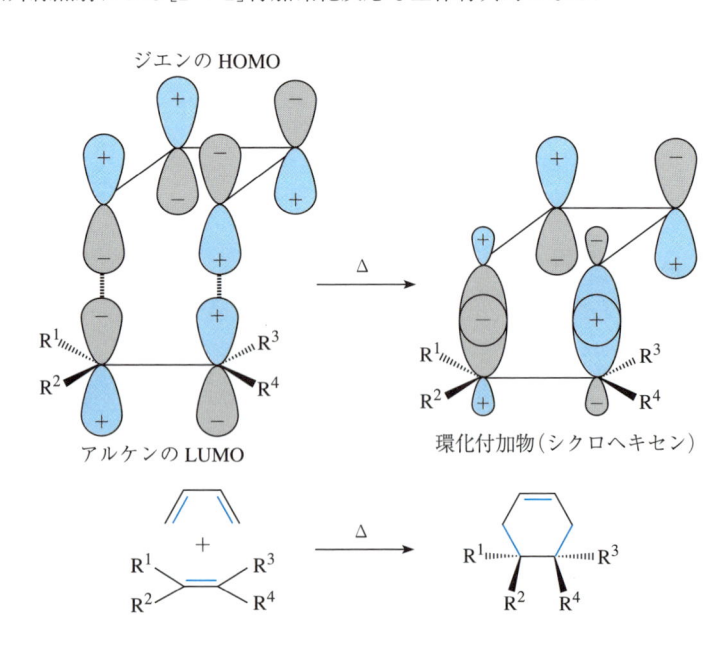

図 4.18
1,3-ジエンとアルケンのディールス-アルダー付加環化反応におけるジエンの HOMO とアルケンの LUMO の相関

励起状態のHOMO

基底状態のLUMO

紫外線 → シクロブタン

$H_2C=CH_2$
+ 　　　紫外線 → □
$H_2C=CH_2$

図 4.19
紫外線照射による[2+2]付加環化反応におけるアルケンのHOMOとLUMOの相関

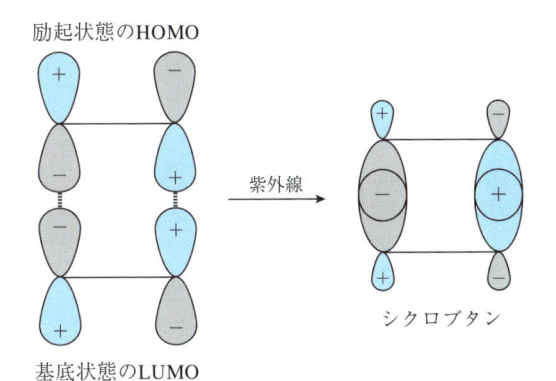

（2）電子環状反応

2,4,6-オクタトリエンを熱反応で閉環させると，1,3-シクロヘキサジエンが生成するように，**電子環状反応**(electrocyclic reaction)は，π電子が移動して新しいσ結合の生成と二重結合の転位が起こる反応である．通常，反応は可逆的であり，平衡は環化生成物側に片寄っている場合が多い．この反応の立体化学に注目すると，加熱条件下と紫外線照射条件下では立体化学の異なる生成物を与える．(2E,4Z,6E)-オクタトリエンを加熱すると，cis-5,6-ジメチル-1,3-シクロヘキサジエンが生成し，トランス体は得られない．一方，(2E,4Z,6E)-オクタトリエンに紫外線照射すると，$trans$-5,6-ジメチル-1,3-シクロヘキサジエンを与える(図 4.20)．

フロンティア軌道理論によると，電子環状反応の立体化学は，ポリエンのHOMOの対称性によって決まる．すなわち，共役トリエンの基底状態のHOMOはΨ_3であり(図 4.16 参照)，新たな結合が生成するためには，2位と7位の炭素上のπ-ローブが回転し，同じ符号(位相)のローブが重なりあって新しくσ結合をつくる必要がある．したがってこの場合，一方の軌道は時計回りで，もう一方が反時計回りに，というように互いに逆向きに回転し

Δ
逆旋的
→ cis-5,6-ジメチル-1,3-シクロヘキサジエン

紫外線
同旋的
→ $trans$-5,6-ジメチル-1,3-シクロヘキサジエン

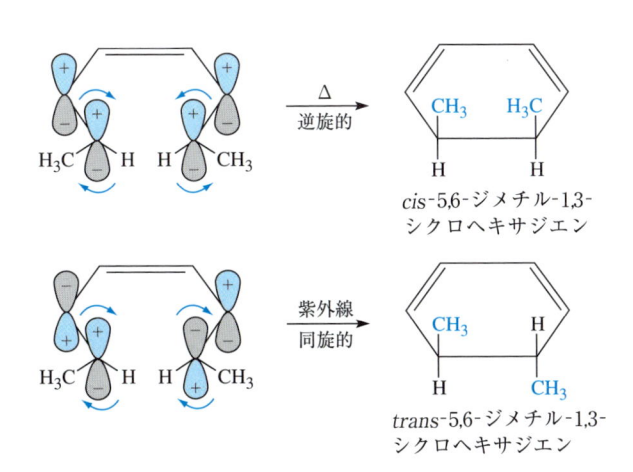

図 4.20
(2E,4Z,6E)-オクタトリエンの電子環状反応

なければならない．このようなローブの動きを**逆旋的**(disrotatory)と呼ぶ．この逆旋的環化は，2,4,6-オクタトリエンの熱による環化で実際に見られ，(2E,4Z,6E)異性体からはシス体が生成し，(2E,4Z,6Z)異性体からはトランス体が生成する結果となる．

共役トリエンに紫外線照射すると，基底状態のHOMO(Ψ_3)から基底状態のLUMO(Ψ_4^*)に電子1個が励起される．その結果，Ψ_4^*が励起状態のHOMOとなり(図4.16参照)，同じ符号のローブが重なり合って新たにσ結合が生成するためには，2位と7位の炭素上のπ-ローブがともに時計回りか反時計回りの同じ向きに回転しなければならない．これを**同旋的**(conrotatory)環化と呼ぶ．したがって，(2E,4Z,6E)異性体からは，光環化によりトランス体が生成する．

（3）シグマトロピー転位

π電子系におけるσ結合の分子内転位反応を**シグマトロピー転位**(sigmatropic rearrangement)と呼ぶ．アリルビニルエーテルの**クライゼン転位**(Claisen rearrangement)や1,5-ヘキサジエンの**コープ転位**(Cope rearrangement)に代表される．σ結合が1番目と1'番目の炭素からそれぞれ3番目の炭素に移る[3,3]転位のほかに，二つの二重結合のπ系を介して起こる水素原子の[1,5]転位がよくみられる．

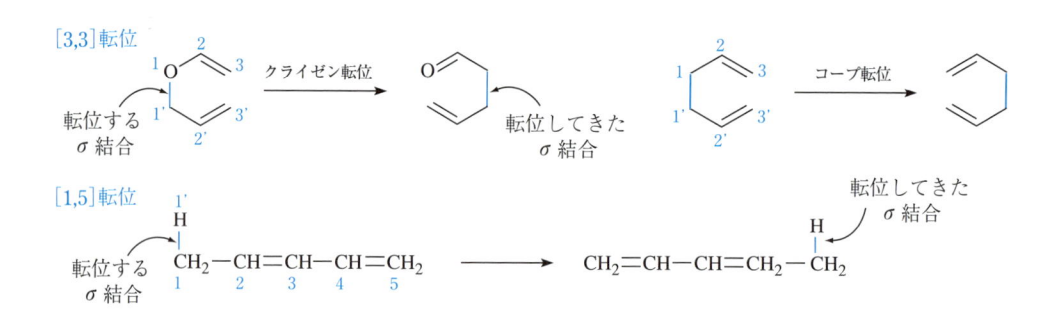

Key Word

【基礎】☐結合解離エネルギー ☐ラジカル連鎖反応 ☐ひずみエネルギー ☐立体反発 ☐超共役 ☐求電子付加反応 ☐マルコウニコフ則 ☐カルボカチオン ☐ヒドロホウ素化 ☐四中心遷移状態 ☐エポキシ化 ☐ジヒドロキシ化 ☐オゾン酸化 ☐共役ジエン ☐1,2-付加 ☐1,4-付加 ☐アセチリドアニオン ☐リンドラー触媒

【発展】☐シクロプロパン化 ☐ディールス-アルダー付加環化反応 ☐協奏機構 ☐ペリ環状反応 ☐基底状態 ☐励起状態 ☐最高被占軌道(HOMO) ☐最低被占軌道(LUMO) ☐フロンティア軌道 ☐付加環化反応 ☐電子環状反応 ☐シグマトロピー転位

章末問題

1. 次の化合物の構造式を示せ．
   (a) (E)-3,5-ジメチル-4-ヘプテン-1-イン
   (b) 3,3-ジメチルシクロオクチン
   (c) (Z)-1-エチル-2-メチルシクロオクテン
   (d) (E)-3,3-ジメチルシクロデセン

2. 次の化合物の系統名を示せ．

   (a) H$_3$C,,,,,CH$_3$ シクロペンテン環 (cis)
   (b) CH$_3$CH$_2$-シクロヘキサン-CH$_3$
   (c) CH$_3$-CH=CH-CH$_2$CH$_2$C≡CH (with CH$_2$CH$_3$ substituent)
   (d) CH$_3$CH$_2$-置換シクロヘキサジエン-CH$_3$
   (e) トリエン-CH$_2$OH (複数メチル置換)

3. 2-メチル-2-ブテンと次の反応剤との反応生成物の構造式を示せ．
   (a) HCl   (b) H$_2$O, H$_2$SO$_4$(触媒)
   (c) Br$_2$, CCl$_4$ (d) Cl$_2$, H$_2$O
   (e) Br$_2$, NaCl 水溶液   (f) H$_2$, Pd/C

4. 1-メチルシクロヘキセンと次の反応剤との反応生成物の構造式を示せ．必要ならば立体化学も示せ．
   (a) KMnO$_4$, H$_2$O   (b) O$_3$, 続けて CH$_3$SCH$_3$
   (c) HBr   (d) BH$_3$, 続けて H$_2$O$_2$, ⁻OH
   (e) MCPBA   (f) Br$_2$, H$_2$O

5. 次の化合物はいずれもオゾン酸化（O$_3$, 続けて CH$_3$SCH$_3$）により得られる生成物である．もとの化合物の構造式を示せ．
   (a) 2-プロパノン（アセトン）
   (b) 2,6-ヘプタンジオン
   (c) 2,4-ペンタンジオン（アセチルアセトン）

6. 1-ヘキシンから次の化合物を合成するために必要な反応剤を示し，反応式を完成せよ．
   (a) ヘキサナール   (b) 2-ヘキサノン
   (c) 1-ヘキセン   (d) 2,2-ジブロモヘキサン

7. 3-ヘキシンと次の反応剤との反応生成物の構造式を示せ．
   (a) H$_2$, リンドラー触媒   (b) H$_2$, Pd/C
   (c) BH$_3$, 続けて H$_2$O$_2$, ⁻OH
   (d) 1当量の Br$_2$ (e) H$_2$O, H$_2$SO$_4$, HgSO$_4$

8. trans-2-ブテンと OsO$_4$ の反応により得られるジヒドロキシ生成物の立体化学は，cis-2-ブテンを用いた反応の場合とは異なる．R,S 表示を用いて，それぞれの異性体の立体化学を示せ．

有機化学のトピックス

生理活性天然物アルケンとアルキン

生理活性を示す天然物のうち，アルケン部分をもつ化合物は数多く存在する．たとえば，果実の成熟を促進する植物ホルモンでもあるエチレン，植物に特有の香りの成分であるテルペン類（12.3.3 参照），昆虫の情報伝達物質である昆虫フェロモン，昆虫の幼虫の変態を制御する幼若ホルモン類，ニンジンやカボチャなどの緑黄色野菜に含まれる β-カロテンやビタミンAなどのカロテノイド類，ステロイドホルモン類（12.3.4 参照），青背の魚に多く含まれ，ヒトの動脈硬化や血栓症を予防することが知られているイコサペンタエン酸（EPA）やドコサヘキサエン酸（DHA）（12.3.1 マージン参照）など枚挙にいとまがない．これらの化合物のほとんどは，動植物の代謝過程での基本的な中間体である酢酸誘導体から体内で合成されている．また，生体リン脂質の構成成分である脂肪酸（おもにアラキドン酸）からつくられるエイコサノイド類〔プロスタグランジン（PG），ロイコトリエン（LT），トロンボキサン（TX）〕は，局所ホルモンとして生体のほとんどすべての組織に分布し，平滑筋収縮作用，炎症反応誘因作用，血小板凝縮作用などの多彩な生理反応の調節に携わっている．

一方，アルケンほどではないが，アルキン部分をもつ生理活性天然物も知られている．エンジイン構造（三重結合構造部分）をもつカリチェアミシンは抗腫瘍活性を示す抗生物質である．

(R)-リモネン
（柑橘類の油に含まれる）

ボンビコール
（雌のカイコガの性フェロモン）

C_{18}-セクロピア幼若ホルモン
（雄のカイコガがつくりだす幼若ホルモン）

β-カロテン

ビタミンA

EPA

カリチェアミシン（R＝糖）

PGE$_2$

アラキドン酸

TXA$_2$

LTC$_4$

5 Organic chemistry

芳香族化合物の基本骨格と反応

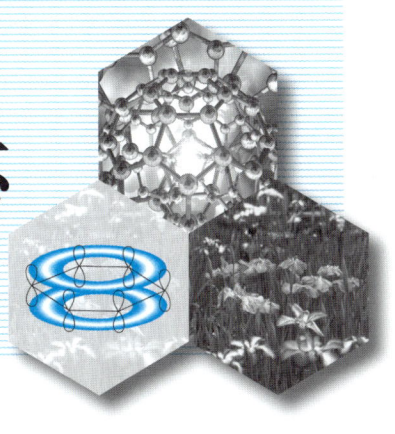

【この章の目標】

　この章では，芳香族化合物の構造・性質・反応について学ぶ．4章で学んだ脂肪族環式化合物とはまったく異なる，ベンゼンなどの環状化合物が示す化学的性質が，芳香族性に由来していることを知る．ついで，置換芳香族化合物がさまざまな求電子剤と起こす求電子置換反応の反応機構を学び，芳香族化合物の反応性がその構造に密接に関連していることを理解する．また，芳香族化合物の側鎖の酸化反応や芳香環の還元反応についても学び，芳香族化合物の反応の多様性を知る．

5.1　芳香族化合物の構造と性質

　芳香族化合物(aromatic compound)とは，狭義にはベンゼンに代表される三つの二重結合をもった六員環化合物群をさし，必ずしも"芳ばしい香りをもつ化合物"とは限らない．また今日では，ベンゼンにみられる芳香族性が六員環化合物に限定されず，ある規則性を満たす環状化合物に共通の性質であることが明らかとなっている．芳香族化合物は，二重結合を複数個もつにもかかわらず，その反応性はアルケンや共役ジエンなどの不飽和化合物とは大きく異なる．

5.1.1　芳香族化合物の製法

　ベンゼンが19世紀初頭にファラデー(M. Faraday)によってロンドンのガス街路灯の残留油状物から発見されたことでもわかるように，芳香族炭化水素のおもな供給源は石炭や石油などの化石燃料である．石炭は空気を断って高温で加熱分解すると液体化し，揮発性物質の混合物(コールタール)が得ら

れる。これをさらに分別蒸留すると、ベンゼン、トルエン、キシレン、ナフタレンなどの芳香族化合物が得られる。石油中の芳香族化合物の含有量は少ないが、直留ガソリンの接触リホーミングにより、直鎖アルカンは芳香族化合物に変換される。

5.1.2 芳香族化合物の性質

ベンゼンは、仮想的なヘキサトリエン（ケクレ構造）では考えられない大きな安定性をもち、アルケンにみられる求電子付加反応を受けない。この異常な安定性については、ベンゼンの水素化熱(208 kJ/mol)をシクロヘキサン(120 kJ/mol)や1,3-シクロヘキサジエン(232 kJ/mol)と比較することによって定量的に説明できる。図5.1に示すように、ベンゼンは仮想シクロヘキサトリエンよりも約128 kJ/mol だけ余分に安定であるということになる。また、ベンゼンの六つの炭素-炭素結合の長さは同等で、一様に0.140 nmと典型的な炭素-炭素単結合(0.154 nm)と二重結合(0.134 nm)の中間の値となり、この事実も仮想シクロヘキサトリエンとは大きく異なる。

ベンゼンの構造を、共鳴理論に基づき二つの等価なケクレ構造を共鳴構造とする共鳴混成体として表すのが、真の構造に最も近く適当である。前述の安定化エネルギー(128 kJ/mol)は**共鳴エネルギー**(resonance energy)または**非局在化エネルギー**(delocalization energy)と呼ばれる。共鳴構造は互いにπ電子の位置だけが異なり、原子の位置と混成には変化がないのが特徴である。したがってベンゼンでは、6個の炭素原子が正六角形をなし、6個のπ

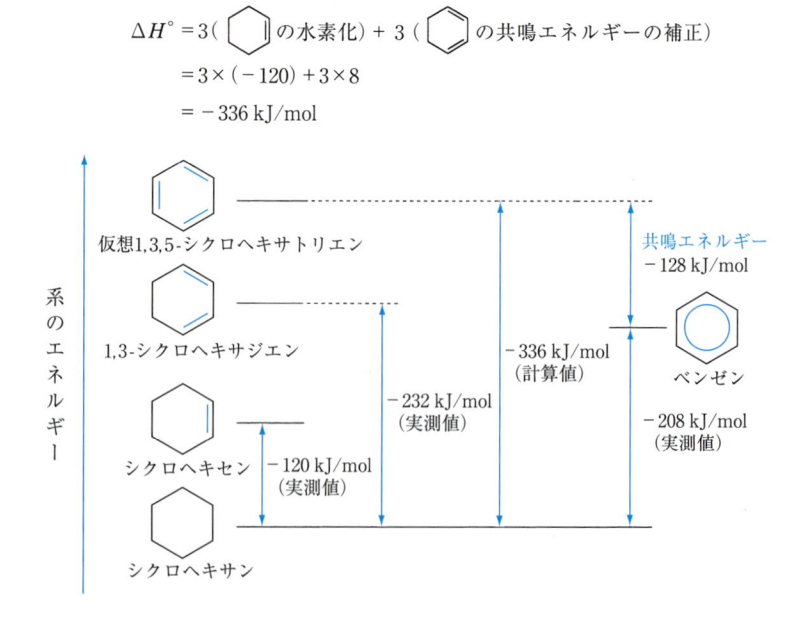

$\Delta H° = 3(\text{シクロヘキセンの水素化}) + 3(\text{ベンゼンの共鳴エネルギーの補正})$
$= 3 \times (-120) + 3 \times 8$
$= -336 \text{ kJ/mol}$

図 5.1
水素化熱から見積もった
ベンゼンの共鳴エネルギー

電子は六つのp軌道により形成されるπ軌道に非局在化して，上下二つのドーナツ状のπ電子雲を形成するため，すべての炭素-炭素結合が等価となる．

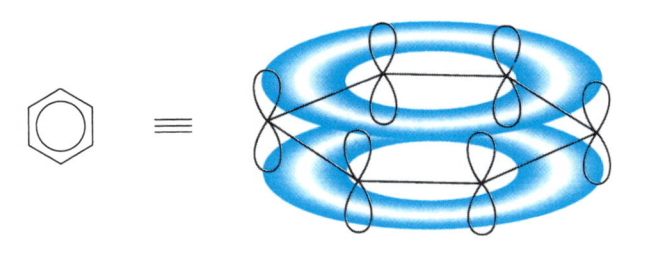

　ベンゼンは，大きな共鳴安定化エネルギーにより安定化し，この性質を**芳香族性**(aromaticity)という．芳香族性はベンゼン環をもつ化合物のみならず，① 分子が平面構造をとり，② 各原子上にp軌道をもち，③ 環状化合物であり，④ π軌道系が $4n + 2$ 個（n は整数）のπ電子をもつ場合にみられる共通の性質であることが，ヒュッケルにより示された．この規則は**ヒュッケル則**(Hückel rule)として知られている．今日，これらの芳香族性の一般概念のうちの②と③については，ナフタレンなどの多環式芳香族化合物や非共有結合性軌道（n軌道）に非共有電子対（n電子）をもつ窒素原子などを含む複素環芳香族化合物にも拡張できることがわかっている．芳香族性を示す化合物を次に示す*．

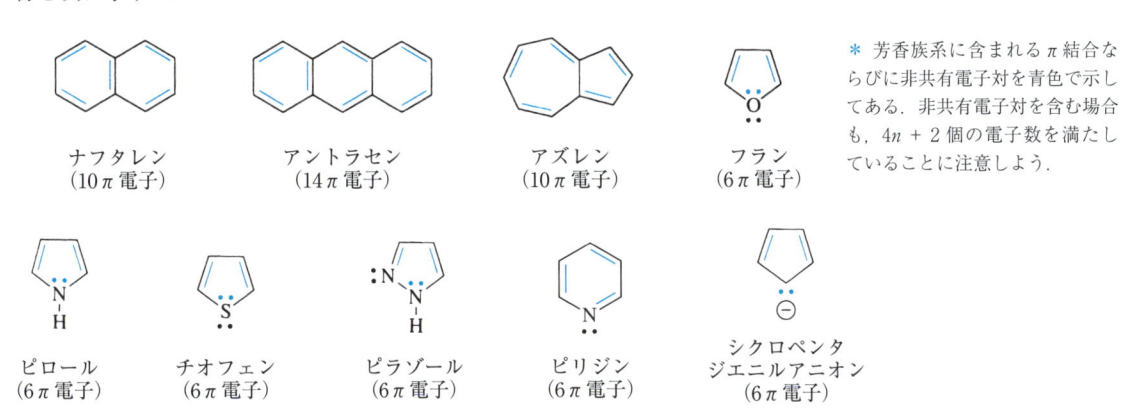

ナフタレン
(10π電子)

アントラセン
(14π電子)

アズレン
(10π電子)

フラン
(6π電子)

ピロール
(6π電子)

チオフェン
(6π電子)

ピラゾール
(6π電子)

ピリジン
(6π電子)

シクロペンタ
ジエニルアニオン
(6π電子)

＊ 芳香族系に含まれるπ結合ならびに非共有電子対を青色で示してある．非共有電子対を含む場合も，$4n + 2$ 個の電子数を満たしていることに注意しよう．

5.2　芳香族化合物の反応

5.2.1　芳香族求電子置換反応

　芳香族化合物の反応の特徴は，**求電子剤**(electrophile または electrophilic reagent, El)が芳香環と反応して水素1個と置換する**求電子置換反応**(electrophilic substitution)である．この反応により芳香環にさまざまな置換基を導入することが可能である．

（1）ハロゲン化

　アルケンに比べて，芳香環は共鳴安定化のために求電子剤に対する反応性

が低く，塩素化，臭素化，ヨウ素化では，求電子剤の活性化のために触媒を必要とする．一方，フッ素は反応の制御が困難なほど反応性が高く，ポリフルオロ化が起こる．ベンゼンの臭素化では $FeBr_3$ などのルイス酸触媒を用いて，Br_2 分子と錯体を形成させて，Br^+ 活性種を発生させることが必須である*．

* 反応式は以下のようになる．
$Br_2 + FeBr_3 \rightleftarrows Br^+(FeBr_4)^-$

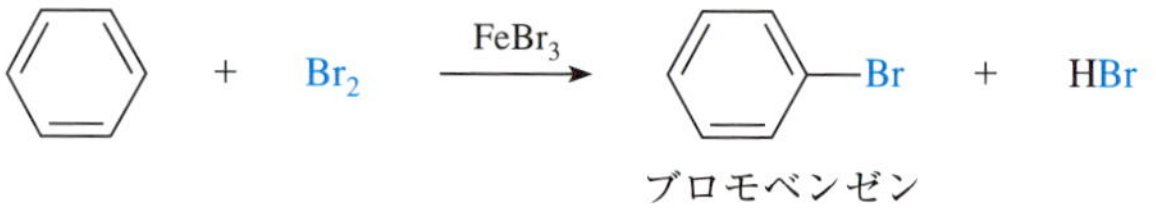

$$\text{ベンゼン} + Br_2 \xrightarrow{FeBr_3} \text{ブロモベンゼン} + HBr$$

求電子置換反応では，最初の Br^+ のベンゼンへの付加が，アルケンの付加と同じ様式で起こるが，芳香族的安定性をもつベンゼンから芳香族性をもたないカルボカチオン中間体が生成するため，付加の活性化エネルギー ($\Delta G^{\ddagger}$) は高くなる(図5.2)．このため，この段階が全反応の律速段階となる．ついで，カルボカチオン中間体中の臭素が結合した炭素から，Br^- の作用でプロトンが引き抜かれて，中性の芳香族置換生成物と HBr を与える．この際，ジブロモ付加体は不安定となるため生成しない．芳香族の塩素化も $FeCl_3$ を触媒に用いると同様に起こる．

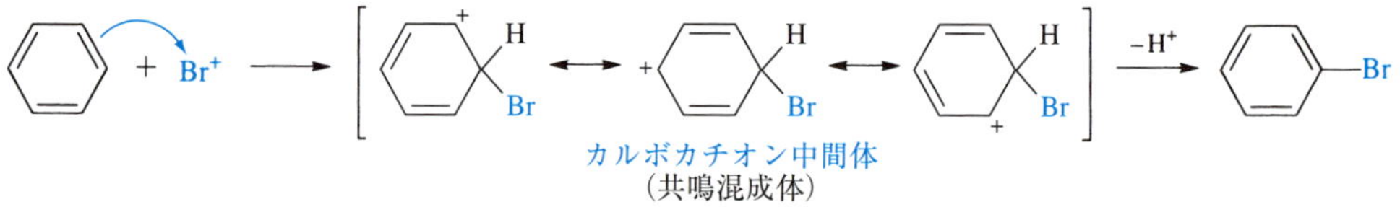

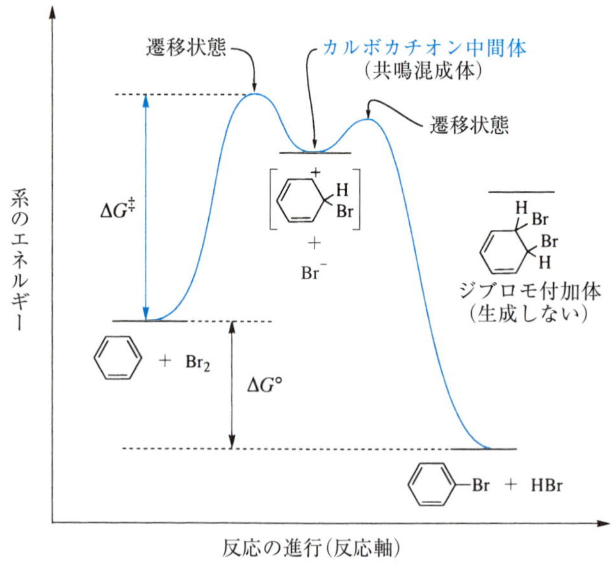

図5.2 ベンゼンの臭素化反応のエネルギー図

ヨウ素化には，過酸化水素 (H_2O_2) や $CuCl_2$ のような酸化剤が必要となる．

ヨウ素を酸化し，強力な求電子種 I^+ を発生させることにより，置換生成物が得られる．

$$\text{C}_6\text{H}_6 + I_2 \xrightarrow{\text{CuCl}_2} \text{C}_6\text{H}_5\text{-I (ヨードベンゼン)} + HI$$

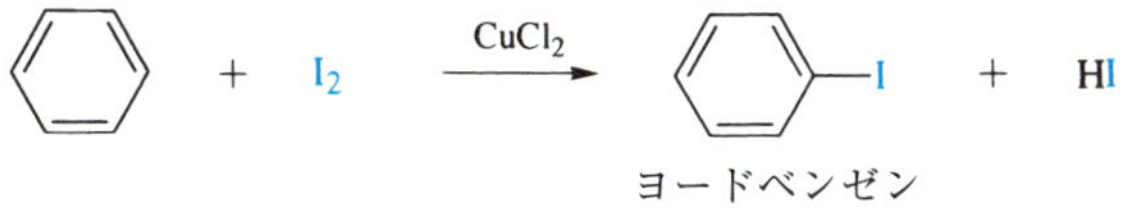

（2）ニトロ化

濃硝酸と濃硫酸の混合物(混酸)により，芳香環はニトロ化される．この反応では，プロトン化された硝酸から脱水が起こって活性種である**ニトロニウムイオン**(nitronium ion, NO_2^+)が発生する．Br^+ の反応の場合と同様に，NO_2^+ は芳香環に対して付加し，ついで脱プロトン化が起こって置換生成物が得られる(図5.3)．

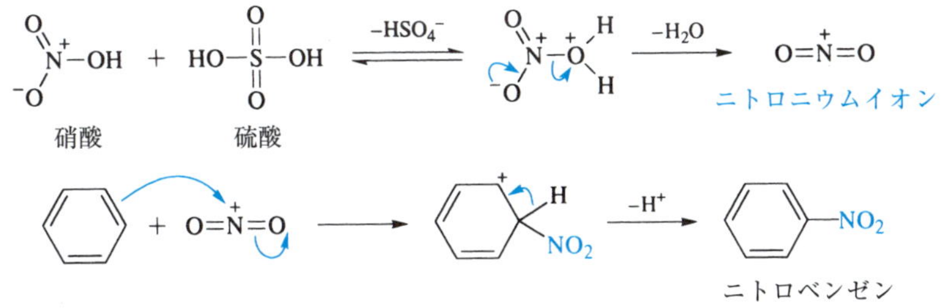

図5.3　ベンゼンのニトロ化の機構

より強力なニトロニウムイオン源として，テトラフルオロホウ酸ニトロニウム($NO_2^+BF_4^-$)を用いると，室温以下でも円滑にニトロ化が起こる．芳香族ニトロ化合物は，医薬品や染料などの合成のための有用な原料に使われている(11.2.5, 11.3.4, 11.3.5 参照)．

（3）スルホン化

芳香環は発煙硫酸($H_2SO_4 + SO_3$)を用いて**スルホン化**(sulfonation)できる．活性種は反応条件にもよるが，HSO_3^+ または SO_3(三酸化硫黄)である．反応は可逆的であり，希薄酸水溶液中で加熱すると，脱スルホン化が起こる．

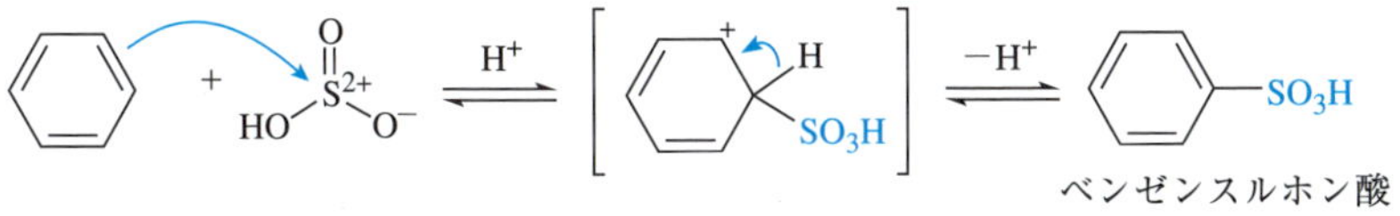

また，芳香族スルホン酸はアルカリ融解により対応するフェノールへ変換可能である(次ページ図参照)．

* Δ(デルタ)は加熱を表す記号で，反応式中にしばしば用いられる．

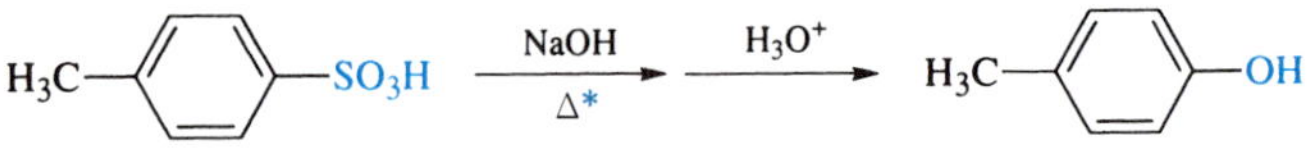

$$H_3C-C_6H_4-SO_3H \xrightarrow[\Delta^*]{NaOH} \xrightarrow{H_3O^+} H_3C-C_6H_4-OH$$

p-クレゾール

芳香族スルホン酸も医薬品(サルファ剤)や染料合成の重要な中間体である．

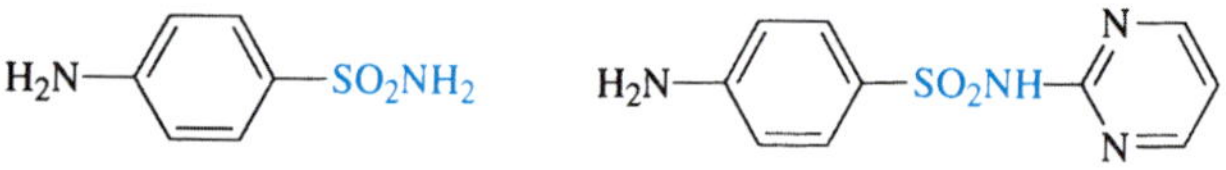

スルファニルアミド
(抗菌剤)

スルファジアジン
(抗マラリア剤)

（4）フリーデル-クラフツ反応

ルイス酸である塩化アルミニウム(AlCl$_3$)触媒を用いると，ベンゼン環を塩化アルキルでアルキル化できる．この**フリーデル-クラフツアルキル化反応**(Friedel-Crafts alkylation)は，ベンゼン環へのアルキル基の導入法として，後述のアシル化とともにきわめて有用な反応である．この反応では，AlCl$_3$触媒が塩化アルキルと反応して，アルキルカルボカチオンが発生し，これが活性種として芳香環に求電子付加する(図5.4)．

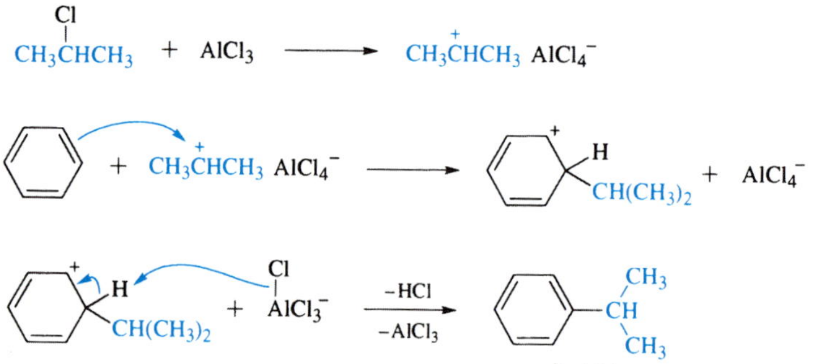

図5.4 フリーデル-クラフツアルキル化反応の機構

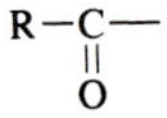

R-C(=O)-
アシル基

同様の反応は，AlCl$_3$存在下で，芳香族化合物を塩化アシル[†](RCOCl)と反応させることによっても進み，芳香環のアシル化が起こる．

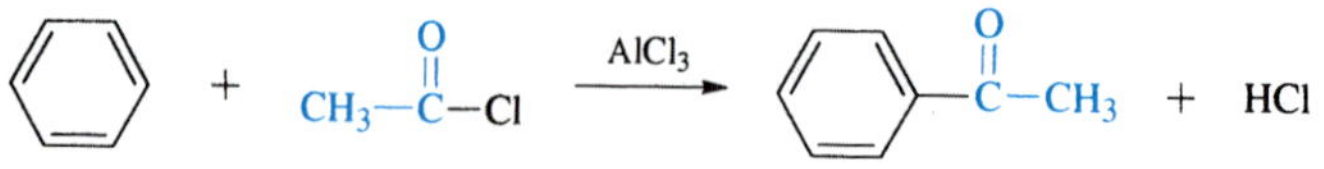

塩化アセチル → アセトフェノン ＋ HCl

塩化アシルとAlCl$_3$の反応によりアシリウムイオンが発生し，求電子置換反応である**フリーデル-クラフツアシル化反応**(Friedel-Crafts acylation)を

起こす.

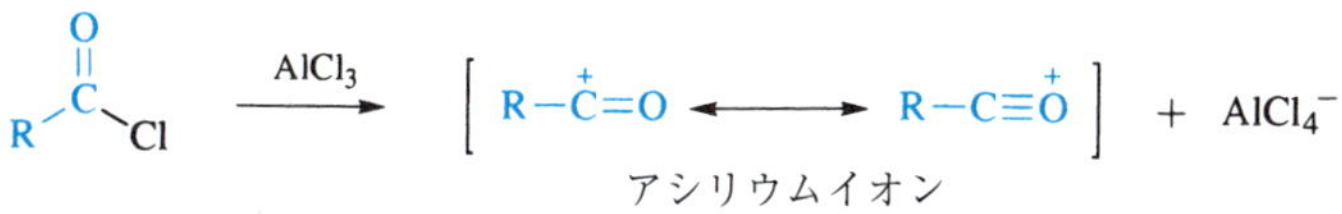

$$\underset{Cl}{\overset{O}{\underset{\|}{R-C}}} \xrightarrow{AlCl_3} \left[R-\overset{+}{C}=O \longleftrightarrow R-C\equiv\overset{+}{O} \right] + AlCl_4^-$$

アシリウムイオン

酸触媒を用いる類似の反応として，フェノールと無水フタル酸との反応により，pH 指示薬として重要なフェノールフタレインが生成する．

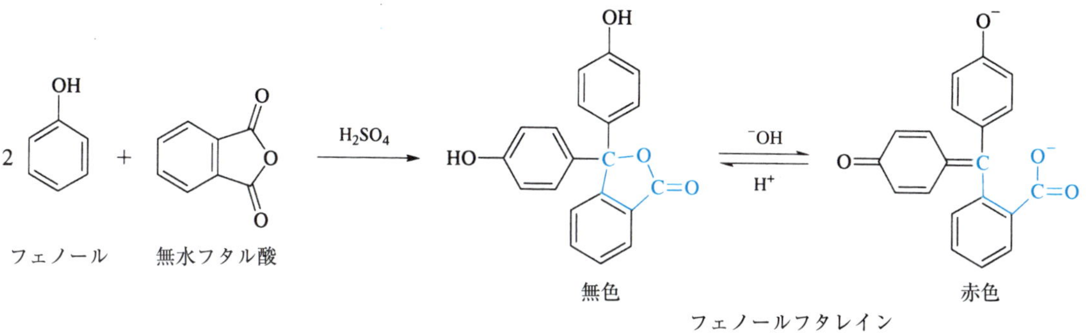

2 フェノール + 無水フタル酸 $\xrightarrow{H_2SO_4}$ 無色 フェノールフタレイン $\underset{H^+}{\overset{^-OH}{\rightleftharpoons}}$ 赤色

（5）反応性

芳香環上の置換基の電子的効果は，求電子置換反応の反応性に大きな影響を及ぼす．置換基のない場合と比べて，置換基が芳香環を活性化する場合と不活性化する場合とがある（図 5.5）．活性化基はすべて**電子供与性**（electron-donating）であり，これにより求電子置換反応のカルボカチオン中間体を安定化するため，付加の活性化エネルギーが減少し（図 5.2 参照），反応を

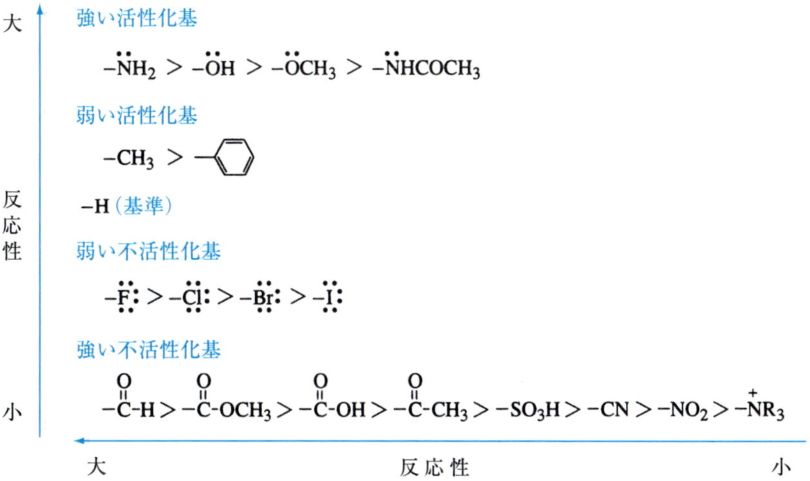

強い活性化基
$-\ddot{N}H_2 > -\ddot{O}H > -\ddot{O}CH_3 > -\ddot{N}HCOCH_3$

弱い活性化基
$-CH_3 > -C_6H_5$

$-H$（基準）

弱い不活性化基
$-\ddot{F}: > -\ddot{Cl}: > -\ddot{Br}: > -\ddot{I}:$

強い不活性化基
$-\overset{O}{\underset{\|}{C}}-H > -\overset{O}{\underset{\|}{C}}-OCH_3 > -\overset{O}{\underset{\|}{C}}-OH > -\overset{O}{\underset{\|}{C}}-CH_3 > -SO_3H > -CN > -NO_2 > -\overset{+}{N}R_3$

縦軸：反応性（大 ↑ 小）
横軸：反応性（大 → 小）

図 5.5
芳香族求電子置換反応における置換基の電子的効果

促進する.一方,不活性化基はすべて**電子求引性**(electron-withdrawing)であり,同じカルボカチオン中間体を不安定化するため,活性化エネルギーが増加し,そのため反応性が低下する.置換基が電子供与性か電子求引性かは,それらの置換基の芳香環に対する**誘起効果**(inductive effect)と**共鳴効果**(resonance effect)の強さにより決まる.

誘起効果は,σ結合を通して電子を供与したり求引したりする性質で,その強さは原子の電気陰性度と官能基の極性によって決まる.図5.6に示すように,ハロゲン,カルボニル基,シアノ基,ニトロ基などは典型的な電子求引性基として芳香環を不活性化し,アルキル基は電子供与性基として芳香環を活性化する.

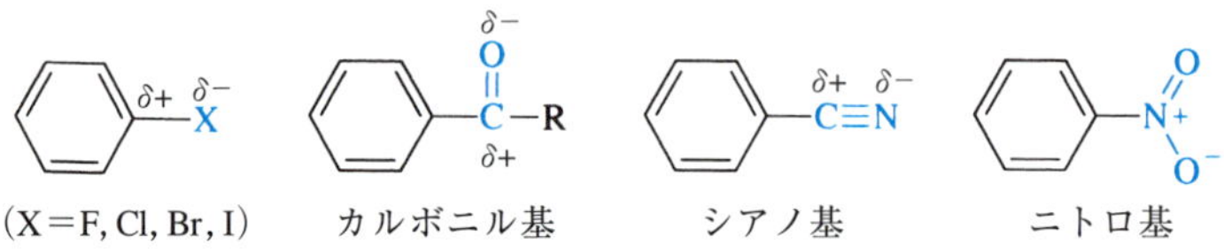

図5.6 置換基の誘起効果

共鳴効果は,置換基のp軌道(あるいはn軌道)と芳香環のp軌道の重なり方によって,π結合を通して電子を供与したり求引したりすることにより作用する.カルボニル基,シアノ基,ニトロ基などはやはり典型的な電子求引性基である.一方,ヒドロキシ基(-OH),メトキシ基(-OCH$_3$),アミノ基(-NH$_2$)はいずれも炭素原子よりも電気陰性度の高いヘテロ原子をもち,芳香環と直接結合した場合は,誘起効果としては電子求引性である.しかし,これより強い共鳴効果により,ヘテロ原子上の非共有電子対が芳香環へ流れ込むことによって電子供与性となり,カルボカチオン中間体を安定化し芳香環を活性化する(図5.7).

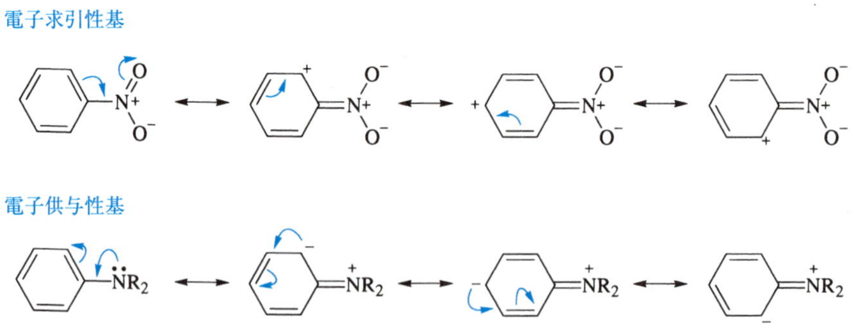

電子求引性基

電子供与性基

図5.7 置換基の共鳴効果

（6）配向性

芳香環上の置換基の性質は，求電子置換の反応性のみならず，置換が起こる位置，すなわち，**配向性**(orientation)にも大きく影響する．この配向性は，たとえば一置換ベンゼンに求電子剤が付加して生成するカルボカチオン中間体の安定性を考慮することにより説明でき，**オルト-パラ配向性**(ortho-para orientation)置換基と**メタ配向性**(meta orientation)置換基とに大別される[*1]．この二つの配向性を前項の反応性と組み合わせることにより，置換基の性質は大きく次の三つに分類される．

[*1] オルト，メタ，パラ位については p.32 参照．

(a) オルト-パラ配向性活性化基

電子供与性の置換基が誘起効果または共鳴効果によりカルボカチオン中間体を安定化する構造の寄与が大きい場合，オルト-パラ配向性活性化基となる．例として，フェノールのニトロ化で生成するカルボカチオン中間体の共鳴構造を図5.8に示す．オルトおよびパラ攻撃の場合には，ヒドロキシ基の酸素からの電子対の供与による正電荷の安定化構造が存在するが，メタ攻撃中間体にはこの構造の寄与がない[*2]．

[*2] すなわち，フェノールのニトロ化では，おもにオルトおよびパ

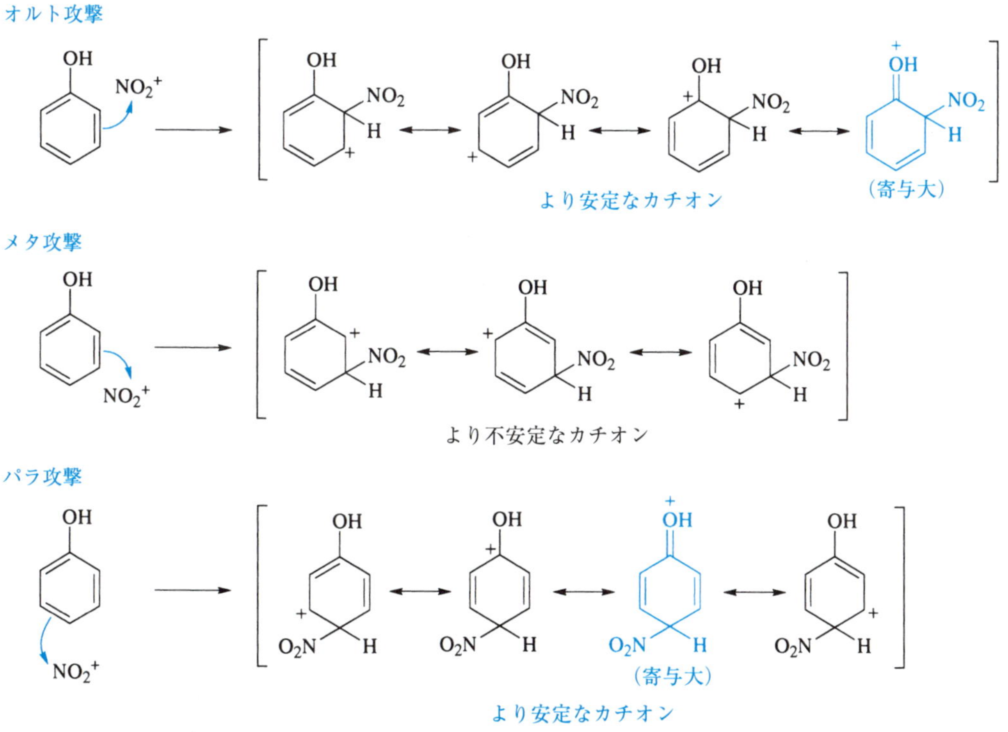

図5.8 電子供与性置換基の共鳴効果によるカルボカチオン中間体の安定化

(b) メタ配向性不活性化基

置換基がハロゲン以外の電子求引性基の場合，芳香環全体が不活性化を受

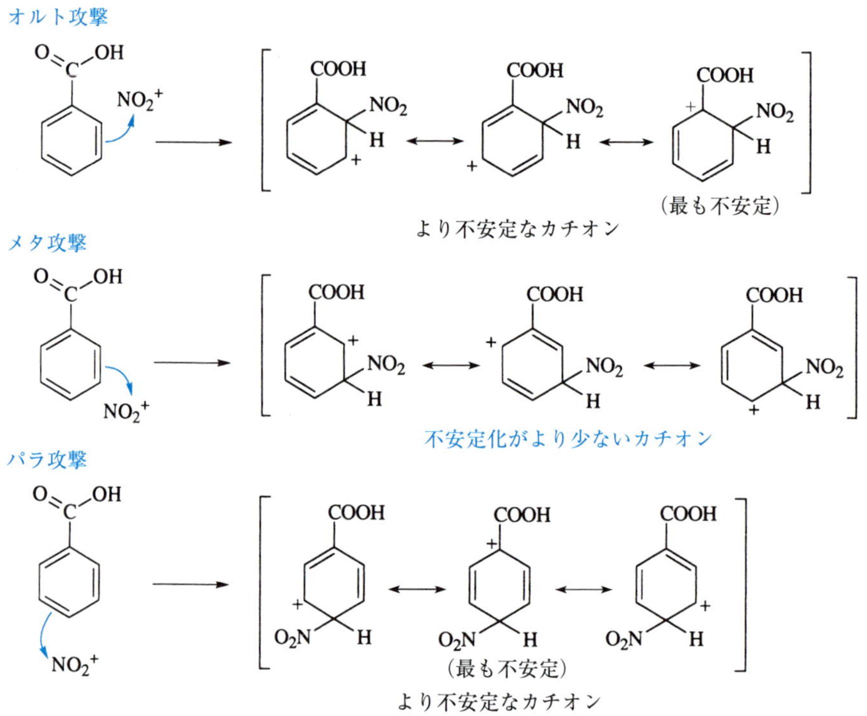

図 5.9 電子求引性置換基の共鳴効果によるカルボカチオン中間体の安定化

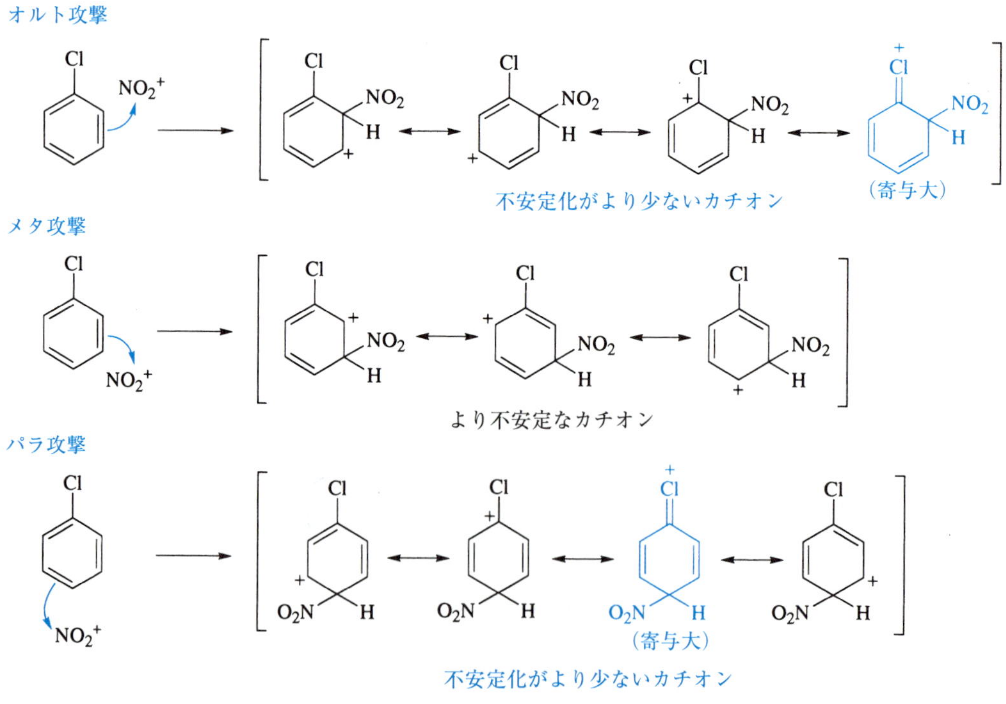

図 5.10 ハロゲン置換基の共鳴効果によるカルボカチオン中間体の安定化

け，メタ配向性不活性化基となる．メタ配向性とは，オルト位とパラ位の不活性化の程度よりもメタ位の不活性化の程度のほうが小さいために，結果的にメタ配向性が現れるという，きわめて消極的な理由による配向性である（図5.9）．つまりこの場合は，おもにメタ置換体が生成する．

(c) オルト–パラ配向性不活性化基

ハロゲン置換基は，その誘起効果による電子求引性とハロゲン上の非共有電子対のp軌道が芳香環のπ軌道と重なる共鳴効果由来の電子供与性をあわせもっている．ヒドロキシ基と異なり，前者の電子求引性の性質のほうがより強いため，ハロゲン置換基は芳香環全体を不活性化するが，後者の電子供与性のためオルト–パラ配向性不活性化基となる（図5.10）．つまり，クロロベンゼンのニトロ化の場合は，おもにオルトおよびパラ置換体が生成する．

5.2.2 側鎖の酸化

芳香環に結合したアルキル側鎖のベンジル位炭素† は活性化されているため，酸化剤により容易に酸化され，カルボキシ基に変換される．たとえば，トルエンを過マンガン酸カリウム（$KMnO_4$）で酸化することにより，安息香酸が生成する．

同様にして，p-キシレンをコバルト触媒を用いて空気酸化することにより，合成繊維の重要な原料であるテレフタル酸が工業的に合成されている．側鎖の酸化はベンジル位炭素上に水素をもつことが条件であり，たとえば，ベンジル位炭素上に水素をもたないt-ブチルベンゼン† は不活性である．

5.3 芳香族化合物のそのほかの重要な反応

5.3.1 芳香族求核置換反応

芳香族求核置換反応（nucleophilic aromatic substitution）とは，電子求引性置換基を，そのオルトおよびパラ位，またはそのどちらかの位置にもつハロゲン化芳香族化合物に特有の反応である．典型例として，2,4,6-トリニトロクロロベンゼンが水酸化ナトリウム水溶液と室温で反応し，2,4,6-トリニトロフェノールを与える反応がある（次ページ図参照）．

ベンジル位炭素

芳香環に隣接した炭素をベンジル位炭素と呼ぶ．ベンジル型のラジカルやカルボカチオンでは，それぞれ不対電子またはカルボカチオンの正電荷がベンゼン環に非局在化して下記の四つの共鳴形をもち，それらがいずれも共鳴混成体に寄与しているため，より安定化された化学種である．したがって，ベンジル位の反応性は高い．

＊ ＝ ● ベンジル型ラジカル
＊ ＝ ＋ ベンジル型カルボカチオン

t-ブチルベンゼン

発展項目

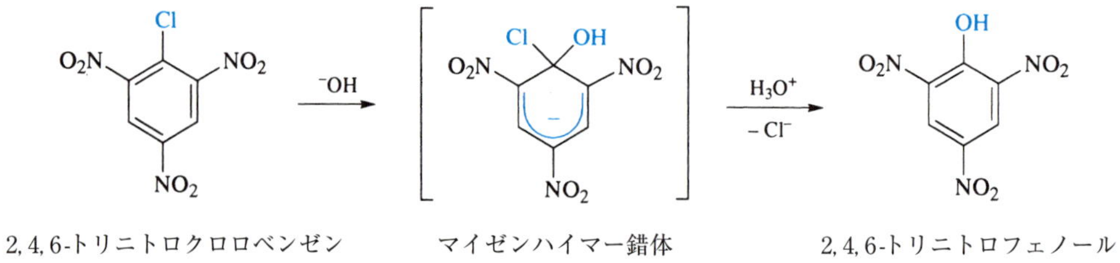

[2,4,6-トリニトロクロロベンゼン] → [マイゼンハイマー錯体] → [2,4,6-トリニトロフェノール]

　反応は，まず求核剤が電子不足のハロベンゼンに付加して，マイゼンハイマー錯体（Meisenheimer complex）と呼ばれる負に荷電した中間体が生成する．その後，ハロゲン化物イオンが脱離する．そのためこの反応は付加-脱離機構で進行する二段階反応である．したがって，求電子置換反応では不活性化基となった電子求引性置換基は，求核置換反応においては，オルトまたはパラ位にあるとき活性化基となる．

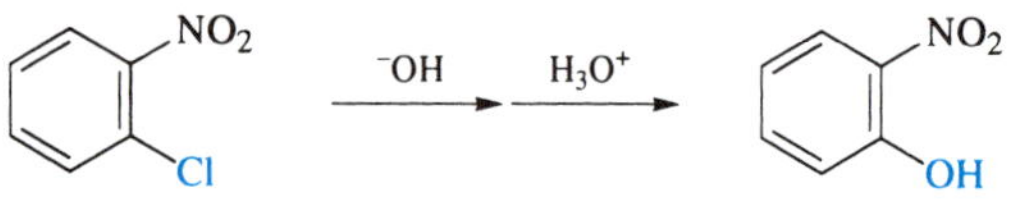

5.3.2　芳香環の還元
（1）水素化反応
　アルケンやアルキンの水素化に用いられる通常の白金触媒を用いると，高圧の水素ガスを必要とするが，ロジウム/活性炭触媒を用いることにより，芳香環が容易に還元されてシクロヘキサン誘導体を与える．

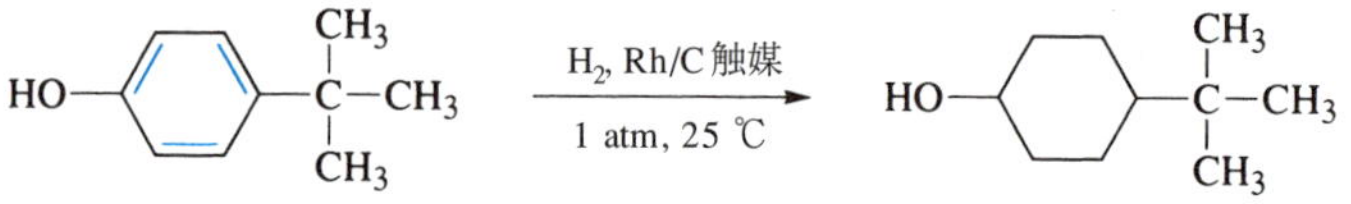

4-t-ブチルシクロヘキサノール

（2）バーチ還元
　芳香環は，アルカリ金属による還元を受ける．ベンゼンを液体アンモニアとエタノールの混合溶媒中で金属リチウムまたはナトリウムで処理すると，速やかに芳香環が部分的に還元されて1,4-シクロヘキサジエンが生成する．この還元法を**バーチ還元**（Birch reduction）という．

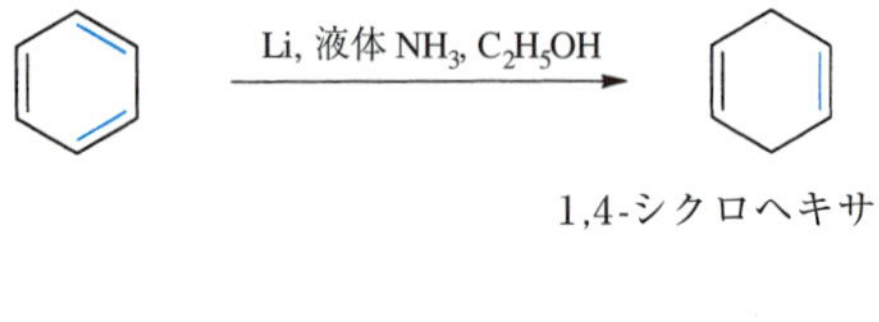

1,4-シクロヘキサジエン

5.3.3 芳香族性と反芳香族性

化合物が芳香族性をもつためには、なぜπ電子の数が $4n + 2$ 個でなければならず、$4n$ 個ではだめなのであろうか．

例として、シクロペンタジエニルカチオン(**A**)とそのアニオン(**B**)の場合を比較してみる．いずれも五つのp原子軌道が結合して五つのπ分子軌道を与えている．最低エネルギー準位の軌道一つ(Ψ_1)と、より高いエネルギー準位で縮退*した2対の軌道(Ψ_2, Ψ_3 と $\Psi_4{}^*$, $\Psi_5{}^*$)が存在する．カチオン(**A**)(4π電子)では、Ψ_1 に2個の電子が存在しているが、Ψ_2 と Ψ_3 にはそれぞれ1個の電子しか存在せず、部分的に満たされた軌道を二つもつため不安定となり、この性質を**反芳香族性**(antiaromaticity)という．一方、アニオン(**B**)(6π電子)では、すべての結合性軌道が満たされているため芳香族性となる．同様にして、シクロオクタテトラエン(8π電子)は反芳香族性であるが、シクロオクタテトラエンジアニオン(10π電子)は芳香族性である．

*同じエネルギー準位をとること．

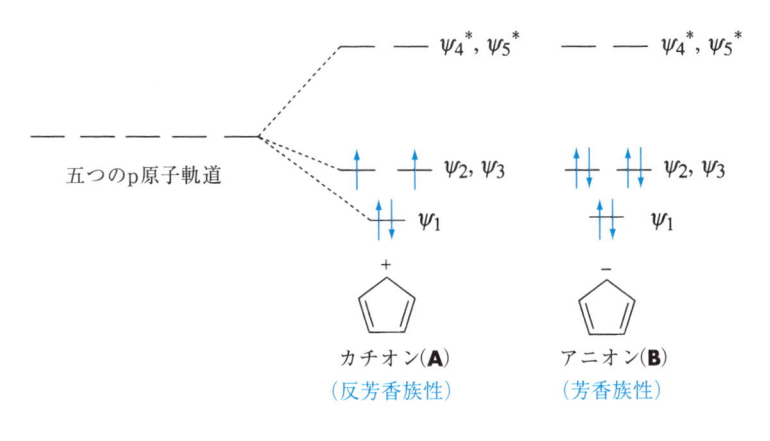

グラファイト(黒鉛)が芳香族性を示すのに対して、1985年に発見された同じ炭素の分子状同素体であるフラーレン(C_{60})は、12個の五員環と20個の六員環で構成されたサッカーボール状の球形をした完全な共役系である．しかし、反応性の研究により、C_{60} はむしろアルケンに似た性質を示すことが明らかとなった．C_{60} の芳香族性が低いのは、五員環や六員環が湾曲した構造をとらざるをえないために、π結合間の重なりが減少し、分子軌道の非局在化による安定化が小さくなるためであると考えられる．

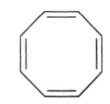

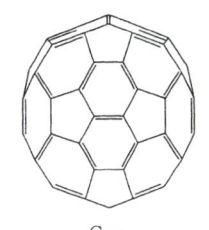

■ **Key Word** ■

【基礎】□共鳴エネルギー(非局在化エネルギー) □芳香族性 □ヒュッケル則 □芳香族求電子置換反応 □フリーデル–クラフツ反応 □電子供与性 □電子求引性 □誘起効果 □共鳴効果 □オルト–パラ配向性 □メタ配向性 □側鎖の酸化
【発展】□芳香族求核置換反応 □バーチ還元 □反芳香族性

章末問題

1. 次の化合物の構造式を示せ．
   (a) 2,4-ジニトロフェノール
   (b) *p*-ブロモニトロベンゼン
   (c) 2-クロロナフタレン
   (d) 4-(*p*-ブロモフェニル)-3-メチル-2-フェニルヘキサン

2. 次の化合物の系統名を示せ．

   (a) I–⟨C₆H₄⟩–NH₂

   (b) ⟨C₆H₅⟩–⟨C₆H₄⟩–Br

   (c) H₃C–⟨C₆H₄⟩–SO₃H

   (d) BrH₂C–⟨C₆H₄⟩–CH₂Br

   (e) I–⟨C₆H₄⟩–CH(CH₃)–CH₂–CH₃

   (f) 1,5-ジ(1-メチルエチル)ナフタレン構造（1位に CH₂CH₃、5位に CH₂CHCH₃ ではなく、1位 CH₂CH₃、5位 CH₂CH(CH₃)）

3. アントラセンには4個，フェナントレンには5個の共鳴構造がある．それらの共鳴構造をそれぞれ示せ．
   (a) アントラセン
   (b) フェナントレン

4. 次の反応の位置選択性をカルボカチオン中間体の共鳴構造式を用いて説明せよ．(a) ナフタレンの臭素化は1位の炭素上で起こる．(b) ビフェニルの臭素化はオルト-パラ配向性を示す．

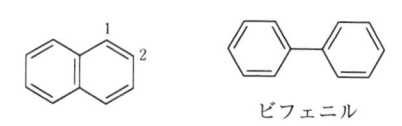

   ナフタレン（1,2位表示）　ビフェニル

5. 適当な反応剤を用いて次の変換を行うための反応式を示せ．
   (a) トルエンから *m*-ニトロ安息香酸
   (b) トルエンから 2,4,6-トリニトロトルエン
   (c) トルエンから *p*-アミノ安息香酸
   (d) ベンゼンから *p*-ニトロイソプロピルベンゼン
   (e) ナフタレンから 1,5-と 1,8-ジニトロナフタレンの混合物
   (f) ナフタレンから 4-アミノ-1-ナフタレンスルホン酸

6. 次の反応式を完成せよ．

   (a) Cl–⟨C₆H₄⟩–OH $\xrightarrow{HNO_3, H_2SO_4}$

   (b) Cl–⟨C₆H₄⟩–OH + CH₃CH₂CH₂Cl $\xrightarrow{AlCl_3}$

   (c) 3-メチル-⟨C₆H₄⟩–CH₂CH₃ $\xrightarrow{KMnO_4}$ （H₃C は環上）

   (d) 3 ⟨C₆H₆⟩ + CHCl₃ $\xrightarrow{AlCl_3}$

   (e) ⟨C₆H₅⟩–CH₂CH₂CH₂Cl $\xrightarrow{AlCl_3}$

7. 次の化合物で，芳香族性を示すものはどれか．

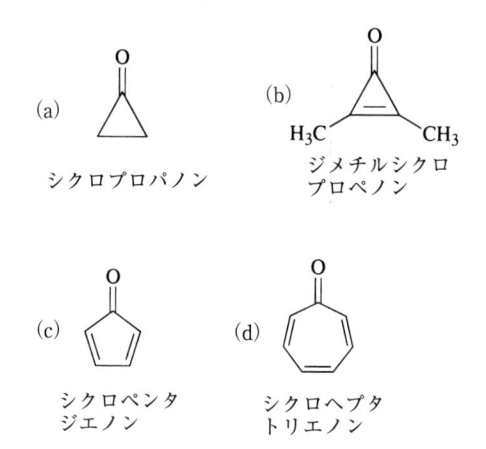

(a) シクロプロパノン

(b) ジメチルシクロプロペノン

(c) シクロペンタジエノン

(d) シクロヘプタトリエノン

(e) 4-ピロン

(f) ペンタレン

(g) アズレン

(h) インドール

8. フェノールと無水フタル酸からフェノールフタレインが生成する反応〔5.2.1(4)参照〕の機構を示せ．

有機化学のトピックス

芳香環を含む医薬品と発がん物質

抗炎症剤（アスピリン，イブプロフェン，インドメタシンなど）やサルファ剤（4-アミノベンゼンスルホンアミド官能基をもつ）として，ベンゼン環やナフタレン環を含む多くの医薬品が使用されている．抗炎症剤の作用機構は，プロスタグランジン（PG）合成酵素（シクロオキシゲナーゼ）の阻害と関係することが知られている．また，サルファ剤の作用機構は，葉酸合成を阻害してプリン合成を抑制することが知られている．

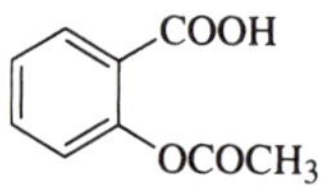

アスピリン（抗炎症剤）

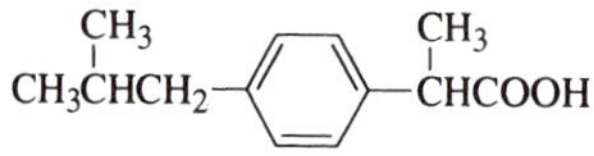

イブプロフェン（抗炎症剤）

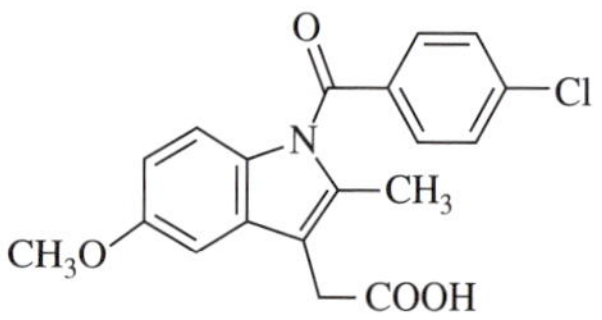

インドメタシン

悪性リンパ腫や乳がんなどの治療薬であるアドリアマイシンは，DNA や RNA の生合成を抑制することによって抗腫瘍性を示すことが知られている．

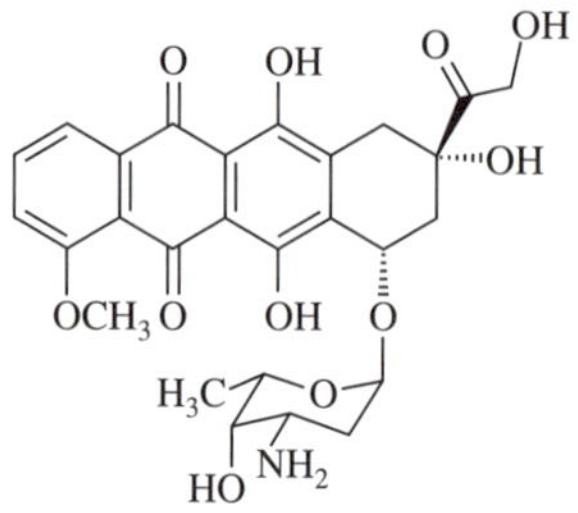

アドリアマイシン

一方，芳香族化合物には発がん性を示すものも多く，とくに多環式芳香族炭化水素の多くに発がん性が見られる．ベンゾ[a]ピレンは，焦げた肉，たばこの煙，焼却ゴミなどのなかに存在し，その発がん作用機構も明らかにされた．ベンゾ[a]ピレンが肝臓で酸化されて生成するジオールエポキシドが，最終的に DNA 中の塩基の一つであるグアニンと反応することにより，DNA の構造を変化させることが原因であることが突き止められた．その後，ディーゼルエンジンの排ガス中から，ベンゾ[a]ピレンよりも発がん性の強い 3-ニトロベンズアントロンが検出されている．

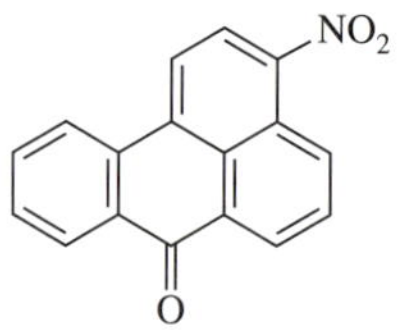

3-ニトロベンズアントロン

ベンゾ[a]ピレン　→（酸化）→　ジオールエポキシド（発がん性代謝物）　→（DNA）→　グアニン環

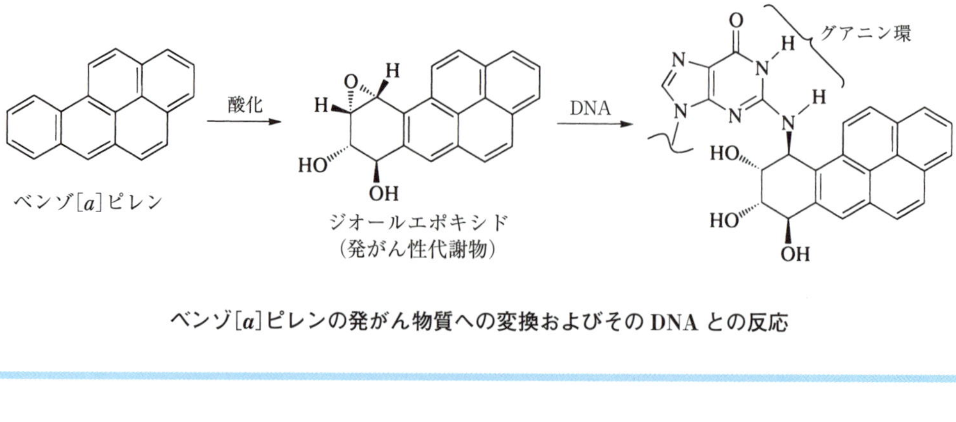

ベンゾ[a]ピレンの発がん物質への変換およびその DNA との反応

PART III

6 Organic chemistry

有機ハロゲン化物

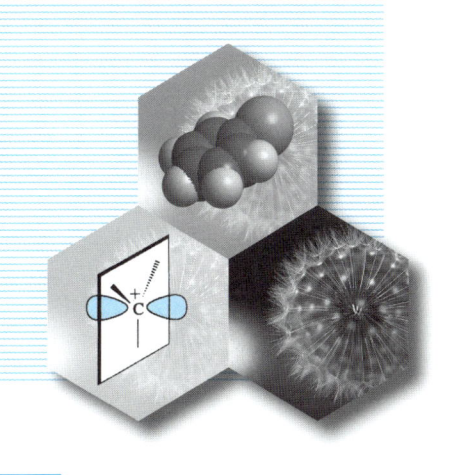

【この章の目標】◆◇◆

　第6章から第11章までは「官能基をもつ有機化合物」について，命名法，基本的構造と性質，合成法，そして反応性などを学ぶ．

　まず，この章では有機ハロゲン化物をとりあげる．有機ハロゲン化物は一般的に安定であり，またフッ素化合物を除いてほとんどの場合，水よりも比重が大きい．炭素-ハロゲン結合はハロゲンの大きな電気陰性度により，炭素がプラス(正，電気陽性，電子不足)に，ハロゲンがマイナス(負，電気陰性，電子豊富)に分極している．有機ハロゲン化物の反応では，求核剤がハロゲンを置換する「求核置換反応」と塩基によってハロゲンと隣接する水素原子が脱離する「脱離反応」が重要であり，その反応機構について基本的事項(反応速度，立体化学，基質の構造など)をしっかりと理解する必要がある．

6.1 有機ハロゲン化物

　有機ハロゲン化物は，炭素とハロゲン(F，Cl，Br，I)との共有結合をもつ有機化合物である．甲状腺で生合成されるチロキシンや抗生物質のクロラムフェニコールが天然物の例であるが，とくに海洋生物には有機ハロゲン化物を含むものが多数存在する．また，今日われわれは多くの有機ハロゲン化物を合成し利用しているが(図6.1)，それによる環境問題も重大である．

6.1.1 命名法

　置換命名法に従って，有機ハロゲン化物をアルカンの水素がハロゲンで置換された**ハロアルカン**(haloalkane)として命名することが推奨されている(アルケン，アルキン，ベンゼンの誘導体の場合も同様である)．つまり，ア

フロンの名称

フロンとは，フッ素を含むハロゲン化炭化水素に対して日本で一般的に使われている総称である．海外ではフレオン(Freon)と呼ばれている．オゾン層を破壊するフロンは塩素を含んでおり，正しくはクロロフルオロカーボン(CFC)と呼ぶ．

正式な名称は置換命名法で命名できるが，複雑になるので通常はフロン番号で呼ばれることが多い．番号は通常は3桁の数字で表す．たとえば，CCl_2FCClF_2 はフロン113で表される．最初の数字は，[全体の炭素原子数 − 1]を表し(0のときは省略する)，2番目は[水素原子の数 + 1]，3番目は[フッ素原子の数]をそれぞれ示す．

特定フロン

フロンは冷媒，洗浄剤，噴射剤，発泡剤などに広い分野で用いられ大気中に放出されてきた．1974年にフロンのオゾン層破壊性が指摘され，1985年に至って，南極でオゾンホールが発見された．フロンのなかでオゾン層の破壊力がとくに強いものを特定フロンと呼ぶ．そのなかには，フロン11(CCl_3F)，フロン12(CCl_2F_2)，フロン113(CCl_2FClF_2)，フロン114($CClF_2CClF_2$)，フロン115($CClF_2CF_3$)などがあり，先進国では全廃された．

チロキシン（甲状腺ホルモン）

クロラムフェニコール（抗生物質）

プロカメン-B（海洋産物）

CCl_2FCClF_2 フロン113（特定フロン†）

$CBrF_3$ ハロン（消化剤）

$CF_3CHClBr$ ハロタン（麻酔剤）

テフロン（プラスチック）

図6.1　身のまわりの有機ハロゲン化物

ルカンの名前の前に，**フルオロ**(fluoro)，**クロロ**(chloro)，**ブロモ**(bromo)，**ヨード**(iodo)の接頭語をつける．そして，ハロゲンの位置番号が最小になるようにする†．一方，簡単な有機ハロゲン化物に対しては，**ハロゲン化アルキル**(alkyl halide)と命名する基官能命名法が用いられることも多い．図6.2に代表的な有機ハロゲン化物とその名称を示す．

CH_3I　ヨードメタン(iodomethane)　ヨウ化メチル(methyl iodide)

CH_3CH_2Cl　クロロエタン(chloroethane)　塩化エチル(ethyl chloride)

2-ブロモプロパン(2-bromopropane)　臭化イソプロピル(isopropyl bromide)

フルオロシクロヘキサン(fluorocyclohexane)　フッ化シクロヘキシル(cyclohexyl fluoride)

CH_2Cl_2　ジクロロメタン(dichloromethane)　塩化メチレン(methylene chloride)

$H_2C=CHCl$　クロロエテン(chloroethene)　塩化ビニル(vinyl chloride)

ブロモベンゼン(bromobenzene)

p-ジクロロベンゼン(p-dichlorobenzene)

図6.2　代表的な有機ハロゲン化物の名称

なお，ハロアルカンはアルキル基の構造に応じて，第一級，第二級，第三級ハロアルカンに分類される(図6.3)．

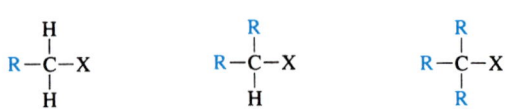

第一級ハロアルカン　第二級ハロアルカン　第三級ハロアルカン

図6.3　ハロアルカンの分類

6.1.2 構造と性質

炭素-ハロゲン(C-X)結合の距離はハロゲンがフッ素からヨウ素へと大きくなるにつれて長くなり，またその結合解離エネルギーは減少する(つまり，結合は弱くなる)(表6.1).

表6.1 炭素-ハロゲン結合の距離とエネルギー*

	結合距離/nm	結合解離エネルギー kJ/mol(kcal/mol)
H_3C-F	0.138	455(109)
H_3C-Cl	0.178	351(84)
H_3C-Br	0.193	293(70)
H_3C-I	0.214	234(56)

* エネルギーのSI単位はジュール(J)であるが，今まではカロリー(cal)がよく使われてきたので，換算式(1 cal = 4.18 J)を覚えておくと便利である．なお，SI単位とは国際単位系(The International System of Units)で定められた七つの基本単位(m, kg, s, A, K, cd, mol)に基づいた単位で，国際標準となっている．

結合電子は炭素に比べて電気陰性度が大きいハロゲン原子に引きつけられるため(誘起効果，1.1.3参照)，炭素は部分的正電荷を帯び，ハロゲンは部分的負電荷を帯びるように結合は分極している(図6.4).

ハロゲン原子は重原子であり，これを含む化合物はほかの有機化合物に比べて密度が大きくなり(フッ素原子を除く)，ほとんどの場合で水よりも重い．たとえば，ジクロロメタン，トリクロロメタン(クロロホルム)，テトラクロロメタン(四塩化炭素)の密度はそれぞれ1.34, 1.49, 1.60であり，塩素原子の比率が増えるにつれて重くなる．

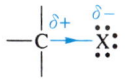

図6.4 炭素-ハロゲン結合の分極
C→X の結合における矢印の意味は，誘起効果により結合電子がXのほうに偏っていることを示している．誘起効果を表す結合の矢印はよく用いられる．

6.1.3 有機ハロゲン化物の合成

有機ハロゲン化物は，3章で述べたように，アルカンや芳香族化合物の直接ハロゲン化〔4.1.3, 5.2.1(1)参照〕，アルケンやアルキンへのハロゲン化水素およびハロゲンの付加などの方法〔4.2.3(1), 4.3.3(1)参照〕により合成することができる．また，7.1.5(1)で述べるように，アルコールの求核置換反応により合成することもできる．

6.2 有機ハロゲン化物の反応

6.2.1 ハロアルカンの求核置換反応

上で述べたように，C–X 結合の炭素原子はカチオン性をもっているので，電子豊富な反応剤の攻撃を受け，ハロゲンを置換する反応を行う．一般的に，電子豊富な反応剤を**求核剤***(nucleophile または nucleophilic reagent, Nu)，置換される原子あるいは原子団を**脱離基**(leaving group)という．したがって，**基質**(substrate，反応を受ける出発物質)の脱離基が求核剤によって置換される反応を**求核置換**(nucleophilic substitution)反応と呼ぶ(図 6.5)．

* ここで核とは，水素核(プロトン)以外の原子核(通常，炭素核)をさす．

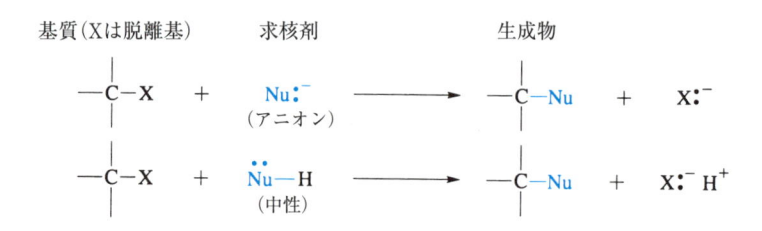

図 6.5
求核置換反応の形式

カルボカチオン(中間体)
カルボカチオン(中間体)は中心炭素原子の sp² 混成の平面に空の p 軌道が直交する構造をとっている．

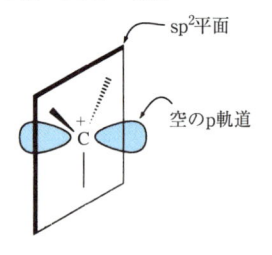

五配位構造の遷移状態
遷移状態における中心炭素原子では，sp² 混成と類似した平面に対して垂直に脱離基と求核剤が相対して位置している．これを五配位構造の遷移状態という．

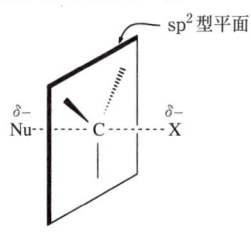

これまでの膨大な研究結果から，この求核置換反応に対しては二つの反応機構が提案されている．一つは**一分子求核置換**(S_N1：unimolecular nucleophilic substitution)反応，もう一つは**二分子求核置換**(S_N2：bimolecular nucleophilic substitution)反応である．以下，この二つの機構についてその特徴を対比させながら説明する．

(1) 反応速度

S_N1 反応は，まず脱離基の解離により**カルボカチオン中間体**†(carbocation intermediate)が生じ，続いて求核剤が結合する二段階反応で進行する．第二段階より第一段階の反応の活性化エネルギーがはるかに大きく，第一段階が**律速段階**(rate determining step)となるので，全体の反応速度は基質の濃度のみに依存する**一次反応速度式**(first-order reaction rate equation)に従う．反応とエネルギーの関係を図 6.6 に示す．

一方，S_N2 反応では脱離基の解離と求核剤との結合が同時に起こる一段階反応であり，置換を受ける炭素に脱離基と求核剤が部分結合した状態が遷移状態†となる．したがって，反応速度は基質と求核剤の両方の濃度に依存する**二次反応速度式**(second-order reaction rate equation)に従う．このときの反応とエネルギーの関係を図 6.7 に示す．

(2) 立体化学

S_N1 反応ではカルボカチオン中間体が生成し，その空の p 軌道は平面の両側に等しく広がっており，求核剤が同じ確率で付加する．したがって，基質と同じ立体配置をもった〔これを**立体配置の保持**(retention of configuration)という〕生成物と，逆に**立体配置の反転**(inversion of configuration)した生成

$$R\!-\!X \underset{}{\overset{k_1(遅い)}{\rightleftarrows}} R^+ + X:^- \quad (律速段階)$$

$$R^+ + {}^-\!:\!Nu \xrightarrow{k_2(速い)} R\!-\!Nu$$

反応速度式　$r = k_1[R\!-\!X]$

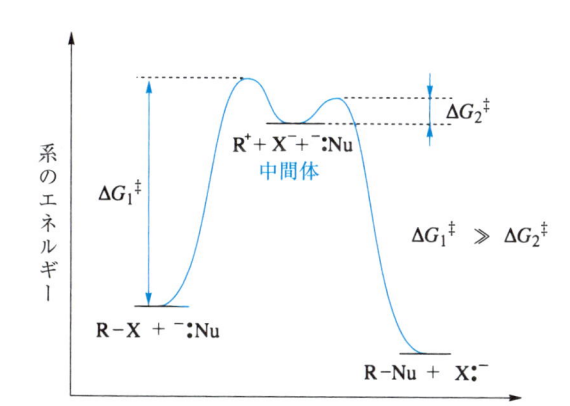

図 6.6
S_N1 反応のエネルギー図

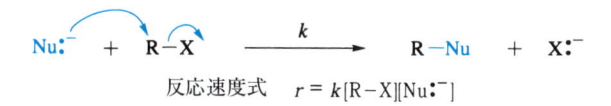

$$Nu:^- + R\!-\!X \xrightarrow{k} R\!-\!Nu + X:^-$$

反応速度式　$r = k[R\!-\!X][Nu:^-]$

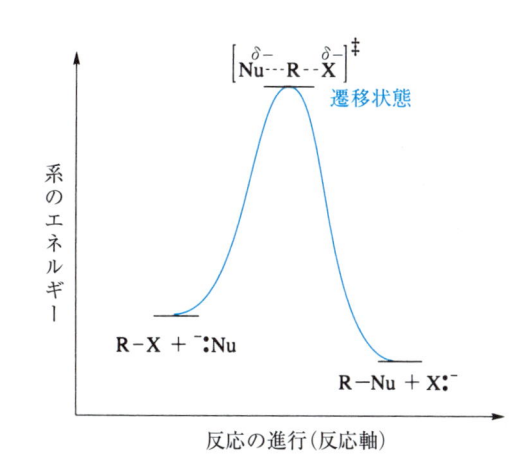

図 6.7
S_N2 反応のエネルギー図

物が等量生成することになる．たとえば，光学活性な(R)-1-クロロ-1-フェニルエタンを水と反応させると，**ラセミ化**(racemization)して光学活性が失われる(図 6.8，次ページ図参照)*．

一方，S_N2 反応では遷移状態の構造からわかるように，反応中心炭素原子において，脱離基の反対側から求核剤が接近して背面攻撃を行うので生成物においては中心炭素原子の立体配置は反転する．このことは，中心炭素原子が不斉な光学活性化合物を用いることによってわかる．たとえば，(R)-1-

＊ 実際の反応では，脱離基が解離した後でもイオン対を形成することが多いので，完全にラセミ化する場合は少ない．

図6.8
S_N1 反応の立体化学
（ラセミ化）

(R)-1-クロロ-1-フェニルエタン

立体配置保持 　立体配置反転
(R)-1-フェニルエタノール　(S)-1-フェニルエタノール

ブロモ-1-フェニルエタンの水酸化物イオンによる S_N2 反応では(S)-1-フェニルエタノールが生成する（図6.9）.

図6.9
S_N2 反応の立体化学
（立体配置反転）

(R)-1-ブロモ-1-フェニルエタン　　遷移状態　　(S)-1-フェニルエタノール　立体配置反転

（3）基質の構造

S_N1 反応ではエネルギーの高い不安定なカルボカチオン中間体が生成する段階が律速段階であるので，カルボカチオンが安定になるほど反応速度は速くなる．つまり，カルボカチオンのエネルギーが低くなるにつれて，活性化エネルギーも小さくなると考える（図6.6参照）．したがって，カルボカチオンを安定化する構造をもつ基質では S_N1 反応が起こりやすくなる．電子供与性のアルキル基はカルボカチオンを安定化するので，第三級＞第二級≫第一級ハロアルカンの順で S_N1 反応が起こりやすい（図6.10）.

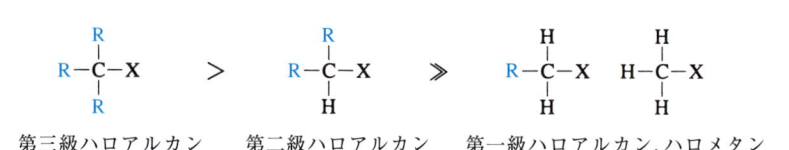

図6.10
S_N1 反応の起こりやすさ

第三級ハロアルカン　　第二級ハロアルカン　　第一級ハロアルカン，ハロメタン

$CH_2=CH-CH_2-X$
ハロゲン化アリル

―CH_2—X
ハロゲン化ベンジル

* 置換を受ける中心炭素の背面が，かさ高い置換基で立体的に混み合うので，**立体障害**(steric hindrance)により求核剤が近づきにくくなると考えてもよい．

一般的に第一級ハロアルカンはほとんど S_N1 反応を起こさない．しかし，第一級ハロアルカンでもアリル基†やベンジル基†をもつものは，共鳴によってカルボカチオン中間体が安定化されるので，反応条件によって S_N1 反応を起こすことができる.

一方，S_N2 反応では五配位構造の遷移状態を経て進行するので，立体的にかさ高い置換基が多いと**立体反発**(steric repulsion)により，この遷移状態が不安定化して活性化エネルギーが増大し，反応速度は低下する（図6.7参照）*. したがって，S_N1 反応とは逆に，第一級＞第二級≫第三級ハロアルカンの順で S_N2 反応が起こりやすい（図6.11）. 一般的に第三級ハロアルカンはほとんど S_N2 反応を起こさない.

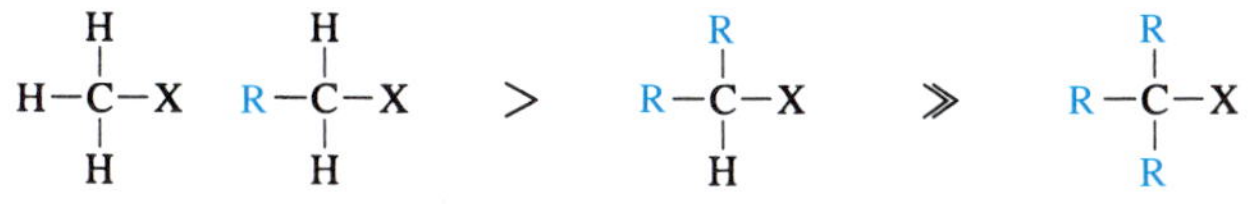

```
H            H            R            R
|            |            |            |
H-C-X   R-C-X     >   R-C-X    ≫   R-C-X
|            |            |            |
H            H            H            R
```
ハロメタン,第一級ハロアルカン　第二級ハロアルカン　第三級ハロアルカン

図 6.11
S_N2 反応の起こりやすさ

(4) 脱離基の性質

脱離基の能力(脱離能)が高いほど,求核置換反応は起こりやすい.一般に,炭素との結合エネルギーが小さく,また脱離した後のアニオンが安定である,つまり強酸の共役塩基となる置換基が脱離基として優れている*. したがって,ハロゲンでは次のように,ヨウ化物イオンが最も優れた脱離基となる.

$$R-I \quad > \quad R-Br \quad > \quad R-Cl \quad \gg \quad R-F$$

また,スルホン酸イオンもヨウ化物イオンに匹敵する優れた脱離基なので,アルコールのスルホン酸エステルは求核置換反応によく用いられる〔図 6.12, 7.1.5(2) 参照〕.

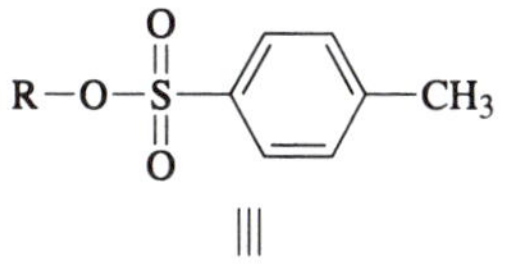

最後に,ハロアルカンのさまざまな求核剤との求核置換反応ならびにその生成物の例を列挙する(表 6.2).

* 強酸ほど X^- は安定になる.
$$H-X \rightleftharpoons H^+ + X^-$$

R-O-S(=O)(=O)-C₆H₄-CH₃
R-OTs
p-トルエンスルホン酸エステル
(トシラート)

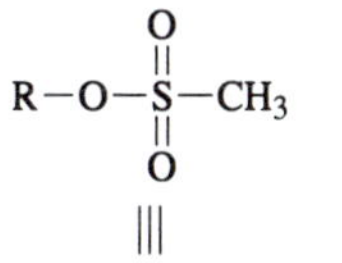

R-O-S(=O)(=O)-CH₃
R-OMs
メタンスルホン酸エステル
(メシラート)

図 6.12　アルコールのスルホン酸エステル

表 6.2　いろいろな求核置換反応

$$R-X + Nu:^-(:Nu-H) \longrightarrow R-Nu + X^-(HX)$$
$$Nu: \quad\quad\quad\quad\quad\quad\quad\quad\quad R-Nu^+ \, X^-$$

求核剤		生成物	
HO^- (H_2O)	水酸化物イオン(水)	R-OH	アルコール
$R'O^-$ ($R'OH$)	アルコキシドイオン(アルコール)	R-OR'	エーテル
$R'COO^-$	カルボキシラートアニオン	R-OCOR'	エステル
N_3^-	アジ化物イオン	$R-N_3$	アジド
$R'S^-$	チオラートイオン	R-SR'	スルフィド
NC^-	シアン化物イオン	R-CN	ニトリル
$R'-C\equiv C^-$	アセチリドアニオン	$R-C\equiv C-R'$	アルキン
H^- ($LiAlH_4$)	ヒドリドイオン	R-H	アルカン
NR'_3	アミン	$R-\overset{+}{N}R'_3 \; X^-$	アンモニウム塩
PR'_3	ホスフィン	$R-\overset{+}{P}R'_3 \; X^-$	ホスホニウム塩

6.2.2　ハロアルカンの脱離反応

ハロアルカンが起こすもう一つの典型的な反応に**脱離**(elimination)反応がある.ハロゲンが結合している中心炭素に隣接する炭素原子上の水素原子(β水素)とハロゲンが脱離してアルケンを生じる反応が一般的であり,**1,2-**

脱離(1,2-elimination)あるいは β 脱離(β-elimination)と呼ばれる.

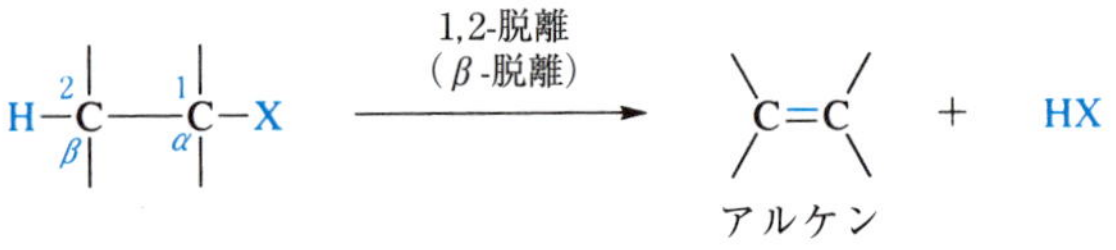

$$\overset{2}{\underset{\beta}{H-C}}-\overset{1}{\underset{\alpha}{C}}-X \xrightarrow{\text{1,2-脱離}\ (\beta\text{-脱離})} \underset{\text{アルケン}}{C=C} + HX$$

脱離反応についても求核置換反応と同様に二つの代表的な反応機構が提案されている.すなわち,**一分子脱離**(E1:unimolecular elimination)反応と**二分子脱離**(E2:bimolecular elimination)反応である.

(1)反応速度

E1 反応は S_N1 反応と類似して,まずハロゲン化物イオンが脱離してカルボカチオン中間体が生じ,それから β 水素が脱離する反応機構である.カルボカチオン中間体が生じる段階が律速段階となるので,反応速度は基質の濃度のみに依存する一次反応速度式に従う.また,基質が第三級ハロアルカンのときは,中性条件下で起こりやすい.

E1 反応

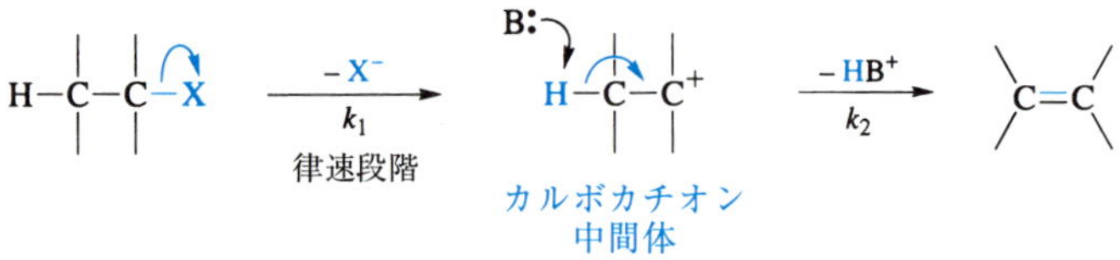

$$H-C-C-X \xrightarrow[k_1]{-X^-} H-C-C^+ \xrightarrow[k_2]{-HB^+} C=C$$

律速段階　　　　カルボカチオン中間体

反応速度式　　$r = k_1[R-X]$　　$k_1 \ll k_2$

一方,E2 反応では強い塩基により β 水素とハロゲンの脱離が同時に起こる.中間体を生じない点で協奏反応の S_N2 反応と類似している.したがって,反応速度は基質と塩基の両方の濃度に依存する二次反応速度式に従う.

同位体効果

正確には速度論的同位体効果といい,化合物のある原子(この場合は水素H)をその同位体(この場合は重水素D)で置き換えたときに観測される反応速度の変化である.同位体効果は,一般にその原子を含む結合の開裂が律速段階に関与しているときには大きくなる.

* この場合,C–D 結合は C–H 結合よりも強い(結合解離エネルギーが大きい)ので,反応速度は前者のほうが非常に遅くなる.

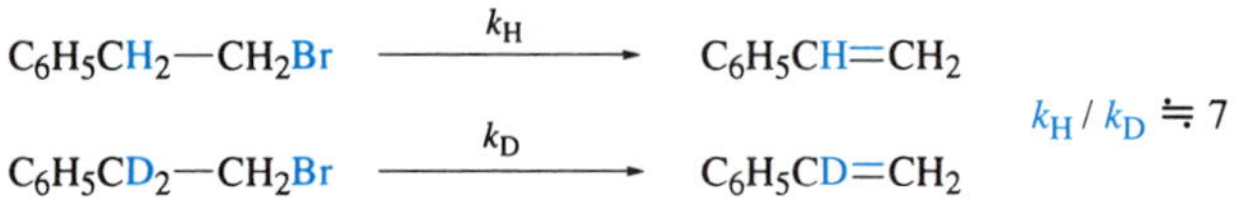

E2 反応

$$\begin{array}{c} H \\ -C-C- \\ X \end{array} \xrightarrow[k]{B:^-} \left[\begin{array}{c} B:^{\delta-}\cdots H \\ C::C \\ X^{\delta-} \end{array} \right]^{\ddagger} \xrightarrow{-HB} C=C + X^-$$

遷移状態

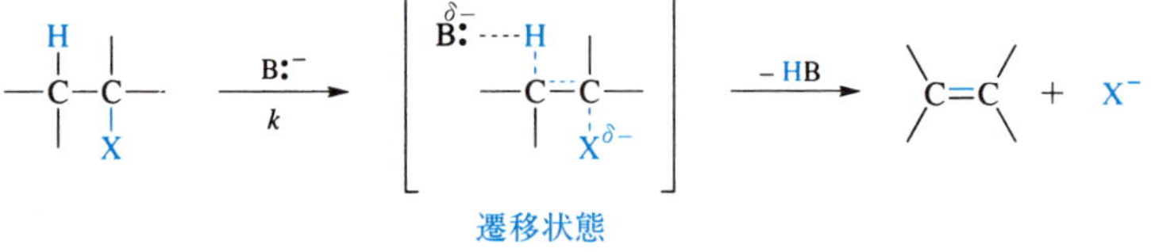

反応速度式　　$r = k[R-X][B:^-]$

律速段階に β 水素の脱離が関与していることは,大きな**同位体効果**†(isotope effect)を示すことからも支持されている(図 6.13)*.

$$C_6H_5CH_2-CH_2Br \xrightarrow{k_H} C_6H_5CH=CH_2$$
$$C_6H_5CD_2-CH_2Br \xrightarrow{k_D} C_6H_5CD=CH_2$$

$k_H / k_D \fallingdotseq 7$

図 6.13
E2 反応における同位体効果

（2）立体化学

E1 反応では，カルボカチオン中間体から β 水素が脱離してアルケンが生じるので，アルケンの立体化学はカルボカチオン中間体の立体配座の安定性に大きく関係している（図 6.14）．たとえば，1,2-二置換アルケンが生成する場合を考えると，カルボカチオン中間体において，置換基がシンの関係にある②の立体配座より，アンチの関係にある①の立体配座が安定であるので，(E)-アルケンが(Z)-アルケンより優先して生成する．

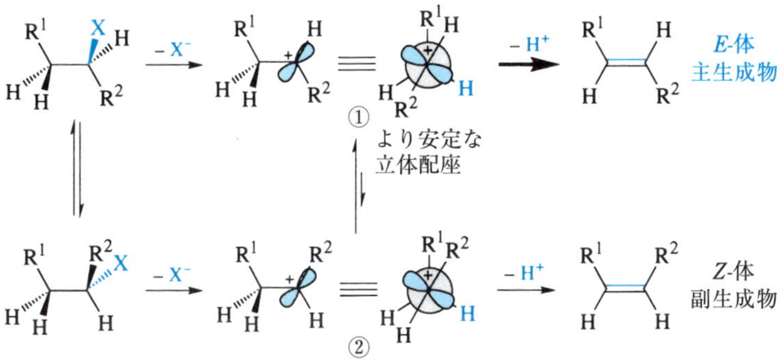

図 6.14
E1 反応における立体化学

一方，E2 反応ではさらに強い立体的な制約が働く．E2 反応の遷移状態において，二つの σ 結合の切断と一つの π 結合の生成が同時に起こるので，切断しつつある二つの σ 結合と生成しつつある π 結合が重なり合うことが必要となる．このため，脱離するハロゲンと水素原子，さらに二重結合をつくる二つの炭素原子がすべて同一平面上になる立体配座，つまり**ペリプラナー配座**(periplanar conformation)をとるときに E2 反応は起こる（図 6.15）．ハロゲンと水素がアンチの関係になる**アンチペリプラナー配座**(anti-periplanar conformation)から脱離が起こるとき，**アンチ脱離**(anti-elimination)と呼ぶ．逆に，ハロゲンと水素がシンの関係になる**シンペリプラナー配座**(syn-periplanar conformation)から脱離が起こるとき，**シン脱離**(syn-elimination)と呼ぶ．アンチペリプラナー配座はねじれ形で，重なり形のシンペリプラナー配座よりも安定なので，一般に，鎖式化合物の場合にはアンチペリプラナー配座からアンチ脱離が優先的に起こる＊．

＊ 分子がある立体構造（立体配置や立体配座）を保持するときに，誘起される軌道間相互作用により反応性や安定性に及ぼされる効果を**立体電子的効果**(stereoelectronic effect)という．

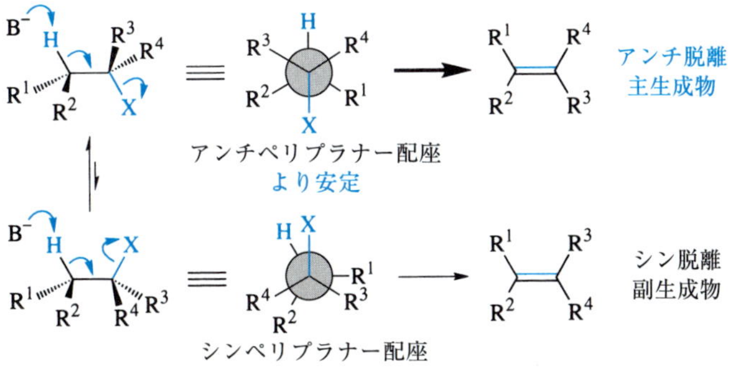

図 6.15
E2 反応における立体化学（ペリプラナー配座）

また，環式化合物においてもペリプラナー配座からE2反応が起こるので，その立体配座が重要となる．たとえば，シクロヘキサン環ではハロゲンがエネルギー的に不利なアキシアル位を占める立体配座をとるときにのみ，β位のアキシアル水素とアンチペリプラナー配座となることができ，このジアキシアル関係になる立体配座からE2反応が起こる．

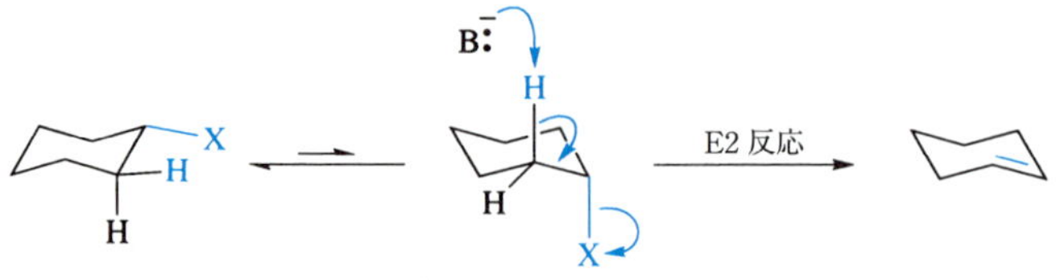

ジアキシアル配座
(アンチペリプラナー配座)

(3) 脱離の方向性(位置選択性)

脱離できるβ水素が二種類以上存在するときに，二種類以上のアルケンの位置異性体が生成する．このとき，一般的により熱力学的に安定な，置換基の多いアルケンが優先的に生成する傾向があることがザイツェフ(A. M. Zaitzev)[*1]によって見いだされ，**ザイツェフ型反応**(Zaitzev-type reaction)と呼ばれている．E1反応ではとくにこの傾向が顕著である．一方，反応条件によっては，より置換基の少ないアルケンが優先して生成するときもあり，これを**ホフマン型反応**(Hofmann-type reaction)と呼ぶ(11.3.3参照)．E2反応において立体的にかさ高い強塩基を用いるとホフマン型反応が優勢となる．

[*1] セイチェフ(Saytzeff)ともつづる．

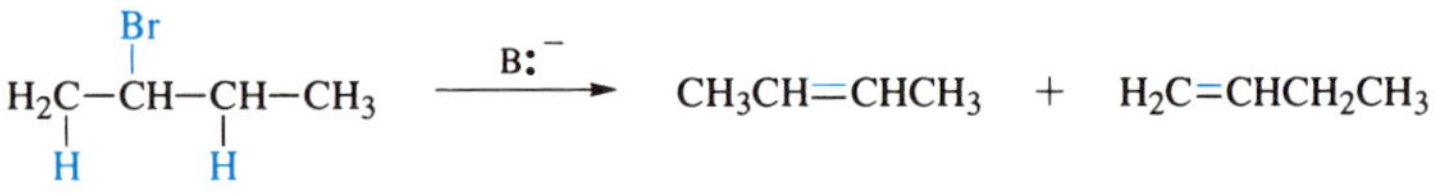

B:$^-$	ザイツェフ型反応生成物	ホフマン型反応生成物
$C_2H_5O^-$	70%	30%
$(CH_3)_3CO^-$	27%	73%

6.2.3 求核置換反応と脱離反応の競争

求核剤は電子豊富な化学種であり，塩基としても作用するために，求核置換反応と脱離反応は競争して起こることが多い．ある反応において，S_N2，S_N1，E2，あるいはE1のどれが優勢になるかは，これまで述べてきたように，基質と求核剤(塩基)の構造と反応性，そしてその他の条件(溶媒，温度など)[*2]が大きく関係している．表6.3に基質と求核剤(塩基)の関係について一般的な傾向をまとめてある．実際の反応では，一つの生成物のみを得ることは難しく，反応条件の選択が重要になる．

[*2] 一般に反応温度を高くすると脱離反応が起こりやすい．

表6.3 求核置換反応と脱離反応の比較

ハロアルカンの構造	S$_N$1	S$_N$2	E1	E2
ハロメタンおよび第一級ハロアルカン	起こらない	アニオン性求核剤により起こりやすい	起こらない	強塩基を用いると起こる
第二級ハロアルカン	極性溶媒中で中性求核剤を用いると起こりうる	求核性の高い求核剤を用いると起こる．非プロトン性極性溶媒中で起こりやすい	極性溶媒中，中性条件で起こりうる	強塩基を用いると起こりやすい
第三級ハロアルカン	極性溶媒中で中性求核剤を用いると起こりやすい	起こらない	極性溶媒中，中性条件で起こりやすい	強塩基を用いると起こりやすい

6.2.4 有機金属化合物の調製

炭素と金属との間に結合をもつ化合物を**有機金属化合物**(organometallic compound)と呼ぶ．炭素とマグネシウムの間に結合をもつ**グリニャール試薬**(Grignard reagent)がその代表的な例である．グリニャール試薬は，無水のエーテル系溶媒(ジエチルエーテルやテトラヒドロフラン)中で，有機ハロゲン化物(ハロアルカン，ハロアルケン，ハロベンゼンなど)と金属マグネシウムを反応させることによって，簡単に調製できる*．反応性の順序は塩化物＜臭化物＜ヨウ化物の順に増大する．C−Mg結合は，その電気陰性度の差により，C−X結合とは逆に炭素がアニオン性に，マグネシウムがカチオン性に強く分極しており，**カルボアニオン**(carboanion)とみなすこともできる．

有機リチウム化合物(organolithium compound)も同様にして有機ハロゲン化物と金属リチウムから調製される．C−Li結合はC−Mg結合よりも大きく分極しているので，その反応性はさらに高い．

* グリニャール試薬の調製にはエーテルが重要な役割を果たしている．エーテルの酸素原子上の非共有電子対が電子不足のマグネシウムに配位して，オクテット則を満たし安定化する．したがって，実際の構造は下記のようになるが，通常は簡単にするためにエーテル分子を省略して書く．

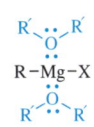

$$R-X + Mg \xrightarrow{\text{無水エーテル}} [\overset{\delta-}{R}-\overset{\delta+}{MgX} \longleftrightarrow R^- {}^+MgX]$$
グリニャール試薬

$$R-X + 2Li \xrightarrow[\text{無水エーテル}]{-LiX} [\overset{\delta-}{R}-\overset{\delta+}{Li} \longleftrightarrow R^- {}^+Li]$$
有機リチウム化合物

カルボアニオンは非常に電子豊富であり，求核性もたいへん強い(有機金属化合物のカルボニル基への求核付加反応は8.2.5で述べる)．またアルカン(アルケン，ベンゼン)の共役塩基であるので強塩基としての性質も示し，水やアルコールとも激しく反応する．これらの反応を利用することにより，有機ハロゲン化物をアルカン(アルケン，ベンゼン)に還元することができる．また，水の代わりに重水と反応させれば，重水素が導入されたアルカン(ア

ルケン，ベンゼン)を容易に得ることができる．

$$H_3C-\underset{\underset{Br}{|}}{CH}-(CH_2)_5-CH_3 \xrightarrow[\text{無水エーテル}]{Mg} \xrightarrow{H_2O} H_3C-\underset{\underset{H}{|}}{CH}-(CH_2)_5-CH_3$$

$$C_6H_5-Br \xrightarrow[\text{無水エーテル}]{Mg} \xrightarrow{D_2O} C_6H_5-D$$

6.3 求核置換反応に及ぼすそのほかの重要な効果

6.3.1 求核剤の性質

非共有電子対をもつ電子豊富な原子あるいは原子団は求核剤となる．表6.4に代表的なアニオン性および中性の求核剤を示す．

電子豊富な求核剤は電子供与体であり，塩基として働くこともできる．しかし，その能力〔**求核性**(nucleophilicity)〕は，塩基性と常に比例関係にあるとは限らない*．たとえば，酸素求核剤では求核性と塩基性の強さは比例関係にあるが，ハロゲン化物イオンでは逆転する(図6.16)．

表6.4 代表的な求核剤

Nu:⁻ (アニオン性)

X^-　HO^-　RO^-
$RCOO^-$　N_3^-　RS^-
NC^-　$R-C\equiv C^-$

Nu: (中性)

$H_2\ddot{O}:$　$R\ddot{O}H$　$\ddot{N}R_3$　$\ddot{P}R_3$

* 単純にいうと，塩基性は水素核(プロトン)と結合する能力であり，求核性は炭素核(カルボカチオン)と結合する能力と考えればよい．

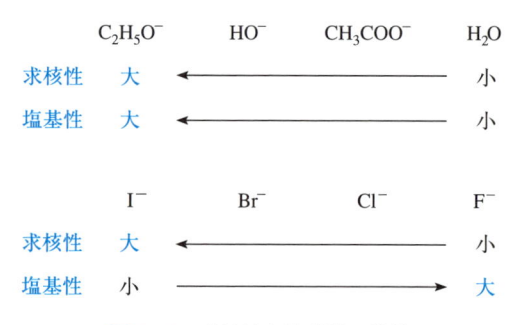

	$C_2H_5O^-$	HO^-	CH_3COO^-	H_2O
求核性	大	←		小
塩基性	大	←		小

	I^-	Br^-	Cl^-	F^-
求核性	大	←		小
塩基性	小	→		大

図6.16 求核性と塩基性の比較

一般に，求核性の強さについては次のような傾向がある．

① 同種元素ではアニオンは中性分子よりも求核性が強い．

　　$HO^- > H_2O$　　$RO^- > ROH$　　$H_2N^- > H_3N$

② 同族元素間では周期表の下にいくほど求核性が強い．

　　$RS^- > RO^-$　　$R_3P > R_3N$

③ 同一周期間では周期表の右にいく(電気陰性度がより大)ほど求核性が弱い．

　　$R_3C^- > R_2N^- > RO^- > F^-$

S_N2 反応では律速段階に求核剤が関与するので，求核性の強いアニオン性求核剤を用いるときに起こりやすくなる．一方，S_N1 反応は，逆に求核性の弱い中性求核剤を用いると起こりやすい(求核性の強いアニオン性求核剤を用いると，脱離反応が起きやすくなる)．また，求核剤が立体的にかさ高いと，求核剤自身の立体障害により S_N2 反応は阻害される．

6.3.2 反応溶媒の効果

イオン反応において反応溶媒の果たす役割はたいへん大きい．それは，イオン性反応中間体や求核剤が溶媒との相互作用〔**溶媒効果**(solvent effect)または**溶媒和**(solvation)〕によってその安定性が大きく変化するからである．溶媒の極性は**比誘電率**[†](dielectric constant)が目安になり，値が大きいほど極性が高くなる．ヘキサンやベンゼンは**無極性溶媒**(nonpolar solvent)の代表的な例である．一方，**極性溶媒**(polar solvent)は比誘電率の大きさにより多種多様であるが，ヒドロキシ基をもつ**プロトン性極性溶媒**(protic polar solvent：水，アルコール，カルボン酸など)と，もたない**非プロトン性極性溶媒**〔aprotic polar solvent：ジメチルスルホキシド(DMSO)，アセトニトリル，ジメチルホルムアミド(DMF)など〕の二つに大別できる(表6.5)．

比誘電率
物質の誘電率(ε)と真空の誘電率(ε_0)との比，$\varepsilon_r = \varepsilon/\varepsilon_0$

表6.5 代表的な溶媒とその比誘電率(ε)

プロトン性溶媒

H_2O (79)　　HCOOH(58)　　CH_3OH (33)　　CH_3CH_2OH (24)　　CH_3COOH(6)

非プロトン性溶媒

CH_3SCH_3 (45)　　CH_3CN (38)　　$(CH_3)_2NCHO$ (37)　　CH_3COCH_3 (23)
(DMSO)　　　　　　　　　　　　　　　(DMF)

THF (7)　　$CH_3CH_2OCH_2CH_3$ (4)　　C_6H_6 (2)　　C_6H_{14} (2)

カルボカチオンの溶媒和

S_N1反応において生じるカルボカチオン中間体は極性溶媒中では溶媒和[†]により安定化されるため，反応速度は著しく加速される．たとえば，2-クロロ-2-メチルプロパンのS_N1反応速度はエタノールに水を加えると大きく増大する(図6.17)．

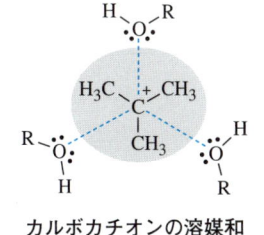

$$H_3C-\underset{CH_3}{\underset{|}{\overset{CH_3}{\overset{|}{C}}}}-Cl + ROH \xrightarrow{S_N1} H_3C-\underset{CH_3}{\underset{|}{\overset{CH_3}{\overset{|}{C}}}}-OR + HCl$$

(溶媒兼用)

ROHの混合比		相対反応速度
H_2O :	C_2H_5OH	
0	100	1
40	60	100
80	20	14000

図6.17 溶媒の極性とS_N1反応速度

一方，S_N2反応では溶媒の効果は複雑である．一般に，S_N2反応ではイオン性中間体が生じないので，溶媒の極性による影響はほとんどないと考えられる．しかしながら，求核剤の求核性に対して極性溶媒は大きく関与する．求核剤はプロトン性極性溶媒中では水素結合による安定化(溶媒和)のために，

図6.18 プロトン性極性溶媒と非プロトン性極性溶媒の溶媒和

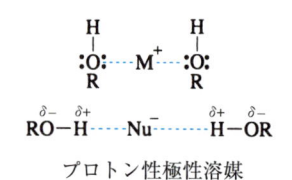

プロトン性極性溶媒
（求核性は低下）

非プロトン性極性溶媒
（求核性は増大）

その求核性が減少する．他方，非プロトン性極性溶媒は求核剤の対カチオン（通常はアルカリ金属）を溶媒和して求核剤から引き離す効果をもつ．その結果，求核剤の求核性は増大し，S_N2反応を著しく加速する（図6.18）．

Key Word

【基礎】☐炭素-ハロゲン結合の分極　☐求核剤　☐脱離基　☐一分子求核置換反応(S_N1)　☐二分子求核置換反応(S_N2)　☐律速段階　☐カルボカチオン中間体　☐二段階反応　☐一次反応速度式　☐一段階反応　☐五配位構造の遷移状態　☐二次反応速度式　☐立体配置の保持　☐立体配置の反転　☐ラセミ化　☐基質の構造　☐脱離基の性質　☐1,2-脱離（β脱離）　☐一分子脱離(E1)　☐二分子脱離(E2)　☐同位体効果　☐ペリプラナー配座　☐アンチ脱離　☐シン脱離　☐ザイツェフ型反応　☐ホフマン型反応　☐求核置換反応と脱離反応の競争　☐有機金属化合物　☐グリニャール試薬

【発展】☐求核性　☐溶媒効果　☐無極性溶媒　☐プロトン性極性溶媒　☐非プロトン性極性溶媒

章末問題

1. 次の化合物を命名せよ．

   (a) $(CH_3)_3CCl$
   (b) CH_2I_2
   (c) シクロヘキシル-F
   (d) $H_2C=CH-CH_2-Br$
   (e) $C_6H_5-CH_2Cl$
   (f) $CHBr_3$
   (g) $(CH_3)_2C=CHCH(Br)CH_3$
   (h) シクロプロピル-CH_2F
   (i) trans-1,2-ジブロモシクロヘキセン

2. 次の置換反応の生成物の構造式を示せ．

   (a) $(CH_3)_3CCl + H_2O$
   (b) $C_6H_5CH(Br)CH_2CH_2CH_3 + CH_3OH$
   (c) $CH_3CH_2CHBrCH_3 + NaN_3$
   (d) $H_2C=CHCH_2Br + NaOC_2H_5$
   (e) $C_6H_5-CH_2Cl + NaCN$

(f) $(CH_3)_2CHOTs$ + CH_3COONa

(g) [シクロヘキサン環に CH_3 と Br が同一炭素に結合した構造] + CH_3COOH

(h) [ベンゼン環]$-CH_2Br$ + CH_3NH_2

(i) $CH_3CH_2CH_2CH_2Br$ + $(C_6H_5)_3P$

(j) CH_3CH_2OTs + $NaC\equiv CH$

3. 次の置換反応の生成物の構造と反応機構を，立体化学がわかるように三次元構造式（くさび形の実線や破線を用いた構造式）を用いて説明せよ．

(a) (R)-2-ブロモブタン + $NaOC_2H_5$ ⟶

(b) (R)-2-ブロモブタン + HOC_2H_5 ⟶

(c) trans-1-ブロモ-3-メチルシクロヘキサン + NaN_3 ⟶

4. 次の各組の化合物をより能力の高い脱離基をもつ順番に並べよ．

(a)　R—Cl　　R—OH　　R—I
　　　A　　　　B　　　　C

　　R—NH$_2$　　R—Br
　　　D　　　　E

(b)
$R-OCCH_3$ (A, エステル C=O)　$R-OH$ (B)　$R-OSCH_3$ (C, スルホン酸エステル)
$R-OSCF_3$ (D)　$R-OC_6H_5$ (E)

5. 3-ブロモ-2,2-ジメチルブタンを水中で加熱したところ，3,3-ジメチル-2-ブタノールと2,3-ジメチル-2-ブタノールが生成した．この反応機構を説明せよ．

6. 次の脱離反応における生成物の構造を示せ．

(a) $CH_3\overset{Br}{\underset{|}{C}}HCH(CH_3)_2$ $\xrightarrow{E2}$

(b) $CH_3CH_2\overset{Br}{\underset{|}{C}}HCH_2C_6H_5$ $\xrightarrow{E1}$

(c) trans-1-ブロモ-2-メチルシクロヘキサン $\xrightarrow{E2}$

(d) cis-1-ブロモ-2-メチルシクロヘキサン $\xrightarrow{E2}$

7. 次の化合物に対して1当量のナトリウムエトキシドを用いてE2反応を行った．生成物の構造式を書いて命名し，また反応機構についてニューマン投影式を用いて説明せよ．

（a）(2S,3R)-2,3-ジブロモブタン
（b）(2R,3R)-2,3-ジブロモブタン
（c）(2S,3S)-2,3-ジブロモブタン

有機化学のトピックス

有機ハロゲン化物の光と影

人間は古来より天然から得られるさまざまな物質を道具として用いて，生活を営んできた．物質・道具を使うことが人間の特性ともいわれている．化学・有機化学が発展するにつれて，現代社会においては天然にないまったく新しい人工物質をつくりだす（合成する）ことが可能になった．その結果，有機ハロゲン化物をはじめとして合成樹脂などのさまざまな有機化合物を大量にそして安価に合成し，人間生活の利便性，快適性そして安全性を向上させるために利用してきた．しかしながら，そのために環境（生物・人間も含む）に及ぼす影響も大きく，これに対する対策や解決が 21 世紀の有機化学において大きな課題である．

オゾン層破壊物質として現在ではすっかり悪役になったフロンは，1928 年に開発された当時は，無毒で燃えない安全な夢の化合物として絶賛された．

オゾン層は対流圏の上の成層圏に高度約 10～50 km の幅で広がっており，太陽光に含まれる短波長紫外線（UV-C，190～280 nm）による生成と中波長紫外線（UV-B，280～320 nm）による分解の自然の微妙なバランスの上に立ってオゾン層が存在している．このオゾン層により，生物に有害な紫外線が吸収され，地表に達することはほとんどない．

紫外線によるオゾンの生成と分解

$$O_2 \xrightarrow[(\lambda < 240\,nm)]{紫外線} 2\,O$$

$$O_2 + O \longrightarrow O_3$$

$$O_3 \xrightarrow[(\lambda < 320\,nm)]{紫外線} O_2 + O$$

フロンによるオゾンの分解

$$R-Cl \xrightarrow[(\lambda < 240\,nm)]{紫外線} R\cdot + \cdot Cl$$

$$O_3 + \cdot Cl \longrightarrow O_2 + ClO\cdot$$

$$ClO\cdot + O \longrightarrow \cdot Cl + O_2$$

フロンがオゾン層に達すると，たいへん効率のよいラジカル連鎖反応でオゾン分子（O_3）を分解する．このように，人為的に加えられた要因（フロン）で，自然のバランスがくずれてオゾンホールが出現することとなった．

殺虫剤 DDT（p,p'-ジクロロジフェニルトリクロロエタン）は第二次世界大戦中に開発された．DDT は安価に大量に合成できることから，蚊や蝿を含めて，万能の病害虫駆除剤として広く用いられてきた．しかしながら，その高い化学的安定性のために分解されにくく，自然環境や生態系の汚染が深刻になった．その残留毒性の及ぼす被害の有様はカーソン（R. Carson）によって書かれた「沈黙の春」に詳しく述べられている．これを契機として，各国で DDT などの使用が禁止され，日本では 1971 年に禁止された．しかし，マラリアが蔓延している熱帯地方においては，これに代わる有効な殺虫剤は見あたらず，WHO は 2006 年に発展途上国においての限定的使用を認めた．

$$2\,Cl-C_6H_4-H + CCl_3-\underset{\underset{O}{\|}}{C}-H \xrightarrow{H^+}$$

クロロベンゼン　　　クロラール

DDT 構造式（4,4'-ジクロロジフェニルトリクロロエタン）

PCB（ポリクロロビフェニル）はその優れた安定性と耐熱性，そして絶縁性により変圧器や熱媒体として広く用いられてきた．しかし，1959 年に食用油に熱媒体の PCB が混ざり込むという事件でその毒性が明らかとなり，使用が禁止された．その後，焼却炉から発生するダイオキシン類〔典型的なものに 2,3,7,8-テトラクロロジベンゾ-1,4-ジオキシン（TCDD）がある〕も，一時大きな社会問題となったが，高温焼却炉の導入とともに現在では下火になっている．DDT などは意図的に合成され利用されたのに対して，ダイオキシンは燃焼によって意図せずに生成する点で大きく異なり，ある意味では自然界に存在する天然化合物ともいえる．

PCB　　PCDD

7 Organic chemistry

アルコールとフェノール，およびエーテルとエポキシド

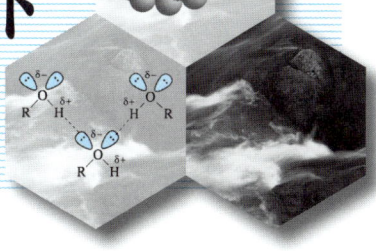

【この章の目標】◆◆◆

　この章では炭素−酸素単結合をもつ有機化合物を学ぶ．これらは水の水素原子の一つあるいは二つを，アルキル基やフェニル基などの炭化水素基で置換した化合物群である．アルコールとフェノールでは，ヒドロキシ基の酸性度について，酸解離平衡式における共役塩基の安定性に基づいて理解する必要がある．また，アルコールの求核置換反応，酸触媒による脱水反応，酸化反応などを学ぶ．エーテルは比較的安定な化合物であり，アルコールからの合成法（ウィリアムソン合成法）が一般的である．一方，三員環をもつ環式エーテルのエポキシドは，その環のひずみのために顕著な反応性を示し，酸触媒や求核剤により容易に開環反応を起こすことを理解する．

7.1 アルコールとフェノール

　水[†]の一つの水素原子をアルキル基（R−）で置換した構造〔あるいはアルカンの水素原子を**ヒドロキシ基**[*]（−OH）で置換した構造〕をもつ化合物が**アルコール**[†]（alcohol）である．一方，ベンゼン環（フェニル基，Ph−）または芳香環（アリール基，Ar−）で置換した構造をもつ化合物が**フェノール**[†]（phenol）類である．

　われわれの身のまわりには多数のアルコール類が存在し，メタノールやエタノールが代表的な例である．また，多数のフェノール類も古くから知られている（図 7.1）．

7.1.1 命名法

　置換命名法では，簡単なアルコールについてはアルカン（alkane）の語尾

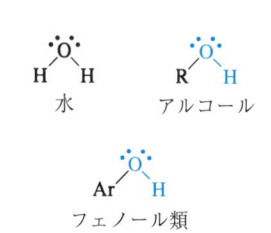

水　アルコール　フェノール類

[*] 以前はヒドロキシル基（hydroxyl group）とも呼ばれていたが，現在はヒドロキシ基に統一されている．

* メタノールは木の乾留により得られるので木精，エタノールは酒の主成分であるので酒精と呼ばれた．また，フェノールは石炭の乾留によって得られることから石炭酸と呼ばれた．

CH₃OH　　C₂H₅OH

メタノール　　エタノール　　メントール　　グリセリン
（木精*）　　（酒精*）　　（ハッカ）　　（油脂）

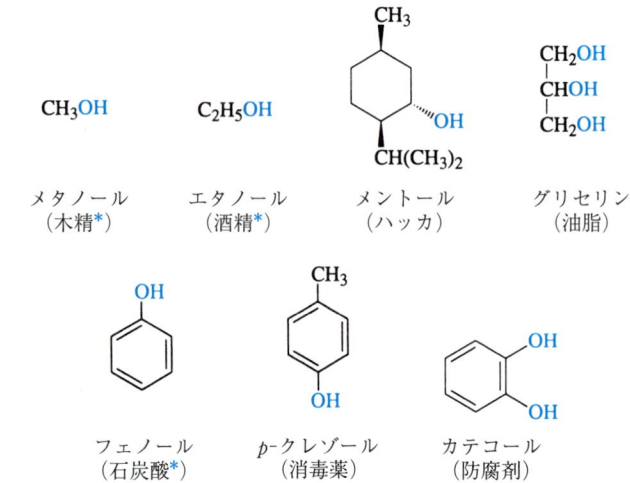

フェノール　　p-クレゾール　　カテコール
（石炭酸*）　（消毒薬）　　（防腐剤）

図 7.1　アルコールとフェノール類

(-e) を オール (-ol) に換えて**アルカノール** (alkanol) と命名する．また，複雑なアルコールでは**ヒドロキシ** (hydroxy-) という接頭語をつけて命名する．一方，基官能命名法ではアルキル基の名前の後にアルコールという官能基名をつけて呼ぶ．なお，慣用名をもつアルコールも多い（図 7.2）．

CH₃OH　　　　　　CH₃CH₂OH　　　　　H₃C-CH(OH)-CH₃　　　H₃C-C(CH₃)(OH)-CH₃

メタノール　　　　エタノール　　　　2-プロパノール　　　　2-メチル-2-プロパノール
(methanol)　　　 (ethanol)　　　　 (2-propanol)　　　　 (2-methyl-2-propanol)
メチルアルコール　エチルアルコール　イソプロピルアルコール　t-ブチルアルコール
(methyl alcohol)　(ethyl alcohol)　(isopropyl alcohol)　 (t-butyl alcohol)

H₂C=CHCH₂OH　　　C₆H₅-CH₂OH　　HOCH₂CH₂OH　　HOCH₂COOH

2-プロペン-1-オール　　フェニルメタノール　　1,2-エタンジオール　　ヒドロキシ酢酸
(2-propen-1-ol)　　　(phenylmethanol)　　　(1,2-ethanediol)　　(hydroxyacetic acid)
アリルアルコール※　　ベンジルアルコール※　エチレングリコール※　グリコール酸※
(allyl alcohol)　　　(benzyl alcohol)　　　(ethylene glycol)　　(glycolic acid)

図 7.2　アルコールの名称
※は IUPAC 規則で認められている慣用名．

アルコールもハロアルカンと同様に，アルキル基の構造に応じて，第一級，第二級，第三級アルコールと分類できる（図 7.3）．

　　H　　　　　　　R　　　　　　R
R-C-OH　　　　　R-C-OH　　　R-C-OH
　　H　　　　　　　H　　　　　　R

図 7.3　アルコールの分類
第一級アルコール　　第二級アルコール　　第三級アルコール

7.1 アルコールとフェノール　117

ベンゼノール
(benzenol)
フェノール※
(phenol)

3-ブロモベンゼノール
(3-bromobenzenol)
m-ブロモフェノール※
(*m*-bromophenol)

2-メチルベンゼノール
(2-methylbenzenol)
o-クレゾール※
(*o*-cresol)

1,4-ベンゼンジオール
(1,4-benzenediol)
ヒドロキノン※
(hydroquinone)

図7.4　フェノール類の名称
※は IUPAC 規則で認められている慣用名.

　フェノール類は母核のフェノールという慣用名をもとにして命名するのが便利である．置換命名法では，アルコールの場合と同様に語尾をオールに換えて命名する．なお，フェノール類には慣用名をもつものが多数存在し，一般に慣用名のほうがよく用いられる(図7.4).

7.1.2　構造と性質

　アルコールは酸素原子を中心として二組の非共有電子対を含めた**四面体構造**†(tetrahedral structure)をしている．また，酸素の大きな電気陰性度のために O-H 結合は大きく分極しており，アルコール分子どうしで**水素結合**†(hydrogen bond)をつくる*．このため，分子量が同程度のアルカンや有機ハロゲン化物と比較して沸点が高い．また，水とも水素結合をつくるので，水に対する溶解度はたいへん大きい(表7.1).

表7.1　アルコールの沸点と水への溶解度

構造式	沸点/℃	水に対する溶解度 g 100 ml^{-1}
CH_3OH	65.0	∞
C_2H_5OH	78.5	∞
$CH_3(CH_2)_2OH$	97.4	∞
$(CH_3)_2CHOH$	82.4	∞
$CH_3(CH_2)_3OH$	117.3	8.0
$CH_3CH_2CH(CH_3)OH$	99.5	12.5
$(CH_3)_3COH$	82.2	∞

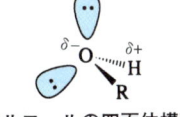

アルコールの四面体構造

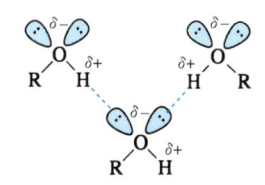

アルコールの水素結合

＊　水素結合エネルギーは約 20 kJ/mol と，O-H 共有結合エネルギー(464 kJ/mol)に比べるとたいへん小さいが，分子間力としては最大であり，沸点や溶解度に大きく影響する．

7.1.3　酸性度と塩基性
(1) 酸性度
　ヒドロキシ基の O-H 結合は大きく分極しているために，水素原子はプロトンとして放出される．すなわち，酸としての性質をもつ．いくつかのアルコールとフェノールの pK_a を表7.2に示す．

表7.2 アルコールとフェノールの pK_a 値

$$ROH + H_2O \xrightleftharpoons{K_a} RO^- + H_3O^+$$

アルコール	pK_a	フェノール	pK_a
CF_3CH_2OH	12.4	$p\text{-}NO_2C_6H_4OH$	7.2
CH_3OH	15.5	$o\text{-}NO_2C_6H_4OH$	7.2
HOH	15.7	$m\text{-}NO_2C_6H_4OH$	8.4
CH_3CH_2OH	16.0	$p\text{-}ClC_6H_4OH$	9.4
$(CH_3)_2CHOH$	17.1	C_6H_5OH	10.0
$(CH_3)_3COH$	18.0	$p\text{-}CH_3OC_6H_4OH$	10.2
		$p\text{-}CH_3C_6H_4OH$	10.3

　メタノールおよびエタノールは水とほぼ同じ程度の**酸性度**(acidity)をもっている．電子求引性のトリフルオロメチル基($-CF_3$)で置換した2,2,2-トリフルオロエタノールでは酸性度が増大するのに対して，電子供与性のアルキル基が置換するにつれて酸性度が減少している．これは，共役塩基である**アルコキシドイオン**(alkoxide ion)の安定性を考えることにより説明される（図7.5）．つまり，誘起効果により電子求引性基はアニオンを安定化し，電子供与性基は不安定化するために，平衡定数(K_a)が前者ではより大きく，後者ではより小さくなる．

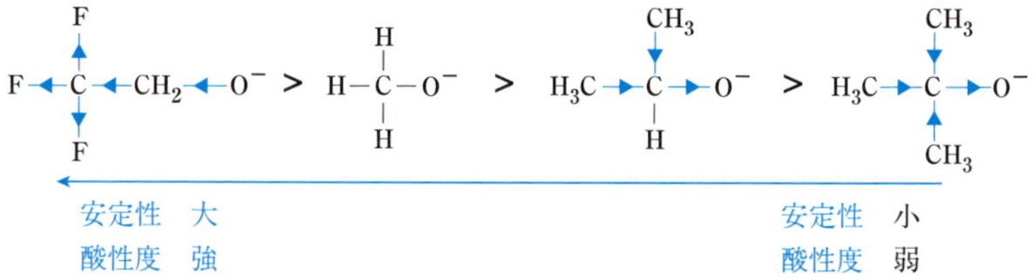

図7.5
アルコキシドイオンの安定性とアルコールの酸性度

安定性　大　　　　　　　　　　　　　　　安定性　小
酸性度　強　　　　　　　　　　　　　　　酸性度　弱

＊ フェノール類は殺菌力が強く，たとえばクレゾールは殺菌消毒剤として用いられる．また，防腐剤としても用いられており，フェノール類を多く含むコールタールが木材の防腐剤として使われている．

　フェノール類＊は，アルコール類に比較して，1万倍以上も酸性が強い．これもやはり共役塩基の**フェノキシドイオン**(phenoxide ion)の安定性で説明される（図7.6）．フェノキシドイオンではベンゼン環との共鳴によりアニオンが非局在化して分散されるために安定となる．また，ベンゼン環についた置換基が及ぼす電子的効果もアルコール類の場合と同様であり，電子求引性基は酸性度を増大させ，電子供与性基は減少させる．

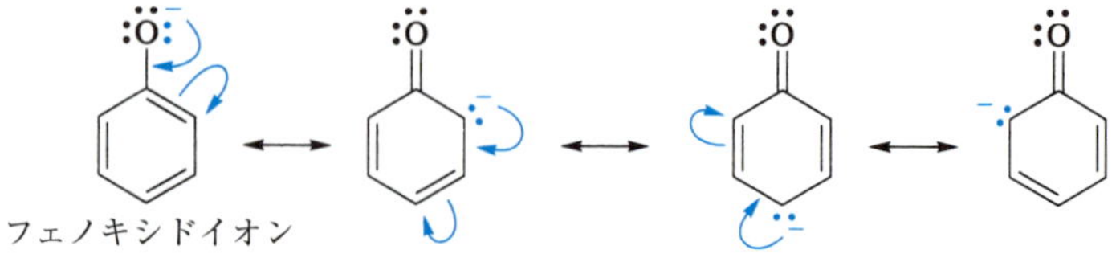

図7.6
フェノキシドイオンの共鳴安定化

フェノキシドイオン

上で述べたように，アルコール類は水と同程度の酸性度をもつので，水酸化ナトリウム程度の塩基を用いたのでは，アルコキシドイオン(RO^-)は半分程度生成するのみである．完全にアルコキシドイオンとするためには，ナトリウムアミド($NaNH_2$)のような強塩基や金属ナトリウム[*1]を用いる必要がある．一方，フェノール類は水よりも約50万倍も酸性度が大きいので，水酸化ナトリウムによりほぼ完全にフェノキシドイオンを生成する．

[*1] 金属ナトリウムは水と激しく反応して発火するので，取り扱いに注意が必要である．

CH_3CH_2OH + $NaOH$ ⇌ $CH_3CH_2O^- Na^+$ + HOH
$pK_a = 16.0$　　　　　　　　　半分程度生成　　　　$pK_a = 15.7$

CH_3CH_2OH + $NaNH_2$ → $CH_3CH_2O^- Na^+$ + NH_3

CH_3CH_2OH + Na → $CH_3CH_2O^- Na^+$ + $\frac{1}{2} H_2$
　　　　　　　　　　　　　　完全に生成

C_6H_5OH + $NaOH$ ⇌ $C_6H_5O^- Na^+$ + HOH
$pK_a = 10.0$　　　　　　　　ほぼ完全に生成　　　　$pK_a = 15.7$

（2）塩基性

ヒドロキシ基の酸素原子は二組の非共有電子対をもっているので，強酸存在下では，非共有電子対にプロトンが結合して**アルキルオキソニウムイオン**(alkyloxonium ion)が生成する．つまり，アルコールは塩基として働くことになる．生成したアルキルオキソニウムイオンは，もとのアルコールのヒドロキシ基を水として容易に脱離して，カルボカチオン中間体となるので，アルコール類の酸性条件下での反応は重要である〔**7.1.5(1)**，**7.1.6** 参照〕．

$R-\overset{..}{\underset{H}{O}}: + H^+ \rightleftharpoons R-\overset{..}{\underset{H}{O}}{}^+-H \rightleftharpoons R^+ + H_2O$

アルキルオキソニウムイオン

7.1.4 アルコールとフェノールの合成

最も簡単なメタノールは工業原料として重要であり，一酸化炭素(CO)と水素(H_2)から触媒を用いて工業的に大量に合成されている[*2]．

$CO + 2H_2 \xrightarrow[250～400℃]{\text{亜鉛-クロム酸化物触媒}} CH_3OH$

[*2] メタノールは毒性が強く，少量でも飲むと失明し，大量になると死亡する．

エタノールは酒の主成分で，さまざまな穀物や果実を酵母で発酵させてつくられており，デンプンなどが酵素によりグルコースを経てエタノールと二酸化炭素に変換される．しかし，発酵法でつくられるエタノールはわずかな量であり，90％以上は工業的にエチレンの酸触媒による水和反応で合成されている（次ページ図参照）．

デンプン ⟶ [$C_6H_{12}O_6$] グルコース $\xrightarrow{\text{酵母}}$ 2 C_2H_5OH エタノール + 2 CO_2

$H_2C=CH_2$ エチレン + H_2O $\xrightarrow[300\ ℃,\ 70\ atm]{\text{固体リン酸触媒}}$ C_2H_5OH エタノール

アルコールを合成する一般的な方法としては，アルケンへの水の酸触媒付加やヒドロホウ素化-酸化反応がある〔4.2.3 (1) 参照〕．また，ハロアルカンの求核置換反応による合成法については 6.2.1 (2) で述べた．そのほかにも，アルデヒド，ケトン，カルボン酸，エステルなどのカルボニル化合物の還元やグリニャール試薬の求核付加による方法などがあるが，これらの反応については 8.2.5，8.2.6，9.1.5，9.2.6 (2) で述べる．

フェノールはベンゼンとプロペンの求電子置換反応で得られるイソプロピルベンゼン（慣用名はクメン）を空気酸化することにより，アセトンとともに工業的に合成されており，**クメン法**(cumene process)と呼んでいる．

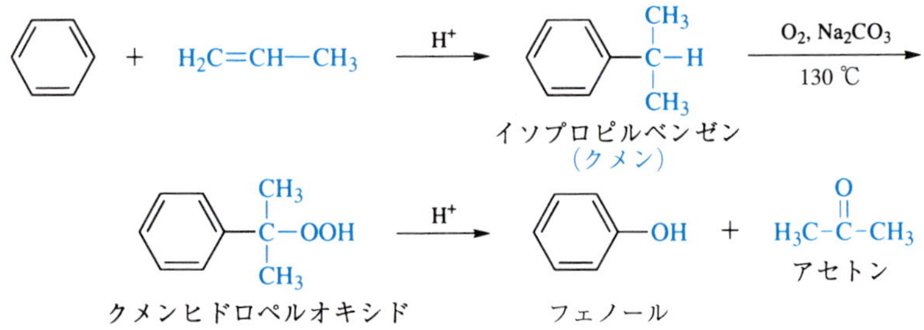

実験室におけるフェノール類の簡単な合成法は，アニリンから得られる**ベンゼンジアゾニウム塩**(benzenediazonium salt)の加水分解であるが，この反応については 11.3.5 で述べる．

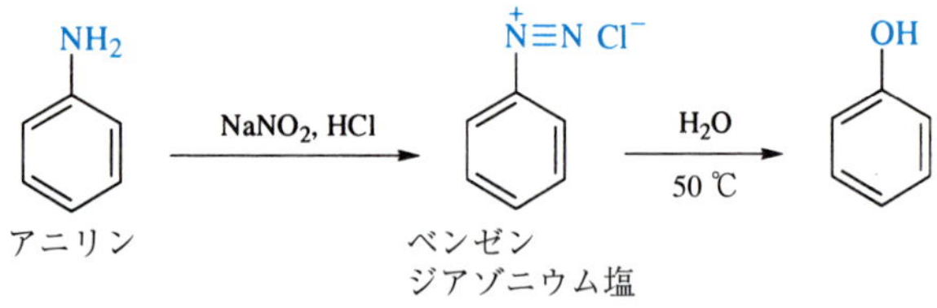

7.1.5 アルコールの求核置換反応
(1) ハロアルカンへの変換

アルコールの C−O 結合は，電気陰性度の差から考えて，炭素原子上での求核置換反応を起こすことが予想される．しかし，実際は水酸化物イオンは脱離基としては不適当なので，反応は起こりにくい*．一方，7.1.3 (2) で述べたように，酸性条件下では，アルキルオキソニウムイオンが生成して，水

* 水酸化物イオンの共役酸は水という弱酸であり，したがって脱離能はたいへん低い〔6.2.1 (4) 参照〕．

が脱離基となるために求核置換反応が進行する．たとえば，第三級アルコールからはハロゲン化水素による S_N1 反応で容易にハロアルカンが生成する．しかしながら，第二級そして第一級アルコールとなるにしたがって，カルボカチオン中間体の発生が難しくなるために，ハロゲン化水素との反応では（脱離反応などによる）副生成物が増大する．第一級および第二級アルコールは**塩化チオニル**（thionyl chloride）や**三臭化リン**（phosphorus tribromide）を用いることにより，容易に対応するハロアルカンに変換される．これらの反応では，まずヒドロキシ基と無機反応剤が反応して無機酸エステルを生じる．無機酸部分がよい脱離基となり，S_N2 反応でハロアルカンに変換される．

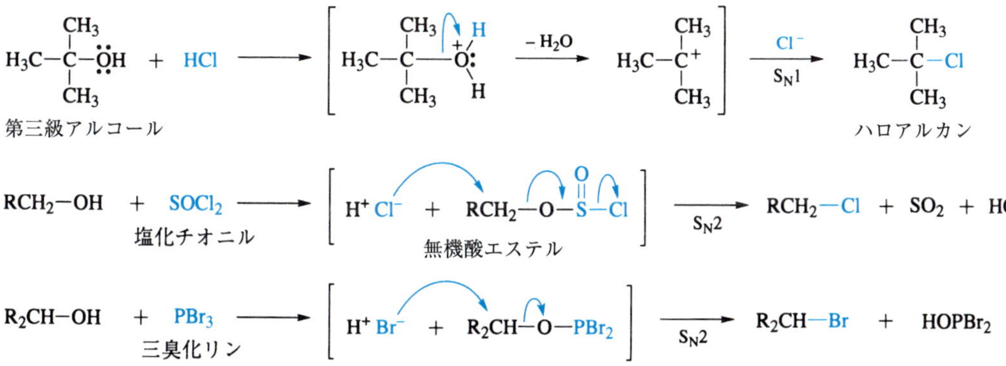

（2）スルホン酸エステルを経由する求核置換反応

上で述べたように，アルコールのヒドロキシ基は脱離基としての能力はたいへん低い．しかしながら，このヒドロキシ基を**有機スルホン酸エステル**（organosulfonate）に変換すると，スルホン酸イオンとして優れた脱離基となり，さまざまな求核置換反応を行うことが可能となる*．スルホン酸エステルは，アルコールに**塩化スルホニル**（sulfonyl chloride）を反応させることによって簡単に得られる．塩化水素が発生するために，通常は**捕捉剤**（scavenger，捕獲剤ともいう）としてのピリジンのような塩基を共存させる．*p*-トルエンスルホン酸エステル〔**トシラート**（tosylate）〕あるいはメタンスルホン酸エステル〔**メシラート**（mesylate）〕がよく使われる〔**6.2.1（4）**参照〕．

* 有機スルホン酸は酸性度が高く（$pK_a < 1$），スルホン酸イオンは安定である．

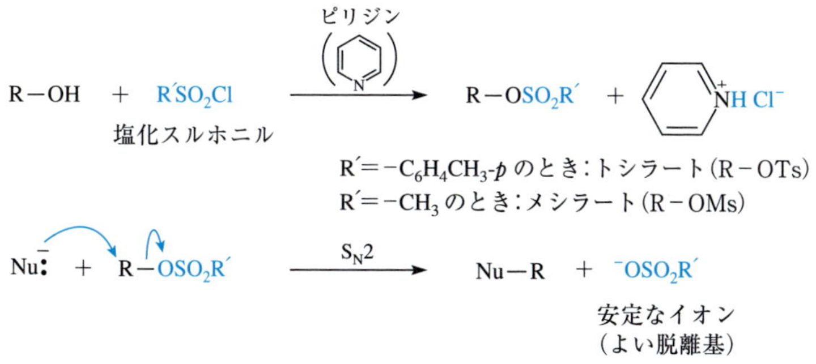

7.1.6 アルコールの酸触媒による脱水反応
(1) アルケンの生成

アルコールを濃硫酸のような求核性の乏しい強酸とともに加熱すると，水が脱離してアルケンを生じる．これはアルケンの水和反応の逆反応である．第三級アルコールにおいて脱水反応が最も起こりやすく，反応はE1型で進行する．第二級そして第一級アルコールとなるに従って脱水反応が起こりにくくなり，第一級アルコールでは高温($180 \sim 200\,°C$)に加熱することによりE2型で進行する．

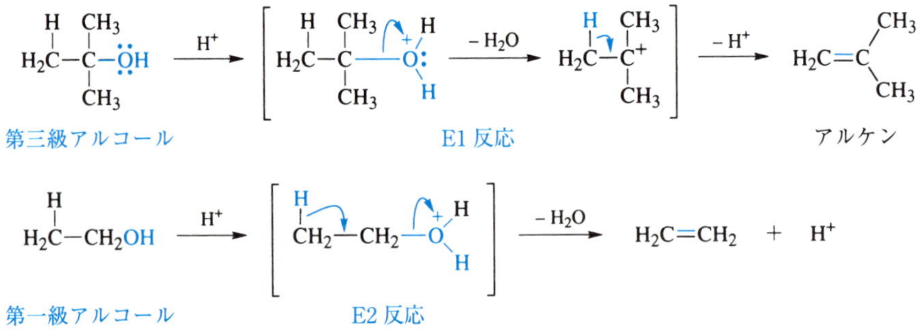

また，二種類のアルケンが生成する場合には，ザイツェフ型反応が優先して，より置換基の多いアルケンが主生成物となる．この反応の酸触媒には硫酸以外にリン酸(H_3PO_4)などが使用されている．

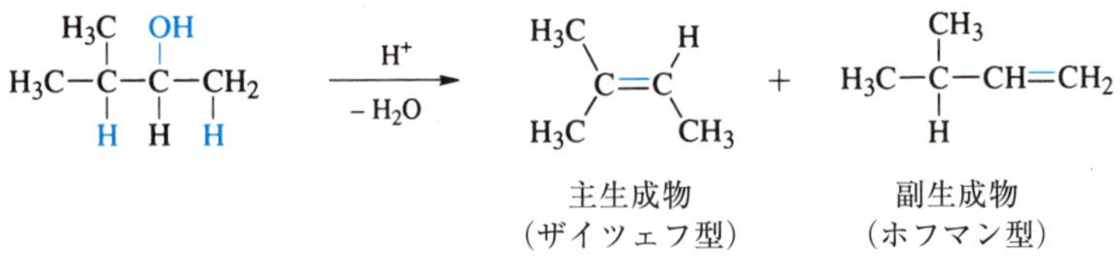

(2) エーテルの生成

アルケンを生成する反応条件を少し穏やかにする(温度を下げる)と，とくに第一級アルコールにおいては，アルコール自身が求核剤となり，エーテルを生成する．たとえば，エタノールを濃硫酸と130℃に加熱すると，ジエチルエーテルが生成し，これは工業的に重要な方法である．

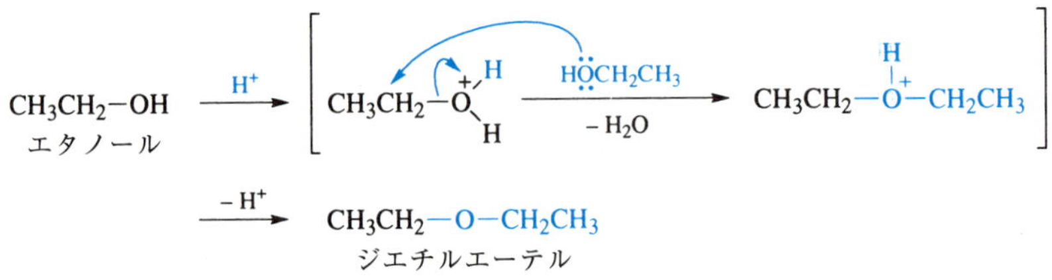

7.1.7 アルコールの酸化

第一級アルコールはクロム酸(H_2CrO_4)や過マンガン酸カリウム($KMnO_4$)のような酸化剤により、アルデヒドを経てカルボン酸にまで酸化される。また、第二級アルコールはケトンに酸化されるが、第三級アルコールは安定である。よく使用される酸化法は三酸化クロム(CrO_3)の希硫酸溶液をアルコールのアセトン溶液に加える方法であり、**ジョーンズ酸化**(Jones oxidation)と呼ばれている[*1]。第一級アルコールの酸化をアルデヒドで止めるためには、有機溶媒中で**クロロクロム酸ピリジニウム**(pyridinium chlorochromate, PCC と略す)などの酸化剤を用いる必要がある。

[*1] ジョーンズ酸化では、反応が進行しているときには6価クロムの茶褐色がすぐに3価クロムの緑色に変化する。茶褐色が残るようになったときが反応の終点である。

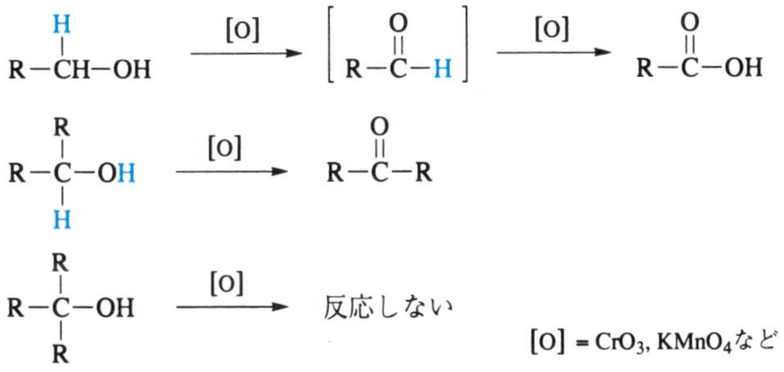

1,2-ジオールは**過ヨウ素酸**(periodic acid, HIO_4)によって酸化されると、ジオールの1位と2位の炭素間の結合が開裂して、カルボニル化合物が生成する。1,2-ジオールはアルケンを四酸化オスミウム(OsO_4)で酸化して得られるので、この方法はアルケンのオゾン開裂反応と同様な変換法となる。反応は環式過ヨウ素酸エステル中間体を経て進行していると考えられている。

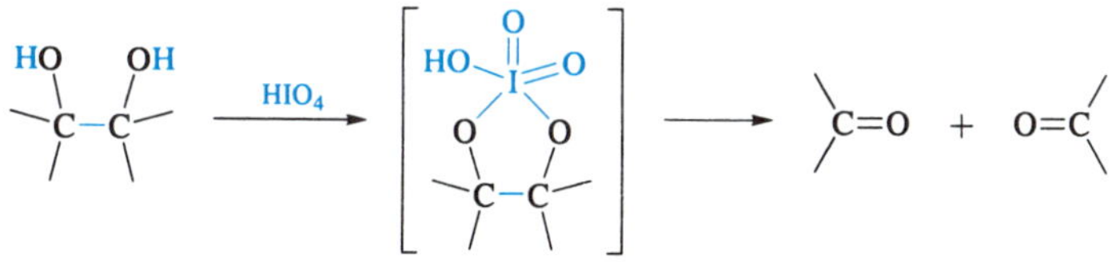

環式過ヨウ素酸エステル中間体

7.1.8 フェノールの反応

フェノールでは、アルコールとは異なり、酸触媒による求核置換反応はたいへん起こりにくい。これは、フェニルカチオンが構造的に非常に不安定で生成しにくいこと[*2]、および求核攻撃を受ける炭素原子の背面がベンゼン環によって完全に阻害されていることが大きな理由である(次ページ図参照)。

[*2] フェニルカチオンのカチオン炭素は sp 混成により直線構造をとろうとするが、六員環のために大きなひずみがかかる。

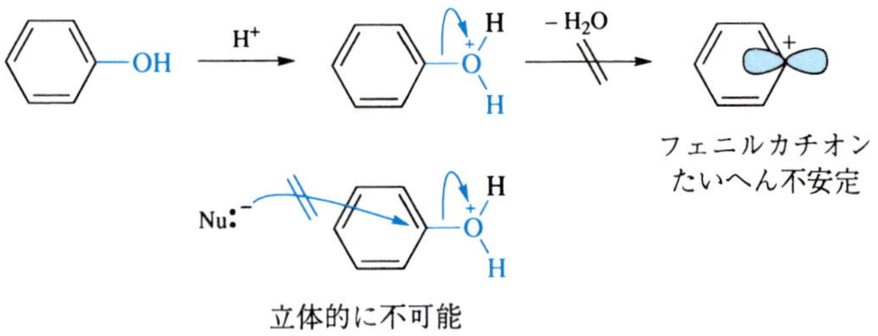

一方，すでに5.2.1(5)で述べたように，フェノールはヒドロキシ基の電子供与性により求電子芳香族置換反応をたいへん起こしやすい．

フェノールはさまざまな酸化剤により容易に酸化され，p-ベンゾキノンが生成する．よく用いられる酸化剤としては**フレミー塩**(Fremy salt)がある．また，ヒドロキノン(1,4-ジヒドロキシベンゼン)も二クロム酸ナトリウム($Na_2Cr_2O_7$)あるいはフレミー塩により容易に酸化されてp-ベンゾキノンを与える．生体内では，フェノール構造をもつビタミンEが抗酸化剤として働き，さまざまな有害な脂質過酸化物を捕捉し，無害化している．

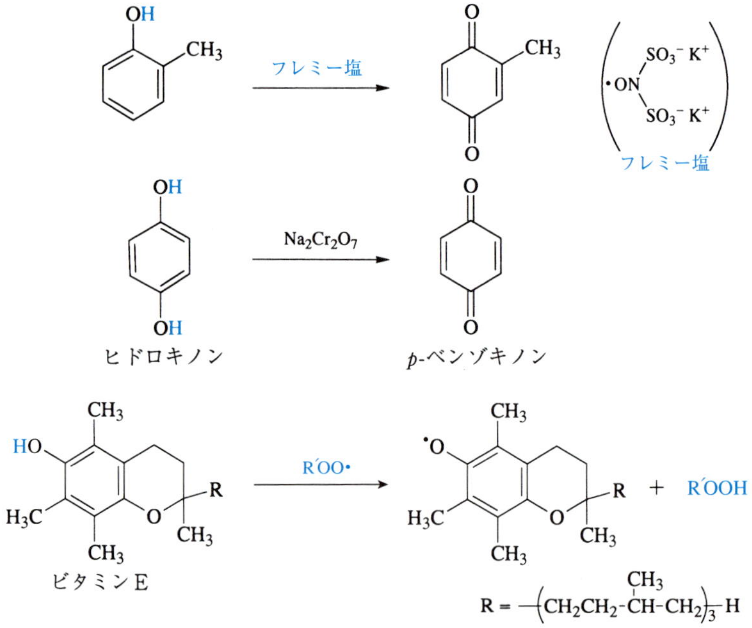

* 生体内ではキノン構造をもつ補酵素Q(ユビキノンとも呼ばれる)が酸化的リン酸化において電子伝達に関与している．

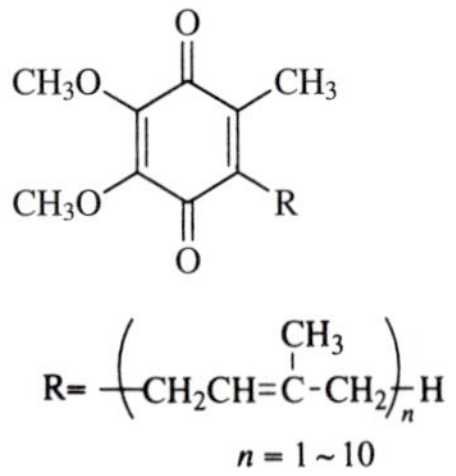

補酵素Q

p-ベンゾキノンは容易に還元されてヒドロキノンを再生するので，可逆的な**酸化-還元系**(redox system)を構成することになる．生体内においては，この酸化-還元系を利用して電子伝達を行っている*．

ヒドロキノン ⇌ (−2e⁻, −2H⁺ / +2e⁻, +2H⁺) p-ベンゾキノン

7.2 エーテルとエポキシド

アルコールやフェノールのヒドロキシ基の水素がさらにアルキル基(−R)やアリール基(−Ar)で置換された構造をもつ化合物を**エーテル**†(ether)という．エーテル結合をもつ化合物は天然に広く存在する(図7.7)．

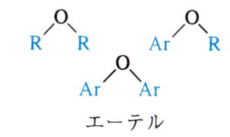

アネトール(エーテル)
(アニス油)

ジスパルーア(エポキシド)
(マイマイガの性フェロモン)

R−O−R   Ar−O−R   Ar−O−Ar
エーテル

図7.7 天然に存在するエーテルとエポキシド

7.2.1 命名法

エーテルの命名には，アルキル基をアルファベット順に並べ，最後にエーテルをつける基官能命名法がよく使われている．麻酔作用をもつ一般にエーテルと呼ばれている化合物はジエチルエーテルのことである．置換命名法では**アルコキシ**(alkoxy)基(−OR)で置換された炭化水素として命名する(図7.8)．

$CH_3OC_2H_5$
エチルメチルエーテル
(ethyl methyl ether)

$C_2H_5OC_2H_5$
ジエチルエーテル
(diethyl ether)

フェニル−OCH_3
メチルフェニルエーテル
(methyl phenyl ether)
アニソール※
(anisole)

$CH_3CH_2-\underset{OCH_3}{CH}-CH_2CH_3$
3-メトキシペンタン
(3-methoxypentane)

$CH_3OCH_2CH_2OCH_3$
1,2-ジメトキシエタン
(1,2-dimethoxyethane)

シクロペンテニル−OCH_3
3-メトキシシクロペンテン
(3-methoxycyclopentene)

図7.8 エーテルの名称
※は IUPAC 規則で認められている慣用名．

酸素が環のなかに組み込まれた構造をもつ化合物が**環式エーテル**(cyclic ether)である．三員環構造をもつ化合物を**エポキシド**(epoxide)あるいは**オキシラン**(oxirane)という．また，アルケンの酸化物という意味で**アルケンオキシド**(alkene oxide)とも呼ばれる．環式エーテルは別の規則に従って命名されるが，五員環エーテルはテトラヒドロフラン*(THF)，六員環エーテルはテトラヒドロピラン*と通常慣用名で呼ばれている(図7.9)．

* 母体化合物の構造と慣用名は下のとおり．

フラン
(furan)

ピラン
(pyran)

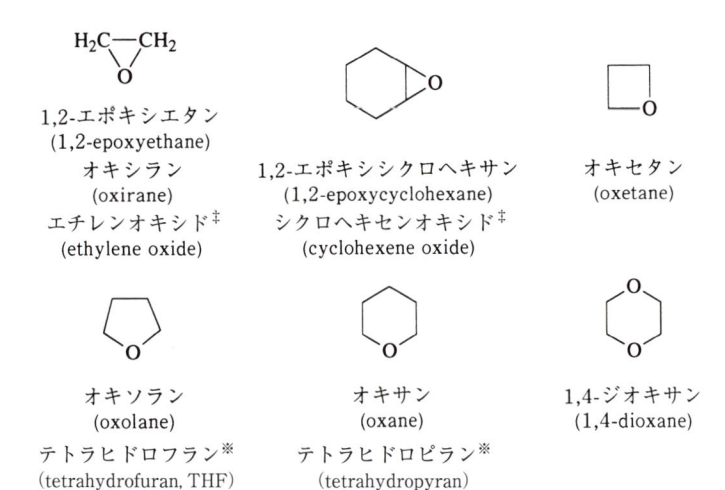

1,2-エポキシエタン
(1,2-epoxyethane)
オキシラン
(oxirane)
エチレンオキシド‡
(ethylene oxide)

1,2-エポキシシクロヘキサン
(1,2-epoxycyclohexane)
シクロヘキセンオキシド‡
(cyclohexene oxide)

オキセタン
(oxetane)

オキソラン
(oxolane)
テトラヒドロフラン※
(tetrahydrofuran, THF)

オキサン
(oxane)
テトラヒドロピラン※
(tetrahydropyran)

1,4-ジオキサン
(1,4-dioxane)

図7.9
環式エーテルの名称
※はIUPAC規則で認められている慣用名，‡は通称．

7.2.2 構造と性質

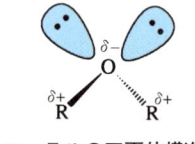

エーテルの酸素原子は sp^3 混成軌道を形成しており（四面体構造† をとる），二組の非共有電子対をもっている．アルコールとは異なり，エーテル分子どうしでは水素結合を形成できないので，沸点は低く相当するアルカンに近くなる．しかし，C-O結合は分極しており，そのために分子間力がより大きく働くような構造のときには，沸点はアルカンよりも高くなる（表7.3）．

エーテルの四面体構造

表7.3 エーテルと炭化水素の沸点の比較

エーテル	沸点/℃	炭化水素	沸点/℃
CH$_3$OCH$_3$	−25	CH$_3$CH$_2$CH$_3$	−42
C$_2$H$_5$OC$_2$H$_5$	35	CH$_3$CH$_2$CH$_2$CH$_2$CH$_3$	36
 (オキソラン)	65	(シクロペンタン)	50

エーテルはその酸素原子の非共有電子対により，水あるいはアルコールと水素結合† をつくることができる．そのために，エーテルはアルカンよりもはるかに水に溶けやすい．とくに，非共有電子対が外に突きだした形の環式エーテルではその傾向が強い．たとえばエチレンオキシドやテトラヒドロフランは水と自由に混ざる．

エーテルはまたプロトンやほかの電子不足な化学種と錯体をつくる．つまり，ルイス塩基としての作用をもつ．たとえば，**ジアルキルオキソニウムイオン**（dialkyloxonium ion）や三フッ化ホウ素エーテル錯体などを形成する．

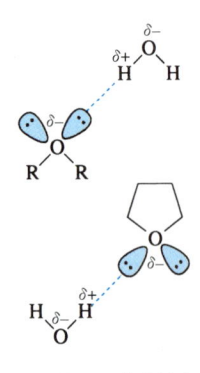

エーテルの水素結合

$$R\ddot{\text{O}}R + H^+ \rightleftharpoons R\overset{H}{\underset{+}{\ddot{\text{O}}}}R$$

ジアルキル
オキソニウムイオン

$$CH_3CH_2-\overset{-}{\underset{+}{\text{O}}}-CH_2CH_3 \quad \overset{-}{\text{BF}_3}$$

三フッ化ホウ素
エーテル錯体

一般にエーテル(とくに鎖式エーテル)は，酸，塩基やその他の反応剤に対してかなり不活性であるが，極性構造をもつのでさまざまな有機化合物をよく溶かす性質がある．したがって，有機反応溶媒や抽出溶媒としてよく使用されている．しかしながら，空気中に長時間放置すると酸素酸化を受けて徐々に過酸化物を生じる＊．このため，蒸留などにより過酸化物が濃縮されると爆発する危険性があるので，ある程度エーテルが残っている状態で蒸留を止めるのが安全である．

$$CH_3CH_2-O-\underset{H}{C}HCH_3 \xrightarrow{O_2} CH_3CH_2-O-\underset{OOH}{C}HCH_3$$

過酸化物

＊ 市販のエーテル類には 2,6-ジ-t-ブチル-4-メチルフェノール(2,6-di-t-butyl-4-methylphenol, BHT とも呼ばれる)のような酸化防止剤が少量含まれている．

$$(H_3C)_3C \underset{CH_3}{\overset{OH}{\bigcirc}} C(CH_3)_3$$

BHT
(butylated hydroxytoluene)

7.2.3 エーテルの合成

7.1.6(2)で述べたように，単純な対称エーテルはアルコールを濃硫酸とともに加熱すると生成する．たとえば，ジエチルエーテルは工業的にエタノールから合成されている．

複雑なエーテルあるいは非対称エーテルを簡単に合成する方法として，**ウィリアムソンエーテル合成法**(Williamson ether synthesis)がある．これは金属アルコキシド〔通常はナトリウムアルコキシド(NaOR)を用いる〕とハロアルカンの S_N2 反応を利用してエーテルをつくる方法である．ハロアルカンの代わりにスルホン酸エステルを用いてもよい．

$$R^1OH + Na\,(NaH) \longrightarrow R^1O^-Na^+ + \frac{1}{2}H_2$$

$$R^1O^-Na^+ + R^2-X \xrightarrow{S_N2} R^1-O-R^2 + NaX$$
ハロアルカン

$$R^1O^-Na^+ + R^2-OSO_2C_6H_4CH_3\text{-}p \xrightarrow{S_N2} R^1-O-R^2 + NaOSO_2C_6H_4CH_3\text{-}p$$
スルホン酸エステル

この方法で注意することは，ナトリウムアルコキシドは強塩基でもあるということである．したがって，S_N2 反応を起こさせるためには，ハロアルカンならびにスルホン酸エステルのアルキル基は第一級および第二級アルキル基に限られる．第三級アルキル基のときには脱離反応が優先して起こる．たとえば，t-ブチルメチルエーテルを合成するときには，t-ブトキシドイオン

とヨードメタンの反応ではうまくいくが，塩化 t-ブチルとメトキシドイオンの反応では脱離反応が起きて，アルケンが生成する．

$$(CH_3)_3C-O^- + CH_3-I \xrightarrow{S_N2} (CH_3)_3C-O-CH_3 + I^-$$

t-ブトキシイオン　ヨードメタン　　　　　t-ブチルメチルエーテル

$$CH_3O^- + CH_2(H)-C(CH_3)_2-Cl \xrightarrow{E2} H_2C=C(CH_3)_2 + CH_3OH + Cl^-$$

メトキシドイオン　塩化 t-ブチル

また，フェニルエーテルを合成する場合，ハロベンゼンは S_N2 反応を起こさないので，フェノキシドイオンとハロアルカンとの反応に限られる．

$$C_6H_5-OH + NaOH \longrightarrow C_6H_5-O^-Na^+ + H_2O$$

$$C_6H_5-O^-Na^+ + CH_3-I \longrightarrow C_6H_5-OCH_3 + NaI$$

フェノキシドイオン　　ハロアルカン　　　　　フェニルエーテル

$$CH_3O^-Na^+ + C_6H_5-Br \longrightarrow 反応しない$$

ハロベンゼン

第三級ハロアルカンは，過剰のアルコールと反応させると，S_N1 反応によりエーテルを生成する．

$$(CH_3)_3C-Cl \xrightarrow[C_2H_5OH (溶媒兼用)]{\Delta, -Cl^-} [(CH_3)_3C^+ \xrightarrow{H\ddot{O}C_2H_5} (CH_3)_3C-\overset{+}{O}(H)(C_2H_5)] \xrightarrow{-H^+} (CH_3)_3C-OC_2H_5$$

第三級ハロアルカン

7.2.4　エポキシド(オキシラン)の合成と開環反応

三員環に酸素原子を含んだ環式エーテルであるエポキシドは，通常，アルケンの過酸酸化反応により合成される〔4.2.3(3)参照〕．エチレンオキシドのような簡単なエポキシドは，工業的にはエチレンを酸化銀(I)触媒を用いて空気酸化することにより合成されている(左式)．

$$H_2C=CH_2 \xrightarrow[200〜300℃]{1/2\ O_2,\ Ag_2O} H_2C-CH_2(O)$$

エチレンオキシド

また，アルケンから得られるハロヒドリンをアルカリで処理すると，閉環反応が起こってエポキシドが生成する．これは分子内ウィリアムソンエーテル合成といえる．分子内 S_N2 反応であるので，C-O 結合と C-X 結合がア

7.2 エーテルとエポキシド

ンチペリプラナー配座をとるときに反応はうまく進行する.

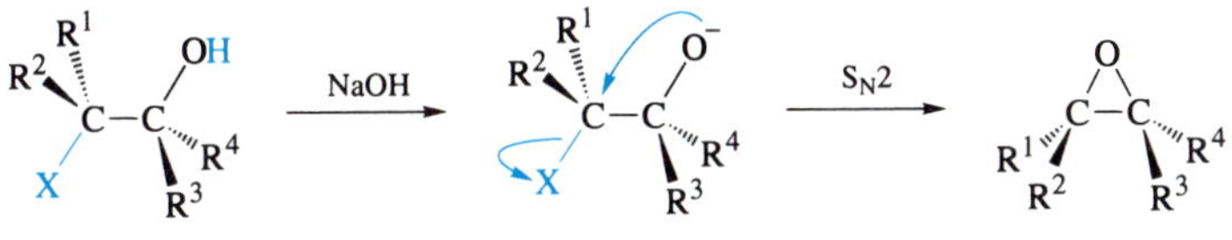

エポキシドはその環のひずみのために，ほかの鎖式エーテルに比べて反応性がはるかに高く，希酸存在下で容易に開環してひずみを解消する．たとえば，エチレンオキシドを希酸と反応させると，酸触媒反応により水と反応してエチレングリコール* が生成する．また，アルコールと反応させるとエーテルを生成する．これらの反応では，プロトンがエポキシドの酸素原子の非共有電子対に結合してジアルキルオキソニウムイオンを生成し，これに対して水あるいはアルコールが求核反応して開環する．求核剤はC−O結合とは反対の方向から攻撃するので，環式エポキシドのときはトランス体が生成する．また，非対称エポキシドの場合には，より置換基の多い炭素原子に求核剤が反応する．

* エチレングリコールは不凍液の成分やポリエステルの原料として広く用いられている．

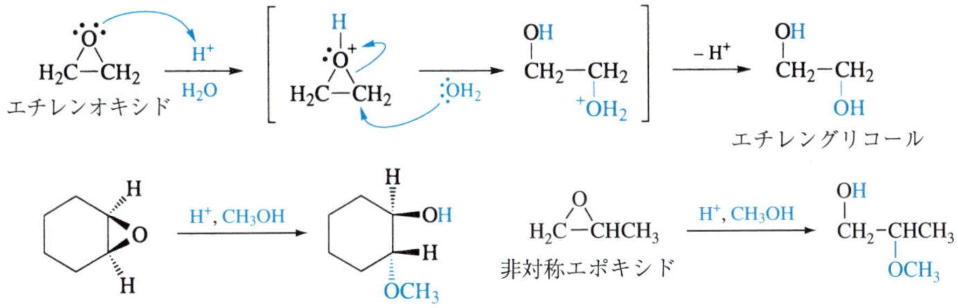

エポキシドは水酸化物イオンやアルコキシドイオンなどのアニオン性求核剤によっても開環反応を起こす．開環は S_N2 型反応で進行するので，環式エポキシドではトランス体が生成する．そして非対称エポキシドでは酸触媒条件下とは逆に，より置換基の少ない炭素原子に求核剤が反応する．

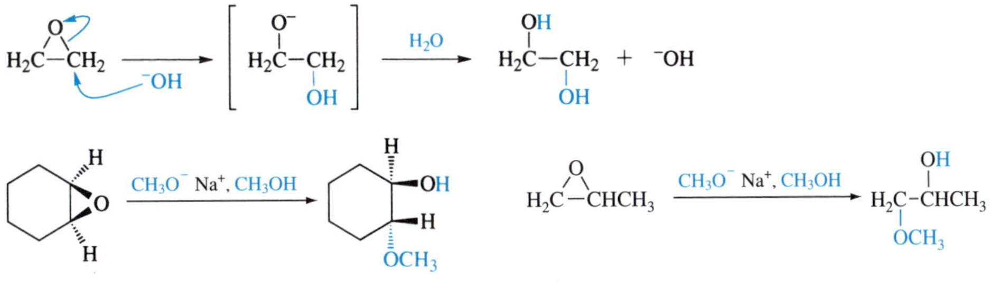

さらに，そのほかのアニオン性求核剤によっても開環反応を行う．たとえば，アンモニアやグリニャール試薬と反応して，相当するアルコール誘導体を与える(次ページ図参照)．

$$H_2C-CH_2 + \ddot{N}H_3 \longrightarrow [^-OCH_2CH_2\overset{+}{N}H_3] \longrightarrow HOCH_2CH_2NH_2$$
　　\\O/

2-アミノエタノール
(エタノールアミン)

(シクロヘキセンオキシド) + R–MgX → (trans生成物 OMgX) →(H₃O⁺)→ (trans生成物 OH)

7.3 エーテルのそのほかの重要な反応と性質

7.3.1 エーテルの C–O 結合開裂反応

エーテルは上で述べたように一般に反応性が乏しく，酸やアルカリ，ハロゲンや求核剤に対して安定である．しかし，求核性の強いアニオン対をもつ強酸(**6.3.1**, p.110 参照)と反応させると，C–O 結合が開裂する．たとえば，臭化水素(HBr)やヨウ化水素(HI)とエーテルは反応して，アルコール(フェノール)とハロアルカンを与える．反応はオキソニウムイオン中間体を経由して進行する．

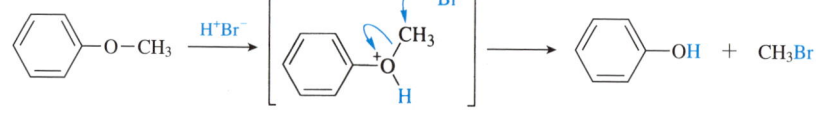

PhO–CH₃ →(H⁺Br⁻)→ [Ph–O⁺(H)–CH₃ ... ⁻Br] → PhOH + CH₃Br

7.3.2 クラウンエーテル

1967 年にアメリカのペダーセン(C. J. Pedersen)はエチレンオキシドの反応を研究しているときに，左に示すような大環状ポリエーテルが生成することを発見した．この化合物はその形が王冠に似ていることから，**クラウンエーテル**(crown ether)という名称で呼ばれている．m-クラウン-n と命名するが，m は環の大きさ，n は酸素原子の数を示す．

クラウンエーテルは，多くの酸素の非共有電子対により金属カチオンを取り込んで錯体を形成する．しかも，環の空孔の大きさにあう金属カチオンを選択的に取り込むという興味深い性質を示す*．たとえば，イオン直径が 0.266 nm のカリウムカチオン(K^+)は，空孔直径が 0.26〜0.32 nm であると考えられる 18-クラウン-6 に選択的に取り込まれて，錯体を形成する．同様にしてイオン直径の小さいナトリウムイオン(Na^+，0.190 nm)は，15-ク

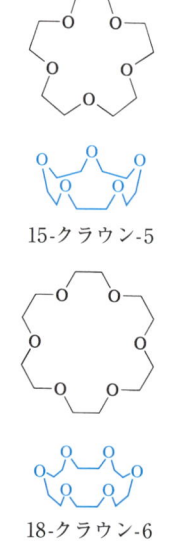

15-クラウン-5

18-クラウン-6

* 生体中，とくに細胞膜のイオンチャンネル中を選択的にナトリウムイオンとカリウムイオンが通過するしくみにおいて，クラウンエーテルと類似した物質が関与していることが明らかになっている．

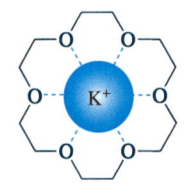

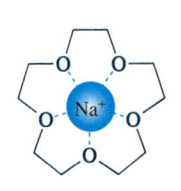

ラウン-5 に選択的に取り込まれる.

クラウンエーテルはベンゼンなどの有機溶媒にも溶けるので，金属カチオンを錯体化することにより，無機塩を有機溶媒に溶かすことが可能となる[*1]．たとえば，過マンガン酸カリウムは 18-クラウン-6 と，有機溶媒に可溶な錯体〔(18-クラウン-6・K^+)MnO_4^-〕をつくり，有機化合物を効率よく酸化することができる．また，シアン化カリウム(KCN)に対しても，クラウンエーテルはカリウムイオンと錯体〔$^-$CN(18-クラウン-6・K^+)〕をつくるので，シアン化物イオンは溶媒和されていない"裸のアニオン"として求核性が大きく増大し，S_N2 反応がきわめて容易に進行する.

$$RCH_2-Br + KCN \xrightarrow{18\text{-クラウン-6}} RCH_2-CN$$

[*1] クラウンエーテルは水にも溶けるので，水溶液中の無機反応剤を取り込んで有機相に運び，そこで有機化合物と反応させる働きもする．このように，水相と有機相の間で物質を輸送する物質を相間移動剤あるいは**相間移動触媒**(phase transfer catalyst)と呼ぶ．セッケンや第四級アンモニウム塩のような界面活性剤も相間移動剤の一つである(11.3.1 参照).

7.4 関連する含硫黄化合物

7.4.1 チオールとチオフェノール

アルコールおよびフェノールのヒドロキシ基の酸素原子(O)を硫黄原子(S)で置き換えたのが，**チオール**(thiol)および**チオフェノール**(thiophenol)である(図7.10).

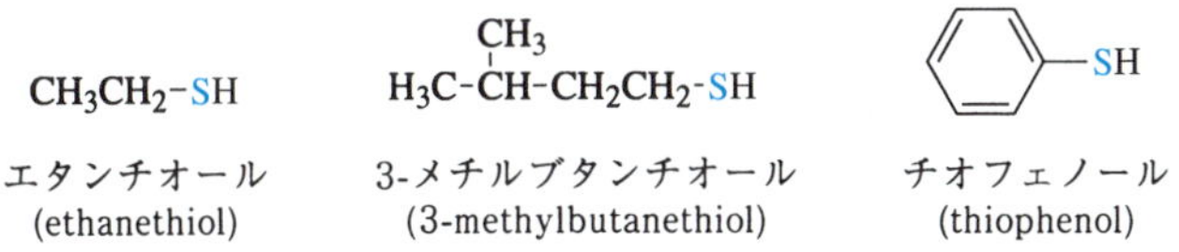

CH_3CH_2-SH　　　　$H_3C-\underset{\underset{CH_3}{|}}{CH}-CH_2CH_2-SH$　　　　[ベンゼン環]$-SH$

エタンチオール　　　3-メチルブタンチオール　　　チオフェノール
(ethanethiol)　　　(3-methylbutanethiol)　　　(thiophenol)

図7.10　チオールおよびチオフェノール

チオール類は猛烈な悪臭をもっており，スカンクの悪臭のもともチオール類である[*2]．硫黄原子は酸素原子に比べて電気陰性度が小さいので，アルコールの O-H 結合に比べて S-H 結合の分極は小さくなり，水素結合も弱くなる．したがって，水に溶けにくくなり，また沸点も低くなる(エタンチオールは 35℃)．チオールは容易に酸化されて**ジスルフィド**(disulfide)を生成し，またジスルフィドは還元されてチオールに戻る[*3].

$$2\,RS-H \underset{\text{還元}}{\overset{\text{酸化}}{\rightleftarrows}} RS-SR$$

チオール　　　　　　　　ジスルフィド

[*2] 都市ガスとして使われる天然ガスに微量のエタンチオールを混ぜて，その臭いがガス漏れの警告になるようにしてある.

[*3] タンパク質(p.214 参照)では，含まれるシスチン部分がジスルフィド結合によって架橋し，それがタンパク質の三次構造を保持することに大きく役立っている.

7.4.2 スルフィド

エーテルの酸素原子が硫黄原子で置き換わった化合物を**スルフィド**(sulfide)あるいは**チオエーテル**(thioether)と呼ぶ．命名法はエーテルと同様である.

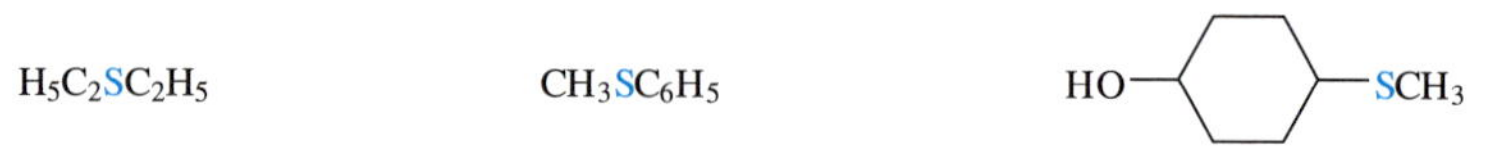

H₅C₂SC₂H₅   CH₃SC₆H₅   HO–⟨ ⟩–SCH₃

ジエチルスルフィド　　メチルフェニルスルフィド　　4-メチルチオシクロヘキサノール
(diethyl sulfide)　　(methyl phenyl sulfide)　　(4-methylthiocyclohexanol)

図 7.11　スルフィドおよびチオエーテル

スルフィドはチオールから水酸化物イオンやアルコキシドイオンの作用によって生じるチオラートアニオンとハロアルカンとの S_N2 反応により合成される.

$$\text{RSH} + \text{R}'\text{CH}_2\text{X} \xrightarrow{\text{NaOH}} \text{R–S–CH}_2\text{R}' + \text{NaX} + \text{H}_2\text{O}$$
(X=Br, I)

硫黄原子では酸素原子よりも軌道が広がっており，また電気陰性度も小さいので，電子供与性が強い．そのため，ハロアルカンとの S_N2 反応により**スルホニウム塩**(sulfonium salt)を生成する．スルホニウム塩はスルフィドが良好な脱離基となるので，ほかの求核剤と容易に S_N2 反応をする．また，スルフィドは容易に酸化されて，**スルホキシド**(sulfoxide)，さらに**スルホン**(sulfone)を生成する．

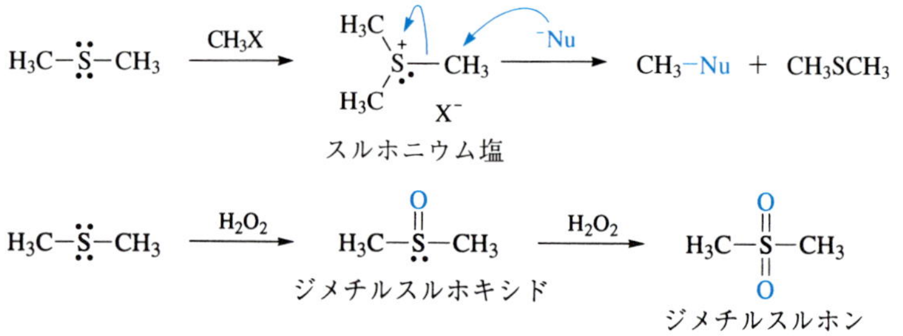

$$\text{H}_3\text{C–S–CH}_3 \xrightarrow{\text{CH}_3\text{X}} [(\text{CH}_3)_3\text{S}]^+ \text{X}^- \xrightarrow{^-\text{Nu}} \text{CH}_3\text{–Nu} + \text{CH}_3\text{SCH}_3$$

スルホニウム塩

$$\text{H}_3\text{C–S–CH}_3 \xrightarrow{\text{H}_2\text{O}_2} \text{H}_3\text{C–S(=O)–CH}_3 \xrightarrow{\text{H}_2\text{O}_2} \text{H}_3\text{C–S(=O)}_2\text{–CH}_3$$

ジメチルスルホキシド　　　　　　ジメチルスルホン

■ **Key Word** ■

【基礎】☐水素結合　☐酸性度　☐フェノキシドイオンの共鳴安定化　☐塩基性　☐アルキルオキソニウムイオン　☐クメン法　☐求核置換反応　☐スルホン酸エステル(トシラート，メシラート)　☐脱水反応　☐エーテル生成　☐酸化反応　☐ジョーンズ酸化　☐フェノールの抗酸化作用　☐酸化-還元系　☐エーテルの塩基性　☐ウィリアムソンエーテル合成法　☐エポキシドの開環反応
【発展】☐炭素-酸素結合解裂反応　☐クラウンエーテル　☐チオール　☐スルフィド

章 末 問 題

1. 次の化合物を命名せよ.

   (a) CH₃CH(CH₃)CH₂CH(OH)CH₂CH₃

   (b) CH₃CH(OH)CH(OH)CH₂CH(CH₃)₂

   (c) シクロヘキシル-CH₂OH

   (d) 3-メチル-シクロヘキセン-1-オール

   (e) 2,4-ジニトロ-6-ニトロフェノール (O₂N, NO₂, NO₂, OH)

   (f) 3-メトキシフェノール (HO, OCH₃)

   (g) 2-(ヒドロキシメチル)フェノール

   (h) CH₃CH(OH)CH₂COOH

2. 次の各組の化合物を酸性度の高い順番に構造式を書いて並べ，その理由を述べよ.

   (a) 2-クロロエタノール，2-フルオロエタノール，エタノール，2,2-ジフルオロエタノール，イソプロピルアルコール，2-ブロモエタノール

   (b) フェノール，p-ブロモフェノール，p-ニトロフェノール，o-クレゾール，2,4-ジニトロフェノール，p-シアノフェノール

3. p-シアノフェノキシドイオンおよびp-ニトロフェノキシドイオンのすべての共鳴構造式を示せ.

4. 次の反応における生成物の構造式を示せ. 必要に応じて，立体化学がわかるように書け.

   (a) (R)-2-ブタノール $\xrightarrow[\text{ピリジン}]{p\text{-TsCl}}$ **A** $\xrightarrow[\text{DMF}]{\text{NaCN}}$ **B**

   (b) (R)-2-ブタノール $\xrightarrow[\text{ピリジン}]{\text{PBr}_3}$ **C** $\xrightarrow[\text{DMF}]{\text{NaCN}}$ **D**

   (c) 3-メチル-3-ペンタノール $\xrightarrow{\text{H}_2\text{SO}_4}$ **E**

   (d) シクロペンタノール $\xrightarrow{\text{CrO}_3, \text{H}_2\text{SO}_4, \text{H}_2\text{O}}$ **F**

   (e) 1-ヘプタノール $\xrightarrow{\text{PCC}}$ **G**

5. 次の化合物を命名せよ.

   (a) (CH₃)₂CHOCH(CH₃)₂   (b) Cl-C₆H₄-OC₂H₅

   (c) 1,3-ジメトキシベンゼン (CH₃O, OCH₃)   (d) メチルオキシラン

   (e) cis-2,3-ジメチルオキシラン (H₃C, CH₃)   (f) 3-メチルテトラヒドロフラン

   (g) 2-フェノキシオキセタン

6. 次のエーテル誘導体をウィリアムソン法を用いて合成するときに，有機ハロゲン化物とアニオンの可能な組合せを構造式で示せ(分子内での組合せもある). 必要に応じて，立体化学がわかるように書け.

   (a) イソプロピルフェニルエーテル
   (b) 1-メトキシ-1-メチルシクロヘキサン
   (c) 2,2-ジメチルテトラヒドロフラン
   (d) trans-2,3-ジメチルオキシラン
   (e) シクロヘキセンオキシド

7. 1-メチル-1,2-エポキシシクロヘキサンに対して以下の反応を行った. 生成物の構造を立体化学がわかるように書け.

   (a) H₂O, H⁺   (b) NaOCH₃, CH₃OH
   (c) CH₃OH, H⁺   (d) NH₃
   (e) C₆H₅MgBr, 続けて H₃O⁺
   (f) LiAlH₄, 続けて H₃O⁺

有機化学のトピックス

お茶とポリフェノール効果

近年，植物中に含まれ，フェノール性ヒドロキシ基を複数個もつ有機化合物，すなわちポリフェノールが健康によい効果を示すことが次つぎと明らかになっている．たとえば，1) 脳梗塞や動脈硬化の予防効果，2) がん予防効果(消化器系)，3) 抗酸化作用(細胞の老化を防ぐ)，4) 血中のコレステロール抑制効果(高血圧の予防)，5) 肝機能の向上効果，6) ホルモン促進作用，7) 殺菌効果，8) 糖尿病の改善効果，などが報告されている．

ポリフェノールを多く含んでいる身近な植物にお茶がある．お茶は製造方法の違いで，非発酵茶，半発酵茶そして発酵茶の三つに分類され，それぞれが緑茶，ウーロン茶，紅茶に相当する．緑茶では摘みとった茶葉をただちに水蒸気で蒸して葉に含まれる酵素の働きを完全に止めるので，生の葉に近い風味と成分が保たれている．一方，紅茶では生葉をよくもんで砕き，完全に酵素発酵させるので，紅茶独特の香りと色合いをもつ．両者の中間がウーロン茶である．茶の品種のうち，中国種は緑茶，アッサム種は紅茶の製造に適している．

茶の生葉には，カテキンと呼ばれるポリフェノール類が多く含まれており，これが緑茶の渋みと苦みのもとになっている．紅茶では，カテキンがポリフェニルオキシダーゼによって酸化重合して生成するテアフラビンがその渋みと色のもとになっている．最近，日本や中国で緑茶を多く飲む人はがんにかかる確率が少ないという疫学調査が報告された．そして，さまざまな動物実験の結果，カテキンが発がんを抑制する機能をもつことが示唆されている．緑茶に多く含まれ興奮作用のあるカフェインを除去すれば，緑茶からがん予防薬が誕生するかもしれない．

また昔からフランス人は動物性脂肪分を多く摂取しているにもかかわらず心臓病，脳梗塞や動脈硬化で死亡する率が低いことが知られている．このことをフレンチ・パラドックスと呼ぶが，赤ワインを日常的に飲むことがその理由としてあげられる．実際，赤ワインに含まれるポリフェノールの一種のレスベラトロールに動脈硬化の防止や延命効果そして認知症の予防効果など，さまざまな健康への有用な効果があるとの報告もされている．

さらに最近，梅に含まれるポリフェノールの一種であるシリンガレシノールが胃がんの一因とされているピロリ菌の増殖を抑制することも見いだされている．

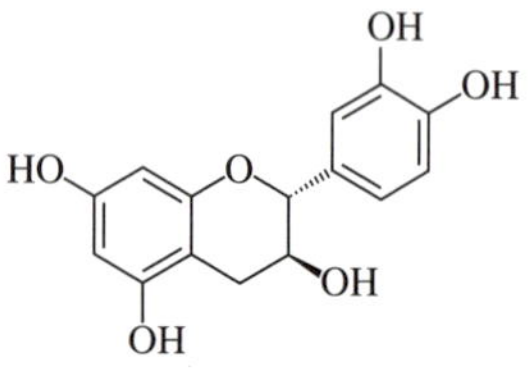

(+)-カテキン

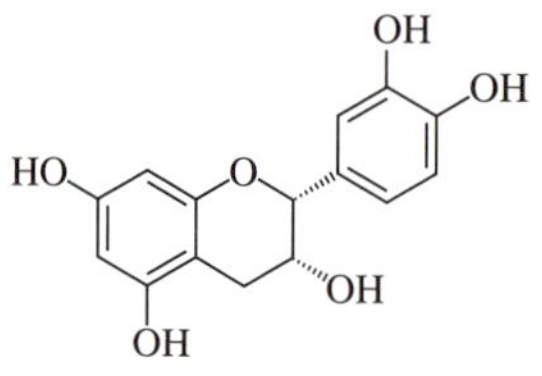

(−)-エピカテキン

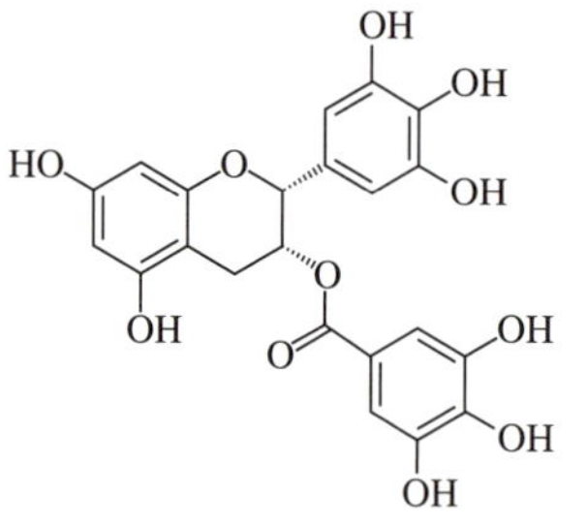

(−)-エピガロカテキンガラート

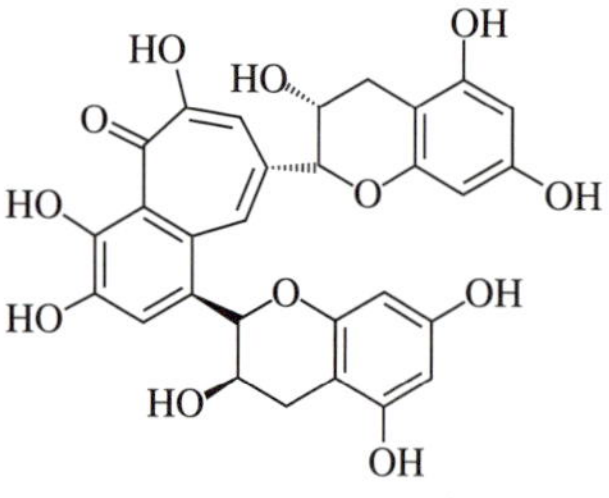

テアフラビン

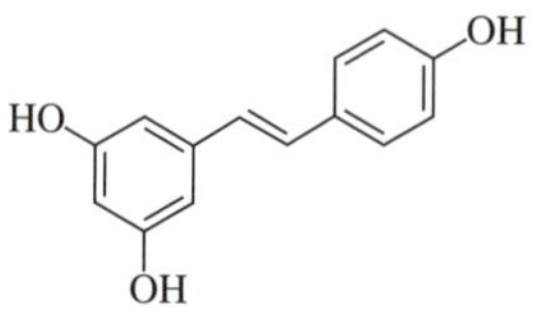

レスベラトロール

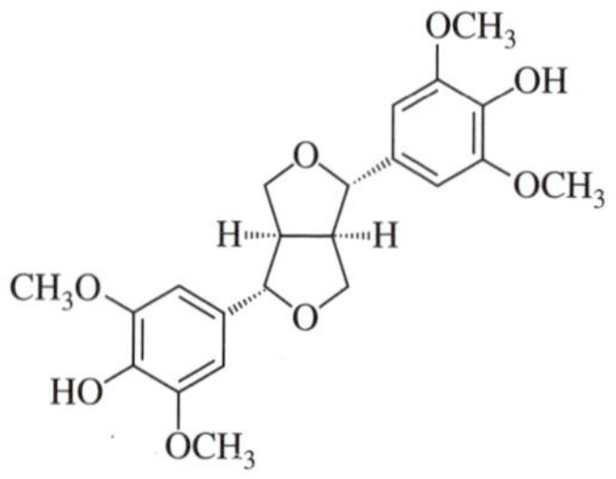

シリンガレシノール

8 Organic chemistry

アルデヒドおよびケトン

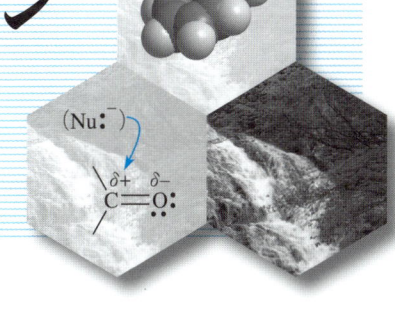

【この章の目標】

この章では炭素–酸素二重結合（カルボニル基）をもつ有機化合物のなかで，基本となるアルデヒドとケトンについて学ぶ．カルボニル基のπ電子は電気陰性度の差により大きく酸素原子に偏っており，炭素原子は電子不足（電気的陽性），酸素原子は電子豊富（電気的陰性）となる．したがって，求核剤が炭素原子に付加する求核付加反応がおもな反応となる．このとき，反応性の低い中性求核剤の場合には，酸を加えてカルボニル基を活性化する必要がある．この求核付加反応においては，カルボニル基の反応性に及ぼす電子的効果と立体効果を理解することが重要である．さまざまな求核剤のカルボニル基への付加反応により，水和物（gem-ジオール），アセタール，シアノヒドリン，アルコール，イミン，エナミンなどの有機化合物が生成する．また，いろいろな酸化剤により，カルボン酸やエステルに変換される．

8.1 アルデヒドとケトン

炭素原子と酸素原子の二重結合をもつ官能基を**カルボニル基**(carbonyl group)という．カルボニル基の炭素に少なくとも一つ水素が結合していれば**アルデヒド**[†](aldehyde)，二つとも炭化水素基が結合している場合を**ケトン**[†](ketone)と呼ぶ．カルボニル基をもつ有機化合物は，このほかにもカルボン酸やエステルなど多数存在しており，有機化合物の重要な官能基の一つである．天然には芳香をもつアルデヒドやケトンが多数存在する（図8.1）．

8.1.1 命名法

鎖式アルデヒドの置換命名法では，アルカン(alkane)の語尾(-e)をアール

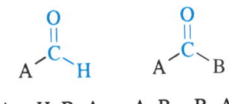

A = H, R, Ar　　A, B = R, Ar

アルデヒド　　ケトン

図 8.1
天然に存在する
アルデヒドとケトン

ベンズアルデヒド
（扁桃油）

シンナムアルデヒド
（シナモン油）

バニリン
（バニラ油）

2-ヘプタノン
（ブルーチーズ）

ジャスモン
（ジャスミン油）

カルボン
（スペアミント油）

* アルデヒドではカルボニル基の位置番号は必ず1位になるので，位置番号を明記する必要はない．

(-al)に換えて**アルカナール**(alkanal)と命名する*．環式アルデヒドに対しては，カルバルデヒド(-carbaldehyde)という接尾語をつける．また置換基名として，ホルミル(formyl-)という接頭語をつけて表すこともできる．アルデヒドには古くから知られている化合物が多く，慣用名がよく使われている（図 8.2）．

メタナール
(methanal)
ホルムアルデヒド※
(formaldehyde)

エタナール
(ethanal)
アセトアルデヒド※
(acetaldehyde)

2-プロペナール
(2-propenal)
アクロレイン※
(acrolein)

ベンゼンカルバルデヒド
(benzenecarbaldehyde)
ベンズアルデヒド※
(benzaldehyde)

シクロヘキサン
カルバルデヒド
(cyclohexanecarbaldehyde)

1,2-ナフタレン
ジカルバルデヒド
(1,2-naphthalene-
dicarbaldehyde)

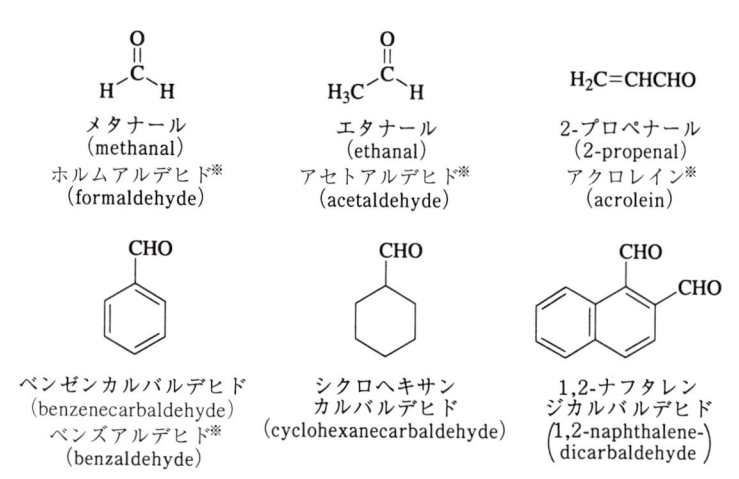

図 8.2
アルデヒドの名称
※は IUPAC 規則で認められている慣用名．

ケトンの置換命名法では，語尾(-e)をオン(-one)に換えて**アルカノン**(alkanone)とするのが最も一般的である．またアルキル基の名称を並べた後にケトン(ketone)をつける基官能命名法も使われる．芳香族ケトンに対しては慣用名のフェノン(-phenone)誘導体として命名することも多い．さらに，複雑な場合にはオキソ(oxo-)という接頭語をつけて表すこともある（図 8.3）．

8.1.2　構造と性質

カルボニル基は，C＝C 二重結合と同様に，一つの σ 結合と一つの π 結合から構成されており，炭素と酸素は sp^2 混成をしている．したがって，カルボニル基と残りの二つの置換基はともに同一平面上にあり，その結合角は約

8.1 アルデヒドとケトン　137

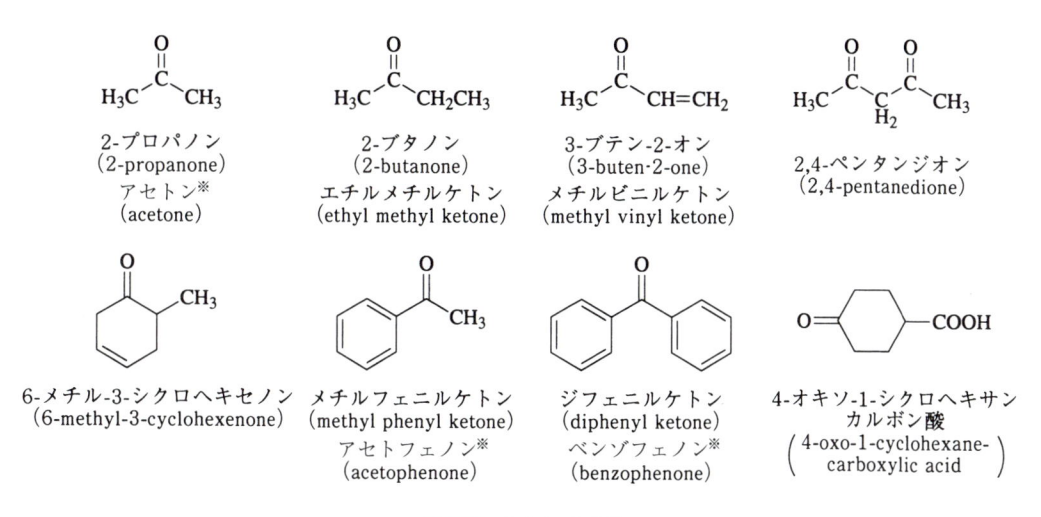

2-プロパノン
(2-propanone)
アセトン※
(acetone)

2-ブタノン
(2-butanone)
エチルメチルケトン
(ethyl methyl ketone)

3-ブテン-2-オン
(3-buten-2-one)
メチルビニルケトン
(methyl vinyl ketone)

2,4-ペンタンジオン
(2,4-pentanedione)

6-メチル-3-シクロヘキセノン
(6-methyl-3-cyclohexenone)

メチルフェニルケトン
(methyl phenyl ketone)
アセトフェノン※
(acetophenone)

ジフェニルケトン
(diphenyl ketone)
ベンゾフェノン※
(benzophenone)

4-オキソ-1-シクロヘキサン
カルボン酸
(4-oxo-1-cyclohexane-
carboxylic acid)

図8.3　ケトンの名称
※はIUPAC規則で認められている慣用名.

120°となる．この平面に直交するかたちで上下にπ結合が広がっている．さらに，酸素原子には二組の非共有電子対があり，これらは平面上に広がっている．

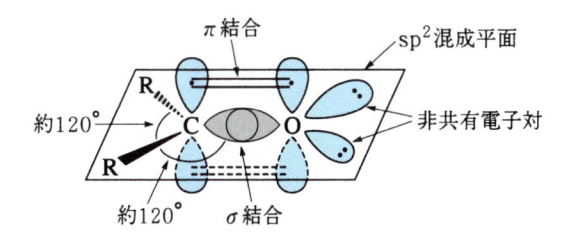

C=O二重結合とC=C二重結合との大きな違いは，電気陰性度の差により結合電子が酸素原子に偏って大きく分極していることである．π電子が完全に酸素原子に移動した共鳴構造式†によって表すこともある．このように，カルボニル基†の炭素原子は電子不足で求核剤と反応する一方，酸素原子は電子豊富で求電子剤と反応する．

アルデヒドおよびケトンの沸点は，カルボニル基の分極により，同程度の分子量の炭化水素より一般的に高くなる．また，カルボニル酸素はヒドロキシ基と水素結合をつくることができるので，水にも溶けやすい．たとえば，アセトアルデヒドやアセトンは水と自由に混ざる．

カルボニル基の共鳴構造式

求核剤(Nu:)　求電子剤(El)

カルボニル基の反応性

8.1.3　アルデヒドとケトンの合成

前に述べたように(7.1.7参照)，アルコールを酸化してアルデヒドやケトンを合成する方法が最も一般的である．そのほかにも，アルケンのオゾン酸化や芳香環へのフリーデル–クラフツアシル化反応などによっても合成でき

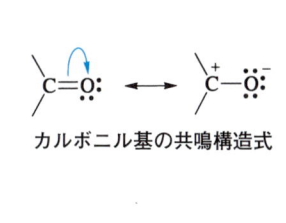

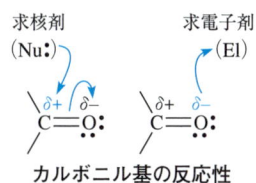

※ ホルムアルデヒドはフェノール樹脂やメラミン樹脂などの各種プラスチック樹脂の原料として広く用いられている．

る〔**4.2.3(3)**，**5.2.1(4)**参照〕．

工業的には，ホルムアルデヒド※は銀触媒を用いたメタノールの気相酸化により，アセトアルデヒドは金属触媒を用いたエチレンの酸化により合成されている（ワッカー法，**4.4.1** 参照）．また，アセトンはフェノール合成のクメン法において同時に生産されている（**7.1.4** 参照）．

$$CH_3OH \xrightarrow{O_2,\ Ag\text{-}Cu\ 触媒} HCHO\ (ホルムアルデヒド)$$

$$H_2C=CH_2 \xrightarrow[H_2O]{O_2,\ PdCl_2\text{-}CuCl_2\ 触媒} CH_3CHO\ (アセトアルデヒド)$$

8.2 アルデヒドとケトンの反応

8.2.1 カルボニル基への求核付加反応

反応性の高いアニオン性求核剤はカルボニル基の炭素原子に直接付加をして，相当するアルコキシドイオン（RO^-）を生成する．次にアルコキシドイオンに求電子剤が付加するが，通常は水の添加によりプロトンが付加してアルコール誘導体が最終生成物として得られる（図 8.4）．

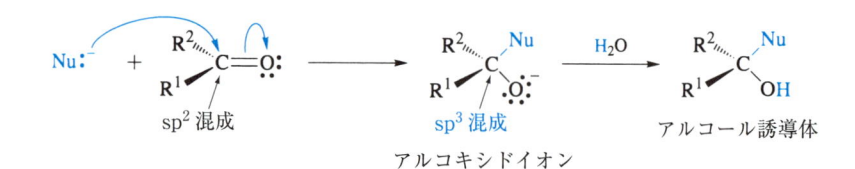

図 8.4 反応性の高い求核剤を用いる付加反応

一方，反応性の低い中性の求核剤は直接カルボニル基の炭素原子に求核付加することができない．そこで，酸を加えるとプロトンがカルボニル基の酸素原子に求電子付加し，カルボカチオン構造をもった共鳴構造式からもわかるように，炭素原子の電子不足性（求電子性）が増大する．求電子性が増大した炭素原子は弱い求核剤とも反応して，最終的には炭素原子に求核付加したアルコールが生成する（図 8.5）．このように，カルボニル基への求核付加反応は求核剤の反応性に応じて，二種類の反応機構がある．

図 8.5 反応性の低い求核剤を用いる付加反応

次にカルボニル基の求核剤に対する反応性を調べてみると，一般的にアルデヒドはケトンよりも反応性が高い．第一の要因として**電子的効果**（electronic effect)がある．カルボニル炭素原子の電子不足性が増大すると，求核剤との反応性が高くなると考えられる．したがって，炭素原子上の置換基の電子求引性が大きいと反応性は高くなり，逆に電子供与性であると低下する．アルデヒドとケトンを比較してみると，アルキル基は水素よりも電子供与性であり，そのためアルデヒドはケトンよりも反応性が高くなる．また，芳香族ケトンはベンゼン環との共鳴によりカルボニル炭素原子の正電荷が非局在化して分散されるので，反応性は最も低くなる(図 8.6)．

図 8.6
カルボニル基の反応性における電子的効果

第二の要因としては**立体効果**(steric effect)がある．カルボニル炭素原子は求核付加反応により，sp^2 混成から sp^3 混成に変化する．したがって，カルボニル炭素原子のまわりの立体障害は求核付加反応を受けることにより増大する．ケトンとアルデヒドを比較すると，アルキル基は水素原子よりもかさ高いので，ケトンのほうが立体障害が大きくなる．そのためケトンはアルデヒドよりも反応性が低くなる(図 8.7)．

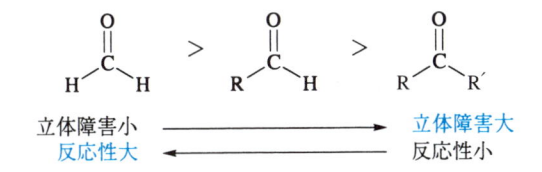

図 8.7
カルボニル基の反応性における立体効果

以上のように，電子的効果と立体効果の両方から，一般的にはケトンはアルデヒドよりも反応性が低い，つまりより安定である．アルデヒド，あるいはケトンのなかでの反応性についても，上記の二つの効果から説明される．

8.2.2 水の求核付加——水和物の生成

水はカルボニル基に求核付加して**水和物**(hydrate)の ***gem*-ジオール**(*gem*-diol)を与える．この反応は平衡反応であり，平衡定数はカルボニル基の安定性に大きく関係している．反応性の高いホルムアルデヒドはほぼ 100％が水和物†となるが，アセトアルデヒドでは 50％程度，そしてアセトンでは水和物は 1％以下である．一方，トリクロロアセトアルデヒド(クロラールと呼ばれる)はトリクロロメチル基の電子求引性により反応性が高く，ほぼ 100％水和物となる(次ページ図参照)．

ほとんどの *gem*-ジオールは無水条件にすると水を失ってカルボニル化合

ホルムアルデヒド水和物

ホルムアルデヒドは水和物として存在し，37％のホルムアルデヒドを含んだ水溶液をホルマリンという．生物標本の保存液などに使われている．

* 平衡定数 K が大きいほど反応は右に片寄る. この場合, 水和物の gem-ジオールをほぼ 100% 与える.

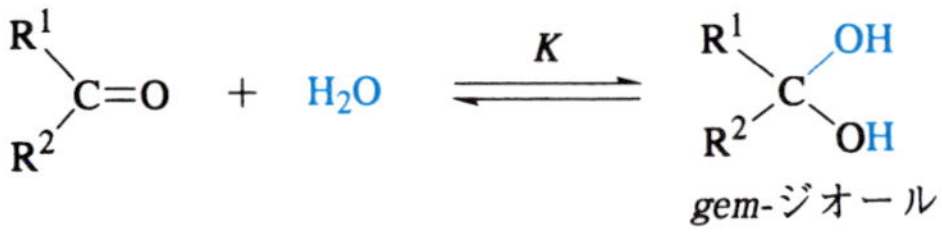

$$R^1R^2C=O + H_2O \xrightleftharpoons{K} R^1R^2C(OH)(OH)$$

gem-ジオール

$R^1 = R^2 = H$ $K = 2 \times 10^3$ *
$R^1 = CH_3, R^2 = H$ $K = 1.3$
$R^1 = R^2 = CH_3$ $K = 2 \times 10^{-3}$
$R^1 = CCl_3, R^2 = H$ $K = 3 \times 10^4$ *

物に戻るので，単離することはできないが，クロラールの場合は抱水クロラールとして単離することができる．しかし，100 ℃ 近くまで加熱すると水を失う．

8.2.3 アルコールの求核付加——ヘミアセタール・アセタールの生成

アルコールは反応性の低い中性求核剤であるので，酸触媒によりカルボニル基への求核付加を行う．アルデヒドまたはケトンをアルコールと少量の酸を加えて加熱すると，まず 1 分子のアルコールが求核付加した**ヘミアセタール**(hemiacetal)を生じる．ヘミアセタールは不安定であり，さらにもう 1 分子のアルコールと反応して，**アセタール**(acetal)と水を生成する．反応は可逆的であり，反応をアセタール側に進行させるためには，過剰のアルコールを加えたり，あるいは生成した水を反応系から除く操作が必要である．

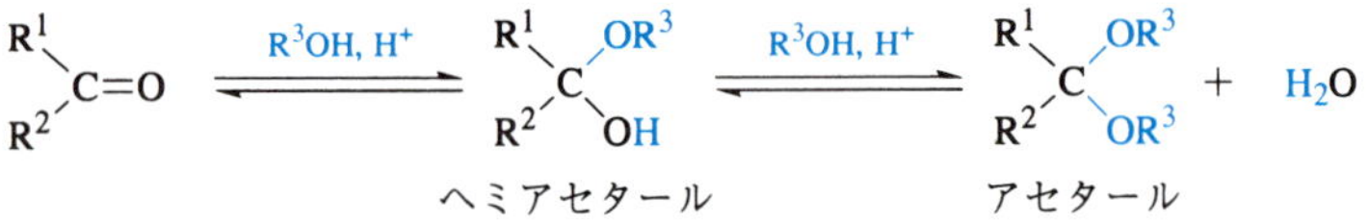

$$R^1R^2C=O \xrightleftharpoons{R^3OH, H^+} R^1R^2C(OR^3)(OH) \xrightleftharpoons{R^3OH, H^+} R^1R^2C(OR^3)(OR^3) + H_2O$$

ヘミアセタール   アセタール

反応経路を下に示す．まず，カルボニル酸素がプロトン化されてカルボニル基の求電子性が増大し，アルコール酸素が求核付加した後，プロトンが脱離してヘミアセタールが生じる．次にヘミアセタールのヒドロキシ基の酸素原子にプロトンが付加した後，水が脱離してアルコキシ基で共鳴安定化されたカルボカチオンが生じる．これにアルコールが付加した後，プロトンが脱離してアセタールが生成する．

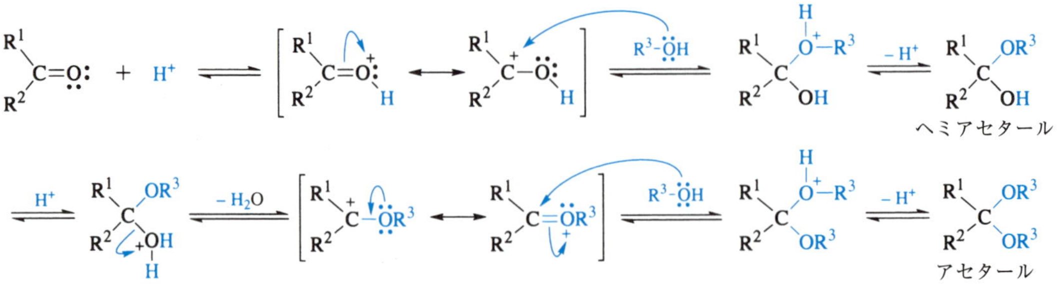

エチレングリコールのようなジオールを用いると環式アセタールが生成する．

$$\begin{array}{c}R^1\\R^2\end{array}\!\!C=O \;+\; HOCH_2CH_2OH \;\xrightleftharpoons{H^+}\; \begin{array}{c}R^1\\R^2\end{array}\!\!C\!\!\begin{array}{c}O-CH_2\\O-CH_2\end{array} \;+\; H_2O$$

　　　　　　　　　　　ジオール　　　　　　　　　　環式アセタール

一般的にヘミアセタールを単離することは難しいが，五員環あるいは六員環の環式ヘミアセタールは比較的安定に存在する

$$HOCH_2CH_2CH_2CHO \;\rightleftharpoons\; \text{(五員環式ヘミアセタール)}$$

$$\text{(ヒドロキシシクロヘキサンカルバルデヒド)} \;\rightleftharpoons\; \text{環式ヘミアセタール}$$

アセタールの生成は可逆反応であり，アセタールを酸触媒を用いて多量の水と反応させるともとのカルボニル化合物に戻る．一方，アセタールは塩基に対しては安定である．したがって，8.2.4〜8.2.6 で述べるような塩基性求核剤（グリニャール試薬，ヒドリド還元剤など）とは反応しない．これらの反応特性を活用して，アセタールはカルボニル基の**保護基**[†]（protecting group）として利用されている．

> **保護基**
> ある反応に対してある官能基が反応しないように別のかたちに変換し，反応終了後にもとの官能基を容易に再生できる置換基を保護基と呼ぶ．ここでは，アセタールはカルボニル基の保護基となる．

8.2.4 シアン化水素の求核付加──シアノヒドリンの生成

シアン化水素[*]（hydrogen cyanide）は弱酸であり，ほとんど解離していないが，塩基性条件下では求核性の強いシアン化物イオンが解離してアルデヒドやケトンに付加する．次にシアン化水素からプロトンをとって，**シアノヒドリン**（cyanohydrin）と呼ばれる生成物を与える．

> [*] シアン化水素（HCN）は沸点が低い（26 ℃）猛毒の化合物である．したがって，通常は NaCN や KCN の水溶液に硫酸や塩酸を少しずつ加えることにより，反応溶液中でシアン化水素を発生させて反応を行う．

$$\begin{array}{c}R^1\\R^2\end{array}\!\!C=O \;+\; HCN \;\xrightleftharpoons{^-OH}\; \begin{array}{c}R^1\\R^2\end{array}\!\!C\!\!\begin{array}{c}CN\\OH\end{array}$$

　　　　　　　　　　　　　　　　　シアノヒドリン

$$HCN \;+\; {}^-OH \;\rightleftharpoons\; {}^-CN \;+\; H_2O$$

$$\begin{array}{c}R^1\\R^2\end{array}\!\!C=O \;+\; {}^-CN \;\rightleftharpoons\; \begin{array}{c}R^1\\R^2\end{array}\!\!C\!\!\begin{array}{c}CN\\O^-\end{array} \;\xrightleftharpoons{HCN}\; \begin{array}{c}R^1\\R^2\end{array}\!\!C\!\!\begin{array}{c}CN\\OH\end{array} \;+\; {}^-CN$$

9.3.2(2)で述べるように，ニトリル（シアノ）基は還元によってアミノ基に，加水分解によってカルボン酸に変換されるので，合成化学的に有用である．

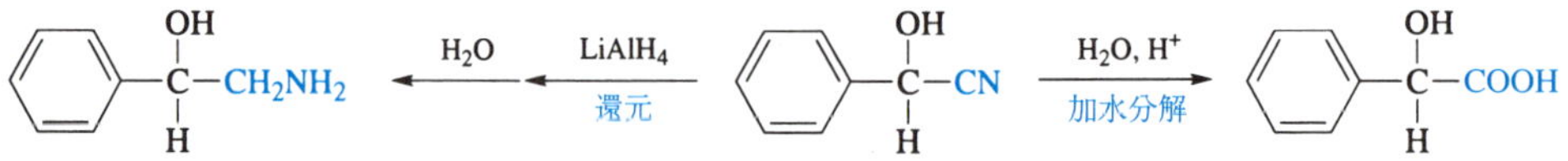

8.2.5 有機金属化合物の求核付加——アルコールの生成

グリニャール試薬あるいは有機リチウム化合物の炭素-金属結合は大きく分極して，炭素原子はカルボアニオンとして働く（**6.2.4** 参照）．したがって，カルボニル炭素に容易に求核付加をして，アルコキシドイオンを与える．希酸を加えて加水分解することにより，アルキル基などの置換基が一つ増えたアルコールが生成する．ホルムアルデヒドとの反応では第一級アルコール，アルデヒドとの反応では第二級アルコール，そしてケトンとの反応では第三級アルコールを与える．

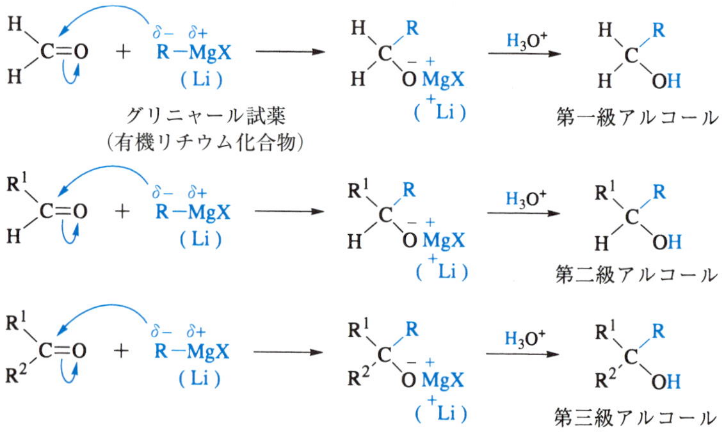

有機金属化合物のカルボニル基への求核付加反応は，炭素-炭素結合生成反応として有機化合物の炭素骨格を形成するためにたいへん重要である．グリニャール試薬あるいは有機リチウム化合物は有機ハロゲン化物から簡単に調製でき，ほとんどのカルボニル基に対して求核付加反応するので，有機化合物の特定の位置に炭化水素基を導入するうえできわめて有用である．

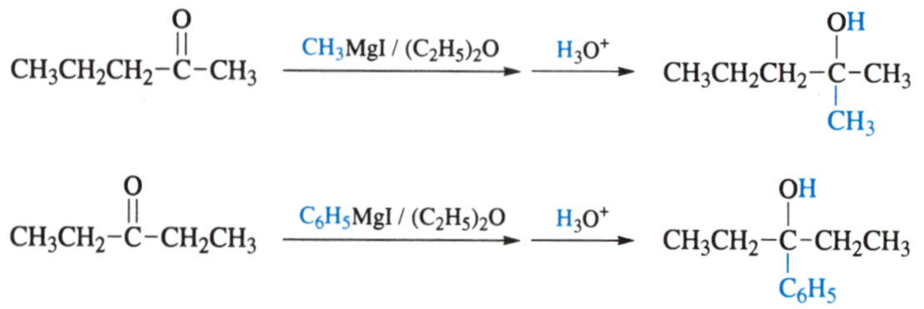

8.2.6 ヒドリドイオンの求核付加——アルコールへの還元

有機金属化合物と同様に，さまざまな金属水素化物はカルボニル基に対して**ヒドリドイオン**(hydride ion，水素化物イオンともいう，H^-)を求核付加してカルボニル基を還元し，その後加水分解してアルコールが生成する．アルデヒドは第一級アルコール，ケトンは第二級アルコールに還元される．一般的によく使われる金属水素化物としては**水素化ホウ素ナトリウム**†(sodium borohydride, $NaBH_4$)と**水素化アルミニウムリチウム**†(lithium aluminium hydride, $LiAlH_4$)がある．水素化ホウ素ナトリウムは穏やかな還元剤であり，通常はメタノールやエタノールを反応溶媒として用いることができる．一方，水素化アルミニウムリチウムは反応性が高く，水やアルコールとは激しく反応するので，反応溶媒としては無水エーテル系溶媒を用いる必要がある．

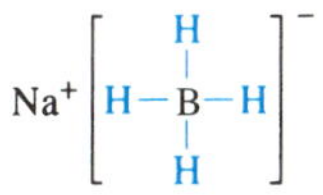

水素化ホウ素ナトリウム

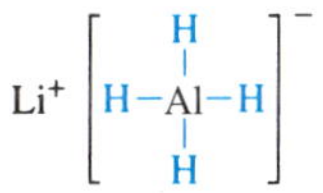

水素化アルミニウムリチウム

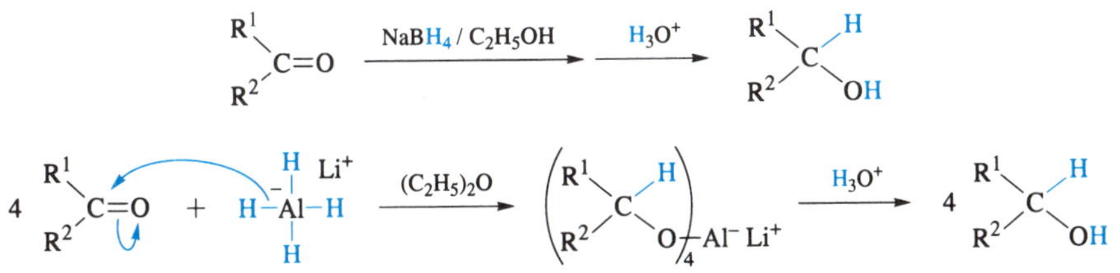

8.2.7 アミンの求核付加——イミンおよびエナミンの生成

アミン(amine)類は窒素原子上に非共有電子対をもっており求核性が高く，アルデヒドやケトンに求核付加反応をするが，生成したアミノアルコールは不安定でヒドロキシ基が水として脱離する．このとき，第一級アミンの場合は窒素原子上の水素が脱離して**イミン**〔imine，**シッフ塩基**(Schiff base)とも呼ばれる〕が生成し，第二級アミンの場合はカルボニル基に隣接する炭素原子(α位)* 上の水素が脱離して，**エナミン**(enamine, ene + amine)を生じる．

* 官能基(この場合はカルボニル基)が置換している炭素原子の位置をα位と呼ぶ．

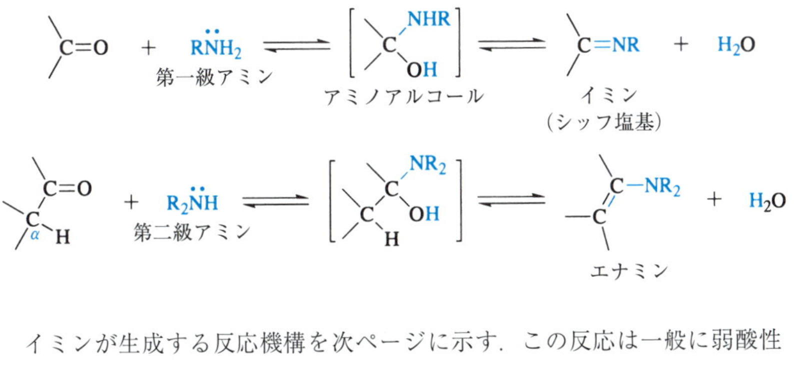

イミンが生成する反応機構を次ページに示す．この反応は一般に弱酸性(pH = 4～5)で速やかに進行する．これは酸触媒による脱水段階が律速であることを示している．また，この反応は平衡反応であるので，生じた水を反

応系から除くことにより，平衡を右に進行させることができる．逆に，イミンを水と反応させると，もとのカルボニル化合物に容易に変換できる．

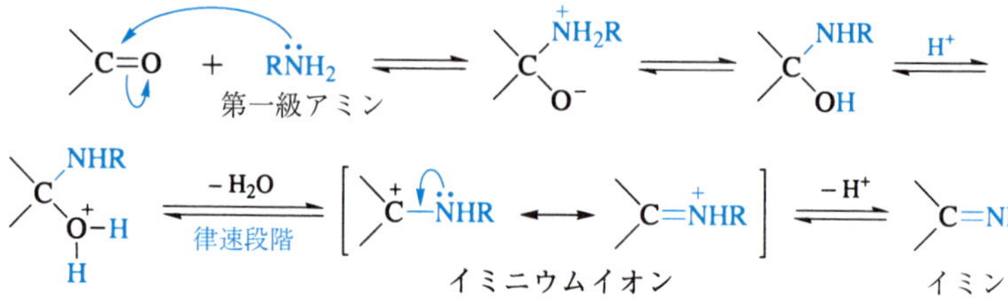

第一級アミンのほかに，**ヒドロキシルアミン**(hydroxylamine)やさまざまな**ヒドラジン**(hydrazine)も同様の反応を行い，**オキシム**(oxime)や**ヒドラゾン**(hydrazone)を生成する．これらの反応はアルデヒドやケトンに対して特有であり，また生成物の多くは結晶性がよいため，アルデヒドやケトンの検出や精製の簡便な実験法として使われている*．

* 2,4-ジニトロフェニルヒドラジン(2,4-DNP)がよく使われる．

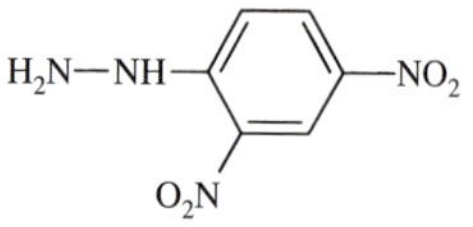

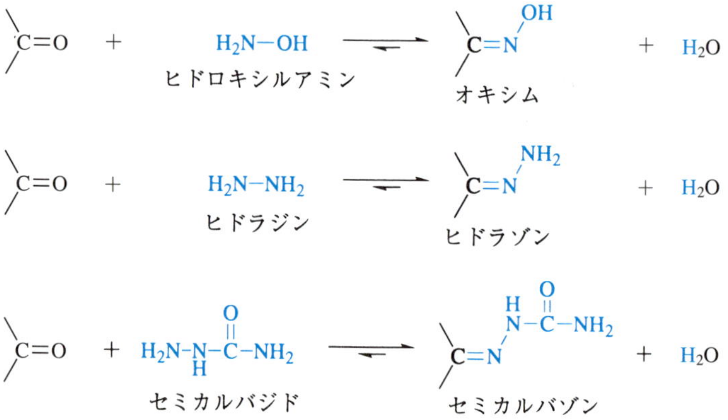

第二級アミンとの反応によるエナミンの生成も，第一級アミンと同様の反応機構で進行する．しかし，脱水により生じた**イミニウムイオン**(iminium ion)の窒素原子上には水素がないので，α水素がプロトンとして脱離してエナミンとなる．この反応も平衡反応であり，反応系から水を除くと進行する．エナミンは興味ある反応性をもつが，それについては **10.4.4** で述べる．

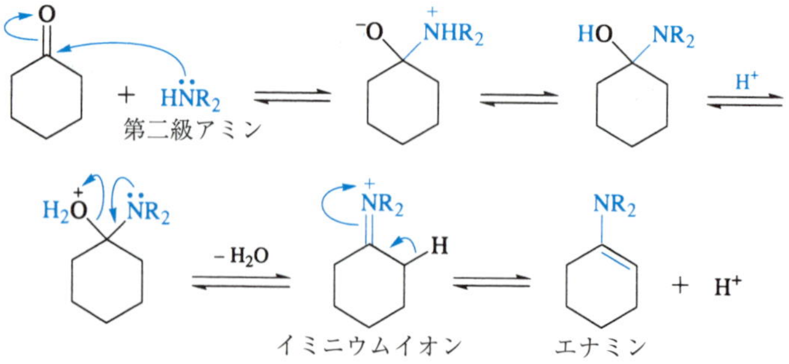

8.2.8 アルデヒドの酸化

アルデヒドはケトンに比べて酸化を受けやすく，さまざまな酸化剤により容易に酸化されてカルボン酸を生成する．この反応性の差を利用してアルデヒドとケトンを簡単に見分ける反応剤がある．銀イオン・アンモニア錯体を用いた**トレンス試薬**(Tollens reagent)，そして銅イオン錯体を用いた**フェーリング試薬**(Fehling reagent)と**ベネディクト試薬**(Benedict reagent)である．トレンス試薬は銀の析出(銀鏡反応[*1])，またフェーリング試薬とベネディクト試薬では赤い酸化銅(I)の析出により，アルデヒドを確認できる．

[*1] 銀イオンが還元されて析出した金属銀がガラス管に一様に付着して，鏡のようになる．

$$R-CHO \xrightarrow{2\ Ag(NH_3)_2OH} R-COO^- + 2\ Ag$$
トレンス試薬（$AgNO_3$, NH_4OH）

$$R-CHO \xrightarrow{2\ Cu(OH)_2} R-COO^- + Cu_2O$$
フェーリング試薬（酒石酸, $CuSO_4$, NaOH）
ベネディクト試薬（クエン酸, $CuSO_4$, NaOH）

8.3 そのほかの重要な反応

8.3.1 リンイリドの求核付加──ウィッティヒ反応

第一級あるいは第二級ハロアルカンとホスフィンの求核置換反応により**ホスホニウム塩**(phosphonium salt)が生成する．この塩をブチルリチウムのような強塩基で処理すると，脱プロトン化されて**双性イオン**[*2]構造をもつ**リンイリド**†(phosphorus ylide)と呼ばれる化合物を与える．リンイリドはC=P二重結合をもつ共鳴構造式〔**ホスホラン**(phosphorane)と呼ばれる〕でも表される．

発展項目

[*2] 双性イオンについては13.1.2参照．

イリド
一般に双性イオン型の炭素-ヘテロ原子結合をもつ化合物をイリド(ylide)という．

$$\overset{..}{P}(C_6H_5)_3 + RCH_2-Br \longrightarrow RCH_2-\overset{+}{P}(C_6H_5)_3\ Br^- \xrightarrow[THF]{n\text{-}C_4H_9Li}$$
トリフェニル　　第一級ハロアルカン　　　　　　ホスホニウム塩
ホスフィン

$$\left[RCH^-\overset{+}{-}P(C_6H_5)_3 \longleftrightarrow RCH=P(C_6H_5)_3 \right] + n\text{-}C_4H_{10} + LiBr$$
リンイリド（ホスホラン）

リンイリドはカルボニル基に対して求核付加を行い，四員環中間体を経てアルケンとホスフィンオキシドを与える．

$$>\!\!C=O + RCH^-\overset{+}{-}P(C_6H_5)_3 \longrightarrow \left[\begin{array}{c}O-P(C_6H_5)_3\\ |\quad\ \ |\\ C-CH\\ \ \ \ \ |\\ \ \ \ \ R\end{array}\right] \longrightarrow >\!\!C=C\!\!<^H_R + O=P(C_6H_5)_3$$
　　　　　リンイリド　　　　　　　　四員環中間体　　　　　　アルケン　　トリフェニル
　　　　　　　　　　　　　　　　　　　　　　　　　　　　　　　　　　　　ホスフィンオキシド

* ウィッティヒ(G. Wittig, 独, 1897〜1987)は, ウィッティヒ反応の発見により, 1979年にノーベル化学賞を受賞.

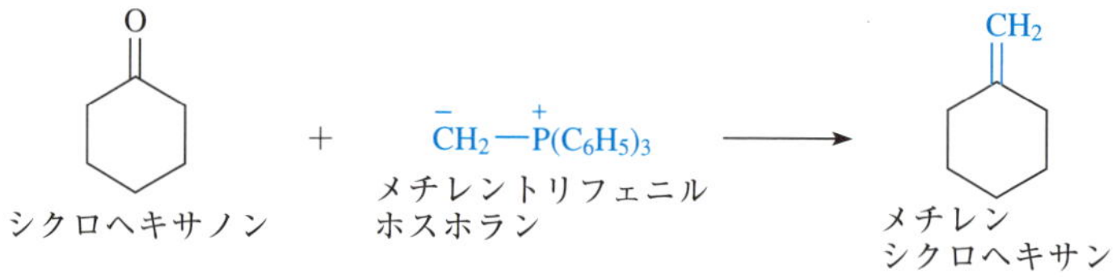

このようにリンイリドとアルデヒドやケトンとの反応では, 定められた位置でカルボニル基がC=C二重結合に変換される. このため, この反応はきわめて重要であり, 発見者にちなんで**ウィッティヒ反応***(Wittig reaction)と呼ばれる. たとえば, シクロヘキサノンとメチレントリフェニルホスホランの反応でメチレンシクロヘキサンが簡単に合成できる.

$$\text{シクロヘキサノン} + \bar{CH_2}-\overset{+}{P}(C_6H_5)_3 \longrightarrow \text{メチレンシクロヘキサン}$$

メチレントリフェニルホスホラン

8.3.2 ケトンの酸化 —— カルボン酸およびエステルの生成

強い酸化剤を用いると, ケトンは隣接するC–C結合の開裂を伴って酸化され, カルボン酸を与える. たとえば, シクロヘキサノンはバナジウム触媒を用いて濃硝酸で酸化され, ナイロンの原料となるアジピン酸を与える.

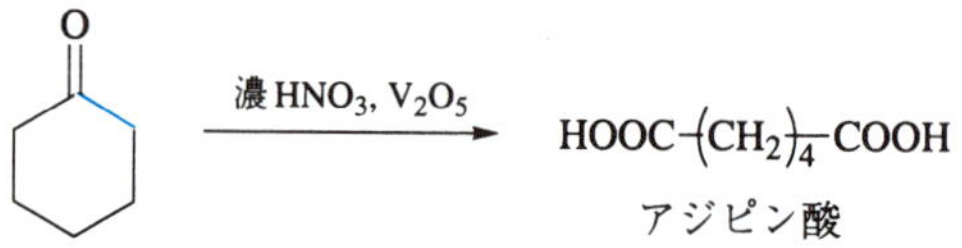

$$\text{シクロヘキサノン} \xrightarrow{\text{濃 } HNO_3, V_2O_5} HOOC-(CH_2)_4-COOH$$

アジピン酸

一方, ケトンを過酸(R'CO$_3$H)により酸化すると, 酸素がカルボニル炭素とα炭素との間に挿入されてエステルが生成する. この反応を**バイヤー–ビリガー酸化**(Baeyer-Villiger oxidation)という. 反応はカルボニル基への過酸の付加体を経て進行すると考えられている.

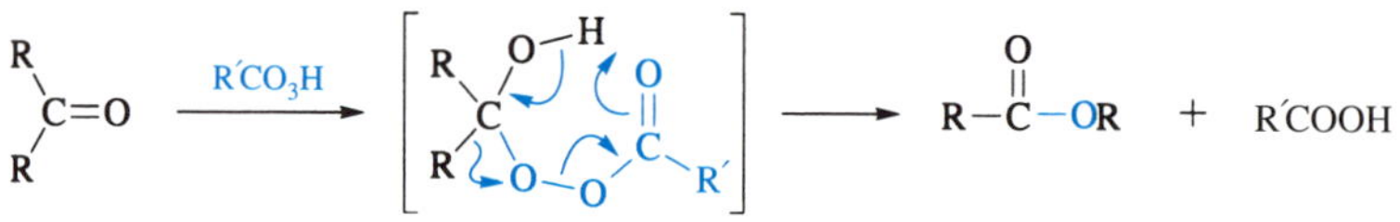

$$R_2C=O \xrightarrow{R'CO_3H} \left[\begin{array}{c} R \\ R \end{array}\!\!\!\!\!\begin{array}{c} OH \\ | \\ C \\ | \\ O-O \end{array}\!\!\!\!\!\begin{array}{c} O \\ \| \\ C-R' \end{array}\right] \longrightarrow R-\overset{O}{\underset{\|}{C}}-OR + R'COOH$$

■ **Key Word** ■

【基礎】□求核付加反応 □酸による活性化 □求核付加反応における反応性 □電子的効果 □立体効果 □水和物(*gem*-ジオール) □ヘミアセタール □アセタール □シアノヒドリン □有機金属化合物の求核付加 □ヒドリドイオンの求核付加 □水素化ホウ素ナトリウム □水素化アルミニウムリチウム □イミン(シッフ塩基) □エナミン □オキシム □ヒドラゾン □アルデヒドの酸化

【発展】□リンイリド □ウィッティヒ反応 □バイヤー–ビリガー酸化

章 末 問 題

1. 次の化合物を命名せよ.

   (a) $C_6H_5CH=CHCHO$

   (b) $CH_3CHBrCH_2CH_2CHO$

   (c) 2,4-ジブロモベンズアルデヒド構造（Br位置2,4, CHO）

   (d) ベンゼン環にCHO二つ（1,2位）

   (e) $C_6H_5CH_2\overset{O}{\underset{\|}{C}}CH_2CH_3$

   (f) $CH_3CH=CH\overset{O}{\underset{\|}{C}}CH_3$

   (g) 2-メチル-5-イソプロピル-2-シクロヘキセノン構造

   (h) $CH_3\overset{OH}{\underset{|}{C}H}CH_2CH_2\overset{O}{\underset{\|}{C}}CH_2CH_3$

   (i) $CH_3\overset{O}{\underset{\|}{C}}CH_2\overset{}{\underset{}{C}H}\overset{O}{\underset{\|}{C}}CH_2Br$ (中央CにOH)

   (j) H_3C–C$_6H_4$–COC_6H_5

2. 次の各組の化合物を，求核剤に対する反応性の高い順番に構造式を書いて並べよ．

   (a) プロパナール，2-フルオロプロパナール，2-ブタノン，3-メチル-2-ブタノン

   (b) p-メチルベンズアルデヒド，p-シアノベンズアルデヒド，ベンズアルデヒド，p-ブロモベンズアルデヒド，p-アミノベンズアルデヒド

3. 次の化合物の求核剤に対する反応性の差を共鳴構造を書いて説明せよ．
   シクロヘキシルエチルケトン，エチルフェニルケトン，ジフェニルケトン

4. シクロヘキサノンに対して次の反応を行った．生成物の構造式を示せ．
   (a) $HOCH_2CH_2OH$, H^+
   (b) HCN, ^-OH
   (c) CH_3CH_2MgBr, 続けて H_3O^+
   (d) $2,4\text{-}(NO_2)_2C_6H_3NHNH_2$, H^+
   (e) $NaBH_4$, 続けて H_3O^+
   (f) $C_6H_5CH_2NH_2$, H^+
   (g) ピロリジン (NH), H^+
   (h) H_2NOH, H^+

5. グリニャール反応を利用して，4-ブロモ-2-ブタノンから5-ヒドロキシ-2-ヘキサノンを合成したい．可能な経路を示せ（ヒント：保護基を使う）．

6. 5-ヒドロキシペンタナールをメタノール中で酸触媒とともに加熱したところ，環式化合物が生成した．その構造と反応機構を示せ．

7. 次の反応の生成物と反応機構を示せ．

   o-フェニレンジアミン + $CH_3COCOCH_3$ →

148　8章　アルデヒドおよびケトン

有機化学のトピックス

分子認識は化学のキーワード
―ホスト・ゲスト化学から超分子化学―

　ある分子が特定の分子や原子と選択的に相互作用することを，擬人的な表現で"分子認識(molecular recognition)する"という．この概念は，たとえば酵素反応における鍵穴と鍵の関係(**13.2.1 参照**)のように，生化学の分野では古くからあった．しかし，化学の分野で意識されて使われるようになったのは，前章で述べたペダーセンによるクラウンエーテル(p. 130 参照)の化学が報告されてからであろう．この報告が大きなきっかけとなり，クラム(D. J. Cram)やレーン(J.-M. Lehn)らの精力的な研究によりクラウンエーテルの化学はホスト・ゲスト化学から超分子化学へと大発展を遂げた．その功績によりこの三人に対して 1987 年度ノーベル化学賞が与えられた．

　クラムらはビナフチル骨格を組み込んだキラルなクラウンエーテル誘導体を合成し，それがアミノ酸のラセミ体に対して一方のエナンチオマーを選択的に取り込んで錯体を形成することを発見した．これは，クラウンエーテル分子がホストとなって，アミノ酸の一方のエナンチオマーをゲストとして不斉認識したことになり，クラムらはホスト・ゲスト化学(host-guest chemistry)と名づけた．

　一方，レーンらは，クリプタンドと呼ばれる多環式のクラウンエーテルをはじめて合成し，この分子が金属カチオンばかりでなくアニオンやほかの有機分子と選択的に錯体を形成することを発見した．そして，非共有結合である分子間相互作用によって複数の分子から選択的に形成した，特異的な高次組織的構造(自己組織化と呼ばれる)をもつ分子集合体を超分子(supuramolecule)，またその化学を超分子化学(supramolecular chemistry)と名づけた(2 章トピックスも参照)．

　現在では金属錯体も含めてさまざまなホスト分子が設計，合成され，生体機能のモデル化，物質の分離・識別，反応の制御などについて活発な研究が行われている．さらに，化学，物理学，生物学にまたがる境界領域分野として発展している．分子認識はこれからの化学の重要なキーワードの一つである．

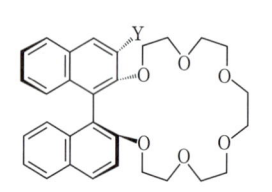

キラルなクラウンエーテル　　　クリプタンド　　　アザクラウンエーテル

カリックスアレーン　　　アザカリックスアレーン　　　シクロデキストリン

9 Organic chemistry

カルボン酸および
カルボン酸誘導体

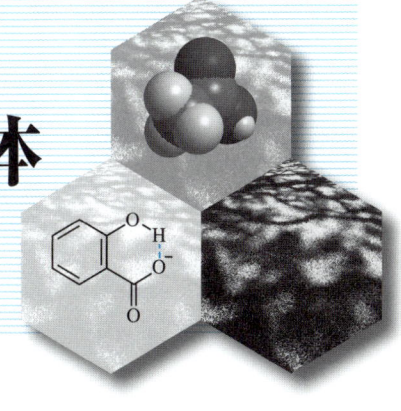

【この章の目標】

　この章では，前章で学んだアルデヒドとケトンのほかに，カルボニル基をもつ重要な有機化合物であるカルボン酸とカルボン酸誘導体(酸ハロゲン化物，酸無水物，エステル，アミド)，そして類縁体として炭素−窒素三重結合をもつニトリルについて学ぶ．カルボン酸については，その強い酸性度の要因(カルボキシラートアニオンの共鳴安定化)とそれに及ぼす電子的効果を理解することが必要である．カルボン酸誘導体については，電子的効果により求核剤との反応性が大きく変化し，カルボニル基の電子不足性が最大の酸ハロゲン化物が最も反応性が高く，酸無水物，エステル，アミドの順に低下することを学ぶ．さらに求核剤との反応では，付加−脱離機構により求核アシル置換反応が起きることを理解する．また，ニトリルでは炭素原子が電子不足となり，さまざまな求核付加反応が起きることを学ぶ．

9.1　カルボン酸

　カルボニル基(−CO−)にヒドロキシ基(−OH)が結合した官能基は**カルボキシ基**[†] (carboxy group, −COOH)と呼ばれ，この官能基をもつ化合物が**カルボン酸**(carboxylic acid)である．カルボン酸は代表的な有機酸であり，天然に広く存在している．たとえば，食酢の主成分は酢酸であり，また長鎖脂肪族(高級)カルボン酸は油脂や脂質を形成する重要な成分である(図9.1)．

9.1.1　命名法

　カルボン酸は古くから天然に由来するものが多数知られており，しばしば慣用名が使われている(表9.1)．置換命名法ではアルカン(alkane)の語尾

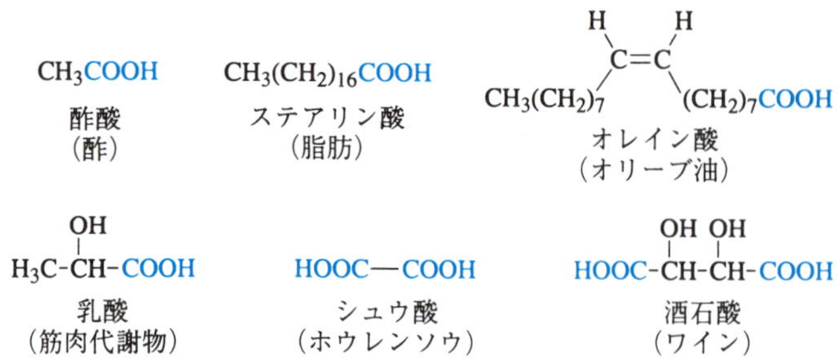

図 9.1 天然に存在するカルボン酸

CH₃COOH 酢酸（酢）

CH₃(CH₂)₁₆COOH ステアリン酸（脂肪）

CH₃(CH₂)₇CH=CH(CH₂)₇COOH （cis）オレイン酸（オリーブ油）

H₃C-CH(OH)-COOH 乳酸（筋肉代謝物）

HOOC—COOH シュウ酸（ホウレンソウ）

HOOC-CH(OH)-CH(OH)-COOH 酒石酸（ワイン）

表 9.1 脂肪族カルボン酸の構造と名称

構造式	置換命名法	慣用名
HCOOH	メタン酸(methanoic acid)	ギ酸(formic acid)※
CH₃COOH	エタン酸(ethanoic acid)	酢酸(acetic acid)※
CH₃CH₂COOH	プロパン酸(propanoic acid)	プロピオン酸(propionic acid)※
CH₃(CH₂)₂COOH	ブタン酸(butanoic acid)	酪酸(butyric acid)※
CH₃(CH₂)₃COOH	ペンタン酸(pentanoic acid)	吉草酸(valeric acid)※
CH₃(CH₂)₄COOH	ヘキサン酸(hexanoic acid)	カプロン酸(caproic acid)
CH₃(CH₂)₅COOH	ヘプタン酸(heptanoic acid)	エナンチン酸(enanthic acid)
CH₃(CH₂)₆COOH	オクタン酸(octanoic acid)	カプリル酸(caprylic acid)
CH₃(CH₂)₇COOH	ノナン酸(nonanoic acid)	ペラルゴン酸(pelargonic acid)
CH₃(CH₂)₈COOH	デカン酸(decanoic acid)	カプリン酸(capric acid)

※は IUPAC 規則で認められている慣用名.

(-e)を-oic に換え，その後に acid をつけて**アルカン酸**(alkanoic acid)となる．位置番号はカルボキシ基の炭素を1位とする．環式アルカンの場合には**シクロアルカンカルボン酸**(cycloalkanecarboxylic acid)と命名する(図 9.2).

芳香族カルボン酸は母核の**安息香酸**(benzoic acid)という慣用名をもとにして命名するのが便利であるが，置換命名法では**ベンゼンカルボン酸**(benzenecarboxylic acid)と命名する．この場合，位置番号はカルボキシ基のつ

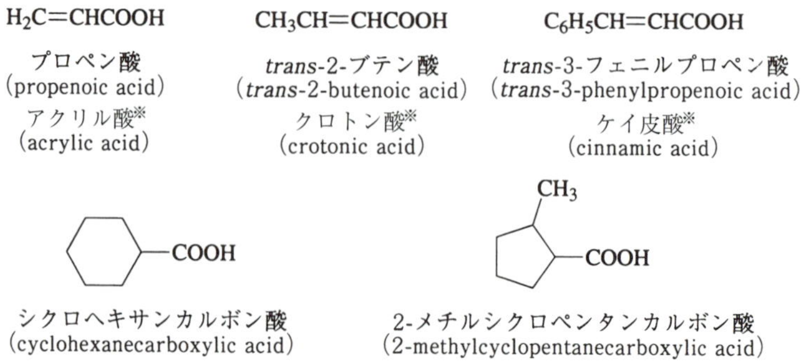

H₂C=CHCOOH
プロペン酸 (propenoic acid)
アクリル酸※ (acrylic acid)

CH₃CH=CHCOOH
trans-2-ブテン酸 (trans-2-butenoic acid)
クロトン酸※ (crotonic acid)

C₆H₅CH=CHCOOH
trans-3-フェニルプロペン酸 (trans-3-phenylpropenoic acid)
ケイ皮酸※ (cinnamic acid)

シクロヘキサンカルボン酸 (cyclohexanecarboxylic acid)

2-メチルシクロペンタンカルボン酸 (2-methylcyclopentanecarboxylic acid)

図 9.2 カルボン酸の名称
※は IUPAC 規則で認められている慣用名.

ベンゼンカルボン酸
(benzenecarboxylic acid)
安息香酸※
(benzoic acid)

2-ヒドロキシベンゼンカルボン酸
(2-hydroxybenzenecarboxylic acid)
サリチル酸※
(salicylic acid)

3-ブロモベンゼンカルボン酸
(3-bromobenzenecarboxylic acid)
m-ブロモ安息香酸※
(m-bromobenzoic acid)

図 9.3　芳香族カルボン酸の名称
※は IUPAC 規則で認められている慣用名.

いた炭素を 1 位とする（図 9.3）.
　また，カルボキシ基を二つもつジカルボン酸は**アルカン二酸**（alkanedioic acid）と命名する（図 9.4）.

HOOCCH₂COOH
プロパン二酸
(propanedioic acid)
マロン酸※
(malonic acid)

HOOC(CH₂)₂COOH
ブタン二酸
(butanedioic acid)
コハク酸※
(succinic acid)

HOOC(CH₂)₄COOH
ヘキサン二酸
(hexanedioic acid)
アジピン酸※
(adipic acid)

$trans$-ブテン二酸
($trans$-butenedioic acid)
フマル酸※
(fumaric acid)

cis-ブテン二酸
(cis-butenedioic acid)
マレイン酸※
(maleic acid)

1,2-ベンゼンジカルボン酸
(1,2-benzenedicarboxylic acid)
フタル酸※
(phthalic acid)

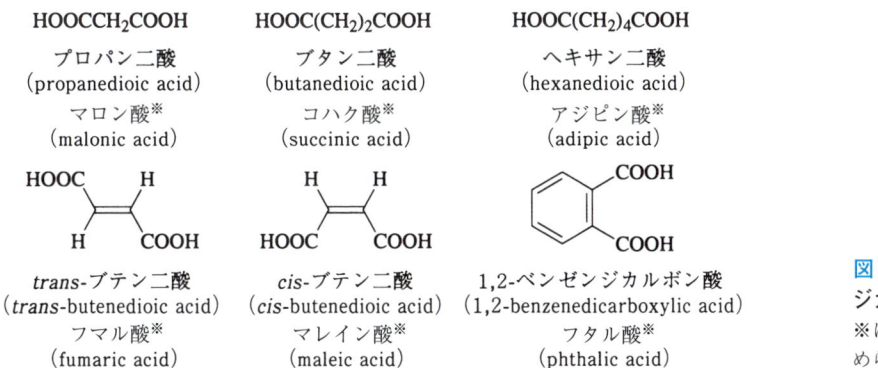

図 9.4　ジカルボン酸の名称
※は IUPAC 規則で認められている慣用名.

　一方，カルボン酸からヒドロキシ基を除いた置換基（RCO-）を**アシル基**（acyl group）と呼び，カルボン酸の語尾（-ic）を -yl または -oyl に換えるか，-carboxylic を -carbonyl に換えて命名する（図 9.5）.

メタノイル
(methanoyl)
ホルミル※
(formyl)

エタノイル
(ethanoyl)
アセチル※
(acetyl)

プロパノイル
(propanoyl)
プロピオニル※
(propionyl)

ベンゼンカルボニル
(benzenecarbonyl)
ベンゾイル※
(benzoyl)

図 9.5　アシル基の名称
※は IUPAC 規則で認められている慣用名.

9.1.2　構造と性質
カルボキシ基のカルボニル炭素は sp^2 混成であり，カルボニル基とヒドロ

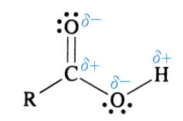

カルボン酸の分極

カルボン酸の二量体構造

表9.2 カルボン酸の沸点と融点

カルボン酸	沸点/℃	融点/℃
ギ酸	101	8
酢酸	118	17
プロパン酸	141	−22
ブタン酸	164	−8
安息香酸	250	120

キシ基のなす角は約 120° である．カルボニル基とヒドロキシ基の酸素原子は負に，炭素原子と水素原子は正に分極†している．したがって，カルボン酸は水素結合をつくるので，水やアルコールに溶けやすく，ブタン酸までは水と自由に混ざる．

カルボン酸は，もう 1 分子のカルボン酸と二つのカルボキシ基どうしで二つの水素結合をつくって容易に二量体構造†となるので，その沸点や融点はアルコールなどに比較して高くなる(表9.2)．

9.1.3 カルボン酸の酸性度

カルボン酸はアルコールやフェノールなどに比べて酸性度がかなり高い．これは，共鳴構造式からわかるように，プロトンを放出した後の**カルボキシラートアニオン**(carboxylate anion)の負電荷が，共鳴により二つの電気陰性な酸素原子に非局在化して分散し大きく安定化するためである．カルボキシラートアニオンの二つの炭素-酸素結合の距離(0.127 nm)が等しいことから，負電荷が均等に二つの酸素原子に分散していることが推察される(図9.6)．ちなみに，この距離はカルボキシ基の炭素-酸素二重結合(0.123 nm)と単結合(0.136 nm)の距離の中間の値である．

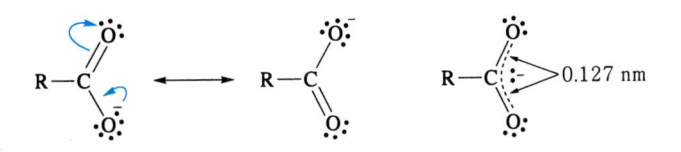

図9.6 カルボキシラートアニオンの共鳴構造式

カルボン酸の酸性度は置換基の電子的性質により変化する．表9.3にさまざまなカルボン酸の pK_a 値を示す．

$$RCOOH + H_2O \xrightleftharpoons{K_a} RCOO^- + H_3O^+$$
カルボキシラートアニオン

ハメット則

ハメット (L. P. Hammett, 米, 1894~1987) は，安息香酸とさまざまな置換安息香酸の酸解離定数の比の対数を**置換基定数**(substituent constant)として定義して，置換基の電子的効果を数値化し，反応機構の解明に大きく貢献した．

$\log(K_a/K_0) = \sigma$

K_a：置換安息香酸の酸解離定数
K_0：安息香酸の酸解離定数
σ：置換基定数

上記の平衡式からわかるように，カルボキシラートアニオンの安定性が増大するほど酸解離定数が大きくなる，つまり酸性度が高くなる．酢酸のメチル基の水素原子が電子求引性の塩素原子と置換すると，誘起効果により負電荷が塩素原子のほうまで分散されてカルボキシラートアニオンはさらに安定化する．そのため酸性度はさらに増大する．塩素原子の数が多いほどその効果は強くなる．誘起効果はカルボキシ基から離れると減少する．また，安息香酸のベンゼン環に電子求引性基が置換すると酸性度は増加し，電子供与性基が置換すると低下することも同様にして理解できる．この結果を逆に考えると，置換安息香酸の酸性度からその置換基の電子的効果を知ることが可能となる(これがハメット則†に利用されている)．なお，サリチル酸やマロン

表9.3 カルボン酸の pK_a 値

カルボン酸	pK_a	カルボン酸	pK_a
HCOOH	3.7	C_6H_5COOH	4.2
CH_3COOH	4.7	p-$O_2NC_6H_4COOH$	3.4
$ClCH_2COOH$	2.8	p-NCC_6H_4COOH	3.6
$Cl_2CHCOOH$	1.3	p-ClC_6H_4COOH	4.0
Cl_3CCOOH	0.7	p-$CH_3C_6H_4COOH$	4.3
$CH_3CH_2CH_2COOH$	4.8	p-$CH_3OC_6H_4COOH$	4.5
$CH_3CH_2\overset{Cl}{\underset{|}{C}}HCOOH$	2.7	p-HOC_6H_4COOH	4.6
		o-HOC_6H_4COOH	3.0
$CH_3\overset{Cl}{\underset{|}{C}}HCH_2COOH$	4.1	$HOOCCH_2COOH$	2.8 (6.0)[a]
$ClCH_2CH_2CH_2COOH$	4.5		

a) カッコ内は第二解離定数

酸の酸性度がかなり強いのは,生成したカルボキシラートアニオンが分子内のヒドロキシ基と**分子内水素結合**†(intramolecular hydrogen bond)をつくって大きく安定化するためである.

9.1.4 カルボン酸の合成

第一級アルコールあるいはアルデヒドの酸化でカルボン酸が容易に生成する(**7.1.7**,**8.2.8**参照).酸化剤としては過マンガン酸カリウム($KMnO_4$),クロム酸や硝酸などが用いられる.

また,芳香環上のアルキル基は $KMnO_4$ や二クロム酸カリウムにより酸化されて,芳香族カルボン酸が生成する(**5.2.2**参照).たとえば,トルエンを過マンガン酸カリウムで酸化すると,安息香酸が生成する.同様にして,p-キシレンをコバルト触媒を用いて空気酸化することにより,合成繊維やプラスチックの重要な原料であるテレフタル酸†が工業的に合成されている.

有機ハロゲン化物とマグネシウムから生成するグリニャール試薬を二酸化炭素と反応させるとカルボン酸が生じる.この反応は,有機ハロゲン化物から炭素が一つ増えたカルボン酸を合成するよい方法である.

$$R-X \xrightarrow{Mg} R-MgX \xrightarrow{CO_2} \xrightarrow{H_3O^+} R-COOH$$

また,ニトリルは酸性あるいは塩基性条件下で加水分解されてカルボン酸を与える.ニトリルはハロアルカンのシアン化物イオンによる求核置換反応(S_N2)により生成するので,前述のグリニャール法と同様な合成法となる.

$$R-X \xrightarrow[S_N2]{KCN} R-CN \xrightarrow[\text{または}^-OH, H_2O]{H^+, H_2O} R-COOH$$

分子内水素結合

テレフタル酸

酢酸は，工業的にはロジウム触媒を用いるメタノールと一酸化炭素との直接カルボニル化法やコバルト触媒を用いるアセトアルデヒドの空気酸化法によって合成されている．

$$CH_3OH + CO \xrightarrow{Rh触媒, HI} CH_3COOH$$

$$CH_3CHO \xrightarrow{O_2, Co触媒} CH_3COOH$$

9.1.5 カルボン酸の反応

*1 カルボン酸誘導体のアミドは酸アミドとも呼ばれる．

カルボン酸誘導体であるエステル，アミド[*1]，酸ハロゲン化物，酸無水物への変換反応については 9.2 で述べるので，ここではそのほかの反応についていくつか示す．

カルボン酸はもちろん酸であり，塩基と中和反応を行う．水酸化ナトリウムや炭酸水素ナトリウムと反応してナトリウム塩となる．後者の反応では二酸化炭素が生じる．また，アンモニアと反応してアンモニウム塩を生じる．アルカリ金属塩やアンモニウム塩は水によく溶けるが，そのほかの金属塩は難溶性である．

$$R-COOH + NaOH \longrightarrow R-COO^- Na^+ + H_2O$$

$$R-COOH + NaHCO_3 \longrightarrow R-COO^- Na^+ + H_2O + CO_2$$

$$R-COOH + NH_3 \longrightarrow R-COO^- \ ^+NH_4$$

カルボン酸は水素化アルミニウムリチウム($LiAlH_4$)やボラン(BH_3)によって還元され，第一級アルコールを生成する．

$$R-COOH \xrightarrow[THF]{LiAlH_4} \xrightarrow{H_3O^+} R-CH_2OH$$

$$R-COOH \xrightarrow[THF]{BH_3} \xrightarrow{H_3O^+} R-CH_2OH$$

*2 β-ケトカルボン酸(β-keto-carboxylic acid)，3-オキソカルボン酸(3-oxocarboxylic acid)ともいう．

カルボン酸から二酸化炭素を脱離させる反応(脱炭酸反応)は，通常は難しい．しかし，カルボキシ基の β 位にカルボニル基が存在する[*2]場合には，100℃前後に加熱することにより，容易に脱炭酸して C-H 結合となる．これは，六員環環状機構でカルボニル基が水素の受容体となり二酸化炭素が脱離してエノール(10.1 参照)を生成した後，カルボニル基に戻るためである．

$$R-\underset{\beta}{C}(=O)-\underset{\alpha}{CH_2}-C(=O)-OH \xrightarrow{\Delta \ (80\sim100℃)} \left[\text{六員環遷移状態} \xrightarrow{-CO_2} R-C(OH)=CH_2 \ \text{エノール} \right] \longrightarrow R-C(=O)-CH_2-H$$

9.2 カルボン酸誘導体

カルボン酸誘導体(carboxylic acid derivative)とはカルボキシ基のヒドロキシ基をほかの官能基に置換した化合物で，代表的なものに**エステル**†(ester)，**アミド**†(amide)，**酸ハロゲン化物**†(acid halide)，**酸無水物**†(acid anhydride)がある.

エステルやアミドは安定であり，天然に広く分布している重要な有機化合物である(図9.7). 一方，酸ハロゲン化物は水ともただちに反応するほど反応性が高い. また，酸無水物もかなり反応性が高いので天然にはほとんど存在しない. 一方，酸ハロゲン化物や酸無水物は，エステルやアミドを合成するための重要な中間体である.

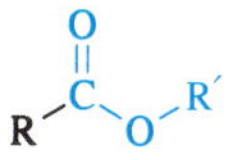

図 9.7
天然に存在する
カルボン酸誘導体

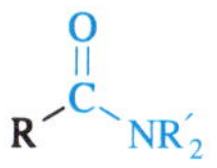

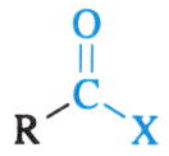

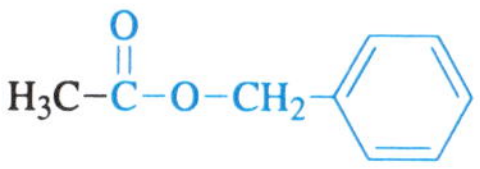

酢酸ベンジル
（ジャスミン油）

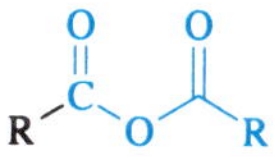

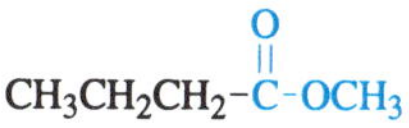

酪酸メチル
（パイナップル）

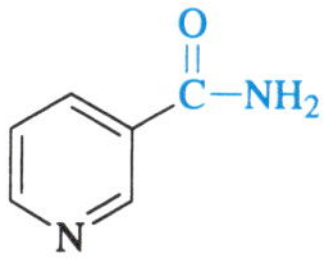

ニコチンアミド
（酸化還元補酵素）

9.2.1 命名法

置換命名法では，エステルについてはアルキル基名を先にだし，次にカルボン酸の語尾(-ic acid)を -ate に変化させる. 日本語名ではカルボン酸名の後にアルキル基名をつける(図9.8).

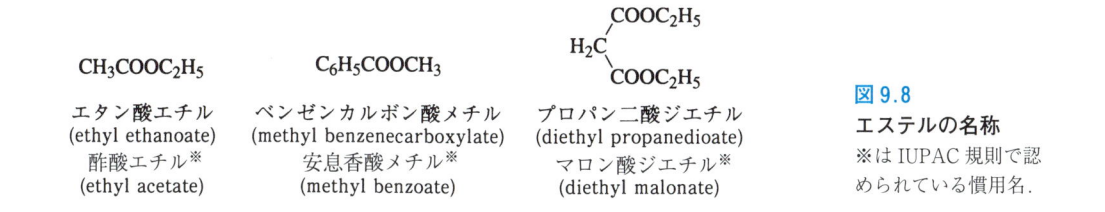

$CH_3COOC_2H_5$
エタン酸エチル
(ethyl ethanoate)
酢酸エチル※
(ethyl acetate)

$C_6H_5COOCH_3$
ベンゼンカルボン酸メチル
(methyl benzenecarboxylate)
安息香酸メチル※
(methyl benzoate)

$H_2C\begin{matrix}COOC_2H_5\\COOC_2H_5\end{matrix}$
プロパン二酸ジエチル
(diethyl propanedioate)
マロン酸ジエチル※
(diethyl malonate)

図 9.8
エステルの名称
※は IUPAC 規則で認められている慣用名.

同様に，アミドについてはカルボン酸名の -ic または -oic acid を -amide, あるいは -carboxylic acid を -carboxamide に置き換える. 窒素原子上にアルキル基があるときは，先頭に N-アルキルをつける(図9.9).

酸ハロゲン化物についてはアシル基名(p.151 参照)の後にハロゲン化物名をつける. 日本語名では順序が逆になる(図9.10).

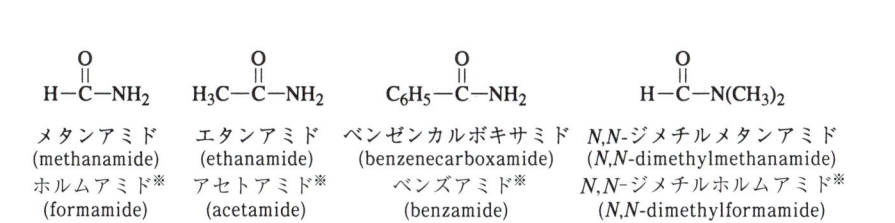

$H-\underset{\underset{\|}{O}}{C}-NH_2$
メタンアミド
(methanamide)
ホルムアミド※
(formamide)

$H_3C-\underset{\underset{\|}{O}}{C}-NH_2$
エタンアミド
(ethanamide)
アセトアミド※
(acetamide)

$C_6H_5-\underset{\underset{\|}{O}}{C}-NH_2$
ベンゼンカルボキサミド
(benzenecarboxamide)
ベンズアミド※
(benzamide)

$H-\underset{\underset{\|}{O}}{C}-N(CH_3)_2$
N,N-ジメチルメタンアミド
(N,N-dimethylmethanamide)
N,N-ジメチルホルムアミド※
(N,N-dimethylformamide)

図 9.9
アミドの名称
※は IUPAC 規則で認められている慣用名.

156   9章　カルボン酸およびカルボン酸誘導体

塩化エタノイル
(ethanoyl chloride)
塩化アセチル※
(acetyl chloride)

臭化プロパノイル
(propanoyl bromide)
臭化プロピオニル※
(propionyl bromide)

塩化ベンゼンカルボニル
(benzenecarbonyl chloride)
塩化ベンゾイル※
(benzoyl chloride)

二塩化 1,2-ベンゼンジカルボニル
(1,2-benzenedicarbonyl dichloride)
二塩化フタロイル※
(phthaloyl dichloride)

図 9.10　酸ハロゲン化物の名称
※は IUPAC 規則で認められている慣用名.

* 酢酸，マレイン酸，コハク酸，フタル酸の無水物は無水という接頭語をつけて命名してもよい．

　酸無水物についてはカルボン酸の acid を anhydride に換える．日本語名では無水物をカルボン酸名の後にそのままつける*（図 9.11）．

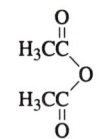

エタン酸無水物
(ethanoic anhydride)
無水酢酸※
(acetic anhydride)

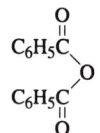

ベンゼンカルボン酸無水物
(benzenecarboxylic anhydride)
安息香酸無水物※
(benzoic anhydride)

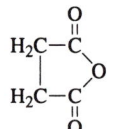

ブタン二酸無水物
(butanedioic anhydride)
無水コハク酸※
(succinic anhydride)

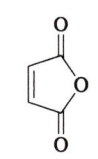

cis-ブテン二酸無水物
(cis-butenedioic anhydride)
無水マレイン酸※
(maleic anhydride)

図 9.11　酸無水物の名称
※は IUPAC 規則で認められている慣用名.

9.2.2　構造と性質

　カルボン酸のヒドロキシ基がハロゲン，**アシロキシ基**(acyloxy group, -OCOR)，アルコキシ基，そしてアミノ基に置き換わることにより，カルボニル基の電子状態はそれぞれ大きく変化する．

　酸ハロゲン化物（通常は酸塩化物）では，ハロゲンの強い電子求引性のためにカルボニル炭素は大きく電子不足となり，求電子性が最も高くなる．次に求電子性が高いのは酸無水物である．

一方，エステルではアルコキシ基が共鳴による電子供与性基として働くので，逆に求電子性は減少する．さらに，アミドでは窒素原子上の非共有電子対とカルボニル基との共鳴によるイオン構造が大きく寄与するので，カルボニル炭素の求電子性は大きく減少する．そして，C-N 結合は二重結合性が増大して自由回転が阻害され，平面構造に近くなる．また，窒素原子上の非共有電子対は共鳴により非局在化して分散され，塩基性をほとんど示さなくなる．

アミドの水素結合

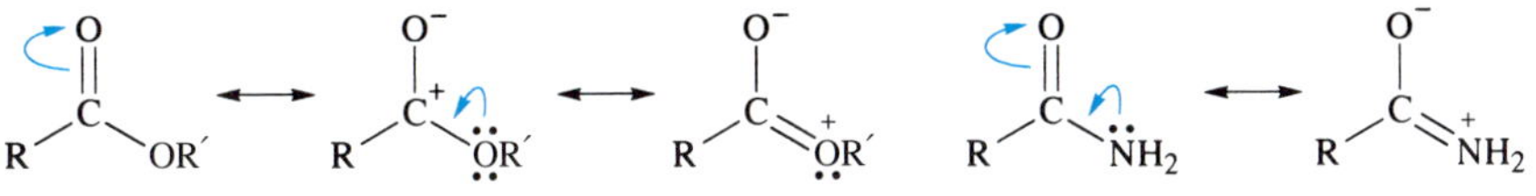

前述のようにアミドは大きく分極しているので水素結合†をつくりやすく，沸点や融点は一般的に高くなり，また水にも溶けやすい．しかし，窒素原子が二つのアルキル基で置換されているときは，水素結合をつくることができないので沸点や融点は低くなる(表9.4)．

表9.4 アミドの沸点と融点

アミド	沸点/℃	融点/℃
H-C(=O)-NH$_2$	210	2.5
H-C(=O)-N(CH$_3$)$_2$	153	-60.5

9.2.3 カルボン酸誘導体の求核剤に対する反応性

8.2.1で述べたように，カルボニル基の求核剤に対する反応性はカルボニル炭素の電子不足性(求電子性)が大きいほど増大する．したがって，カルボン酸誘導体のなかで電子不足性が最も大きい酸ハロゲン化物が最も反応性が高く，酸無水物，エステル，アミドの順に減少する．また，一般的にアルデヒドとケトンの反応性は酸無水物とエステルの中間に位置する(図9.12)．

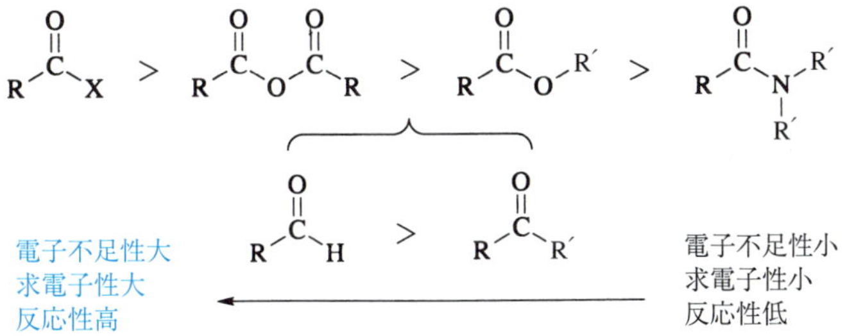

図9.12 求核剤に対する反応性の順序

電子不足性大 / 求電子性大 / 反応性高 ← → 電子不足性小 / 求電子性小 / 反応性低

アルデヒドやケトンの求核剤との反応では，求核付加した段階で一般的に反応が終了する．一方，カルボン酸誘導体の反応では求核付加した後，生じた四面体構造の中間体からヘテロ原子置換基が脱離し，カルボニル基が再生する．結果的には，アシル基に求核剤が置換したかたちの生成物が生じるが，6.2.1で述べた求核置換反応とは反応機構がまったく異なる*．これを**付加-脱離機構**(addition-elimination mechanism)といい，安定で脱離能の高いハロゲン化物イオンやカルボキシラートアニオンが脱離するとき，すなわち酸ハロゲン化物や酸無水物のときには反応は速やかに進行する(図9.13)．

* 反応全体のかたちから**求核アシル置換反応**(nucleophilic acyl substitution reaction)と呼ばれる．

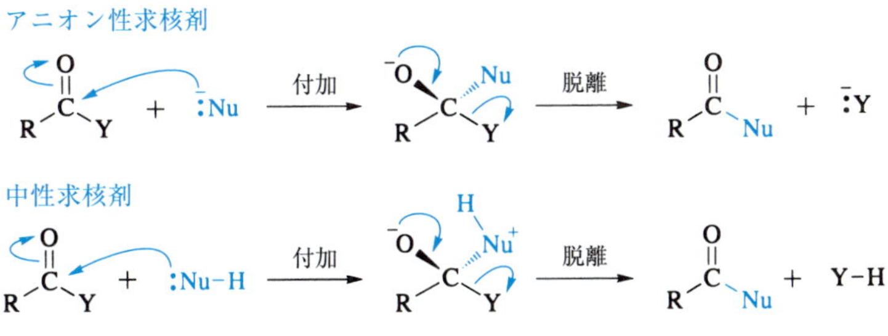

図9.13 カルボン酸誘導体の付加-脱離機構

以下におのおののカルボン酸誘導体の合成と反応について述べる．

9.2.4 酸ハロゲン化物の合成と反応

酸ハロゲン化物は反応性が高く，空気中の水とも容易に反応するほど不安定であり，取り扱いに注意が必要である．そのなかで，取り扱いが比較的容易な**酸塩化物**(acid chloride)が通常よく用いられるので，ここでは酸塩化物について述べる．

（1）酸塩化物の合成

カルボン酸を塩化チオニル，三塩化リン，五塩化リンなどと反応させると，酸塩化物が生成する．この反応も中間体の無機酸エステルに対する付加–脱離機構で進行している．

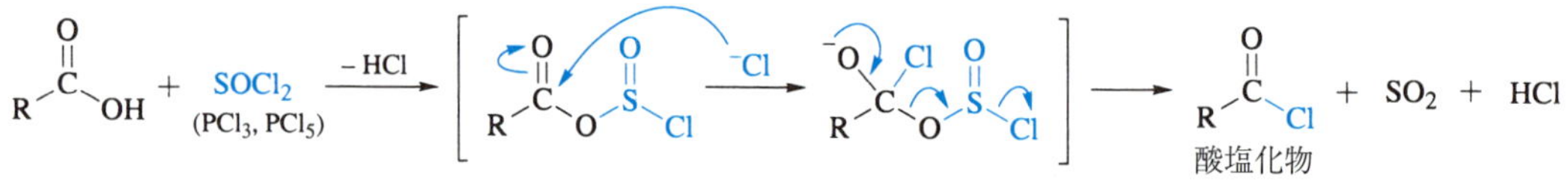

（2）酸塩化物の反応

酸塩化物はたいへん反応性が高く，水と速やかに反応してカルボン酸に戻ってしまう*．この高い反応性を利用してほかのカルボン酸誘導体に容易に変換できる．酸塩化物はカルボキシラートアニオン，アルコール，アンモニア（アミン）と反応して，酸無水物，エステル，アミドを与える．通常は発生する塩化水素を捕捉するために，水酸化ナトリウムやピリジンのような塩基を加える．

＊ 反応機構は以下のようになる．

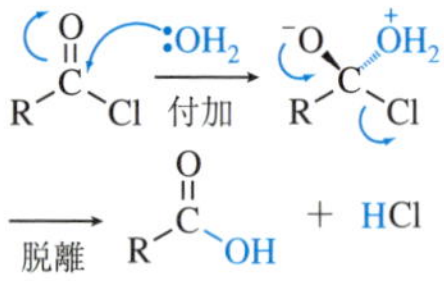

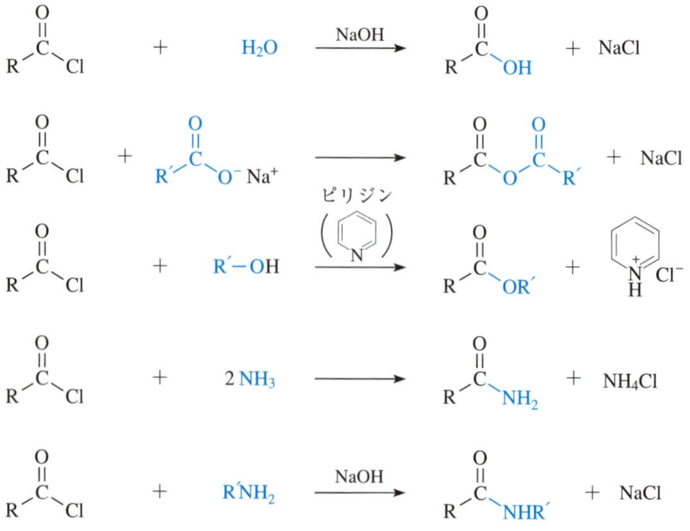

有機金属反応剤との反応では，反応性の高いグリニャール試薬を用いると，生成したケトンにグリニャール試薬がさらに反応して，第三級アルコールが生成する．一方，反応性の低い**ジアルキル銅リチウム反応剤***(lithium dialkylcuprate reagent)を用いると，ケトンを合成することができる．また，活性を低下させたパラジウム触媒による接触還元を行うと，アルデヒドを生成する．これを**ローゼンムント還元**(Rosenmund reduction)という．

* ジアルキル銅リチウム反応剤は2当量のアルキルリチウムと1当量の1価の銅ハロゲン化物との反応で調製される．

$$2\,RLi + CuX \longrightarrow R_2CuLi + LiX$$

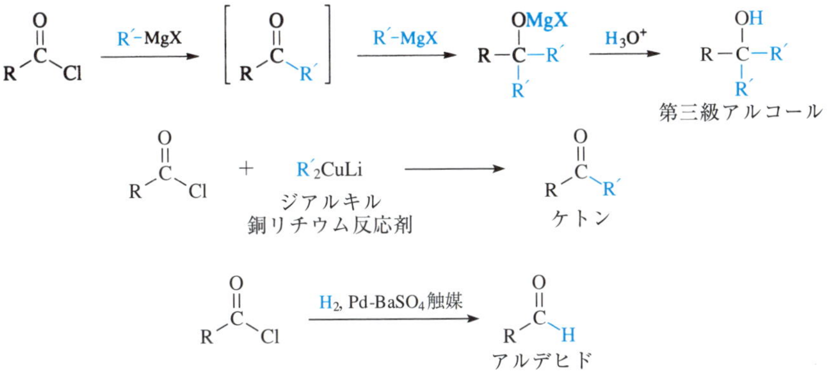

以上のように，酸塩化物はさまざまな化合物と速やかに反応するので，アシル基(RCO–)を導入する反応剤〔**アシル化剤**(acylation reagent)〕として重要である．

9.2.5 酸無水物の合成と反応

酸無水物は酸塩化物より反応性は劣るが，水ともゆっくり反応するなどの適度な反応性をもつので，アシル化剤としてよく用いられる．

(1) 酸無水物の合成

酸塩化物とカルボキシラートアニオンから簡単に酸無水物が生成することは上で述べた．この反応により，非対称な酸無水物(混合酸無水物とも呼ぶ)

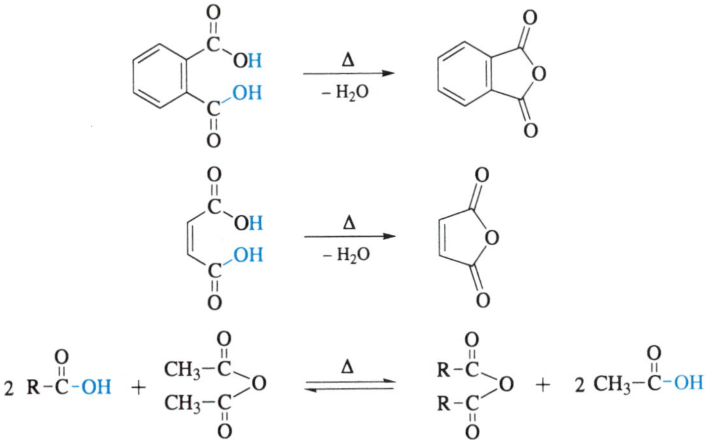

も簡単に合成できる．一方，2当量のカルボン酸から分子間脱水反応により酸無水物を合成する方法は一般的に難しい．しかし，ジカルボン酸の分子内脱水反応による五員環および六員環環式酸無水物の生成は比較的容易に起こる．また，過剰の無水酢酸を用いて，交換反応により酸無水物を合成する方法もある．

（2）酸無水物の反応

酸無水物はアルコールやアミンと温和な条件下で反応して，エステルあるいはアミドを与える*．

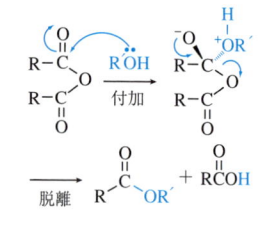

*反応機構は以下のようになる．

$$R-C(=O)-O-C(=O)-R + R'OH \longrightarrow R-C(=O)-OR' + R-C(=O)-OH$$

$$R-C(=O)-O-C(=O)-R + NH_3 (R'NH_2) \longrightarrow R-C(=O)-NH_2 (R-C(=O)-NHR') + R-C(=O)-OH$$

9.2.6 エステルの合成と反応

（1）エステルの合成

上で述べたように，エステルは酸塩化物および酸無水物とアルコールとの反応で容易に合成できる．また，カルボキシラートアニオンによるハロアルカンの求核置換反応（通常は S_N2 反応）によっても合成できる．

$$R-C(=O)-O^-Na^+ + R'-X \xrightarrow{S_N2} R-C(=O)-OR' + NaX$$

酸触媒によるカルボン酸とアルコールからの直接合成は，**フィッシャーエステル合成法**（Fischer ester synthesis）と呼ばれる．この反応は平衡反応であり，エステルを収率よく得るためには，通常は過剰のアルコールを用い，また生成する水を反応系から除く必要がある．

$$R-C(=O)-OH + R'OH \underset{}{\overset{H^+}{\rightleftarrows}} R-C(=O)-OR' + H_2O$$

安息香酸と ^{18}O 同位体で標識したメタノールの反応で，^{18}O はエステルのアルコキシ酸素となり，水には含まれていないことが示され，この実験事実から次の反応機構が支持された．まず，プロトンによりカルボニル基が活性化され，そこに中性求核剤のアルコールが求核攻撃をして付加体が生じる．

ついで，プロトンがアルコキシ基からヒドロキシ基に移動した後，水が脱離してプロトン化されたエステルとなる．最後にプロトンが脱離してエステルとなる．したがって，この反応も最初のカルボニル基へのアルコールの求核付加と，それに続く水の脱離による付加-脱離機構で進行している．

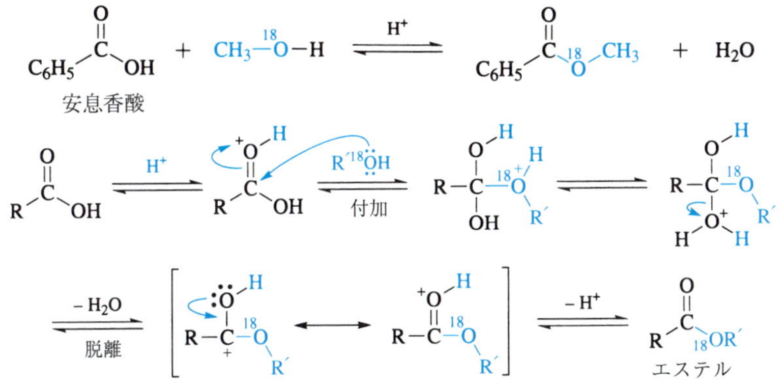

ジアゾメタン

ジアゾメタンは N-ニトロソスルホンアミドのジエチルエーテル溶液をアルカリ水溶液に加えることにより，ジエチルエーテル溶液として得られる．ジアゾメタンは不安定で毒性が高いので，使用時に発生させてただちに用いる．

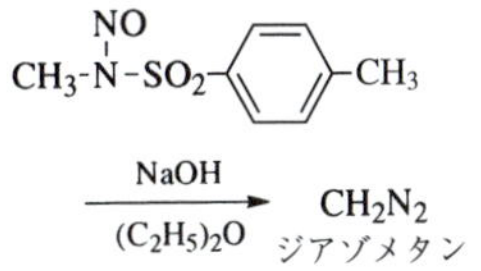

カルボン酸のメチルエステルを合成するための便利な方法として，**ジアゾメタン**[†]（diazomethane）との反応がある．反応は室温で速やかに進行し，カルボン酸とジアゾメタンを混ぜるだけの簡単な方法である．

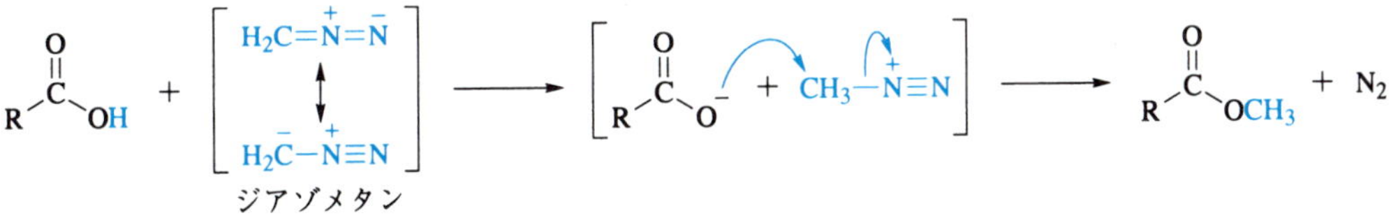

環式骨格のなかにエステル構造をもつ化合物は**ラクトン**（lactone）と呼ばれ，天然には多くのラクトンが存在する．五員環および六員環ラクトン（それぞれ γ- および δ- ラクトンとも呼ばれる）は，相当する 4-ヒドロキシおよび 5-ヒドロキシカルボン酸から容易に合成できる．また，環式ケトンのバイヤー-ビリガー酸化[†]によっても合成できる（**8.3.2** 参照）．

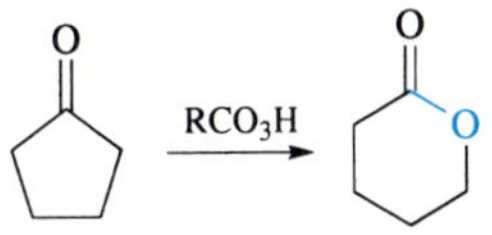

環式ケトンのバイヤー-ビリガー酸化

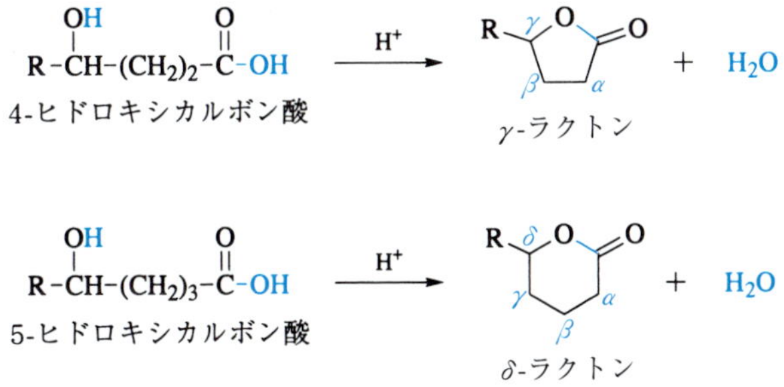

（2）エステルの反応

エステルは酸塩化物や酸無水物と比較して反応性が低いので，中性求核剤との反応を行うためには酸や塩基が必要となる．エステルは酸触媒により加水分解されて，カルボン酸とアルコールを与えるが，これは上で述べたフィッシャーエステル合成の逆反応である．また，アルカリ水溶液によっても加水分解されるが，これは油脂からセッケンをつくる反応であり，**ケン化**（saponification）と呼ばれる．水酸化物イオンがカルボニル基に求核付加した後，アルコキシドイオンが脱離してカルボン酸を生じるが，アルコキシドイオンにただちにプロトンをとられてカルボキシラートアニオンとなる．この過程は非可逆であり，カルボン酸を得るためには，最終的に酸を加えて酸性にする必要がある．

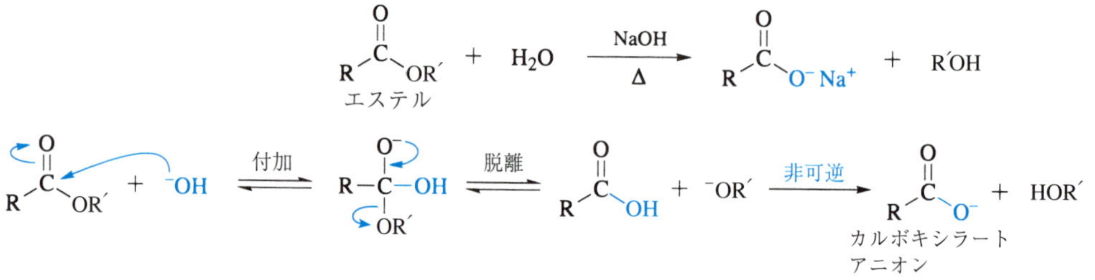

求核性の高いアンモニアはエステルと反応してアミドを生成する．これを**加アンモニア分解**（ammonolysis）と呼ぶ．この反応も付加-脱離機構で進行する．

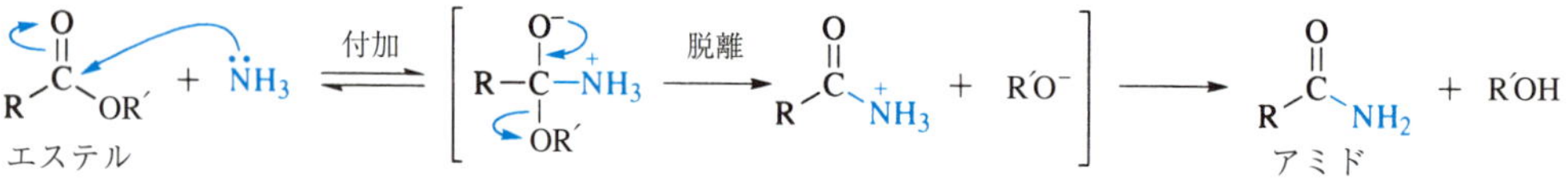

グリニャール試薬や有機リチウム反応剤のような反応性の高い有機金属化合物は，エステルと2当量反応させた後に加水分解すると第三級アルコールを与える．グリニャール試薬がカルボニル基に付加した後，アルコキシドイオンが脱離してケトンが生じる．ケトンはエステルより反応性が高いので，ただちにもう1当量のグリニャール試薬と反応して第三級アルコキシドイオンを生成する．最後に希酸を加えることによって第三級アルコールとなる．

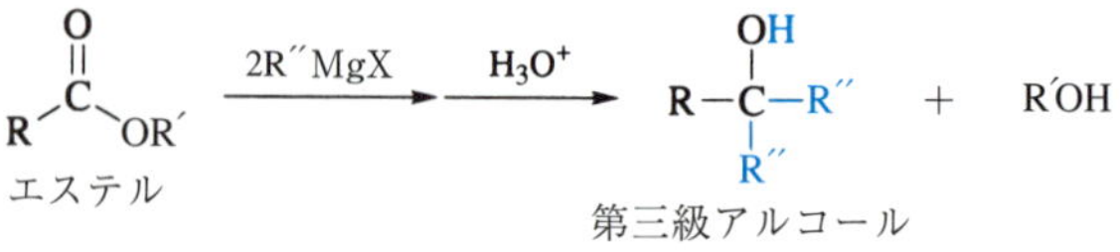

【反応機構】

$$\text{エステル} \quad R-\overset{O}{\underset{}{C}}-OR' + \overset{\delta-\ \delta+}{R''-MgX} \xrightarrow{\text{付加}} R-\overset{O^-MgX^+}{\underset{OR'}{C}}-R'' \xrightarrow{-R'OMgX}_{\text{脱離}}$$

$$\text{ケトン} \quad R-\overset{O}{\underset{}{C}}-R'' + \overset{\delta-\ \delta+}{R''-MgX} \longrightarrow R-\overset{O^-MgX^+}{\underset{R''}{C}}-R'' \xrightarrow{H_3O^+} R-\overset{OH}{\underset{R''}{C}}-R'' \quad \text{第三級アルコール}$$

エステルは,水素化アルミニウムリチウム($LiAlH_4$)により還元した後に加水分解すると第一級アルコールを与える.この反応もグリニャール試薬の反応と同様の経路で進行する.反応性の低い水素化ホウ素ナトリウム($NaBH_4$)は反応しない.

$$R-\overset{O}{\underset{}{C}}-OR' \xrightarrow{LiAlH_4} \xrightarrow{H_3O^+} R-\overset{OH}{\underset{H}{\overset{|}{C}}}-H + R'OH \quad \text{第一級アルコール}$$

9.2.7 アミドの合成と反応

(1) アミドの合成

酸塩化物,酸無水物,そしてエステルからアミドを合成する方法については上で述べた.また,カルボン酸とアミンから生成するアンモニウム塩を高温で加熱してもアミドが生成する.この反応は,ナイロンなどのポリアミド合成繊維をつくるために工業的に利用されている.

$$R-\overset{O}{\underset{}{C}}-OH + RNH_2 \longrightarrow R-\overset{O}{\underset{}{C}}-O^- \ {}^+NH_3R \xrightarrow[200\,℃]{\Delta} R-\overset{O}{\underset{}{C}}-NHR + H_2O$$

カルボン酸　アミン　　　　　　　　　　　　　　　　　　　　　　アミド

環式のアミドを**ラクタム**(lactam)と呼び,γ- および δ-ラクタムは相当する 4- および 5-アミノカルボン酸を加熱して,分子内脱水反応によりそれぞれ合成できる.

β-ラクタム*　　γ-ラクタム　　δ-ラクタム

* β-ラクタムはペニシリンなどの抗生物質の重要な基本骨格である.

(2) アミドの反応

アミドは酸あるいは塩基で加水分解されて,カルボン酸とアミンを生成する.いずれも反応は付加-脱離機構で進行する.

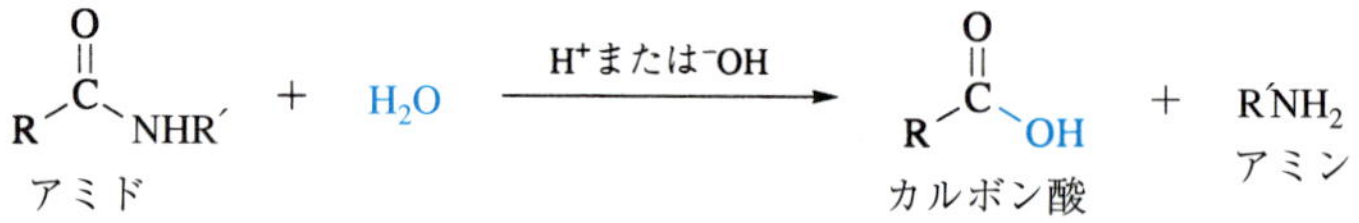

アミド + H$_2$O → カルボン酸 + アミン (H$^+$または$^-$OH)

アミドは水素化アルミニウムリチウムにより還元されてアミンを生成する．水素化ホウ素ナトリウムでは還元されない．

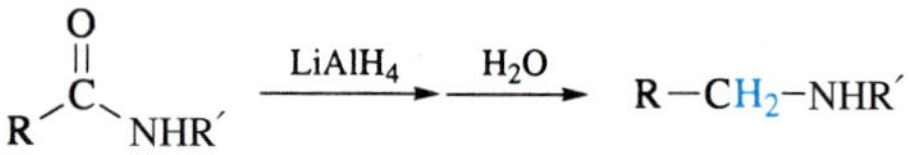

R-CO-NHR' →(LiAlH$_4$)→(H$_2$O) R-CH$_2$-NHR'

9.3 ニトリル

9.3.1 命名法と性質

最後にカルボン酸類縁体として**ニトリル**(nitrile)について述べる．置換命名法では，アルカンの語尾に -nitrile をつけ，位置番号はニトリル基の炭素原子が1となる．接頭語はシアノ(cyano-)である．また，カルボン酸の誘導体とみなして語尾の -ic acid または -oic acid の代わりに -onitrile をつけるか，-carboxylic acid を -carbonitrile に換えて命名することもある．基官能命名法ではアルキル名の後に cyanide をつける(図9.14)．

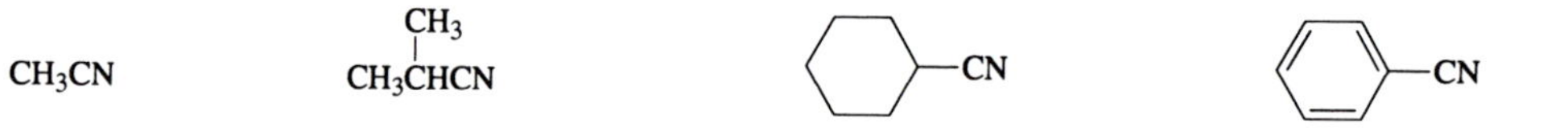

CH$_3$CN
エタンニトリル
(ethanenitrile)
アセトニトリル※
(acetonitrile)

(CH$_3$)$_2$CHCN
2-メチルプロパンニトリル
(2-methylpropanenitrile)
イソプロピルシアニド
(isopropyl cyanide)

シクロヘキサンカルボニトリル
(cyclohexanecarbonitrile)
シクロヘキシルシアニド
(cyclohexyl cyanide)

ベンゼンカルボニトリル
(benzenecarbonitrile)
ベンゾニトリル※
(benzonitrile)

図 9.14 ニトリルの名称
※は IUPAC 規則で認められている慣用名．

ニトリル(シアノ)基(-CN)は窒素原子が負に，炭素原子が正に強く分極しており，電子求引性の強い官能基である．

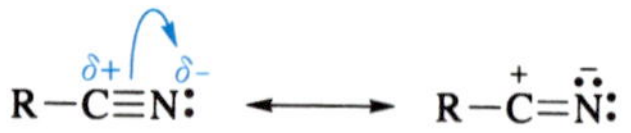

R-C≡N: ($\delta+$, $\delta-$) ⟷ R-C=N: ($+$, $-$)

9.3.2 ニトリルの合成と反応

（1）ニトリルの合成

6章表6.2で示したように，ニトリルはシアン化物イオンによる求核置換反応(S_N2)でハロアルカンから合成できる．また，アミドを塩化チオニル($SOCl_2$)と反応させると分子内脱離反応により，ニトリルが生成する．

$$\text{R}-\text{X} \;+\; \text{NaCN} \xrightarrow{\text{S}_\text{N}2} \text{R}-\text{CN} \;+\; \text{NaX}$$
(X=Br, I) ハロアルカン

$$\underset{\text{R}}{\overset{\text{O}}{\underset{\|}{\text{C}}}}-\text{NH}_2 \;+\; \underset{\text{塩化チオニル}}{\text{SOCl}_2} \xrightarrow{-\text{HCl}} \left[\text{中間体} \right] \xrightarrow{-\text{HCl}} \underset{\text{ニトリル}}{\text{R}-\text{CN}} \;+\; \text{SO}_2 \;+\; 2\,\text{HCl}$$

（2）ニトリルの反応

前ページで述べたように，ニトリル基(–CN)はカルボニル基と同様の分極をしているので，炭素原子は電子不足であり，求核剤との反応が起こる．

$$\text{R}-\text{C}\equiv\text{N} \;+\; :\!\text{Nu}^- \longrightarrow \text{R}-\overset{\text{Nu}}{\underset{\|}{\text{C}}}=\text{N}^-$$

ニトリルは，酸あるいは塩基を用いて加水分解するとカルボン酸を与える．反応は途中にアミドの中間生成物を経由して進行している．

$$\text{R}-\text{CN} \xrightarrow[\text{H}_2\text{O},\,\Delta]{\text{H}^+\text{ または }^-\text{OH}} \left[\underset{\text{R}}{\overset{\text{O}}{\underset{\|}{\text{C}}}}-\text{NH}_2 \right] \longrightarrow \underset{\text{R}}{\overset{\text{O}}{\underset{\|}{\text{C}}}}-\text{OH}$$

ニトリルを水素化アルミニウムリチウムで還元すると第一級アミンを生成する．水素化ホウ素ナトリウムでは還元されない．

$$\text{R}-\text{CN} \xrightarrow{\text{LiAlH}_4} \xrightarrow{\text{H}_2\text{O}} \text{R}-\text{CH}_2\text{NH}_2$$

グリニャール試薬はニトリルの炭素原子に求核付加をして，金属イミン生成物を生じ，反応はここで停止する．最後に水を加えると，イミンを経てケトンを生成する．この反応はケトンを合成する便利な方法である．

$$\underset{\text{ニトリル}}{\text{R}-\text{C}\equiv\text{N}} \;\xrightarrow{\overset{\delta-}{\text{R}'}-\overset{\delta+}{\text{MgX}}}\; \left[\underset{\text{R}}{\overset{\text{N}^-\text{MgX}^+}{\underset{\|}{\text{C}}}}-\text{R}' \right] \xrightarrow{\text{H}_2\text{O}} \underset{\text{イミン}}{\overset{\text{N}-\text{H}}{\underset{\|}{\text{C}}}} \longrightarrow \underset{\text{ケトン}}{\overset{\text{O}}{\underset{\|}{\text{C}}}}$$

9.4 ラクタムの合成

9.4.1 ベックマン転位反応

ラクタムを合成する便利な方法に**ベックマン転位反応**（Beckmann rearrangement）がある．たとえば，シクロヘキサノンとヒドロキシルアミンから生じるオキシムを硫酸と加熱すると環拡大が起こり，七員環のラクタム（ε-カプロラクタム）が生成する．ε-カプロラクタムはナイロンの原料として重要である（次ページ図参照）．

発展項目

$$\text{シクロヘキサノン} + H_2N-OH \text{(ヒドロキシルアミン)} \rightleftharpoons \text{オキシム} + H_2O$$

$$\text{オキシム} \xrightarrow[\Delta]{H_2SO_4} [\cdots] \xrightarrow{-H_2O} [\cdots] \xrightarrow[-H^+]{:OH_2} [\cdots] \rightarrow \varepsilon\text{-カプロラクタム}$$

（＊はオキシムで窒素原子と二重結合していた炭素原子を示す）

■ **Key Word** ■

【基礎】□カルボン酸の二量体構造 □酸性度 □カルボキシラートアニオンの共鳴安定化 □分子内水素結合 □β-ケトカルボン酸の脱炭酸反応 □カルボン酸誘導体の反応性 □エステル □アミド □酸ハロゲン化物 □酸無水物 □付加-脱離機構 □求核アシル置換反応 □酸塩化物 □アシル化剤 □フィッシャー エステル合成法 □ジアゾメタン □ラクトン □ケン化 □加アンモニア分解 □有機金属化合物との反応 □金属水素化物によるヒドリド還元 □ラクタム □ニトリル □ニトリルの求核付加反応

【発展】□ベックマン転位反応

章末問題

1. 次の化合物を命名せよ．

   (a) $\underset{\underset{C_6H_5}{|}}{CH_3CHCH_2COOH}$

   (b) $\underset{\underset{OH}{|}\ \underset{Br}{|}}{ClCH_2CHCH_2CHCOOH}$

   (c) $CH_3CH=CHCH_2CH_2COOH$

   (d) 3-メチル-シクロヘキセン-カルボン酸 (H₃C置換シクロヘキセンCOOH)

   (e) $CH_3C\equiv CCH_2CH_2CH_2COOH$

   (f) $O=$シクロヘキサン$-COOH$

   (g) $CH_3CO-\bigcirc-COOH$ (p-位)

   (h) $HOOC-$シクロヘキサン$-COOH$

2. 次の各組の化合物を酸性度の高い順番に構造式を書いて並べよ．

   (a) プロパン酸, 3-クロロプロパン酸, 2,2-ジメチルプロパン酸, 2-クロロプロパン酸, 2-フルオロプロパン酸

   (b) p-ブロモ安息香酸, 安息香酸, p-イソプロピル安息香酸, フタル酸, テレフタル酸(1,4-ベンゼンジカルボン酸)

3. 炭酸の pK_a は 6.4 である．次の化合物にそれぞれ炭酸水素ナトリウムを加えると，どのような反応が起こるか，または起こらないか，平衡式を書いて説明せよ．
   (a) 安息香酸　　(b) フェノール
   (c) 2,4-ジニトロフェノール(pK_a = 4.1)
   (d) シクロヘキサノール

4. マレイン酸は pK_{a1} = 1.9（第一酸解離定数）と pK_{a2} = 6.2（第二酸解離定数）の二つの解離定数をもつ．一方，フマル酸では pK_{a1} = 3.0 と pK_{a2} = 4.4 である．pK_{a1} はマレイン酸のほうが小さいのに対して，pK_{a2} はフマル酸のほうが小さい理由について説明せよ．

5. 次の反応における生成物の構造式を示せ．

   (a) ブロモベンゼン $\xrightarrow[\text{エーテル}]{\text{Mg}}$ **A** $\xrightarrow{\text{CO}_2}$ $\xrightarrow{\text{H}_3\text{O}^+}$ **B**

   (b) 臭化ベンジル $\xrightarrow[\text{DMSO}]{\text{KCN}}$ **C** $\xrightarrow[\text{H}^+]{\text{H}_2\text{O}}$ **D** $\xrightarrow{\text{LiAlH}_4}$
   $\xrightarrow{\text{H}_3\text{O}^+}$ **E**

   (c) テレフタル酸 $\xrightarrow{\text{BH}_3}$ $\xrightarrow{\text{H}_3\text{O}^+}$ **F**

   (d) ベンゾイル酢酸 $\xrightarrow{\Delta}$ **G**

6. 次の化合物を命名せよ．

   (a) $CH_3CH_2CH_2COOCH(CH_3)_2$

   (b) Br–C$_6$H$_4$–COOC(CH$_3$)$_3$

   (c) $CH_3OCOCH_2CH_2COOCH_3$

   (d) オルト-二置換ベンゼン (COOC$_6$H$_5$, COOCH$_3$)

   (e) シクロヘキシル-CONH$_2$　　(f) C$_6$H$_5$-CONHCH$_2$CH$_3$

   (g) $CH_3CH_2CH(CH_3)CH_2CH_2COCl$　　(h) $ClCOCH_2COCl$

   (i) ヘキサヒドロフタル酸無水物

   (j) $H_3C-CO-O-CO-CH_2CH_3$

   (k) $CH_3CHBrCH_2CN$

   (l) オルト-二置換ベンゼン (COOH, CN)

7. 次の化合物を求核剤に対する反応性の高い順番に構造式を書いて並べよ．
   塩化シクロヘキサンカルボニル，アセトフェノン，塩化ベンゾイル，安息香酸無水物，N-メチルベンズアミド，安息香酸メチル

8. 塩化ベンゾイルに対して次の反応を行った．生成物の構造を示せ．
   (a) 水　　(b) エタノール
   (c) 酢酸ナトリウム　　(d) ジメチルアミン（過剰）
   (e) 臭化フェニルマグネシウム（過剰）
   (f) ジメチル銅リチウム

9. 安息香酸フェニルをナトリウムエトキシドと反応させた．生成物と反応機構を示せ．

10. 次の反応における生成物の構造式を示せ．

    (a) プロパン酸 $\xrightarrow{\text{SOCl}_2}$ **A** $\xrightarrow[\text{（過剰）}]{\text{NH}_3}$ **B** $\xrightarrow{\text{SOCl}_2}$ **C**

    (b) ペンタン二酸 $\xrightarrow[\Delta]{\text{無水酢酸}}$ **D** $\xrightarrow{\text{CH}_3\text{NH}_2}$ **E**
    $\xrightarrow{\text{CH}_2\text{N}_2}$ **F** $\xrightarrow{\text{LiAlH}_4}$ $\xrightarrow{\text{H}_2\text{O}}$ **G**

    (c) 4-ホルミル安息香酸エチル $\xrightarrow{\text{NaBH}_4}$ $\xrightarrow{\text{H}_3\text{O}^+}$ **H**
    $\xrightarrow[\text{ピリジン}]{\text{TsCl}}$ $\xrightarrow{\text{NaCN}}$ **I** $\xrightarrow[\text{（過剰）}]{\text{C}_6\text{H}_5\text{MgBr}}$ $\xrightarrow{\text{H}_3\text{O}^+}$ **J**

有機化学のトピックス

合成高分子と生分解性プラスチック

プラスチックや合成繊維などの合成高分子は現代のわれわれの生活になくてはならないものとなっている．ポリアミドであるナイロンはカロザースによって発明され，現在ではアジピン酸とヘキサメチレンジアミンの縮合重合（縮合反応による重合，ここではカルボン酸とアミンから脱水反応によりアミド結合が生じて重合する）により生成するナイロン66と，ε-カプロラクタムの開環重合（環の開裂反応を伴う重合，ここでは七員環のC−N結合が切れて開環し重合する）により生成するナイロン6が合成繊維として広く用いられている．

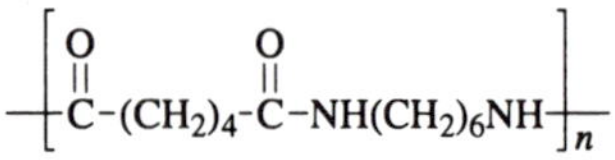

テレフタル酸とp-ジアミノベンゼン（あるいはイソフタル酸とm-ジアミノベンゼン）の縮合重合で得られるポリアミド（商品名ケブラーあるいはノーメックス）は，高強度，難燃性のアラミド繊維である．一方，テレフタル酸ジメチルとエチレングリコールの縮合重合により合成されるポリエステルのポリエチレンテレフタレート（PET）は，合成繊維，テープや容器などに広く使われている．しかし，ポリエチレンやポリスチレンなど，ほかの合成高分子を含め，廃棄物の処理やリサイクルが環境保全の観点から重要な課題となっている．

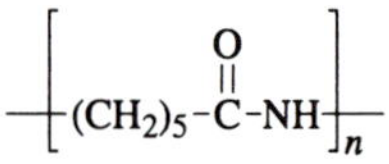

ある種の微生物が(R)-3-ヒドロキシブタン酸の高分子量のポリエステルを生合成し，エネルギー貯蔵物質として体内に蓄えており，必要に応じて分解，利用していることが知られている．このようなポリエステルは地中に埋めておくと微生物により分解されるので，環境保全に適した生分解性プラスチックとして注目を集めている．その他，いくつかのポリエステル（ポリグリコール酸やポリ乳酸）が生分解されることがわかっており，そのうちのいくつかは商品化されている．しかしながら，分解すると二酸化炭素をだすことや再利用などには向かないなどの問題がある．

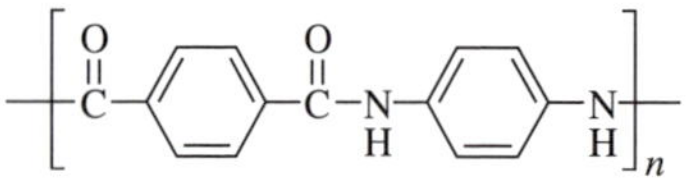

ナイロン66

ナイロン6

（ケブラー） 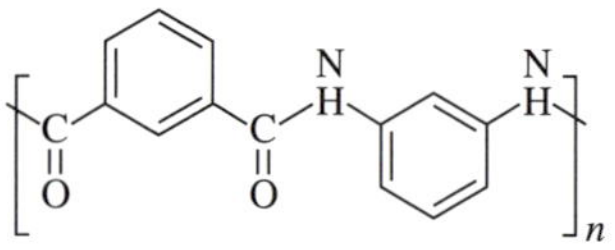　（ノーメックス）
アラミド繊維

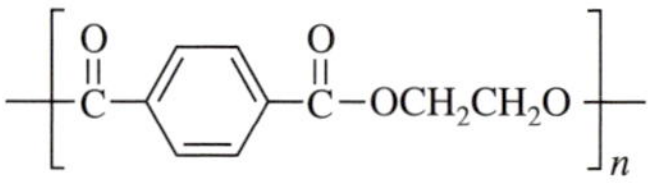

PET

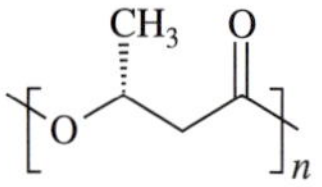

［ポリ(3-ヒドロキシブチレート)］ 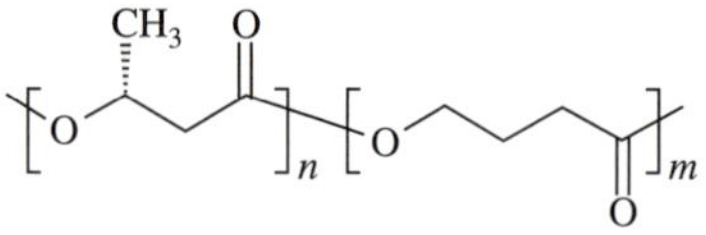　［ポリ(3-ヒドロキシブチレート-co-4-ヒドロキシブチレート)］

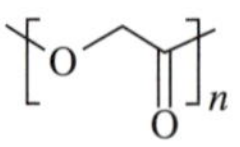

（ポリグリコール酸） 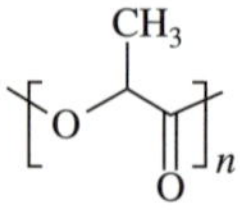　（ポリ乳酸）

生分解性ポリエステル

10 カルボニル化合物の もう一つの性質と反応性

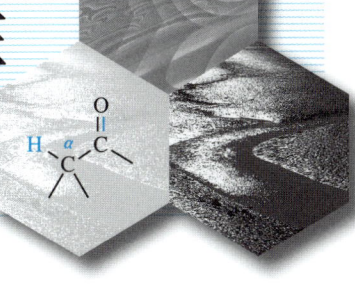

【この章の目標】

電子不足のカルボニル炭素に求核付加反応が起こることは 8, 9 章で学んだ. 本章では, カルボニル化合物が示すもう一つの重要な性質と反応性について理解する. カルボニル基が置換した炭素原子(α炭素)に水素原子(α水素)が結合しているときには, ケト形とエノール形の平衡がある. この構造異性は互変異性と呼ばれ, カルボニル化合物の反応性を考えるうえでたいへん重要である. このケト-エノール互変異性は酸あるいは塩基によって触媒される. α水素が脱プロトン化して生じるエノラートアニオンはカルボニル基との共鳴により安定化されるため, α水素は通常の C–H 結合よりはるかに酸性度が高くなることを理解する必要がある. また, 塩基の作用により生じたエノラートアニオンが引き起こす多くの重要な有機反応(アルドール反応, 縮合反応, 1,4-付加反応など)について学ぶ.

10.1 ケト-エノール互変異性

カルボニル基の隣の炭素原子(α炭素)上に水素原子(α水素)をもつアルデヒド, ケトン, エステルなどは, 実際には, カルボニル構造をもつ**ケト**(keto)**形**と, α水素が酸素原子に移動して生じるアルケン構造をもつ**エノー**

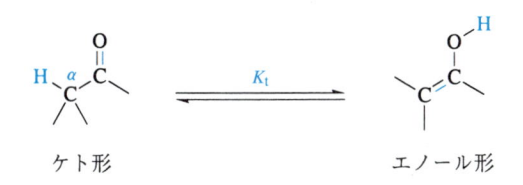

図 10.1 ケト-エノールの互変異性

ル(enol, ene + ol)形の平衡混合物として存在する(図10.1).このような構造異性を**互変異性**(tautomerism)と呼び,異性体を**互変異性体**(tautomer)という.

いくつかのカルボニル化合物のケト形とエノール形の平衡定数(K_t)を下に示す.単純なアルデヒドやケトンはほとんどケト形で存在する.一方,カルボニル基ではさまれたメチレン基では,エノール形が六員環構造の分子内水素結合を生成するとともに共役系となるので安定化して,エノール形の割合がケト形よりも3倍以上多くなる.さらに,フェノールでは芳香族性を失うために,ケト形はほとんど存在しない.

ケト-エノールの平衡は,酸あるいは塩基によって触媒される.酸触媒ではプロトンがカルボニル基に付加した後,α水素が脱離してエノール形となる.一方,塩基触媒ではカルボニル基の電子求引性により正に分極したα水素が引き抜かれカルボアニオンを生じ,これはカルボニル基との共鳴により安定化する.このアニオンを**エノラートアニオン**(enolate anion)という.エノラートアニオンの酸素原子にプロトンが付加してエノール形となる.

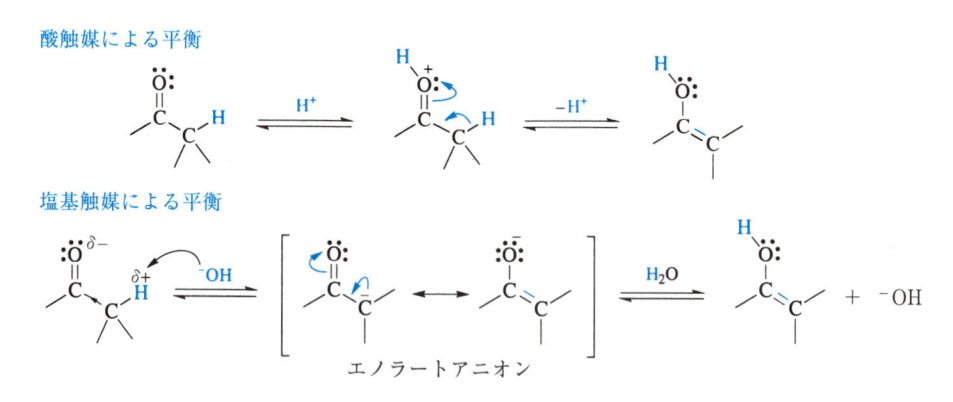

* 炭素原子からプロトンが離れるので**炭素酸**(carbon acid)ともいう.もちろん,無機酸やカルボン酸に比べればはるかに弱酸である.

10.2　α水素の酸性度とエノラートアニオンの生成

上で述べたように,カルボニル基のα水素は通常のC-H結合に比べてはるかに酸性度が高い*.いくつかの例を表10.1に示す.

10.2 α水素の酸性度とエノラートアニオンの生成

表 10.1 さまざまな有機化合物の pK_a 値

構造式	pK_a	構造式	pK_a
H−CH$_2$CON(CH$_3$)$_2$	30	CH$_3$−CH$_2$−**H**	50
H−CH$_2$COOCH$_3$	25	CH$_2$=CH−**H**	44
H−CH$_2$CN	25	CH≡C−**H**	25
H−CH$_2$COCH$_3$	20	C$_2$H$_5$O−**H**	16
H−CH$_2$CHO	17	(HO−**H**	15.7)
H−CH(COOC$_2$H$_5$)$_2$	13	C$_6$H$_5$O−**H**	10.0
H−CH$_2$NO$_2$	12	CH$_3$COO−**H**	4.8
H−CH(CN)$_2$	11		
H−CH(COOC$_2$H$_5$)(COCH$_3$)	11		
H−CH(COCH$_3$)$_2$	9		

表からわかるように，単純なアルデヒドやケトンは，末端アルキンに比較してかなり酸性度が高い[*1]．しかし，水やアルコールと比較すれば弱酸である．一方，二つのカルボニル基ではさまれたメチレン基の水素の酸性度は，水やアルコールよりも高くなる[*2]．以上のことから，水酸化ナトリウムやナトリウムアルコキシドのような塩基を用いた場合，単純なアルデヒドやケトンでは，ほんのわずかしかエノラートアニオンが生成しないが，一方，活性メチレン化合物ではほぼ100％エノラートアニオンが生成することがわかる．

$$CH_3COCH_3 \ (pK_a = 20) + NaOH \rightleftharpoons CH_3C(O^-Na^+)=CH_2 \ (pK_a = 15.7) + H_2O$$
わずかに存在する

$$CH_3COCH_2COCH_3 \ (pK_a = 9) + NaOH \rightleftharpoons CH_3C(O)=C(O^-Na^+)CH_3 + H_2O$$
ほぼ100％存在する

単純なアルデヒドやケトンにおいてわずかな割合でしか存在しないエノラートやエノラートアニオンが，反応で重要な役割を果たしていることは多くの実験事実からわかっている．たとえば，重水酸化ナトリウム（NaOD）を溶かした重水にアセトンを加えると，アセトンのメチル基が重水素化される．さらに，大過剰の重水とともに放置すれば，メチル基がすべて重水素化される．これはエノラートアニオンを経由して水素と重水素が交換するためである．

[*1] たとえば，末端アルキンのアセチレン（**H**−C≡CH, $pK_a' = 25$）と単純なケトンであるアセトン（**H**−CH$_2$COCH$_3$, $pK_a'' = 20$）との酸性度を比較すると，p.22 の式より以下のようになる．
$pK_a' = -\log K_a' = 25$ (1)
$pK_a'' = -\log K_a'' = 20$ (2)
(1) − (2) とすると，
$5 = \log K_a'' - \log K_a'$
$= \log \dfrac{K_a''}{K_a'}$
$\dfrac{K_a''}{K_a'} = 10^5 \quad \therefore K_a'' = 10^5 K_a'$
となる．すなわち，アセトンは末端アルキンより10万倍酸性度が高いことになる．アルデヒドについては自分で計算してみよ．

[*2] 水やアルコールよりも酸性度の高いメチレン基を**活性メチレン基**（active methylene group）と呼ぶ．

10章 カルボニル化合物のもう一つの性質と反応性

$$\text{CH}_3\text{COCH}_3 \xrightarrow[\text{D}_2\text{O}(大過剰)]{\text{NaOD}} \text{CD}_3\text{COCD}_3$$

アセトン

$$\text{CH}_3\text{COCH}_3 \xrightleftharpoons{^-\text{OD}} \text{CH}_3\text{C}(\text{O}^-)=\text{CH}_2 \xrightleftharpoons{\text{D}_2\text{O}} \text{CH}_3\text{C}(\text{OD})=\text{CH}_2 \rightleftharpoons \text{CH}_3\text{COCH}_2\text{D} \longrightarrow \text{CD}_3\text{COCD}_3$$

また，酢酸中でアセトンに臭素を反応させると，α-ブロモアセトンが生成する．この反応は酸触媒により生成したエノールに対して臭素が求電子付加して進行している．

$$\text{CH}_3\text{COCH}_3 \xrightarrow[\text{CH}_3\text{COOH}]{\text{Br}_2} \left[\text{CH}_3\text{C}(\text{OH})=\text{CH}_2 \xrightarrow{\text{Br}-\text{Br}} \text{CH}_3\text{C}(\text{OH}^+)\text{CH}_2\text{Br} \right] \xrightarrow{-\text{H}^+} \text{CH}_3\text{COCH}_2\text{Br}$$

α-ブロモアセトン

10.3 エノラートアニオンの反応

10.3.1 アルドール反応

アセトアルデヒドと希水酸化ナトリウム水溶液を混合して放置すると，2分子のアセトアルデヒドが反応して，**アルドール**(aldol)と呼ばれる3-ヒドロキシブタナールが生成する．この反応を**アルドール反応**(aldol reaction)と呼び，エノラートアニオンが反応活性種として重要な役割を果たしている．

$$2\ \text{H}_3\text{C-CHO} \xrightleftharpoons{\text{NaOH}/\text{H}_2\text{O}} \text{H}_3\text{C-CH(OH)-CH}_2\text{-CHO}$$

アルドール
(3-ヒドロキシブタナール)

この反応では，まず塩基によりアセトアルデヒドのα水素が引き抜かれ，エノラートアニオンがわずかながら生成する．生じたエノラートアニオンは多量に残っているアセトアルデヒドに求核付加をする．最後にアルコキシドイオンが溶媒からプロトンを引き抜いて塩基を再生して反応は完結する．

$$\text{H}_3\text{C-CHO} + {}^-\text{OH} \rightleftharpoons \text{H}_2\text{C=CH-O}^- + \text{H}_2\text{O}$$

$$\text{H}_3\text{C-CHO} + \text{H}_2\text{C=CH-O}^- \rightleftharpoons \text{H}_3\text{C-CH(O}^-)\text{-CH}_2\text{-CHO}$$

$$\text{H}_3\text{C-CH(O}^-)\text{-CH}_2\text{-CHO} + \text{H}_2\text{O} \rightleftharpoons \text{H}_3\text{C-CH(OH)-CH}_2\text{-CHO} + {}^-\text{OH}$$

生成したアルドールを塩基性あるいは酸性条件下で加熱すると、脱水反応を起こし2-ブテナールを生成する。二重結合はカルボニル基と共役するために、脱水反応は速やかに進行する[*1]。

*1 アルドール反応では脱水反応まで進行することがしばしばあるので、**アルドール縮合**(aldol condensation)とも呼ばれる。

$$CH_3-CH(OH)-CH_2-C(=O)-H \xrightarrow[\Delta]{^-OH または H^+} CH_3CH=CHCHO + H_2O$$
2-ブテナール

アルドール反応は平衡反応なので、生成物が出発物質よりも安定であることが必要となる。したがって、アルデヒドに比べて立体障害の大きいケトンではアルドール反応は起こりにくく、実験操作に特別な工夫が必要である[*2]。

*2 固体のアルカリ触媒を用いてケトンを通過させたときに反応を起こさせ、ただちにアルカリ触媒から分離させることにより、ゆっくりとアルドール反応を進行させる合成方法もある。

$$2\ H_3C-C(=O)-CH_3 \xleftarrow{^-OH} H_3C-C(OH)(CH_3)-CH_2-C(=O)-CH_3$$

10.3.2 交差(混合)アルドール反応

二種類のアルデヒドやケトンのアルドール反応を**交差アルドール反応**〔crossed aldol reaction, **混合アルドール反応**(mixed aldol reaction)ともいう〕と呼ぶ。しかし、単純に二種類のアルデヒドを混ぜて反応を行うと、四種類のアルドールが生成する可能性がある。

$$R^1CH_2CHO + R^2CH_2CHO \xrightarrow{^-OH}$$

$$R^1CH_2-CH(OH)-CH(R^1)-CHO + R^1CH_2-CH(OH)-CH(R^2)-CHO + R^2CH_2-CH(OH)-CH(R^1)-CHO + R^2CH_2-CH(OH)-CH(R^2)-CHO$$

一種類のアルドールを選択的に得るためには、カルボニル化合物の組合せに工夫が必要である。一方のカルボニル化合物は α 水素をもたないが求核付加を受けやすく、他方は α 水素をもつが求核付加を受けにくい場合に、交差アルドール反応は最もうまく進行する。たとえば、ホルムアルデヒドとアセトンの反応ではアセトンのすべての α 水素が反応する。

$$6\ H-C(=O)-H + H_3C-C(=O)-CH_3 \xrightarrow{^-OH} (HOCH_2)_3C-C(=O)-C(CH_2OH)_3$$

α 水素なし　　　α 水素あり
求核付加を　　　求核付加を
受けやすい　　　受けにくい

シナモンの芳香成分であるケイ皮アルデヒドは、アセトアルデヒドとベンズアルデヒドの交差アルドール反応によって簡単に得られる。アセトアルデ

ヒドどうしのアルドール反応を抑えるためには，ベンズアルデヒドと水酸化ナトリウムの混合液にアセトアルデヒドをゆっくり加えるという実験操作が必要である．

PhCHO + CH₃CHO ⇌(⁻OH) Ph-CH(OH)-CH₂-CHO →(Δ, −H₂O) Ph-CH=CH-CHO

ベンズアルデヒド　アセトアルデヒド　　　　　　　　　　　　　　　ケイ皮アルデヒド

10.3.3 分子内アルドール縮合——環式化合物の生成

分子内の適当な位置に二つのカルボニル基をもつ化合物は，**分子内アルドール縮合**(intramolecular aldol condensation)を行って環式化合物を生成する．五員環および六員環化合物を生成するときに反応は最も速やかに進行する．反応は熱力学的に最も安定な化合物を生成するように進行し，たとえば2,5-ヘキサンジオンは五員環を，2,6-ヘプタンジオンは六員環化合物を与える．

2,5-ヘキサンジオン → 五員環（3-メチル-2-シクロペンテノン）

2,6-ヘプタンジオン → 六員環（3-メチル-2-シクロヘキセノン）

発展項目

10.4 エノラートアニオンおよびエナミンが関与するそのほかの重要な反応

10.4.1 エノラートアニオンのアルキル化反応

エノラートアニオンは，共鳴構造式から推察できるように，両端の炭素と酸素で求電子剤と反応できる*．どちらの原子で反応するかは求電子剤の性質によって決まるが，ハロアルカンやスルホン酸エステルのような炭素求電子剤の場合には，炭素原子と反応して α 置換誘導体が生成する．一方，プロトン（水）やクロロトリメチルシラン〔ClSi(CH₃)₃〕のような場合には，酸素原子と反応してエノール誘導体を与える（プロトンの場合には互変異性によりケト形に戻る）．

* このように二カ所以上の反応点をもつイオンを**アンビデントイオン**(ambident ion)と呼ぶ．

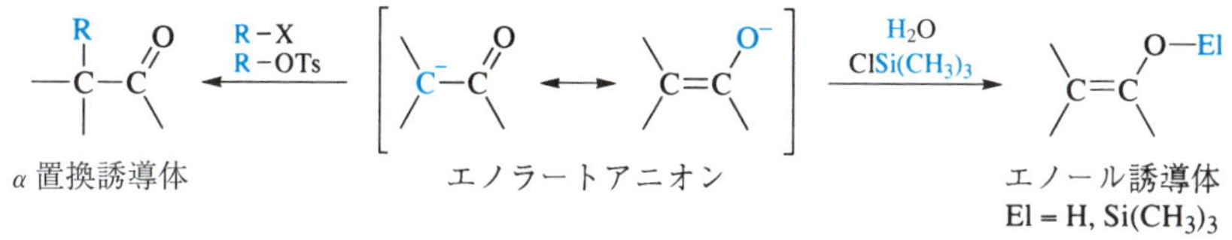

10.4 エノラートアニオンおよびエナミンが関与するそのほかの重要な反応

上で述べたように，単純なアルデヒドやケトンは水酸化ナトリウムやアルコキシドイオンを用いてもほんのわずかしかエノラートアニオンを生成しない．完全にエノラートアニオンを生成するためには，強塩基を用いる必要がある．一般によく使われているのは，求核性が乏しいリチウムアミドである．たとえば，ジイソプロピルアミン ($pK_a = 38$) にブチルリチウムを反応させると，強塩基の**リチウムジイソプロピルアミド***（LDA, lithium diisopropylamide）が生成する（11.1.3 参照）．LDA を用いると，アルデヒドやケトンからエノラートアニオンがほぼ100%生成する．次にハロアルカンやスルホン酸エステルを加えると，求核置換反応により α アルキル化カルボニル化合物が生成する．

* LDA は立体障害も大きいのでさらに求核性が減少する．

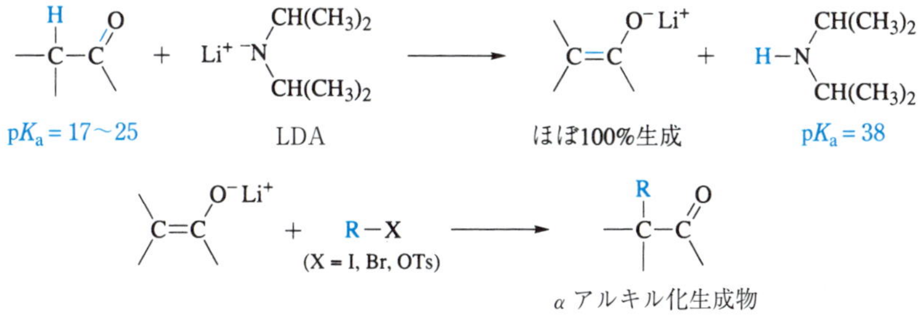

一方，活性メチレン化合物は水酸化ナトリウムやアルコキシドイオンを用いてもほぼ完全にエノラートアニオンを生成するので，それに続くハロアルカンやスルホン酸エステルとの求核置換反応により，α アルキル化カルボニル化合物が生成する．

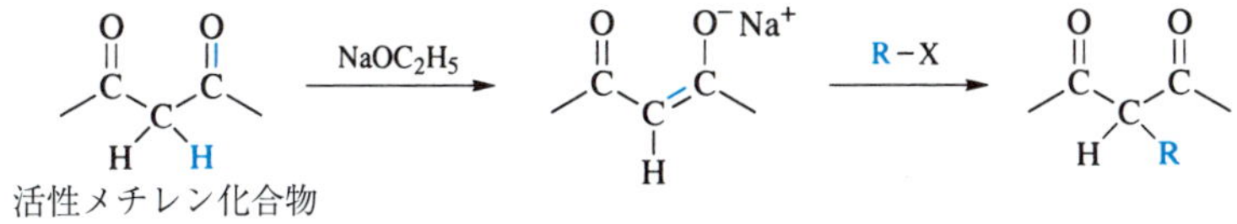

10.4.2 クライゼン縮合とディークマン縮合──エステルエノラートアニオンの反応

α 水素をもつエステルは塩基性条件下でエステルエノラートアニオンを生じて，アルドール反応と同様な C–C 結合生成反応を行う．この反応を**クライゼン縮合**（Claisen condensation）と呼ぶ．たとえば，酢酸エチルをナトリ

ウムエトキシドを用いて反応させると，希酸処理の後にアセト酢酢エチルが生成する．

$$2\ H_3C-\underset{\substack{\|\\O}}{C}-O-C_2H_5 \xrightarrow[C_2H_5OH]{NaOC_2H_5} \xrightarrow{H_3O^+} H_3C-\underset{\substack{\|\\O}}{C}-CH_2-\underset{\substack{\|\\O}}{C}-O-C_2H_5$$

酢酸エチル　　　　　　　　　　　　　　　アセト酢酸エチル

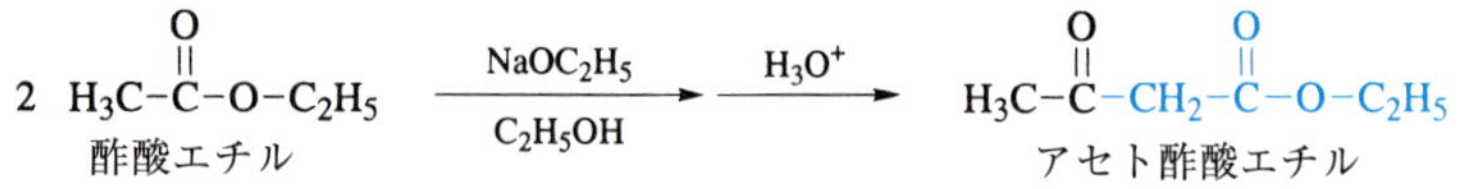

上記の反応は次のようにして進行する．まず，塩基が酢酸エチルの α 水素を引き抜いて，少量ではあるがエノラートアニオンが生成する．エノラートアニオンはまわりに存在する酢酸エチルに対して求核付加を行い，それに続くエトキシドアニオン($^-OC_2H_5$)の脱離によりアセト酢酸エチルがいったん生成する．ここまでは平衡反応である．アセト酢酸エチルの活性メチレン基はアルコールよりもはるかに酸性度が高いので，副生成物のエトキシドアニオンによりただちに脱プロトン化され，ほぼ完全にアセト酢酸エチルのエノラートアニオンとエタノールとなる．このため，ナトリウムエトキシドは等量必要になる．最後に希酸を加えることによって，アセト酢酸エチルに戻る．

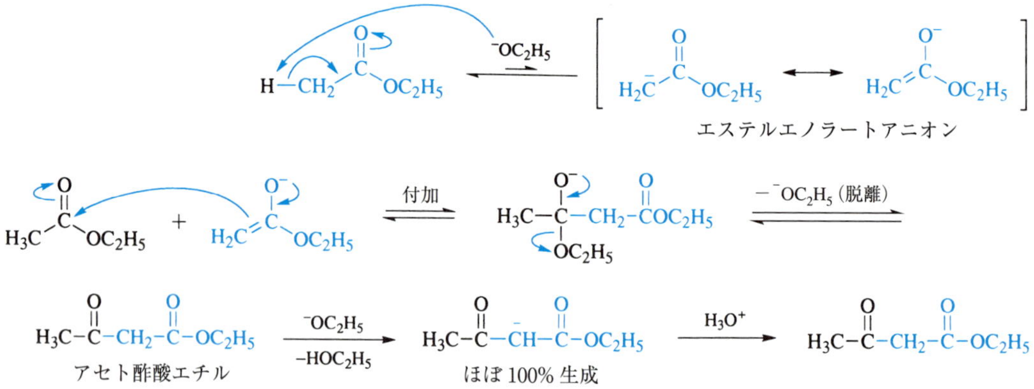

交差アルドール反応に類似した二種の異なるエステル間の**交差(混合)クライゼン縮合**〔crossed(mixed) Claisen condensation〕は，一方のエステルが α 水素をもたず，エノラートアニオンを生成しないときに，一つの縮合生成物を収率よく与える．たとえば，酢酸エチルと安息香酸エチルの反応でベンゾイル酢酸エチルが収率よく得られる．

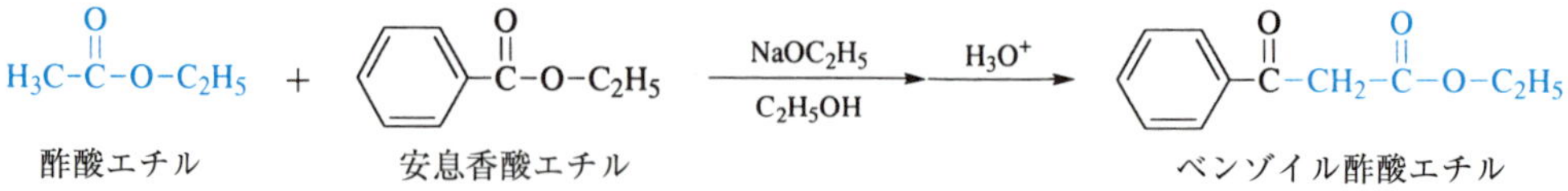

$$H_3C-\underset{\substack{\|\\O}}{C}-O-C_2H_5\ +\ Ph-\underset{\substack{\|\\O}}{C}-O-C_2H_5 \xrightarrow[C_2H_5OH]{NaOC_2H_5} \xrightarrow{H_3O^+} Ph-\underset{\substack{\|\\O}}{C}-CH_2-\underset{\substack{\|\\O}}{C}-O-C_2H_5$$

酢酸エチル　　　安息香酸エチル　　　　　　　　　　　　ベンゾイル酢酸エチル

ジエステルを用いると，**ディークマン縮合**(Dieckmann condensation)と呼ばれる分子内クライゼン縮合が起こる．五員環ならびに六員環を形成する

ときに反応はうまく進行する．たとえば，ヘキサン二酸ジメチル（アジピン酸ジメチル）からは五員環生成物が，ヘプタン二酸ジエチルからは六員環生成物が得られる．

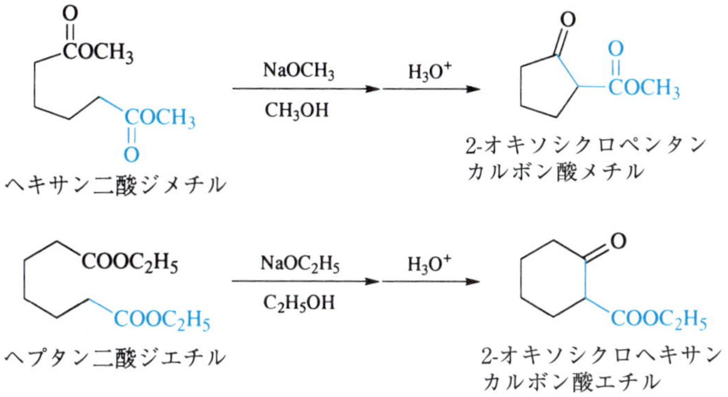

ヘキサン二酸ジメチル → (NaOCH₃/CH₃OH, H₃O⁺) → 2-オキソシクロペンタンカルボン酸メチル

ヘプタン二酸ジエチル → (NaOC₂H₅/C₂H₅OH, H₃O⁺) → 2-オキソシクロヘキサンカルボン酸エチル

10.4.3 アセト酢酸エステル合成とマロン酸エステル合成

10.4.2 で述べたように，活性メチレン基をもつアセト酢酸エチルをアルコキシドイオンと反応させると，エノラートアニオンがほぼ100％生じるので，ハロアルカンのような求電子剤に対して求核置換反応を行うことができ，アルキル化されたアセト酢酸エチルが生成する．残っているもう一つの活性水素を同様にしてさらにアルキル化することも可能である．次に酸性条件下でエステルを加水分解すると β-ケトカルボン酸となる．9.1.5 に述べたように，β-ケトカルボン酸は加熱すると容易に脱炭酸してケトンが生成する．これら一連の反応を見ると，アセトンの α 位にアルキル基を置換したことと同等となる．この分子変換過程を**アセト酢酸エステル合成**（acetoacetic ester synthesis）と呼ぶ．現在では，LDA を用いてアセトンを直接 α アルキル化することが可能である*．

* 反応は以下のように進行する．

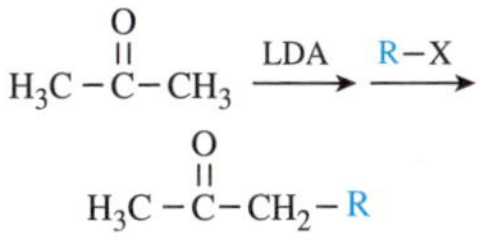

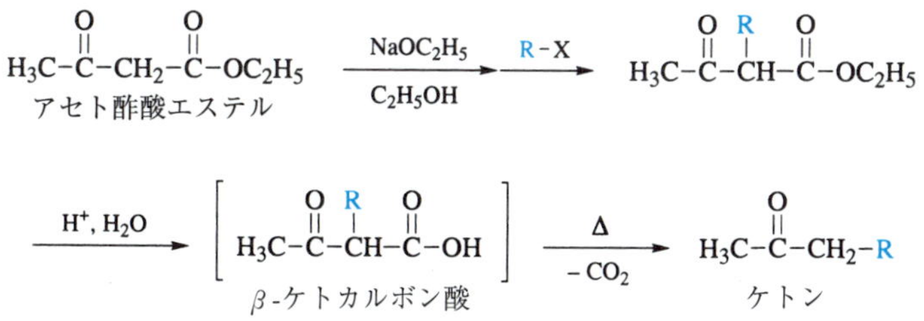

$$H_3C-\underset{O}{\overset{\parallel}{C}}-CH_3 \xrightarrow{LDA} \xrightarrow{R-X} H_3C-\underset{O}{\overset{\parallel}{C}}-CH_2-R$$

アセト酢酸エステル → (NaOC₂H₅/C₂H₅OH, R-X) → $H_3C-CO-CHR-CO-OC_2H_5$

→ (H⁺, H₂O) → [β-ケトカルボン酸 $H_3C-CO-CHR-CO-OH$] → (Δ, $-CO_2$) → ケトン $H_3C-CO-CH_2-R$

マロン酸ジエチルも活性メチレン基をもっているので，アセト酢酸エチルと同様のアルキル化反応が可能であり，加水分解，脱炭酸の後にカルボン酸を与える．これを**マロン酸エステル合成**（malonic ester synthesis）と呼ぶ（次ページ図参照）．

$$\text{C}_2\text{H}_5\text{O-CO-CH}_2\text{-CO-OC}_2\text{H}_5 \xrightarrow[\text{C}_2\text{H}_5\text{OH}]{\text{NaOC}_2\text{H}_5} \xrightarrow{\text{R-X}} \text{C}_2\text{H}_5\text{O-CO-CHR-CO-OC}_2\text{H}_5$$
マロン酸ジエチル

$$\xrightarrow{\text{H}^+, \text{H}_2\text{O}} [\text{HO-CO-CHR-CO-OH}] \xrightarrow[-\text{CO}_2]{\Delta} \text{R-CH}_2\text{COOH}$$
カルボン酸

10.4.4 エナミンを経由するケトンのアルキル化反応

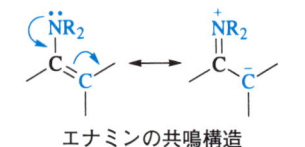

単純なケトンを直接αアルキル化するためには，リチウムアミドのような強塩基を用いてエノラートアニオンを発生させる必要がある(10.4.1 参照)．ケトンと第二級アミンから生成するエナミン(8.2.7 参照)を用いると，同様なアルキル化反応をもっと穏やかな反応条件下で行うことができる．エナミンにおいては，エノラートアニオンと類似した共鳴構造†からわかるように，α炭素原子(エナミン構造で考えるとβ炭素原子)が電子豊富となって求核性が増大している．たとえば，シクロヘキサノンとピロリジンから生じるエナミンにハロアルカンを反応させると，α炭素で求核置換反応が起こる．最後に水で処理すると加水分解されて，αアルキル化されたシクロヘキサノンが生成する．

エナミンの共鳴構造

シクロヘキサノン　エナミン

10.5　1,4-付加反応(共役付加反応)

10.5.1　α,β-不飽和カルボニル化合物の反応性

カルボニル基と隣接して炭素-炭素不飽和結合をもつ化合物を**α,β-不飽和カルボニル化合物**(α,β-unsaturated carbonyl compound)と呼ぶ．カルボニル基と不飽和結合は共役しているために安定性が増大する．一方，共鳴構造からわかるように，カルボニル炭素原子ばかりでなくβ位の炭素原子も電子不足となる(図10.2)．

図 10.2
α,β-不飽和カルボニル化合物の共鳴構造

α,β-不飽和カルボニル化合物に対して求核剤はカルボニル炭素およびβ炭素に付加することができる．前者を **1,2-付加**(1,2-addition)，後者を **1,4-付加**(1,4-addition)あるいは**共役付加**(conjugate addition)という．1,4-

付加では，付加した後はエノラートアニオンが生成する．最後にプロトン化され，エノールを経て最終的にはカルボニル化合物になる．

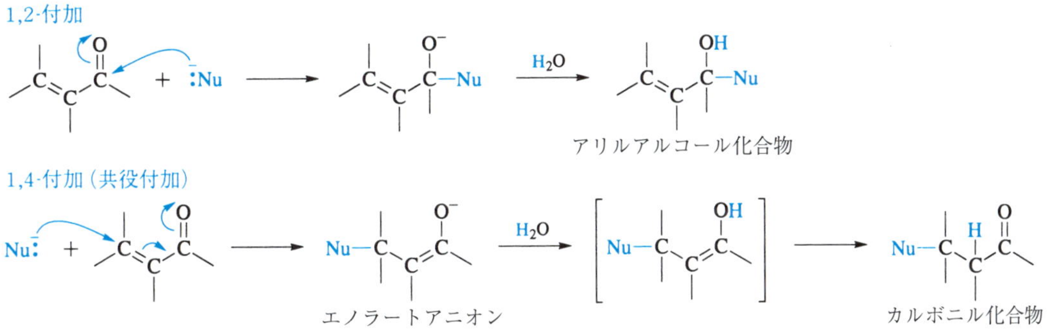

1,2-付加

[反応式：C=C-C(=O)- + :Nu → C=C-C(O⁻)(Nu)- →(H₂O) C=C-C(OH)(Nu)-   アリルアルコール化合物]

1,4-付加（共役付加）

[反応式：Nu:⁻ + C=C-C(=O)- → Nu-C-C=C(O⁻)- →(H₂O) [Nu-C-C=C(OH)-] → Nu-C-CH-C(=O)-   エノラートアニオン … カルボニル化合物]

10.5.2 さまざまな求核剤による1,4-付加反応（共役付加反応）

アミン，アルコキシドイオン，およびシアン化物イオンなどの求核剤は1,4-付加をして，それぞれβ-アミノ，β-アルコキシ，およびβ-シアノカルボニル化合物が生成する．

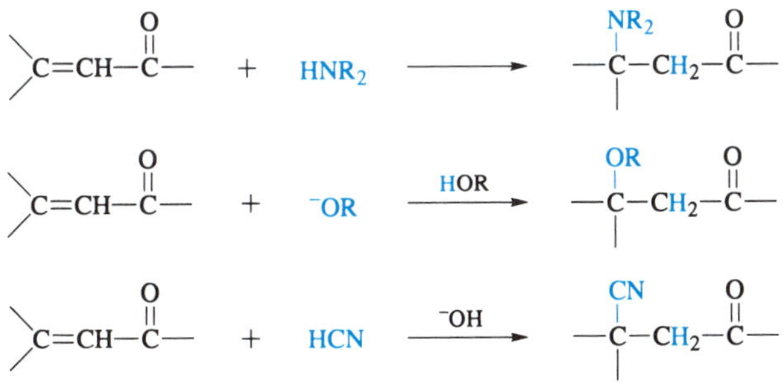

[反応式：>C=CH-C(=O)- + HNR₂ → -C(NR₂)-CH₂-C(=O)-]

[反応式：>C=CH-C(=O)- + ⁻OR →(HOR) -C(OR)-CH₂-C(=O)-]

[反応式：>C=CH-C(=O)- + HCN →(⁻OH) -C(CN)-CH₂-C(=O)-]

有機金属反応剤の付加の場合には，金属の種類により1,2-付加と1,4-付加の割合が大きく変化する．グリニャール試薬のときは1,2-付加と1,4-付加がさまざまな割合で混ざるが，有機リチウム反応剤では1,2-付加が優先して起こる．一方，有機銅リチウム反応剤を用いると1,4-付加が優先的に進行する．

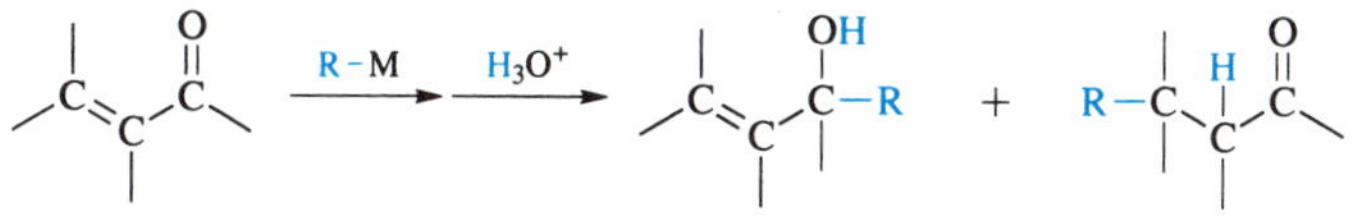

[反応式：>C=C-C(=O)- →(R-M, H₃O⁺) >C=C-C(OH)(R)- + R-C-CH-C(=O)-]

RMgX　　1,2-付加と1,4-付加が混ざる
RLi　　　1,2-付加が優先する
R₂CuLi　1,4-付加が優先する

エノラートアニオンも1,4-付加を起こす*．付加生成物を加水分解および脱炭酸すると1,5-ジケトン誘導体となる．

* エノラートアニオンやシアン化物イオンのようなカルボアニオンの1,4-付加を**マイケル付加反応**（Michael addition）とも呼ぶ．

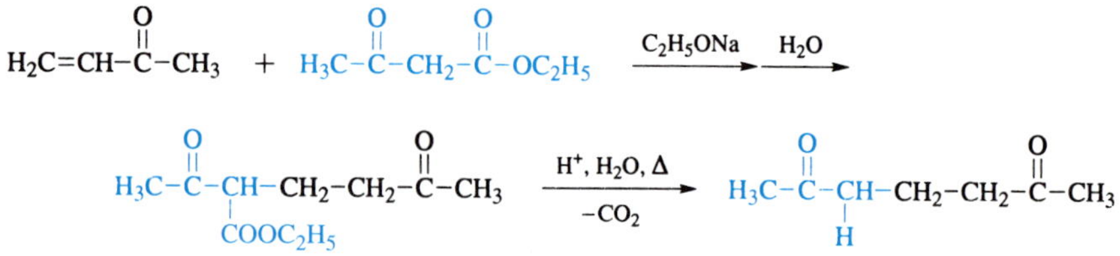

また，エナミンも同様な1,4-付加を起こし，加水分解の後に1,5-ジカルボニル化合物が生成する．

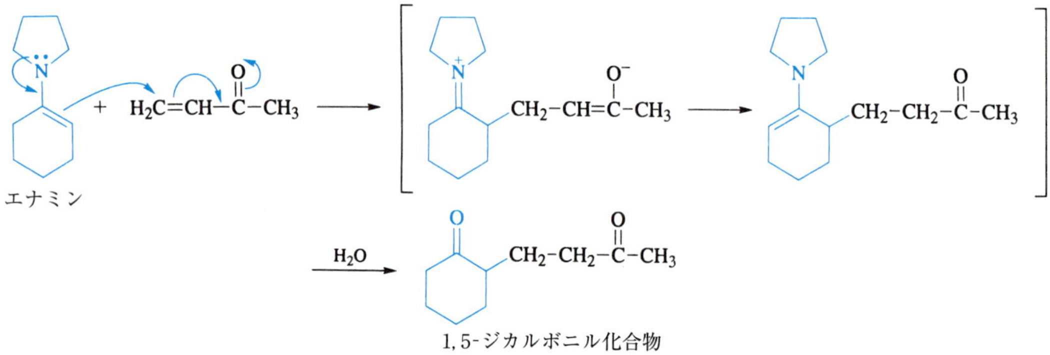

1,5-ジカルボニル化合物

■ **Key Word** ■

【基礎】□ケト形 □エノール形 □互変異性 □エノラートアニオン □α水素の酸性度 □活性メチレン基 □アルドール反応 □交差(混合)アルドール反応 □分子内アルドール縮合 □環形成
【発展】□エノラートアニオンのアルキル化反応 □アンビデントイオン □リチウムジイソプロピルアミド(LDA) □クライゼン縮合 □交差クライゼン縮合 □ディークマン縮合 □アセト酢酸エステル合成 □マロン酸エステル合成 □エナミン反応 □α,β-不飽和カルボニル化合物 □1,2-付加反応 □1,4-付加反応(共役付加反応) □マイケル付加反応

章末問題

1. 次の化合物において，エノール化が可能なすべての水素原子とそのエノール形を書け．
   (a) プロパナール　　(b) アセトフェノン
   (c) プロパン酸メチル　　(d) シアノ酢酸エチル
   (e) 1,3-シクロペンタンジオン
   (f) 2-シアノシクロヘキサノン
   (g) ベンジルメチルケトン　　(h) ニトロメタン
   (i) 3-ペンテン-2-オン
   (j) 3-シクロヘキセノン

2. 前の問題1の化合物において，エノラートアニオンとその共鳴構造をすべて書け．エノラートアニオンが複数可能なときには最も安定なものを示せ．

3. 次の化合物をエタノール中でナトリウムエトキシドを用いて脱プロトン化させたときの平衡式を書き，平衡がどちらに片寄っているか説明せよ．
   (a) プロパナール　　(b) アセトフェノン
   (c) アセトニトリル　　(d) シアノ酢酸メチル
   (e) 1,3-シクロペンタンジオン
   (f) 2-シアノシクロヘキサノン
   (g) ベンジルメチルケトン　　(h) ニトロエタン
   (i) アセチレン　　(j) マロン酸ジエチル

4. 次の反応機構を説明せよ．
   (a) (R)-3-フェニル-2-ペンタノンは塩酸あるいは水酸化ナトリウム水溶液で処理するとラセミ化する．
   (b) 4-ヘキセン-2-オンは塩酸あるいは水酸化ナトリウム水溶液中で処理すると3-ヘキセン-2-オンに異性化する．
   (c) アセトフェノンを水酸化ナトリウム水溶液と臭素(3当量)で処理すると，トリブロモメタン(ブロモホルム)と安息香酸ナトリウムが生成する．

5. 次の化合物を用いたアルドール反応(縮合)における主生成物の構造を書け．
   (a) 3-メチルブタナール
   (b) ホルムアルデヒド＋プロパナール
   (c) ベンズアルデヒド＋シクロヘキサノン
   (d) 3,7-ノナンジオン
   (e) 2,7-オクタンジオン

物質の合成と利用に関する
環境問題を科学的に捉えるための三つの指針

有機化学のトピックス

6章トピックス「有機ハロゲン化物の光と影」で述べた有機ハロゲン化物以外にも，われわれは多種・多様の有機化合物および物質を合成，利用して現代の快適で便利な生活を享受している．しかし，これらの例からわかるように，さまざまな物質を利用することには有機ハロゲン化物と同様に，常に「光と影」が伴うことに留意しなければならない．環境問題が人類の未来に大きな影響を与える21世紀において，われわれは物質を合成し，利用するという立場からの「光と影」を科学的観点から考えることがますます重要になっている．その指針として次の3点があげられる．

1）物質のリスク管理

100%完全に安全な物質がないことは，科学的な観点から最も基本的に理解すべきことである．したがって，物質使用および利用の利便性（メリット）とそれによるリスクについて常に考察する必要がある．リスクとは，ある物質のもつ危険性（毒性）の強さと暴露量（摂取量）によって決まる確率であり，リスクを予測することには不確実な面もあるので，その点が難しいところでもある．しかしながら，物質のリスク管理は今後の物質使用および利用において不可欠な指針である*．（推薦参考書：中西準子，『環境リスク学』，技術評論社，2004年）

＊ あるリスクを極端に低減しようとすると別のリスクが増大するというリスクのトレードオフも考慮する必要がある．

2）グリーンケミストリー

さまざまな（有害）物質を環境に放出してからその除去や無害化等の処理を行うなどの対処療法ではなく，物質の製造段階から環境や安全に配慮して，「有害な原料，製品，溶媒，薬品などの使用や副生成物および廃棄物の生成を抑制，削減する化学技術の発展」という予防的な考え方や指針が20世紀の終わり頃から提案され始めた．1994年にアメリカ環境保護省（EPA）のアナスタス（P. T. Anastas）らが中心になって提唱されたグリーンケミストリー（Green Chemistry, GC）や1998年に経済開発機構（OECD）によって提唱されたサステイナブルケミストリー（Sustainable Chemistry, CS）がその例である．両方合わせてグリーン・サステイナブルケミストリー（GCS）と呼ばれることもある．アナスタスらはその著書で，グリーンケミストリーの12箇条を提案し，その方向性を具体的に示している．ぜひ一読されることをお勧めする．以下にその12箇条をその訳書から引用して掲載させていただく．

グリーンケミストリーの12箇条
1. 廃棄物は"出してから処理"ではなく，出さない．
2. 原料をなるべくむだにしない形の合成をする．
3. 人体と環境に害の少ない反応物・生成物にする．
4. 機能が同じなら，毒性のなるべく小さい物質をつくる．
5. 補助物質はなるべく減らし，使うにしても無害なものを．
6. 環境と経費への負担を考え，省エネを心がける．
7. 原料は枯渇性資源ではなく再生可能な資源から得る．
8. 途中の修飾反応はできるだけ避ける．
9. できるかぎり触媒反応を目指す．
10. 使用後に環境中で分解するような製品を目指す．
11. プロセス計測を導入する．
12. 化学事故につながりにくい物質を使う．

（出典：Paul T. Anastas and John C. Warner, "Green Chemistry: Theory and Practice", Oxford University Press, 1998；渡辺正・北島昌夫訳，『グリーンケミストリー』，丸善，1999年）

3）予防原則という考え方

予防原則とは，たとえば新しく合成された化学物質が人体や環境に対して，深刻かつ重大な影響を及ぼす可能性が指摘された場合，科学的に因果関係が十分にわかっていなくても，事前に効果的な対応策を講じるべきであるという考え方．1990年代前半に欧米を中心に提唱されたこの概念は，本来は科学的研究に基づく対応策を積極的にサポートするものであり，「危険そうなものはすべて禁止」という極端な考え方とは一線を画する．

11 Organic chemistry

アミンおよびその誘導体

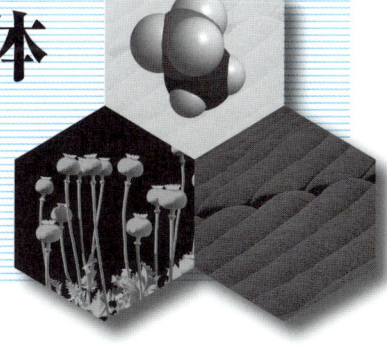

【この章の目標】

この章では炭素−窒素結合をもつ有機化合物について学ぶ．これらはアンモニアの水素原子をアルキル基やフェニル基などの炭化水素基で置換した化合物群である．窒素原子は非共有電子対をもっており，電気陰性度は酸素原子よりも小さい．したがって，プロトンに電子対を与えて結合する性質，すなわち塩基性が高いことを理解する必要がある．塩基性はアミンの構造によって大きく変化し，アルキルアミンと比較して，芳香族アミンでは非共有電子対がベンゼン環との共鳴により非局在化するために，その塩基性は大きく減少することを学ぶ．

求核置換反応や還元反応などを用いたアミンの代表的な合成法を学ぶとともに，その反応性がアミンの構造によって異なることを理解する．さらに，脱離反応によるアルケン生成，亜硝酸によるジアゾ化，そして芳香族ジアゾニウム塩を経由した官能基変換法を学ぶ．

11.1 アミンとその誘導体

窒素を含んだ有機化合物は天然に広く存在し，さまざまな生理・薬理作用をもつものが多い(図 11.1)．

ドーパミン
(神経伝達物質)

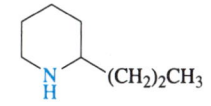

コニイン
(毒ニンジン)

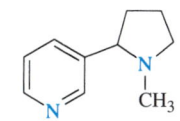

ニコチン
(タバコ)

図 11.1
天然に存在する含窒素化合物

11章 アミンおよびその誘導体

アンモニアの水素を炭化水素基で置換した化合物を**アミン**(amine)と呼び，炭素基の数により，第一級，第二級，第三級アミンに分類される．さらに四つ目の置換基が結合したものはイオン対構造をもち，第四級アンモニウム塩と呼ばれる．

| アンモニア | 第一級アミン | 第二級アミン | 第三級アミン | 第四級アンモニウム塩 |

11.1.1 命 名 法

置換命名法では，単純なアミンに対してはアルキル基の名前の後に接尾語アミン(-amine)をつけて**アルキルアミン**(alkylamine)と命名することが多い．第一級アミンに対してはアルカンの語尾の -e に換えて接尾語 -amine をつけて**アルカンアミン**(alkanamine)としてもよい．同じアルキル基が複数あるときには，ジ，トリを前につける．

非対称の第二級および第三級アミンは，最大のアルキル基をもつアミンを母体とし，ほかのアルキル基を N-置換基として命名する．**芳香族アミン**(aromatic amine)は**アニリン**(aniline)という慣用名の使用が認められているので，アニリンの誘導体として命名するのが便利である．ほかの官能基をもつアミンの場合には，アミノ基を置換基として表し，接頭語の**アミノ**(ami-

メチルアミン (methylamine) / メタンアミン (methanamine)

シクロヘキシルアミン (cyclohexylamine) / シクロヘキサンアミン (cyclohexanamine)

ジメチルアミン (dimethylamine)

トリメチルアミン (trimethylamine)

N-メチルエチルアミン (N-methylethylamine)

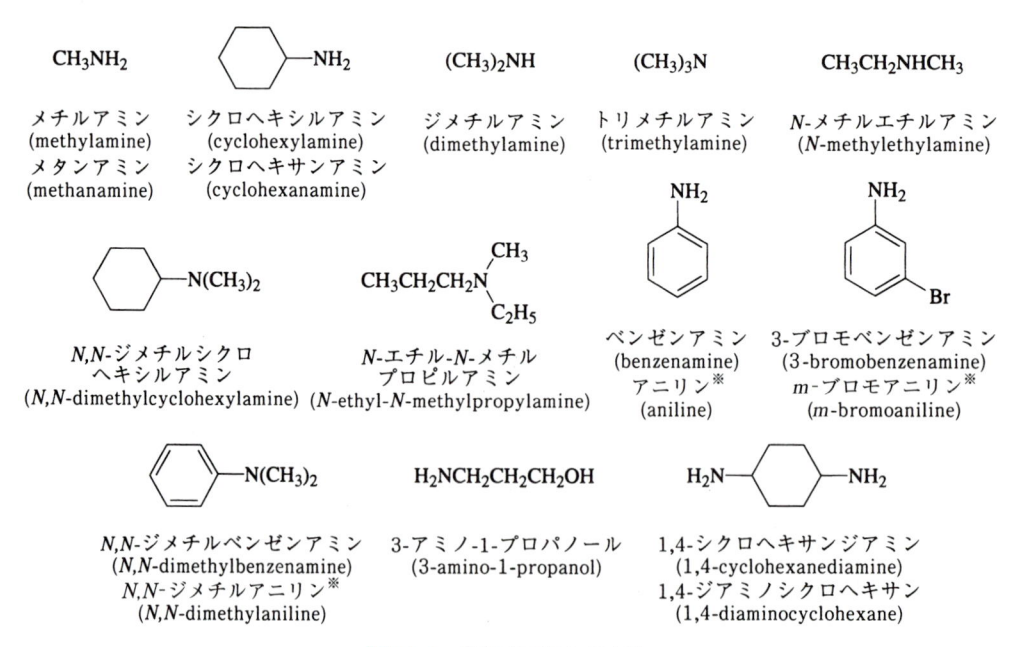

N,N-ジメチルシクロヘキシルアミン (N,N-dimethylcyclohexylamine)

N-エチル-N-メチルプロピルアミン (N-ethyl-N-methylpropylamine)

ベンゼンアミン (benzenamine) / アニリン※ (aniline)

3-ブロモベンゼンアミン (3-bromobenzenamine) / m-ブロモアニリン※ (m-bromoaniline)

N,N-ジメチルベンゼンアミン (N,N-dimethylbenzenamine) / N,N-ジメチルアニリン※ (N,N-dimethylaniline)

3-アミノ-1-プロパノール (3-amino-1-propanol)

1,4-シクロヘキサンジアミン (1,4-cyclohexanediamine) / 1,4-ジアミノシクロヘキサン (1,4-diaminocyclohexane)

図 11.2 各種のアミンの名称
※は IUPAC 規則で認められている慣用名．

no-)をつけて命名する(図11.2).

窒素原子が環に組み込まれた環式アミンは**含窒素複素環化合物**(nitrogen heterocyclic compound)と呼ばれ,別の規則に従って命名されるが,その骨格独特の慣用名をもつことが多い(図11.3).

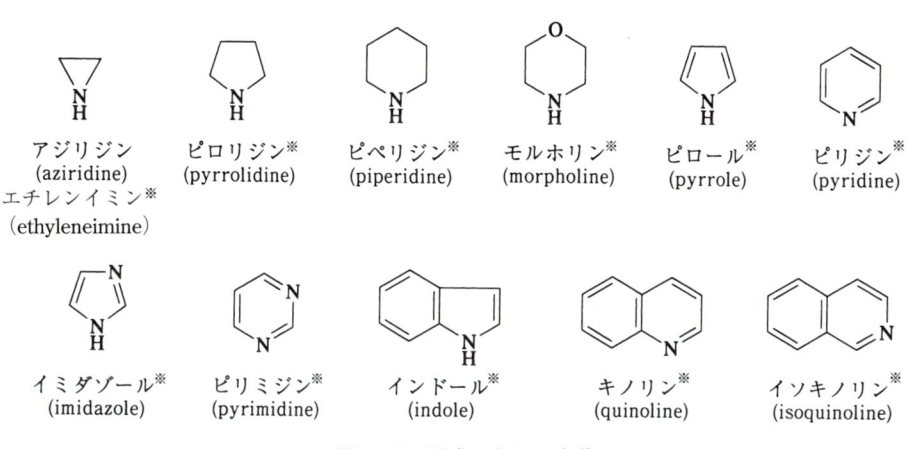

アジリジン
(aziridine)
エチレンイミン※
(ethyleneimine)

ピロリジン※
(pyrrolidine)

ピペリジン※
(piperidine)

モルホリン※
(morpholine)

ピロール※
(pyrrole)

ピリジン※
(pyridine)

イミダゾール※
(imidazole)

ピリミジン※
(pyrimidine)

インドール※
(indole)

キノリン※
(quinoline)

イソキノリン※
(isoquinoline)

図11.3　環式アミンの名称
※は IUPAC 規則で認められている慣用名.

11.1.2　構造と性質

アミン†は窒素原子のまわりの三つの置換基と一組の非共有電子対から構成されている.窒素原子は sp^3 の混成軌道をとっており,非共有電子対が四面体構造の一隅を占めている.トリメチルアミン†の場合,その結合角は 108°で,ほぼ完全な正四面体構造に近い.したがって,窒素原子上の三つの置換基が異なるときにはアルカンと同様にキラルな分子となり,エナンチオマーの存在が可能となる.しかし,炭素原子の場合とは異なり,エナンチオマーを分離することはたいへん難しい.これは,二つのエナンチオマーが平面状遷移状態を経て,速やかに立体反転をするためである.

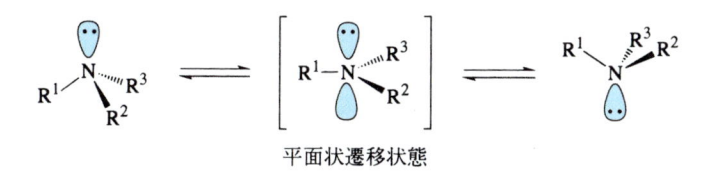

アミンのにおい

アミンの一つの特徴は,魚のようなにおいである.海岸や港に行くと感じる独特のにおいは,タンパク質が腐敗して生じるアミン(とくにメチルアミン)の臭いである.

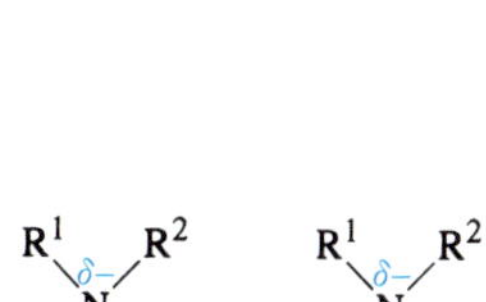

トリメチルアミンの構造
sp^3 混成

平面状遷移状態

N–H 結合は窒素原子が負に,水素原子が正に分極しているため,第一級および第二級アミンは水素結合†により会合している.したがって,同程度の分子量のアルカンよりもアミンの沸点は高い(表11.1).また,第三級,第二級,第一級アミンの順に沸点は上昇する.水とも水素結合をつくるので水に溶けやすい.

アミンの水素結合

表 11.1 アミンの沸点と融点

アミン	沸点/℃	融点/℃
NH_3	−33	−78
CH_3NH_2	−6	−94
$CH_3CH_2NH_2$	17	−80
$CH_3CH_2CH_2NH_2$	48	−83
$CH_3CH_2CH_2CH_2NH_2$	78	−50
$(CH_3)_2NH$	7	−96
$(CH_3CH_2)_2NH$	56	−50
$(CH_3)_3N$	3	−117
$(CH_3CH_2)_3N$	90	−115

表 11.2 アミンの塩基性度

アミン	pK_b	アンモニウムイオンのpK_a ($pK_a + pK_b = 14$)
NH_3	4.7	9.3
CH_3NH_2	3.4	10.6
$(CH_3)_2NH$	3.3	10.7
$(CH_3)_3N$	4.2	9.8
$CH_3CH_2NH_2$	3.3	10.7
$C_6H_5NH_2$	9.4	4.6
$p\text{-}CH_3C_6H_4NH_2$	8.9	5.1
$p\text{-}ClC_6H_4NH_2$	10.0	4.0

11.1.3 アミンの塩基性度と酸性度

アミンの窒素原子は非共有電子対をもっているので，電子供与性基となり塩基として働く．窒素原子の電気陰性度は酸素よりも小さいので，エーテルやアルコールに比べて，アミンの**塩基性**(basicity)は強くなり，また求核性も高くなる[*1]．アミンの塩基性の強さは，水溶液中での**アンモニウムイオン**(ammonium ion)と水酸化物イオンへの**塩基解離定数**(base dissociation constant, K_b)あるいは負の常用対数 pK_b 値(pK_b value)を用いて比較することができる．表 11.2 にいくつかのアミンの pK_b を示すが，pK_b が小さいほど塩基性は強くなる．また，共役酸となるアンモニウムイオンの酸性度 pK_a を比較してもよく[*2]，この場合は pK_a が大きいほど塩基性が強くなる．

[*1] 酸素原子と比較して，窒素原子の電気陰性度が小さいため非共有電子対を引きつける力が弱くなる．そのため，電子供与性が増大し，求電子剤との反応が起こりやすくなる．

[*2] pK_a と pK_b の和は 14 である．
($pK_a + pK_b = 14$)

$$K_a \times K_b = \frac{[R-NH_2][H^+]}{[R-{}^+NH_3]}$$
$$\times \frac{[R-{}^+NH_3][{}^-OH]}{[R-NH_2]}$$
$$= [H^+][{}^-OH]$$
$$= 10^{-14}$$

ちなみに，酸解離定数 K_a は以下のように算出される．

$$R-{}^+NH_3 (+H_2O) \xrightleftharpoons{K_a} R-NH_2 + H^+(H_3O^+)$$

$$K_a = \frac{[R-NH_2][H^+]}{[R-{}^+NH_3]}$$

$$R-NH_2 + H_2O \xrightleftharpoons{K_b} R-\overset{+}{N}H_3 + {}^-OH$$
(大過剰)

$$K_b = \frac{[R-\overset{+}{N}H_3][{}^-OH]}{[R-NH_2]} \qquad pK_b = -\log K_b$$

アンモニアの水素がメチル基で一つ置換されたメチルアミンは，アンモニアに比べて塩基性が強い．ジメチルアミンではさらに塩基性が強くなる．この理由は，電子供与性のアルキル基が窒素原子に結合しているために，アンモニウムイオンがより安定となり，上式での平衡が右に移動するからである．しかし，トリメチルアミンでは逆に塩基性がわずかながら減少する．これは，トリメチルアンモニウムイオンがジメチルアンモニウムイオンよりも立体的反発が大きいので，少し不安定になるためと考えられている．

一方，アニリンの塩基性は脂肪族アミンに比べ大きく減少している．これは，窒素原子上の非共有電子対がベンゼン環との共鳴により非局在化して分散され，電子密度が大幅に減少しているためと考えられる．予想されるように，アニリン誘導体ではベンゼン環に電子供与性基が置換すると塩基性は増

大し，逆に電子求引性基が置換すると減少する．

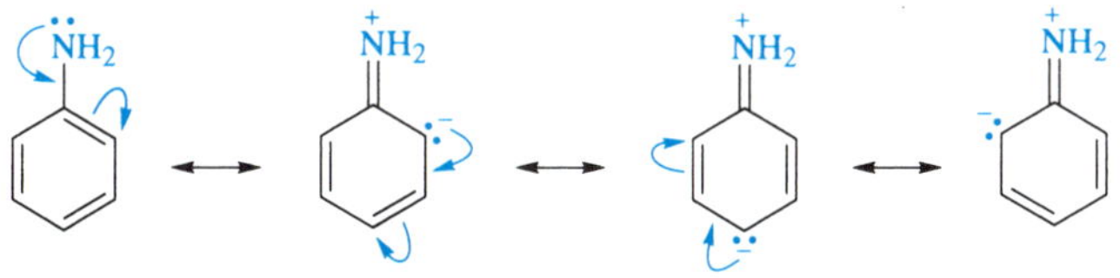

また，電子求引性の強いカルボニル基と結合したアミドになると，カルボニル基との共鳴により非共有電子対が強く非局在化し分散されるために，塩基性を示さない．さらに，二つのカルボニル基が結合した**イミド**(imide)では，共鳴による安定化がさらに大きくなり，その水溶液は逆にプロトンを放出して酸性を示す．

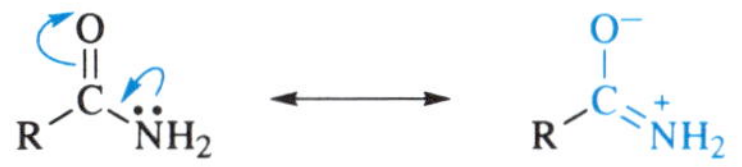

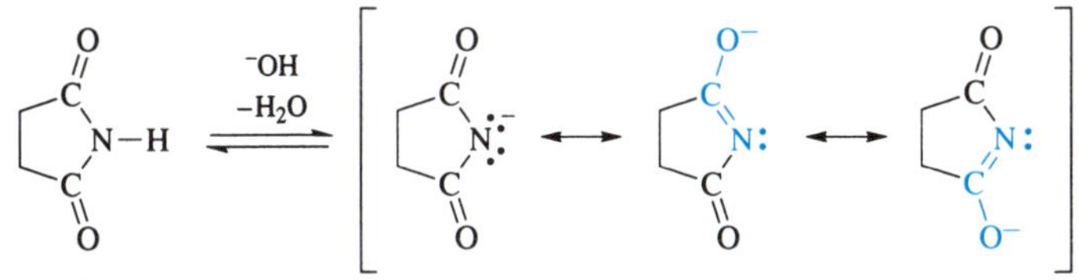

コハク酸イミド
$pK_a = 9.6$

第一級および第二級アミンは水素原子をもっているので，プロトンを放出して酸として働くこともできる．しかし，その酸性度はたいへん小さいので（pK_a は 35〜40），酸として働くためには強塩基が必要である．たとえば，金属ナトリウムやブチルリチウムを用いると，相当する金属アミドを生成するが，これらも当然ながら強塩基である．4.4.6，10.4.1 で述べたように，これらの強塩基は末端アルキンやカルボニル化合物から水素を引き抜くときにしばしば使われる．

$$NH_3 + Na \longrightarrow NaNH_2 + \frac{1}{2} H_2$$
$pK_a = 36$ 　　　　　　　　　　ナトリウムアミド

$$[(CH_3)_2CH]_2NH + n\text{-}C_4H_9Li \longrightarrow [(CH_3)_2CH]_2N^-Li^+ + n\text{-}C_4H_{10}$$
$pK_a = 38$ 　　　　　　　　　　　　　　LDA　　　　$pK_a = 50$

11.2　アミンの合成

11.2.1　ハロアルカンとアンモニアの求核置換反応

ハロアルカンとアンモニアとの求核置換反応により，アンモニウム塩が生成する．つぎに水酸化ナトリウムで処理すれば，第一級アミンとなる．

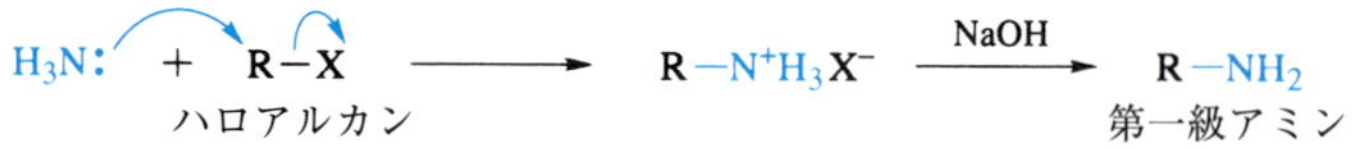

$$H_3N: + R-X \longrightarrow R-N^+H_3 X^- \xrightarrow{NaOH} R-NH_2$$
ハロアルカン　　　　　　　　　　　　　　　　　　　　第一級アミン

しかし，実際の反応は簡単ではない．生成したアンモニウム塩がアンモニアと反応して第一級アミンが生じ，これがハロアルカンとさらに反応して第二級アンモニウム塩となる．これらの反応が最後まで続くと，第四級アンモニウム塩で反応が終了することになる．実際は，この反応をある特定の段階で停止させるのは難しく，アミンの混合物が得られるのでよい合成法とはいえない．

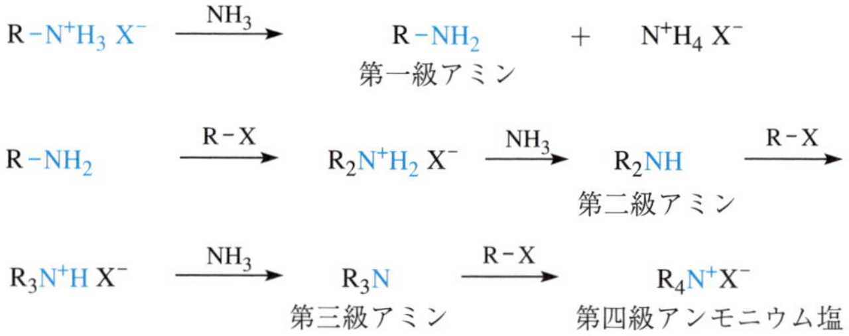

$$R-N^+H_3 X^- \xrightarrow{NH_3} R-NH_2 + N^+H_4 X^-$$
　　　　　　　　　　　　第一級アミン

$$R-NH_2 \xrightarrow{R-X} R_2N^+H_2 X^- \xrightarrow{NH_3} R_2NH \xrightarrow{R-X}$$
　　　　　　　　　　　　　　　　　　　　第二級アミン

$$R_3N^+H X^- \xrightarrow{NH_3} R_3N \xrightarrow{R-X} R_4N^+ X^-$$
　　　　　　　　　　　第三級アミン　　　　第四級アンモニウム塩

11.2.2 ハロアルカンからアジドおよびイミドを経由する合成

この反応はハロアルカンから第一級アミンを収率よく合成する方法である．まずアジ化物イオンによる求核置換反応(S_N2)で**アジドアルカン**＊(azidoalkane)とした後，還元すると第一級アミンが収率よく生成する．

＊ アジドは爆発性があるので取り扱いには注意が必要である．

$$R-X + Na^+ N_3^- \xrightarrow{S_N2} R-N_3 \xrightarrow{LiAlH_4} \xrightarrow{H_2O} R-NH_2$$
ハロアルカン　$(Na^+ \bar{N}=\overset{+}{N}=\bar{N})$　　　　アジドアルカン　　　　　　第一級アミン

フタルイミド(phthalimide)を用いる方法は**ガブリエル合成**(Gabriel synthesis)と呼ばれる．フタルイミドを水酸化カリウムでカリウム塩とした後，ハロアルカンとの求核置換反応を行わせるとアルキルイミドが生成する．続いて塩基性条件下で加水分解すると第一級アミンが収率よく得られる．

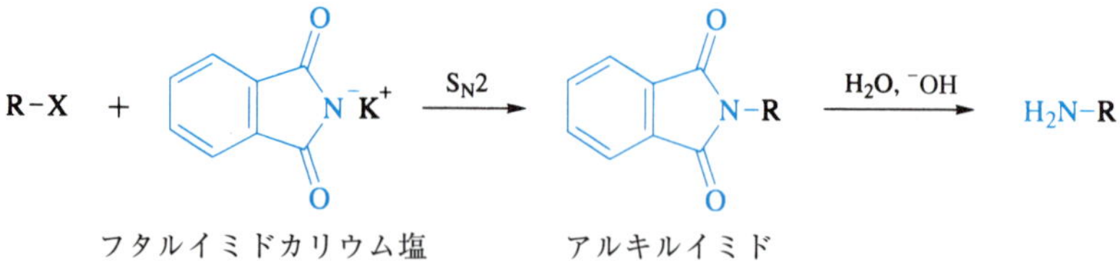

R-X + [フタルイミドカリウム塩] $\xrightarrow{S_N2}$ [アルキルイミド] $\xrightarrow{H_2O, ^-OH}$ H_2N-R

11.2.3 ニトリルおよびアミドの還元

ハロアルカンとシアン化物イオンとの求核置換反応で生じるニトリルを水素化アルミニウムリチウムで還元すると，もとのアルキル基より炭素数が一つ多い第一級アミンが生成する．

$$R-X + NaCN \longrightarrow R-CN \xrightarrow{LiAlH_4} \xrightarrow{H_2O} R-CH_2NH_2$$

また，カルボン酸から得られるアミドを水素化アルミニウムリチウムで還元してもアミンが生成する．N-置換アミドを還元すれば第二級あるいは第三級アミンを合成できる．

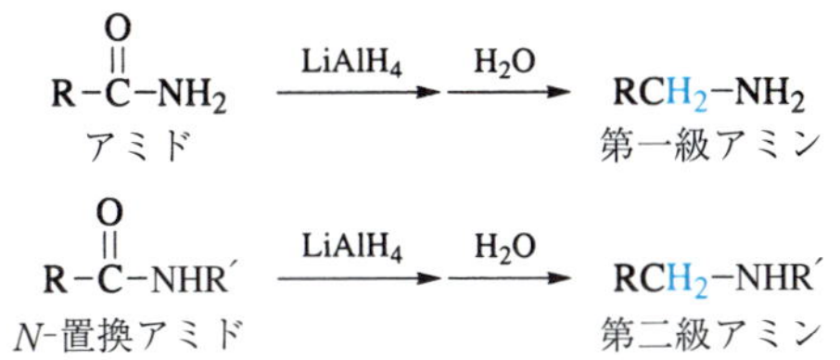

$$R-\underset{\underset{O}{\|}}{C}-NH_2 \xrightarrow{LiAlH_4} \xrightarrow{H_2O} RCH_2-NH_2$$
アミド　　　　　　　　　　　第一級アミン

$$R-\underset{\underset{O}{\|}}{C}-NHR' \xrightarrow{LiAlH_4} \xrightarrow{H_2O} RCH_2-NHR'$$
N-置換アミド　　　　　　　　第二級アミン

11.2.4 アルデヒドおよびケトンからの還元的アミノ化反応による合成

アルデヒドやケトンを還元的条件下でアンモニアや第一級ならびに第二級アミンと反応させると，最初に生成するイミン中間体が還元されてより高級なアミンを合成できる．この反応を**還元的アミノ化反応**(reductive amination)という．

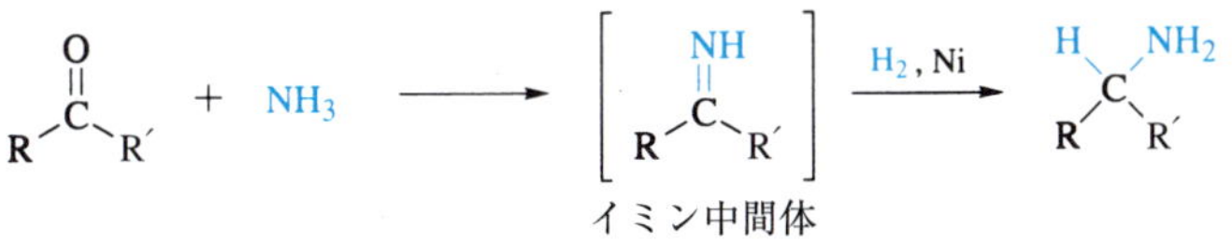

$$\underset{R}{\overset{O}{\underset{\|}{C}}}\underset{R'}{} + NH_3 \longrightarrow \left[\underset{R}{\overset{NH}{\underset{\|}{C}}}\underset{R'}{}\right] \xrightarrow{H_2, Ni} \underset{R}{\overset{H}{\underset{|}{C}}}\underset{R'}{\overset{NH_2}{}}$$
イミン中間体

11.2.5 芳香族ニトロ化合物の還元による合成

アニリンなどの芳香族アミンは，求電子芳香族ニトロ化反応で得られるニトロ化合物を，スズなどの金属と酸，あるいは接触水素化により還元して合成される．

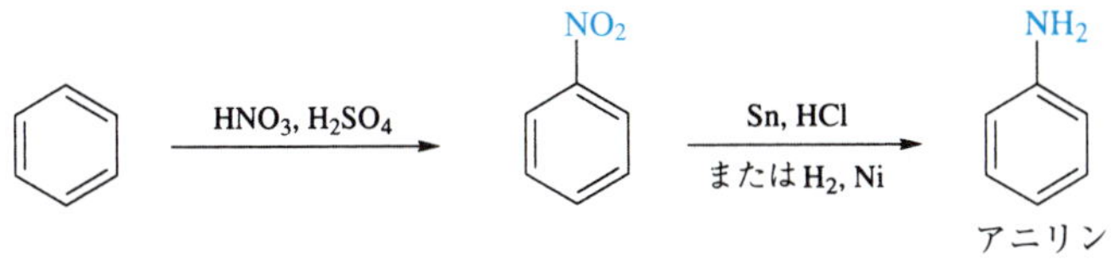

ベンゼン $\xrightarrow{HNO_3, H_2SO_4}$ ニトロベンゼン(NO_2) $\xrightarrow[または H_2, Ni]{Sn, HCl}$ アニリン(NH_2)

11.2.6 ホフマン反応による合成

アミドを塩基性条件下で臭素(あるいは塩素)と反応させると，炭素が一つ少ないアミンが生成する．これを**ホフマン反応**(Hofmann reaction)という．反応機構は複雑であるが，次のように考えられている(次ページ図参照)．

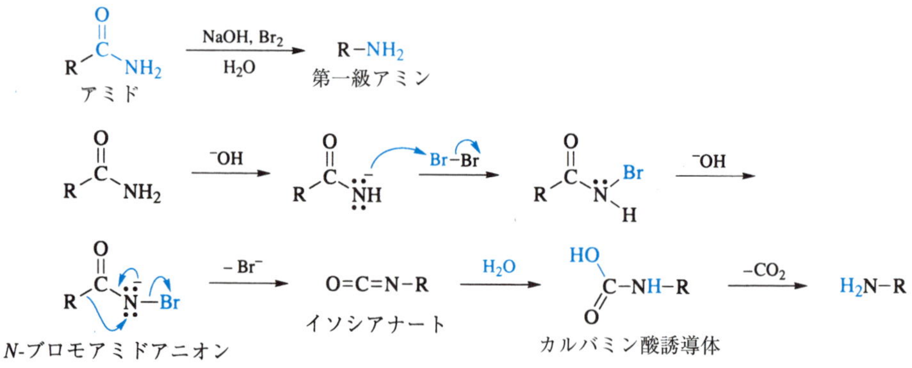

反応中間体として生成する N-ブロモアミドアニオンにおいて，臭化物イオンが脱離すると同時にアルキル基が転位して**イソシアナート**†（isocyanate）となる．これに水が付加をして**カルバミン酸**†（carbamic acid）誘導体となり，最後に脱炭酸によりアミンが生成する．

イソシアナート
－N＝C＝O という官能基をもつ有機化合物．

カルバミン酸
－NHCOOH という官能基をもつ有機化合物．

11.3 アミンの反応

11.3.1 酸，ハロアルカンとの反応——アンモニウム塩の生成

アミンは塩基としての性質をもっているので，酸と反応して**アンモニウム塩**（ammonium salt）を生成する．アンモニウム塩は一般に水溶性であるので，この反応を利用してほかの中性有機化合物からアミンを簡単に分離することができる．分離した後，酸性水溶液を塩基性に戻せばアミンが遊離してくる．

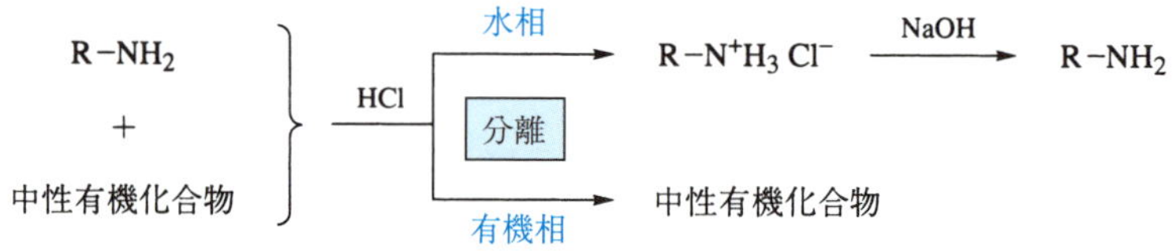

アミンはハロアルカンと求核置換反応してアンモニウム塩を生成する（**11.2.1 参照**）．長鎖のアルキル基で置換された第四級アンモニウム塩はアルキル基の部分が無極性で親油性となり，またアンモニウムイオンの部分が極性で親水性を示すので，界面活性剤としての機能をもつ*．

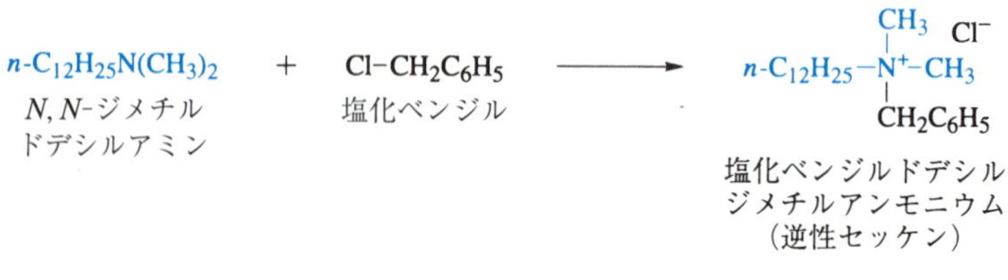

*通常のセッケンや合成洗剤の極性基がアニオン性であるのに対して，第四級アンモニウム塩ではカチオン性である．これは殺菌作用をもつので消毒剤（逆性セッケン）として用いられている．

$n\text{-}C_{12}H_{25}N(CH_3)_2$ ＋ $Cl\text{-}CH_2C_6H_5$ → $n\text{-}C_{12}H_{25}\overset{CH_3}{\underset{CH_2C_6H_5}{N^+\text{-}CH_3}}$ Cl^-

N,N-ジメチルドデシルアミン　塩化ベンジル　　塩化ベンジルドデシルジメチルアンモニウム（逆性セッケン）

11.3.2 スルホンアミドの生成──ヒンスベルグ試験

アミンと酸塩化物あるいは酸無水物との反応によるアミドの合成については 9.2.4(2) と 9.2.5(2) で述べた．同様にしてアミンと**塩化スルホニル**(sulfonyl chloride)との反応によって**スルホンアミド**＊(sulfonamide)が生成する．この反応を用いて，アミンの種類を実験的に識別する方法を**ヒンスベルグ試験**(Hinsberg test)という．

＊ スルホンアミドは医薬品のサルファ剤の基本骨格として重要である．

第一級アミンと塩化ベンゼンスルホニルを塩基性条件下で反応させると，生成したスルホンアミドでは電子求引性の強いスルホニル基($-SO_2-$)により窒素上の水素が電離して酸性を示し，塩基性水溶液に溶解する．第二級アミンから生成するスルホンアミドは，窒素上に水素をもたないので塩基性水溶液に不溶である．一方，第三級アミンではスルホンアミドは生成しない．

RNH_2 + 塩化ベンゼンスルホニル $\xrightarrow{NaOH}$ スルホンアミド $\xrightarrow{NaOH}$ 塩基性水溶液に可溶

R_2NH + $C_6H_5-SO_2-Cl$ $\xrightarrow{NaOH}$ $C_6H_5-SO_2-NR_2$ 塩基性水溶液に不溶

R_3N + $C_6H_5-SO_2-Cl$ $\xrightarrow{NaOH}$ 反応しない

11.3.3 ホフマン脱離

第四級アルキルアンモニウム塩を酸化銀(I)とともに加熱すると，アミンが脱離してアルケンを与える．この反応を**ホフマン脱離**(Hofmann elimination)と呼ぶ．たとえば，2-ペンチルアミンと過剰のヨードメタン(CH_3I)との反応で生じるヨウ化(2-ペンチル)トリメチルアンモニウムを酸化銀(I)とともに加熱すると，1-ペンテンと 2-ペンテンが 96：4 の割合で生成する．最初に酸化銀(I)による処理で生じた水酸化第四級アンモニウム塩において，水酸化物イオンが β 水素を引き抜くと同時にトリメチルアミンが脱離する E2 機構で反応は進行する．

$CH_3CH_2CH_2-CH(NH_2)-CH_3$ 2-ペンチルアミン $\xrightarrow[Na_2CO_3]{CH_3I(過剰)}$ $CH_3CH_2CH_2-CH(\overset{+}{N}(CH_3)_3)-CH_3$ I^- ヨウ化(2-ペンチル)トリメチルアンモニウム $\xrightarrow[\Delta]{Ag_2O, H_2O}$

$CH_3CH_2CH_2-CH(\overset{+}{N}(CH_3)_3)-CH_3$ HO^- 水酸化(2-ペンチル)トリメチルアンモニウム $\xrightarrow[-H_2O]{-N(CH_3)_3}$ $CH_3CH_2CH_2CH=CH_2$ (96% 1-ペンテン) + $CH_3CH_2CH=CHCH_3$ (4% 2-ペンテン)

置換基の多い，より安定なアルケンが生成するザイツェフ型反応とは逆に，この反応では置換基の少ないアルケンが優先的に生成する．このような位置選択性を示す脱離反応を**ホフマン型反応**(Hofmann-type reaction)と呼ぶ〔**6.2.2(3)参照**〕．水酸化物イオンがより立体障害の小さい β 水素を引き抜くことがこの位置選択性の原因と考えられている*．

* メチル基($-CH_3$)の水素がメチレン基($-CH_2-$)の水素よりも酸性度が高いことも原因の一つであると考えられている．

$$CH_3CH_2CH=CHCH_3 \xleftarrow{E2} CH_3CH_2-\overset{H}{\underset{立体障害大}{C}}H-\overset{H}{\underset{\overset{+}{N}(CH_3)_3}{C}}H-\underset{立体障害小}{CH_2} \xrightarrow{E2} CH_3CH_2CH_2CH=CH_2$$
$$\quad\quad 4\% \quad\quad\quad\quad\quad\quad\quad\quad\quad\quad\quad\quad\quad\quad\quad\quad\quad\quad\quad\quad\quad\quad\quad 96\%$$

11.3.4 亜硝酸との反応

亜硝酸とアミンの反応も，ヒンスベルグ試験と同様に，窒素原子上の水素原子の数によって生成物が異なる．

$$RNH_2 \xrightarrow{NaNO_2,\ H^+} R-\overset{+}{N}\equiv N$$
ジアゾニウムイオン

$$R_2NH \xrightarrow{NaNO_2,\ H^+} R_2N-N=O$$
N-ニトロソアミン

$$R_3N \xrightarrow{NaNO_2,\ H^+} 反応しない$$

亜硝酸(HNO_2)は，亜硝酸ナトリウムを氷冷下で塩酸や硫酸と作用させて反応系中で発生させる．酸性条件下で亜硝酸は**ニトロソニウムイオン**(nitrosonium ion)と平衡関係にあり，これがアミンとの反応における活性種である．

$$NaNO_2 \xrightarrow[0\sim5\ ^\circ C]{HCl\ または\ H_2SO_4} H-O-N=O \xrightleftharpoons{H^+} \underset{H}{\overset{H}{\underset{|}{\overset{|}{O}}}}-N=O \xrightleftharpoons{-H_2O} \overset{+}{N}=O$$
亜硝酸ナトリウム　　　　　　　　　　　　亜硝酸　　　　　　　　　　　　　　　　　　　　ニトロソニウムイオン

第一級アミンとの反応では，まず N-**ニトロソアミン**(N-nitrosoamine)が生じ，プロトン移動を経た後に脱水されて，**ジアゾニウムイオン**(diazonium ion)が生成する．アルキルジアゾニウムイオンは氷冷下でも不安定で，窒素分子を放出してカルボカチオンとなり，それからさまざまな生成物(アルコールやアルケンなど)が生じる．芳香族ジアゾニウムイオンは比較的安定であり，その反応については後で述べる．

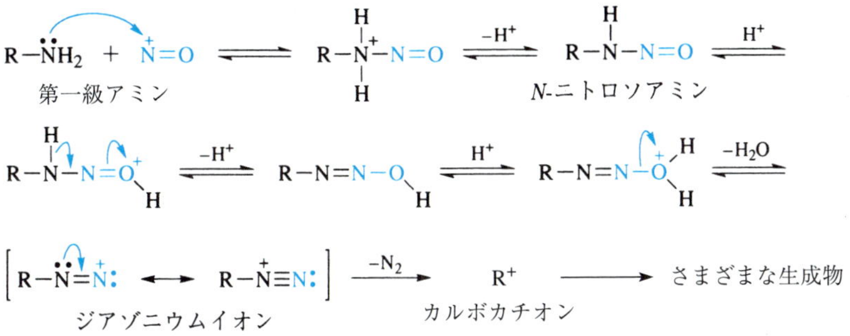

$$R-\ddot{N}H_2 + \overset{+}{N}=O \rightleftharpoons R-\overset{H}{\underset{H}{\overset{+}{N}}}-N=O \xrightarrow{-H^+} R-\overset{H}{\underset{}{N}}-N=O \xrightarrow{H^+}$$

第一級アミン　　　　　　　　　　　　　　　　　　　　　　　　N-ニトロソアミン

$$R-\overset{H}{\underset{H}{N}}-N=\overset{+}{O}H \rightleftharpoons \xrightarrow{-H^+} R-N=N-OH \xrightarrow{H^+} R-N=N-\overset{+}{\underset{H}{O}}H \xrightarrow{-H_2O}$$

$$\left[R-\overset{..}{N}=\overset{+}{N}: \longleftrightarrow R-\overset{+}{N}\equiv N: \right] \xrightarrow{-N_2} R^+ \longrightarrow さまざまな生成物$$

ジアゾニウムイオン　　　　　　　　　　カルボカチオン

第二級アミンと亜硝酸との反応では，N-ニトロソアミン* が生成するが，窒素原子上に水素原子がないので反応はこの段階で止まる．

* N-ニトロソアミンは発がん性をもつ物質であり，その取り扱いには十分な注意が必要である．

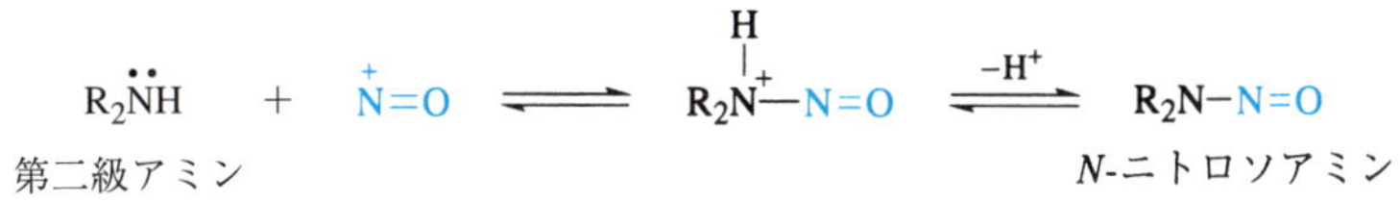

$$R_2\ddot{N}H + \overset{+}{N}=O \rightleftharpoons R_2\overset{H}{\underset{}{\overset{+}{N}}}-N=O \xrightarrow{-H^+} R_2N-N=O$$

第二級アミン　　　　　　　　　　　　　　　　　　　　　N-ニトロソアミン

第三級アミンの場合には，上記のような反応は起こらず，亜硝酸塩となるだけである．

$$R_3\ddot{N} + HO-N=O \rightleftharpoons R_3\overset{+}{N}H\ \bar{O}NO$$

第三級アミン　　亜硝酸　　　　　　亜硝酸塩

11.3.5 芳香族ジアゾニウムイオンの反応

アニリンのような芳香族第一級アミンと亜硝酸との反応で生成するベンゼンジアゾニウムイオンは，氷冷下で比較的安定である．これは，ベンゼン環との共鳴による安定化のためである（図11.4）．

図 11.4 ベンゼンジアゾニウムイオンの共鳴構造

芳香族ジアゾニウムイオンはさまざまな官能基をもつ芳香族化合物に変換できる．水溶液を加熱すると窒素分子を放出してフェノールが生成する．この反応はフェノール誘導体を合成する重要な方法である．

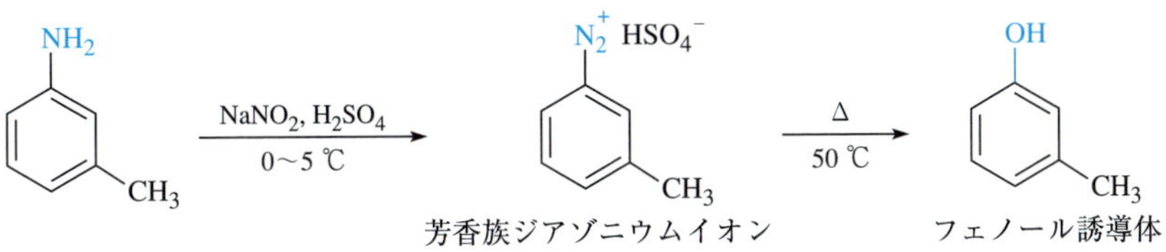

芳香族ジアゾニウムイオン　　　　　　　フェノール誘導体

その他，さまざまな求核剤によっても置換され，また次亜リン酸(H_3PO_2)によって還元される．そのうちで銅(I)塩を用いる反応を**ザンドマイヤー反応**(Sandmeyer reaction)という．

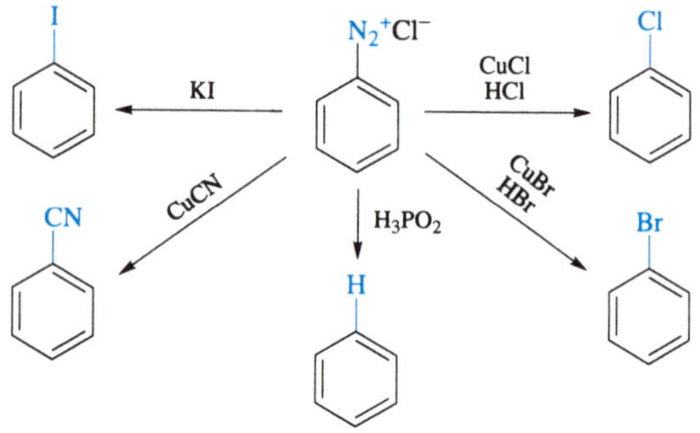

発色団

分子内にある不飽和結合を含む原子団が存在すると，有機化合物は発色する(可視光領域に吸収をもつ)．この原子団を発色団という．アゾ基(−N=N−)，ニトロ基(−NO_2)，カルボニル基(C=O)などが代表的な構成要素としてあげられる．

芳香族ジアゾニウムイオンは電子豊富な芳香族化合物に対して芳香族求電子置換反応を行い，**アゾ化合物**(azo compound)を与える．これを**アゾカップリング**(azo cupling)という〔**ジアゾカップリング**(diazo coupling)ともいう〕．アゾ基は重要な**発色団**[†](chromophore)であり，この反応によりいろいろな色素や染料を合成できる．

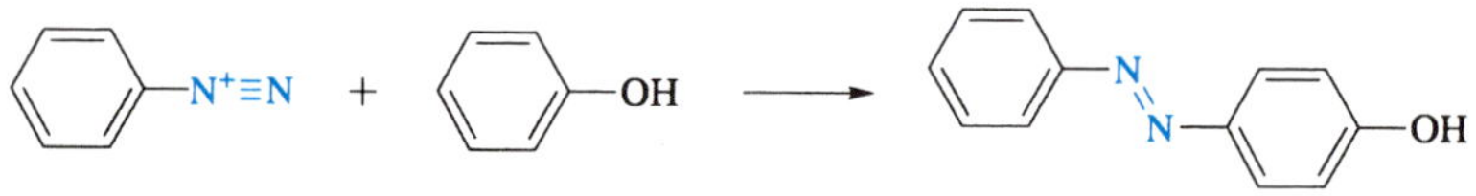

p-ヒドロキシアゾベンゼン(黄色)

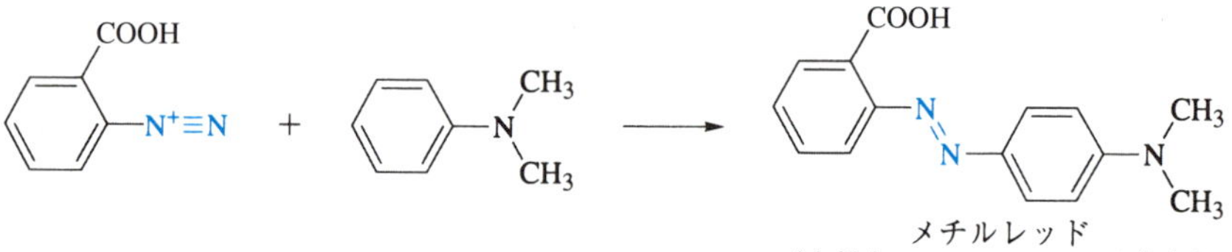

メチルレッド
(赤桃色, pH 4.2〜6.3では黄色)

■ **Key Word** ■

【基礎】□アルキルアミン □芳香族アミン □含窒素複素環化合物(環式アミン) □アミンの塩基性度 □アミンの酸性度 □イミド □アジド □フタルイミド □ガブリエル合成 □還元的アミノ化 □ホフマン反応 □アンモニウム塩 □スルホンアミド □ヒンスベルグ試験 □ホフマン脱離 □ホフマン型反応 □ニトロソニウムイオン □N-ニトロソアミン □ジアゾニウムイオン □芳香族ジアゾニウムイオン □ザンドマイヤー反応 □アゾ化合物 □アゾカップリング □発色団

章末問題

1. 次の化合物を命名せよ．

    (a) CH₃CH₂CH₂NH₂

    (b) CH₃CH₂CH(CH₃)CH₂NH₂

    (c) H₂C=CHCH₂CH₂N(CH₃)₂

    (d) H₂NCH₂CH(OH)CH₃

    (e) (CH₃)₂N—C₆H₄—COOH

    (f) 3-アミノシクロペンタノン (H₂N基のついたシクロペンタノン)

    (g) Br—C₆H₄—N(CH₃)₂

    (h) H₂N(CH₂)₅NH₂

    (i) N-メチルピロリジン

    (j) C₆H₅CH₂(C₂H₅)₃N⁺Cl⁻

2. 次の化合物を塩基性度の高い順番に構造式を書いて並べよ．

    (a) エチルアミン，ピロリジン，ジエチルアミン，2-フルオロエチルアミン，N-エチルアセトアミド

    (b) アニリン，p-クロロアニリン，p-メトキシアニリン，p-シアノアニリン，p-ニトロアニリン

3. 次の反応における生成物の構造を示せ．

    (a) 1-ブロモブタン $\xrightarrow{\text{NaN}_3}$ A $\xrightarrow{\text{LiAlH}_4}$ $\xrightarrow{\text{H}_2\text{O}}$ B

    (b) $C_6H_5CH_2Cl$ + フタルイミドカリウム $\longrightarrow$ C $\xrightarrow[-\text{OH}]{\text{H}_2\text{O}}$ D

    (c) $H_2C=CHCH_2OTs$ $\xrightarrow{\text{NaCN}}$ E $\xrightarrow{\text{LiAlH}_4}$ $\xrightarrow{\text{H}_2\text{O}}$ F

    (d) $C_6H_5CH_2COCl$ $\xrightarrow[\text{(過剰)}]{\text{NH}_3}$ G $\xrightarrow{\text{Br}_2, \text{NaOH}, \text{H}_2\text{O}}$ H

    (e) 2-メチルピペリジン $\xrightarrow[\text{Na}_2\text{CO}_3]{\text{CH}_3\text{I}(\text{過剰})}$ I $\xrightarrow[\text{H}_2\text{O}]{\text{Ag}_2\text{O}}$ J $\xrightarrow{\Delta}$ K

4. (R)-2-ブタノールから出発して，(R)-2-アミノブタンおよび(S)-2-アミノブタンを選択的に合成する経路について，それぞれ反応式を書いて説明せよ．

5. t-ブタノール(2,2-ジメチル-2-プロパノール)から出発して，t-ブチルアミンを合成するのに可能な経路を反応条件とともに示せ．

6. ベンズアミドのプロトン化はどの原子(窒素原子あるいは酸素原子)で起こるか，理由とともに説明せよ．

7. ベンゼンから出発して次の化合物を合成するのに可能な経路を反応条件とともに示せ(ヒント：ジアゾニウムイオンを経由する)．

    (a) p-(t-ブチル)フェノール
    (b) 1,3,5-トリブロモベンゼン
    (c) m-ブロモクロロベンゼン
    (d) m-メチルベンゾニトリル

有機化学のトピックス

神経系に作用するアミン誘導体

生命活動に対して大きな作用を及ぼす生理活性物質のなかには，窒素を含む化合物が多数存在する．たとえば，神経細胞(ニューロン)と神経細胞との継ぎ目(シナプス)の間で神経刺激を伝える神経伝達物質のなかには，アセチルコリン，ノルアドレナリン，ドーパミン，セロトニン，γ-アミノ酪酸(GABA)などのようなアミン誘導体が存在する．

一方，植物中に含まれるアミンは弱塩基性を示すのでアルカロイド(アルカリ性を示す物質の意味)と呼ばれ，さまざまな生理活性物質の宝庫として活発に研究され，医薬品などに広く利用されている．そして，アルカロイドのなかには神経系に作用する多くのアミン誘導体がある．茶やコーヒーに含まれるカフェインは神経興奮剤や利尿剤として穏やかな活性を示す．また，タバコに含まれるニコチン(図11.1参照)には神経興奮作用があるが，毒性が強く，また習慣性がある．コカの葉に含まれるコカインは興奮作用があり，麻薬として規制されている．キナの樹皮に含まれているキノリン環をもつキニーネは抗マラリア薬として用いられている．ケシの実からとれる麻薬，アヘン(opium)の有効成分はモルヒネで，中枢神経に作用する有効な鎮静作用を示し，末期がんでの究極の鎮痛薬として使用されている．しかし，その習慣性や陶酔作用のために麻薬とされ，一般の使用は制限されている．ジアセチルモルヒネはヘロインと呼ばれ，モルヒネよりもさらにその効力が強い合成麻薬である．モルヒネのフェノール性ヒドロキシ基をメチルエーテルに変換した化合物はコデインと呼ばれ，咳止め薬として注意深く使われている．これらの化合物は神経伝達物質に代わって中枢神経系に作用を及ぼす．

神経伝達物質

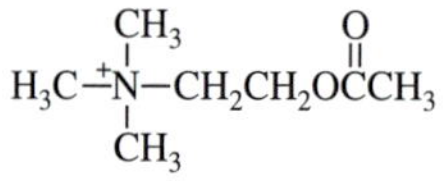

アセチルコリン

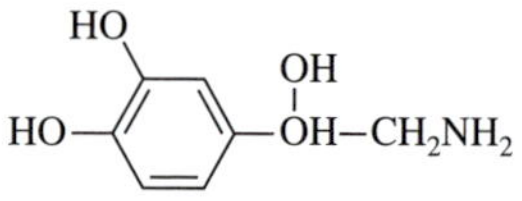

ノルアドレナリン

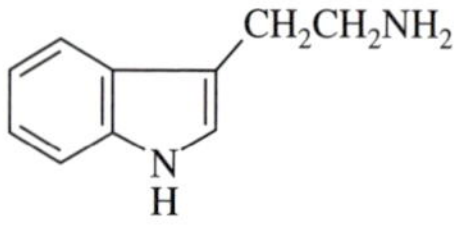

セロトニン

$H_2N-CH_2CH_2CH_2-COOH$

γ-アミノ酪酸(GABA)

アルカロイド

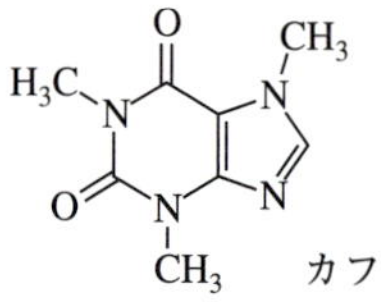

カフェイン

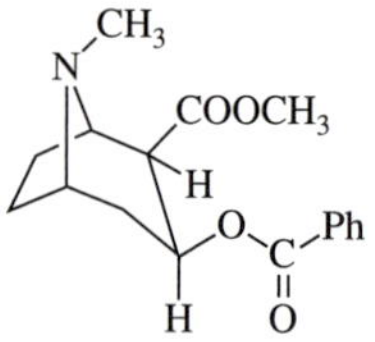

コカイン

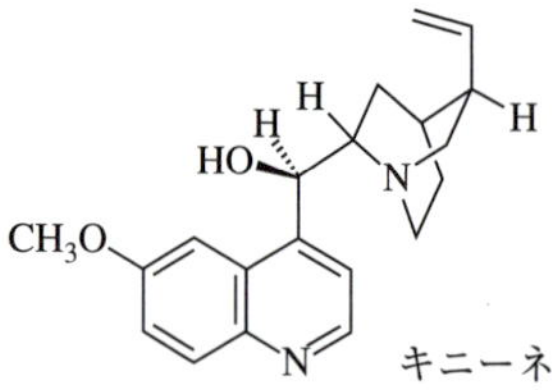

キニーネ

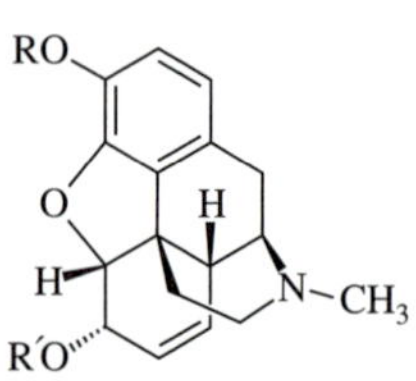

モルヒネ	R＝R′＝H
ヘロイン	R＝R′＝$COCH_3$
コデイン	R＝CH_3, R′＝H

PART IV

12 Organic chemistry

基本となる生体物質

【この章の目標】◇◇◇

　この章では，生体を形づくり，その機能を維持するための基本物質である炭水化物，核酸，脂質の構造が，これまで学んできた有機化合物の官能基の組合せからできあがっていることを理解する．次に，それらの基本的な性質と機能を学ぶ．

　生体をつくりあげている主要な物質は有機化合物であり，その営みもすべて有機化学反応に基づいたものと考えられる．草創期の有機化学は，まさしく生体物質の化学を意味していた．代謝，呼吸，自己複製やその他の生体の営みの全貌は，現代の有機化学の知見なしに理解することは不可能である．

12.1 炭水化物（糖質）

　炭水化物（carbohydrate）は**糖質**（saccharide）とも呼ばれ[*]，生体の構造維持と機能の両面で重要な役割を果たしている．また，食品や工業原料としても利用されている．

[*] 栄養学では炭水化物のうち，消化されるものを糖質と呼び，消化されないものを食物繊維と呼ぶ．

12.1.1 単糖類

　単糖（monosaccharide）類には，ポリヒドロキシアルデヒドである**アルドース**（aldose）とポリヒドロキシケトンである**ケトース**（ketose）があり，それらは炭素数によって，**トリオース**（triose，三炭糖），**テトロース**（tetrose，四炭糖），**ペントース**（pentose，五炭糖），**ヘキソース**（hexose，六炭糖）などにさらに分類される．立体異性体が数多く存在するのが単糖類の特徴であり，それらにはそれぞれ固有の名称が与えられている．D-グリセルアルデヒド

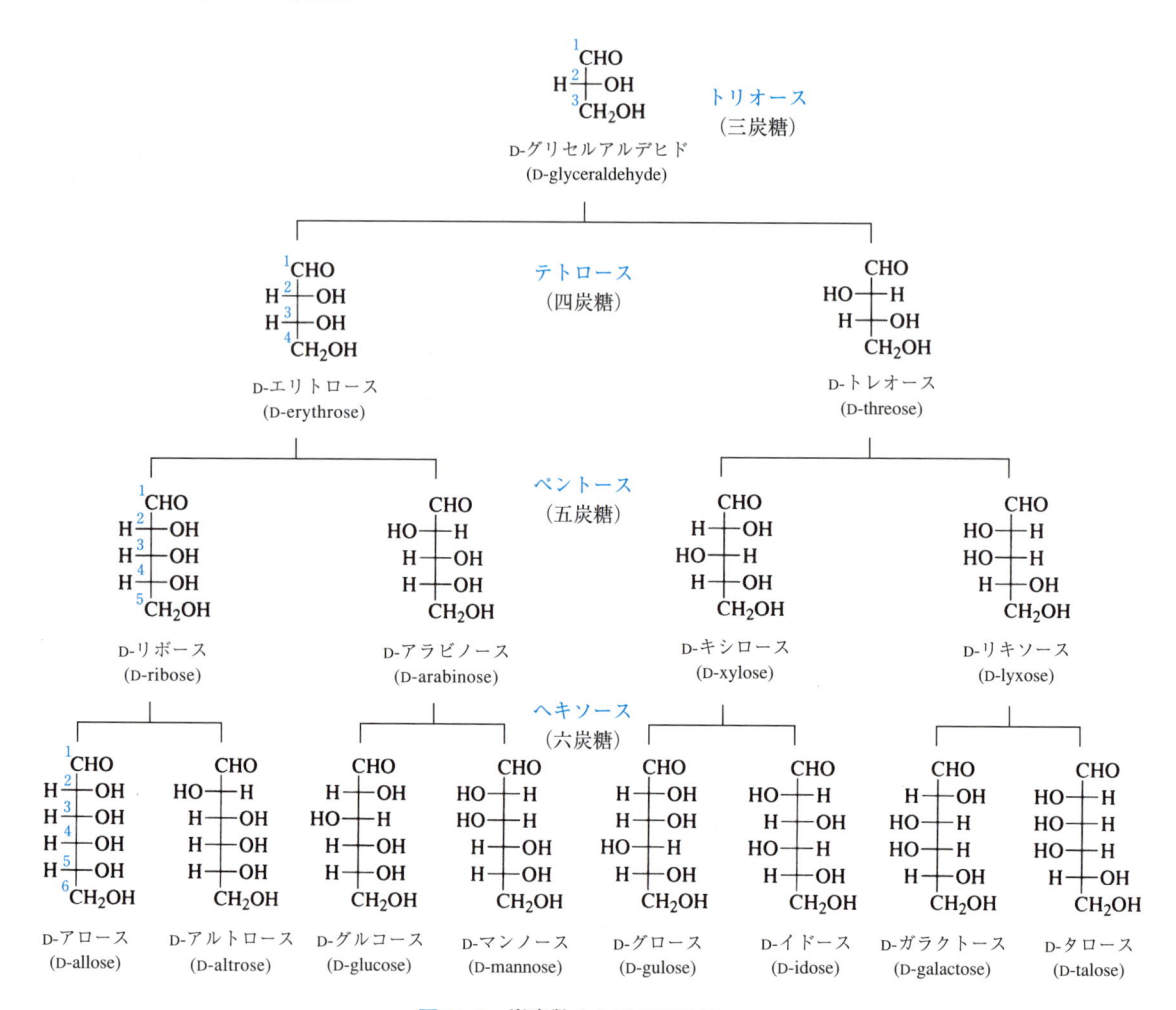

図 12.1　炭素数 6 までのアルドース

*1 たとえばヘキソースの場合，5 位の炭素原子が D 配置をとっている．

*2 ピラノース，フラノースの名称は，複素環式化合物であるピランとフランに由来している．構造については p. 125 マージン部分を参照．

を基準とする六炭糖までのすべてのアルドースの構造（フィッシャー投影式）と固有名を図 12.1 に示すが，それらでは最も大きな位置番号のキラル中心が D 配置をもっている*1．L 系列のアルドースは図に示した D 系列のアルドースとエナンチオマーの関係にある．天然に存在するほとんどの単糖類は D 系列に属しているが，L-アラビノースのように D-アラビノースより多く存在する L 系列の単糖もある．ただ一つのキラル中心での立体配置の異なるジアステレオマーは，互いに**エピマー**(epimer)の関係にあるといわれる．たとえば，D-マンノースは D-グルコースの 2 位のエピマーであり，D-ガラクトースは D-グルコースの 4 位のエピマーである．

　単糖は分子中の一つのヒドロキシ基とカルボニル基がヘミアセタール（8.2.3 参照）を形成して，環状構造をとって存在する場合が多い（図 12.2）．このうち，五員環構造をとったものを**フラノース**(furanose)，六員環構造をとったものを**ピラノース**(pyranose)と呼ぶ*2．このときキラル中心が新た

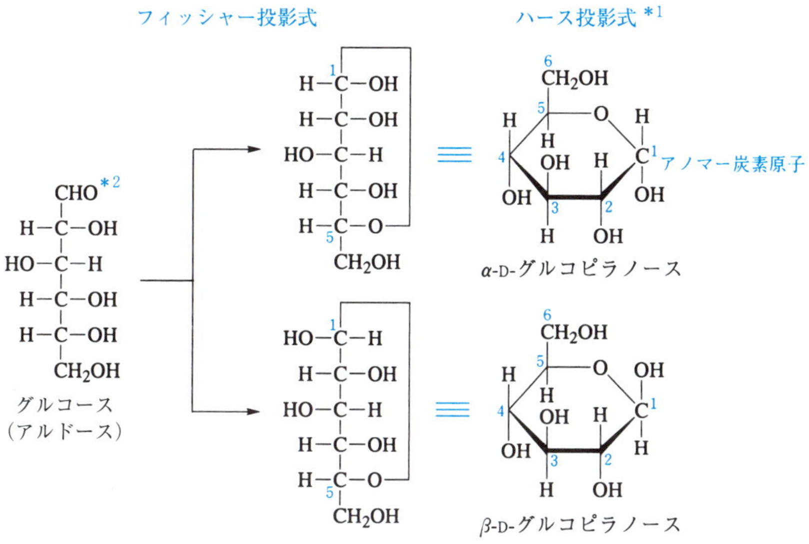

12.1 炭水化物（糖質）

フィッシャー投影式　　ハース投影式 *1

図 12.2　グルコースのピラノース構造

*1 ハース投影式では単糖の環構造を扁平な六角形または五角形で表記し，環内の酸素原子を右上（ピラノース）または上（フラノース）に配置する．このとき，この酸素原子は紙面の奥にあるとし，手前にある炭素鎖をくさび形と太い結合線で示す．

*2 アルドースやケトースのカルボニル基が還元され，ヒドロキシ基となったものを**糖アルコール**（sugar alcohol）と呼ぶ．代表的なものにシラカバなどに含まれるD-キシロースを還元して得られる**キシリトール**（xylitol）があり，虫歯を防ぐ甘味料としてガムなどに使用されている．

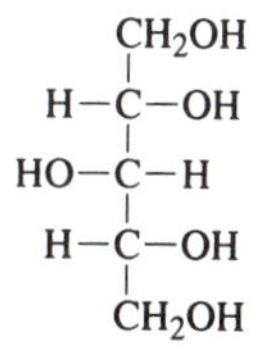

キシリトール

に一つ生じ，この炭素原子は**アノマー炭素原子**（anomeric carbon atom）と呼ばれる．新たなキラル中心によって生じた立体異性体のうち，1位炭素が5位炭素と同じ立体配置のものをα-**アノマー**（anomer），逆の立体配置のものをβ-**アノマー**と呼ぶ．糖の環構造を表現するのに通常ハース投影式が利用されるが，フィッシャー投影式からハース投影式への変換で立体配置が正しく保たれていることを確かめてもらいたい．D-グルコースの場合，アノマー炭素原子上のヒドロキシ基が環平面の下側にある立体異性体（エピマー）がα-アノマー，上側にある立体異性体がβ-アノマーとなる．ハース投影式は立体配置だけを表したもので，実際のピラノースはシクロヘキサンと同様のいす形配座をとっている（図 12.3）．

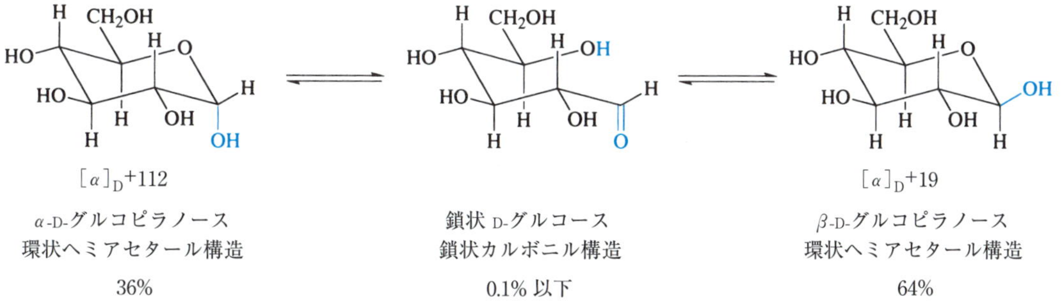

$[\alpha]_D +112$
α-D-グルコピラノース
環状ヘミアセタール構造
36%

鎖状 D-グルコース
鎖状カルボニル構造
0.1% 以下

$[\alpha]_D +19$
β-D-グルコピラノース
環状ヘミアセタール構造
64%

図 12.3　グルコースのいす形構造

D-グルコースの純粋なα-アノマー（$[\alpha]_D +112$）あるいはβ-アノマー（$[\alpha]_D +19$）を水に溶解させると，旋光度はゆっくりと変化して，最終的に

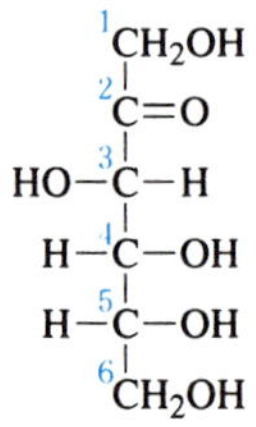

フルクトース

グリコシド結合
単糖のヘミアセタールと有機化合物のヒドロキシ基(−OH)との間で形成される結合.

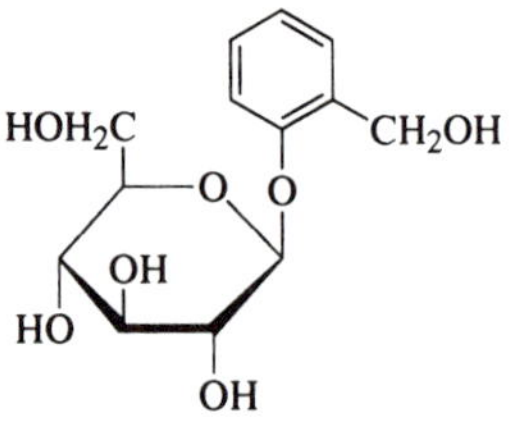

サリシン

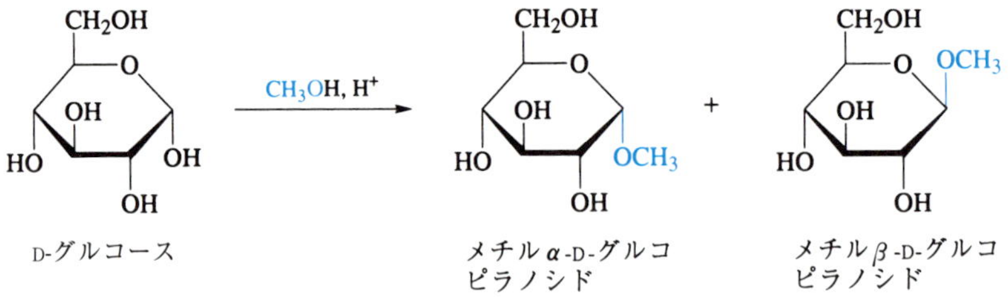

図 12.4
グリコシドの合成

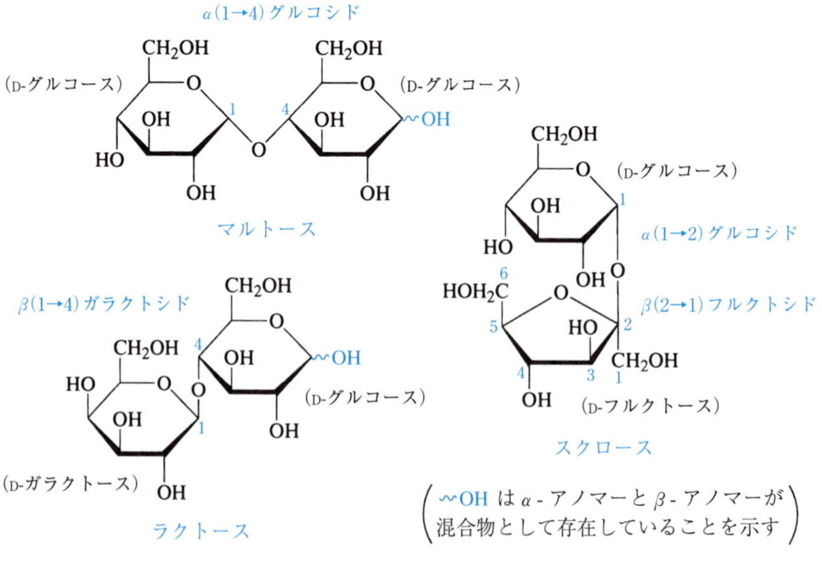

一定の値($[\alpha]_D$ +53)に落ち着く.この現象は**変旋光**(mutarotation)と呼ばれ,α-D-グルコピラノース(α-D-glucopyranose),鎖状の D-グルコース,β-D-グルコピラノースの三つが水溶液中で平衡混合物として存在していることを示している.単糖は一般のアルデヒドと同じように,フェーリング試薬やトレンス試薬を還元する(8.2.8 参照).ケトースであるフルクトース[†](fructose,果糖)もこの反応条件ではアルドースに異性化するため,これらの反応剤を還元する(次ページマージン参照).

12.1.2 オリゴ糖(小糖類)

環状構造をとっている単糖は有機化学的にはヘミアセタールであり,アノマー炭素原子上のヒドロキシ基はほかのアルコールと置換し,アセタールを形成することができる.たとえば,D-グルコースを酸とともにメタノールで処理すると,二種類のメチルアセタールが生成する(図 12.4).このような化合物は**グリコシド**(glycoside,配糖体)と呼ばれ,非糖部分を**アグリコン**(aglycone),結合を**グリコシド結合**[†](glycosidic bond)という.グリコシドは合成物だけでなく,自然界にも広く見いだされる.たとえば,ヤナギの樹皮中には苦みをもったサリシン[†]が含まれ,古くから解熱剤として知られ

D-グルコース → メチル α-D-グルコピラノシド + メチル β-D-グルコピラノシド

図 12.5
代表的な二糖類

マルトース — α(1→4)グルコシド — (D-グルコース)

ラクトース — β(1→4)ガラクトシド — (D-ガラクトース)(D-グルコース)

スクロース — α(1→2)グルコシド / β(2→1)フルクトシド — (D-グルコース)(D-フルクトース)

(〜OH は α-アノマーと β-アノマーが混合物として存在していることを示す)

ている*1.

　グリコシド結合でほかの単糖が結合すると**二糖**(disaccharide)となり，さらに数個の単糖が結合して**オリゴ糖**(oligosaccharide)が形成される．自然界に存在する代表的な二糖を図 12.5 に示す．デンプンを酵素のアミラーゼによって分解すると，マルトース(麦芽糖)が生成する．また，ラクトース(乳糖)はヒトをはじめほとんどの哺乳動物の乳汁のおもな炭水化物であり，スクロース(ショ糖)は通常の砂糖である．グリコシド結合は，そのアノメリック記号(α または β)と結合位置番号を組み合わせて表記する．たとえば，マルトースは 2 分子の D-グルコースが $\alpha(1\to4)$ 結合してできたものと表現できる．ヘミアセタール構造を残しているマルトースやラクトースは還元糖†である一方，ヘミアセタールのヒドロキシ基どうしで脱水縮合したスクロースは非還元糖†である．

12.1.3 多糖類

　多糖(polysaccharide)は生体の構造をつくりあげる物質*2 として，あるいはエネルギーの貯蔵庫として重要な役割を果たしている．自然界に見いだされる代表的な多糖を図 12.6 に示す．そのうち**アミロース**(amylose)と**アミロペクチン**(amylopectin)はデンプンの構成要素であり，デンプン水溶液に 1-ブタノールを加えると，アミロースだけが沈殿し，両者の分離が可能である．アミロースは D-グルコースが数十から数千個 $\alpha(1\to4)$ 結合した直鎖状高分子であり，らせん状構造をとっている．アミロペクチンは $\alpha(1\to4)$ 結合したグルコース単位 20〜30 ごとに，$\alpha(1\to6)$ 結合の分枝が存在し，全体としては D-グルコースが数千から数万個結合した，枝分かれのある樹状の構

*1 現在の一般的な解熱鎮痛剤であるアスピリン(アセチルサリチル酸)は，サリシンをもとにして酸化体のサリチル酸を経て開発された．

還元糖と非還元糖
フェーリング試薬やトレンス試薬を還元する糖を還元糖，還元しない糖を非還元糖と呼ぶ．

*2 生体中の関節や目の硝子体などに存在するヒアルロン酸は，グルクロン酸と N-アセチルグルコサミンからなるきわめて高分子量の多糖である．このヒアルロン酸は，保湿成分として化粧品などに利用されている．

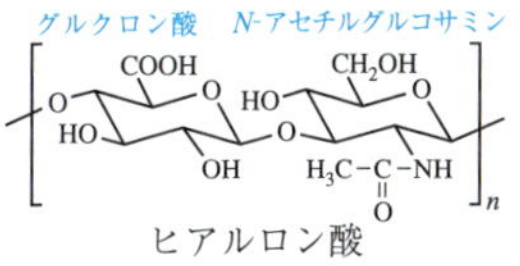

ヒアルロン酸

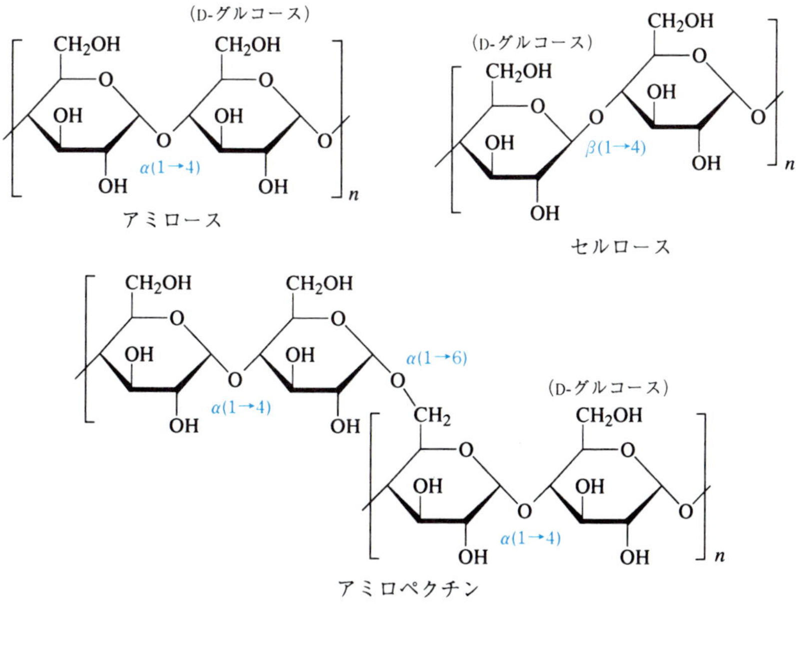

図 12.6
代表的な多糖類

造をしている．**グリコーゲン**(glycogen)は筋肉や肝臓に存在し，動物におけるエネルギーの貯蔵庫となっている．グリコーゲンはアミロペクチンと似た樹状構造をしているが，分岐度はアミロペクチンより大きい．**セルロース**(cellulose)は植物の細胞壁の構成要素であり，$\beta(1 \to 4)$結合したD-グルコースの直鎖状高分子である．分子量は約50万であり，それぞれのセルロース鎖が並びあって硬い構造をとっている．

12.2 核酸とその関連物質

核酸は遺伝情報の担い手であり，化学的には核酸塩基，糖，リン酸で構成されている高分子である．また，その構成要素であるヌクレオチド自体も生体内で重要な役割を果たしている．

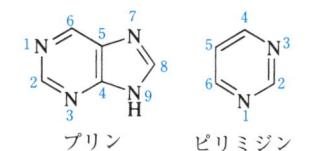

12.2.1 ヌクレオシドとヌクレオチド

ヌクレオシド(nucleoside)は，アグリコンを**プリン**†(purine)あるいは**ピリミジン**†(pyrimidine)塩基とする，D-**リボース**(D-ribose，五炭糖)あるいはD-**2-デオキシリボース**(D-2-deoxyribose)の **N-グリコシド**†(N-glycoside)であり，核酸の構成要素となっている．糖部分がD-リボースの場合，プリン塩基は**アデニン**(adenine，Aと略す)と**グアニン**(guanine，G)，ピリミジン塩基は**シトシン**(cytosine，C)と**ウラシル**(uracil，U)である．一方，2-デオキシリボースの場合，**チミン**(thymine，T)がウラシルの代わりにあり，ほ

N-グリコシド
アグリコンが糖のアノマー炭素原子に，酸素原子を介して結合したものを O-グリコシドと呼ぶのに対して，窒素原子を介して結合したものを N-グリコシドと呼ぶ．

ヌクレオシド構造
塩基 + 糖(五炭糖)

アデノシン(デオキシアデノシン)
〔adenosine(deoxyadenosine)〕

グアノシン(デオキシグアノシン)
〔guanosine(deoxyguanosine)〕

シチジン(デオキシシチジン)
〔cytidine(deoxycytidine)〕

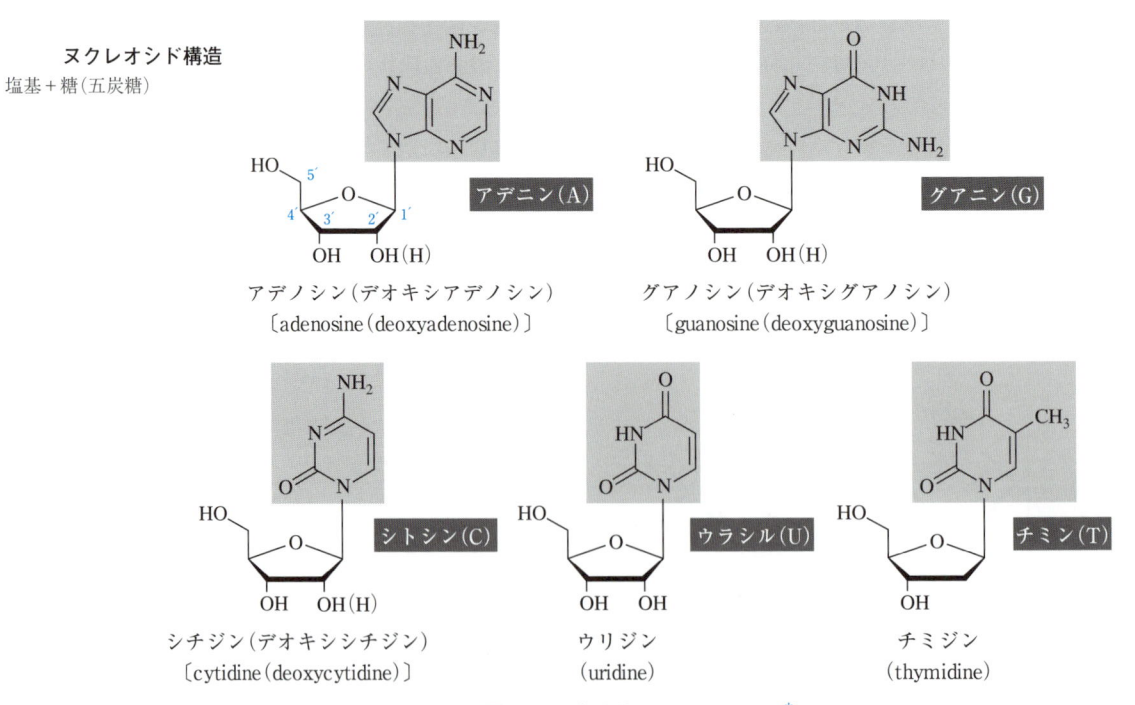

ウリジン
(uridine)

チミジン
(thymidine)

図 12.7 代表的なヌクレオシド†

かの三つの塩基は同じである．ヌクレオシドのそれぞれの名称を図 12.7 に示す．

ヌクレオシドの 5′ 位のリン酸エステルは**ヌクレオチド**(nucleotide)と呼ばれ，これを繰り返し単位として核酸が構成されている．アデノシンは，アデノシン二リン酸(ADP)およびアデノシン三リン酸(ATP)としても存在し，ATP から ADP への変換は生化学的反応を駆動するエネルギー源となっている(図 12.8)．また，酵素反応を助ける**補酵素**(coenzyme)と呼ばれる化合物にも，ヌクレオチド構造†をもつものが多く，これについては 13.2.2 で解説する．

ヌクレオチド構造
ヌクレオシド＋リン酸エステル

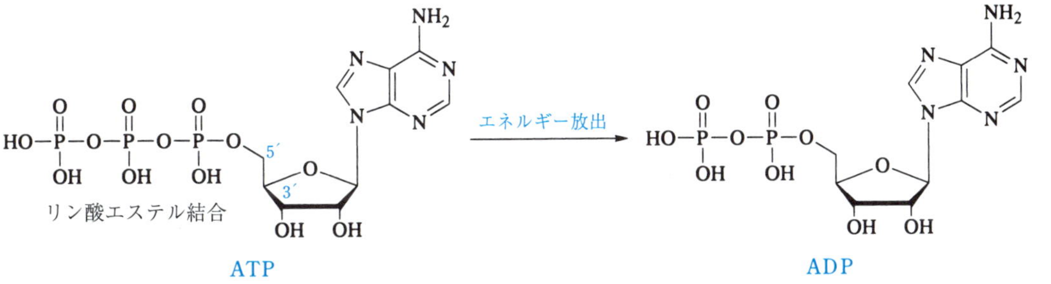

図 12.8 ATP から ADP への変換

12.2.2 核　酸

核酸(nucleic acid)はヌクレオシドの 3′ 位と 5′ 位間をリン酸エステル結合で連結した高分子であり，糖部分がデオキシリボースである**デオキシリボ核酸**(deoxyribonucleic acid, DNA)と，リボースである**リボ核酸**(ribonucleic acid, RNA)がある．

高等生物の DNA は細胞核の染色体上に存在し，2 本の DNA 鎖からなる二重らせん構造をとっている．この塩基の配列(結合の順序)が遺伝情報となっており，その情報をもつ部分は**遺伝子**(gene)と呼ばれている．2 本の DNA 鎖の間では，特異的な水素結合によって A−T 間と C−G 間にそれぞれ塩基対が形成されている(図 12.9)．DNA の複製では，まず DNA の二本鎖が解きほぐされる．次にそれぞれの鎖が鋳型になって，特異的な塩基対をつくりながら新しい鎖が相補的に合成され，もとの二重らせんと完全に一致した DNA が生体内で複製される＊．一方，RNA はタンパク質が生合成されるときなどに機能する核酸であるが，RNA を遺伝子とするウイルス〔たとえば，ヒト免疫不全ウイルス(HIV；エイズウイルス)〕も存在する．

＊ 現在，任意の配列をもった DNA を自動合成機で調製することが日常的に行われている．この方法では，固相に担持されたヌクレオシドに，次つぎと効率よく新たなヌクレオシドがリン酸エステル結合されていく．また，同様の自動ペプチド合成機も広く利用されている．

12.3 脂　質

脂質(lipid)とは，水に不溶で低極性有機溶媒に可溶な生体成分をさし，構造や機能で分類された化合物群ではない．そのため，一見すると雑多な化合物群が脂質として分類されるが，ここでは油脂，リン脂質，テルペン類，そ

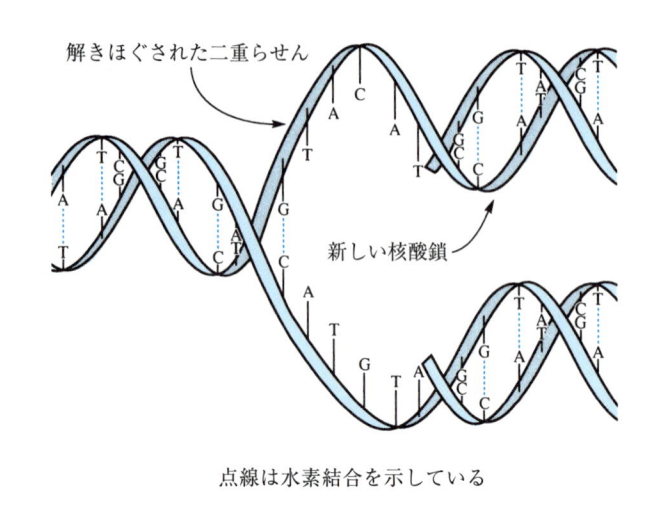

図 12.9　DNAの相補塩基対間の水素結合とDNA複製モデル

してステロイド類をとりあげる．

12.3.1　油　脂

油脂(oils and fats)は**脂肪酸**(fatty acid)の**グリセロール**†(glycerol)のエステル，すなわち**グリセリド**†(glyceride)であり，常温で液体のものを**油**(oil)，固体のものを**脂肪**(fat)という．植物油や魚油は液体で，陸棲動物の脂肪は固体の場合が多い．グリセリドは重要な栄養成分である．エネルギー発生量が炭水化物やタンパク質の約2倍あるだけでなく，体内に蓄積されて必要に応じてエネルギーに変換される．

通常，脂肪酸は C_{12}〜C_{18} の偶数の炭素鎖長をもち，C=C二重結合を含むものも多い*．代表的な脂肪酸を表12.1に示す．C=C結合をどれだけ含むかで，油脂の融点の違いは説明される．飽和炭化水素基はジグザグ構造をとりながら，全体としてまっすぐに伸びているので，分子どうしの折り重なりが容易となり，飽和炭化水素基を多く含むものは比較的高温でも固化する．一方，グリセリドの不飽和炭化水素基のC=C結合はシス配置であるため，不飽和炭化水素基を多く含むと分子はその点で折れ曲がり，分子どうしのきちんとした配列が困難になり，融点は低くなる．植物油に水素を付加して常温で固体になるようにしたのがマーガリンである．C=C結合部分は空気中の酸素と反応して過酸化物を与え，さらに複雑な重合物を生成し，食用油の劣化の原因となる．また，C=C結合を多く含む油脂は乾性油として塗料に利用される．

12.3.2　リン脂質

リン脂質(phospholipid)は生体膜の構成要素であり，脂肪酸とリン酸がエ

グリセロール
（別名グリセリン）
1,2,3-プロパントリオール

グリセリド

* 日本人の食生活の西欧化（肉食）が進み，飽和脂肪酸の摂取が増えてきた現在，不飽和脂肪酸の栄養学的意義が強調されている．魚油に含まれるドコサヘキサエン酸(DHA)はその例である（4章トピックス参照）．

4,7,10,13,16,19-ドコサヘキサエン酸

表 12.1 天然の脂肪酸

慣用名	系統名	化学式
ラウリン酸 (lauric acid)	ドデカン酸 (dodecanoic acid)	$CH_3(CH_2)_{10}COOH$
ミリスチン酸 (myristic acid)	テトラデカン酸 (tetradecanoic acid)	$CH_3(CH_2)_{12}COOH$
パルミチン酸 (palmitic acid)	ヘキサデカン酸 (hexadecanoic acid)	$CH_3(CH_2)_{14}COOH$
ステアリン酸 (stearic acid)	オクタデカン酸 (octadecanoic acid)	$CH_3(CH_2)_{16}COOH$
オレイン酸 (oleic acid)	9-オクタデセン酸 (9-octadecenoic acid)	(シス-9-不飽和構造)
リノール酸 (linoleic acid)	9,12-オクタデカジエン酸 (9,12-octadecadienoic acid)	(シス-9,12-不飽和構造)
リノレン酸 (linolenic acid)	9,12,15-オクタデカトリエン酸 (9,12,15-octadecatrienoic acid)	(シス-9,12,15-不飽和構造)

ステル結合してできるグリセロール誘導体である(図 12.10).フィッシャー投影式で中央のヒドロキシ基を左に置いたものを sn-グリセロール* と定義し,このとき上からつけられる位置番号でリン酸の結合位置を示す.グリセロール誘導体ではないが,構造的にも機能的にもきわめて近い**スフィンゴ脂質**(sphingolipid)が神経組織などに見いだされる.

一つの分子中に極性の強い親水性部と無極性の疎水性部をもつ化合物は,両親媒性物質と呼ばれ,水中では多くの分子が集合して**ミセル**(micelle)や

* 同じ置換基がグリセロールの 1 位あるいは 3 位に結合すると,それらは互いにエナンチオマーの関係になる.そのため両者を位置異性体とするか,立体異性体とするかで命名に混乱が生じる.そこで,sn-グリセロールが定義され,命名上は位置異性体と表現することになった.

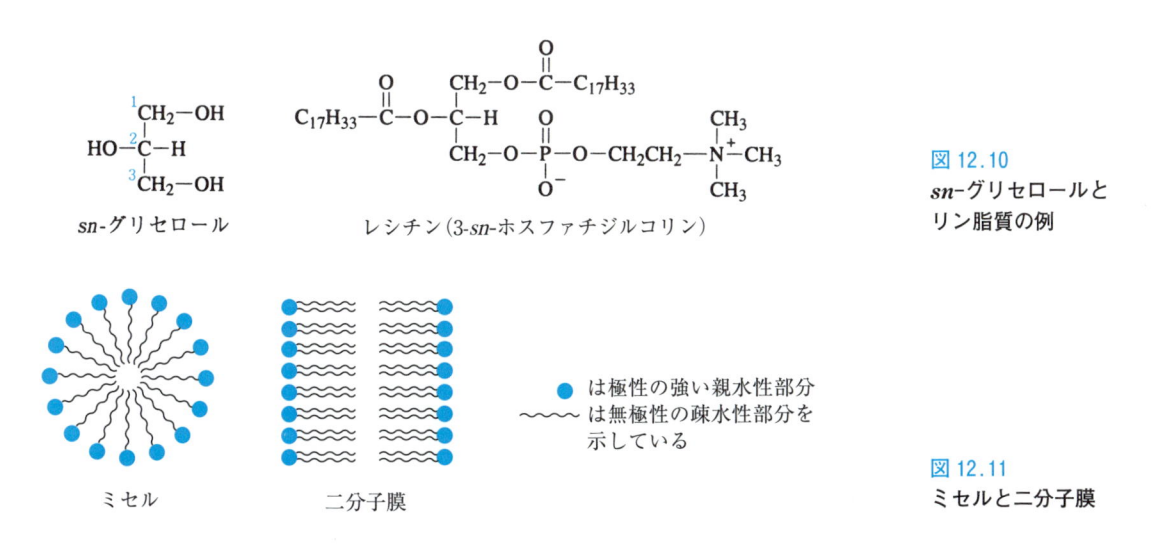

図 12.10 sn-グリセロールとリン脂質の例

図 12.11 ミセルと二分子膜

● は極性の強い親水性部分
〜 は無極性の疎水性部分を示している

* テルペンの化学構造は通常 head-to-tail の結合の繰り返しで形づくられる.

head　　　　　tail

イソペンテニルピロリン酸

膜(membrane)をつくる(図12.11). 長鎖脂肪酸ナトリウム(セッケン)はこのような構造をもち,水中でミセルをつくる. 一方,2本の炭化水素基をもつリン脂質は**二分子膜**(bilayer membrane)をつくりやすい.

12.3.3 テルペン

針葉樹や柑橘類のにおい,また花の香りの成分には,**テルペン**(terpene)と呼ばれる化合物群が多く含まれる. **イソプレン**(isoprene, 2-メチル-1,3-ブタジエン)単位が繰り返されて形成されるのがテルペンの化学構造*の特徴であり,テルペンは**イソプレノイド**(isoprenoid)に分類される. イソペンテニルピロリン酸†がテルペンの生合成前駆体である事実は,テルペンの化学構造の特徴と一致する. テルペンはイソプレン単位の数によって,モノテルペン(C_{10}), セスキテルペン(C_{15}), ジテルペン(C_{20}), トリテルペン(C_{30}), テトラテルペン(C_{40})に分類され,環を形成したものや酸素官能基をもつものがある(図12.12).

モノテルペン
ゲラニオール(バラの香り)

セスキテルペン
カルボン(カラウェイ油)
ゼルンボン(野生のショウガ)

ジテルペン
フィトール(クロロフィルに含まれる)

トリテルペン
スクアレン(サメの肝油)

テトラテルペン
リコペン(トマトに含まれる)

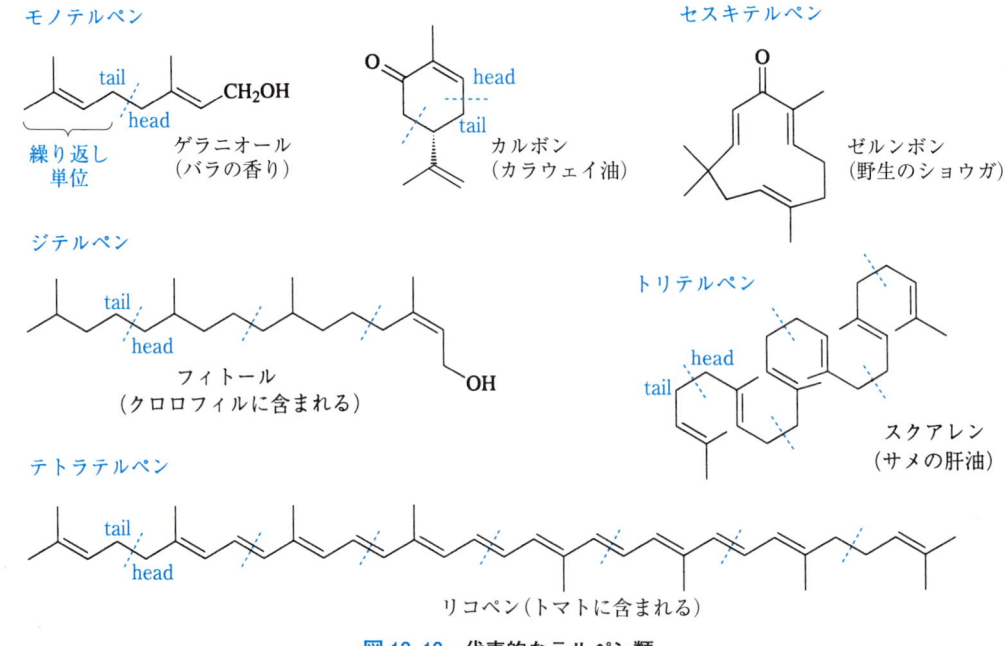

図12.12 代表的なテルペン類

12.3.4 ステロイド

ステロイド(steroid)は特徴的な縮合四環構造をもつ化合物群であり,動植物に広く存在する. 四つの環は図12.13に示すように,A, B, C, D環とそれぞれ命名されている. コレステロールは最も広く存在するステロイドであり,トリテルペンであるスクアレン(図12.12参照)から多段階の変換を受けて生合成される. コレステロールは生体膜の構成要素であり,その安定化

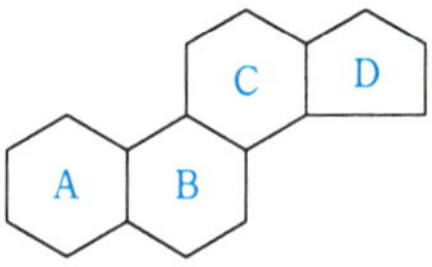

ステロイド骨格

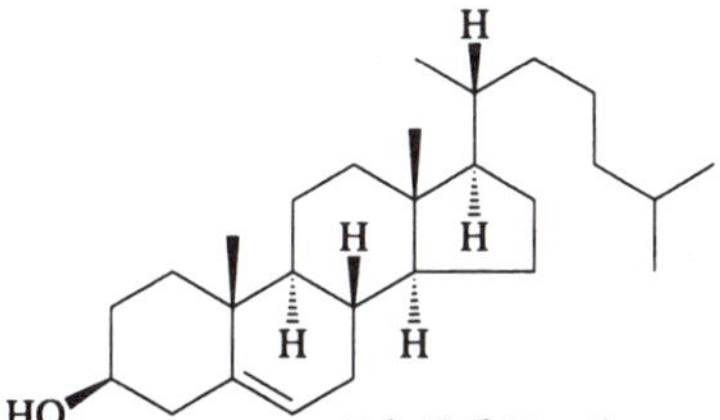

コレステロール

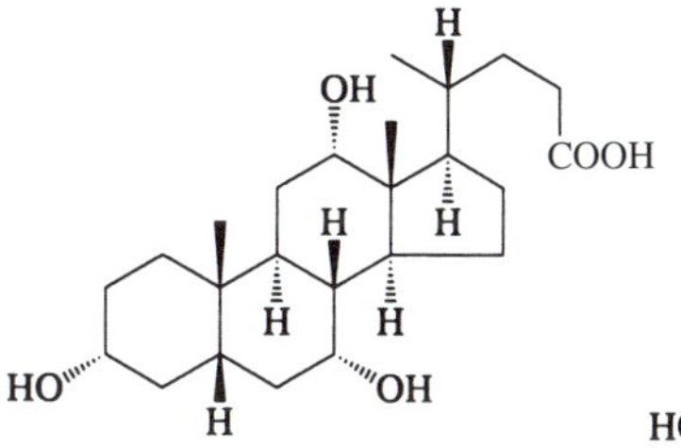

コール酸
(胆汁)

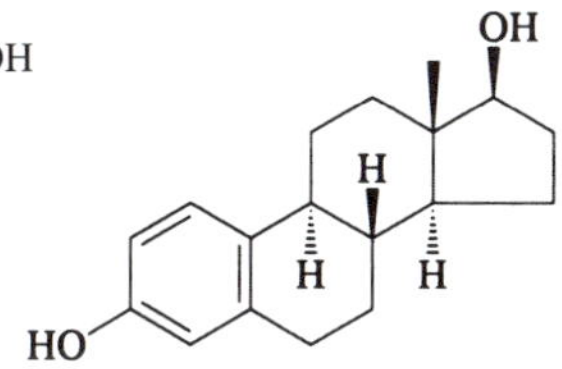

エストラジオール
(女性ホルモン)

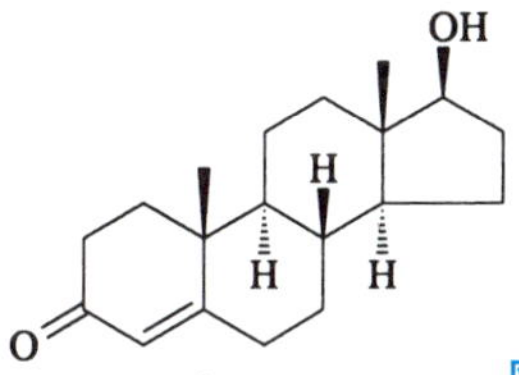

テストステロン
(男性ホルモン)

図 12.13
代表的なステロイド類

に寄与している一方，過剰のコレステロールは胆石や動脈硬化症の原因となるといわれている．コール酸(胆汁酸)はグリシンやタウリン(H_2NCH_2-CH_2SO_3H)のアミノ基と結合して，乳化剤として働き，脂肪の消化吸収を助ける．ステロイドのなかにはきわめて強い生理活性を示すものも多く知られており，性ホルモンはその例である．

12.4 アルカロイド

植物から得られる強い生理作用を示す含窒素化合物は**アルカロイド**(alkaloid)と呼ばれ，その劇的な生理活性のため毒物や薬物として古くから利用されてきた．それらはアミノ酸(p. 211 参照)から生合成されることが多く，非環式のものもあるが，**複素環式化合物**(heterocyclic compound)が多い．エフェドリンは漢方薬の麻黄(マオウ)から単離されたもので，鎮咳作用，血圧上昇作用があり，その塩酸塩が医薬品として用いられている．ニコチンはタバコの葉に含まれ，強い毒性がある*．また，ライ麦などに寄生する麦角菌がつくるリセルグ酸の *N*,*N*-ジエチルアミド誘導体は，LSD の名で知られ

* そのほか重要なアルカロイドにモルヒネとキニーネがあるが，これらの化合物に関しては 11 章トピックス「神経系に作用するアミン誘導体」(p. 196)を参照のこと．

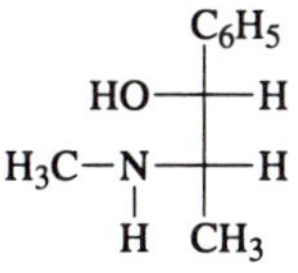

エフェドリン
(麻黄に含まれる)

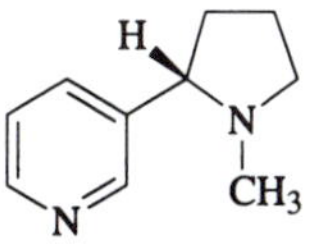

ニコチン
(タバコに含まれる)

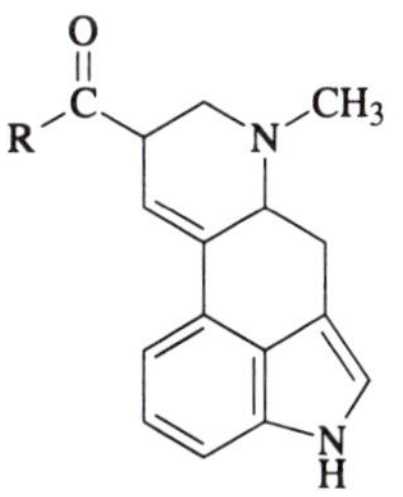

リセルグ酸(R = OH)
(麦角に含まれる)
LSD〔R = $N(C_2H_5)_2$〕

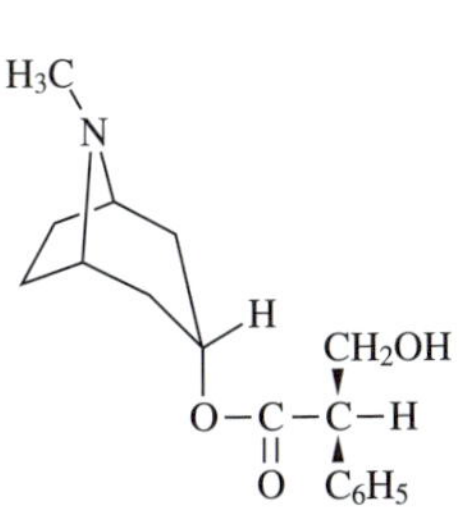

アトロピン(ヒオスシアミン)
(ナス科植物に含まれる)

図 12.14　代表的なアルカロイド

る幻覚剤である．アトロピン（ヒオスシアミン）はベラドンナのようなナス科植物から得られ，平滑筋のけいれんを緩和し，瞳孔を散大させるために用いられる（図 12.14）．

■ Key Word ■

【基礎】□炭水化物　□糖質　□単糖　□アルドース　□ケトース　□エピマー　□フラノース　□ピラノース　□アノマー炭素原子　□変旋光　□グリコシド　□グリコシド結合　□二糖　□オリゴ糖　□多糖　□ヌクレオシド　□ヌクレオチド　□デオキシリボ核酸（DNA）　□リボ核酸（RNA）　□遺伝子　□脂質　□油脂　□グリセリド　□リン脂質　□ミセル　□二分子膜　□テルペン　□イソプレノイド　□ステロイド　□アルカロイド　□複素環化合物

章末問題

1. 保湿剤や甘味料として利用される D-グルシトール（ソルビトール）は D-グルコースを還元して得られる糖アルコールである．また，昆布の表面の白い粉はマンニトールと呼ばれる D-マンノース関連の糖アルコールである．それぞれの構造をフィッシャー投影式で示せ．

2. β-D-ガラクトピラノースと β-D-マンノピラノースのいす形立体配座を示せ．ただし，両者ともエクアトリアル配向しているヒドロキシ基がアキシアル配向しているものより多い．

3. セルロースの部分加水分解物であるセロビオースは二つの D-グルコピラノースが β(1→4) 結合してできた二糖である．また昆虫の循環器系にみられる α,α-トレハロースは D-グルコピラノース 2 分子が α(1→1) 結合してできた二糖である．これらの構造をハース投影式で示し，それぞれ還元糖であるか，非還元糖であるかを示せ．

4. ペクチンは果物に豊富に存在する多糖で，ゼリーのゲル化剤に利用されている．その構造は D-ガラクツロン酸（D-ガラクトースの 6 位炭素がカルボキシ基になったもの）が六員環構造で α(1→4) 結合したものである．また，キチンは昆虫や節足動物（エビやカニなど）の硬い殻の構成成分である．その構造は 2-アセトアミド-2-デオキシ-D-グルコース（D-グルコースの 2 位ヒドロキシ基が -NCOCH₃ に置き換わったもの）が六員環構造で β(1→4) 結合したものである．これら多糖の構造を，いす形立体配座を用いて示せ．

5. エイズ治療薬として使用される AZT（3′-アジド-3′-デオキシチミジン，またはジドブジンともいう）はチミジンの 3′ 位ヒドロキシ基がアジド基（$-N_3$）に置換されたものである．その構造を示せ．

6. 次の化合物を融点の低い順に並べよ．
ステアリン酸，オレイン酸，リノール酸，リノレン酸

7. sn-グリセロール-3-リン酸の構造を立体配置に注意して書け．

8. 次の構造式を，図 12.12 を参考にしてイソプレン単位に分割せよ．ビタミン A (p.82)，ゼルンボン（図 12.12）も同様に分割せよ．

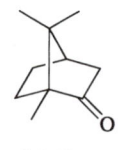

カンファー
（クスノキに含まれる）

α-ピネン
（針葉樹に含まれる）

9. エストラジオールとテストステロン（図 12.13 参照）にはそれぞれいくつのキラル中心があるか示せ．

有機化学の
トピックス

生体内で情報物質として働く糖鎖

酵素や抗体として働くタンパク質や遺伝情報を担う核酸は生体のダイナミックな機能に深く関係している．一方，糖は生体のエネルギー源であったり，構造を支えたりするだけの静的な働きしかないように思われがちであるが，事実は異なる．特定の単糖が分岐を含む特定の配列でつながってできた糖鎖が，タンパク質や脂質に結合すると生体の重要な情報物質となる．たとえば，免疫とは外部から侵入してきた異物を排除する機能であるが，ここに糖鎖が関与することがある．また，古くから知られている ABO 式の血液型は，赤血球表面からでている糖鎖の構造の違いで分類される．ウイルスが宿主細胞に侵入する際にも，特定の糖鎖構造が深く関係している．ここでは，このウイルスと糖鎖との関係について説明しよう．

インフルエンザウイルスの表面には，ヘマグルチニン(H)とノイラミニダーゼ(N)という二種類の糖タンパク質がびっしりと突きでている．ヘマグルチニンとノイラミニダーゼにはそれぞれ数種類の型があって，その組合せでインフルエンザウイルスは H1N1 とか H5N1 のように分類される．

インフルエンザウイルスの感染は，宿主細胞の表面上の糖鎖の末端にあるシアル酸にヘマグルチニンが接着することから始まる．次にウイルスは細胞内部に侵入して増殖し，やがて細胞の外へ脱出する．このときも宿主細胞の表面の糖鎖に接着するので，これを切断する必要がある．すなわち，加水分解酵素であるノイラミニダーゼがヘマグルチニンのシアル酸から伸びているグリコシド結合を加水分解して切断する．抗ウイルス剤のリレンザやタミフルはこのノイラミニダーゼの働きを阻害する薬剤で，インフルエンザウイルスが細胞外に飛びださないようにして体内での増殖を抑える．

糖鎖科学の歩みは，タンパク質や核酸の科学の飛躍的な進展に比べるとゆっくりとしたものであった．その理由は，その研究対象の性質に基づく難しさにある．まず，構成要素である単糖の種類が多様でありながら，それらは単にヒドロキシ基の立体配置が異なるだけで化学性質はそれほど違わない．さらに，単糖どうしをつなぐ結合についても，$\alpha(1\rightarrow 4)$，$\beta(1\rightarrow 6)$……というようにきわめて多様であり，分岐鎖も珍しくない．しかし，近年の高度な分析法によってそれらは克服され，糖鎖研究は今後急速に発展していくと期待される．

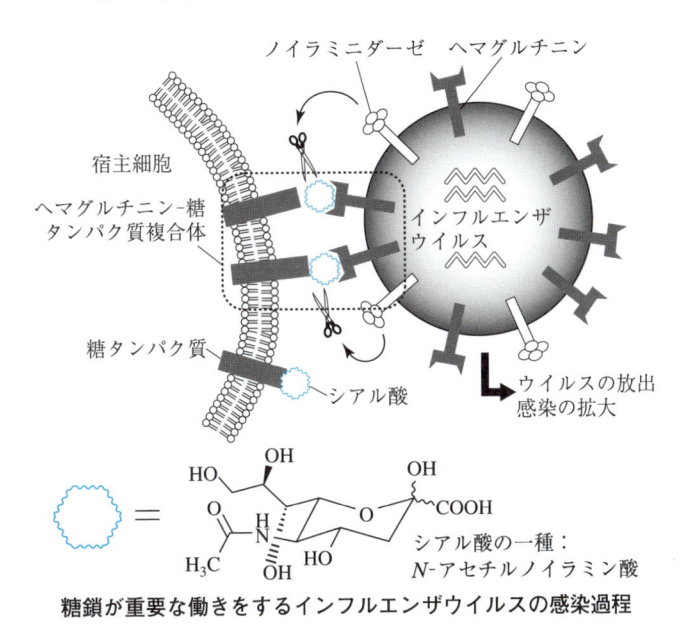

糖鎖が重要な働きをするインフルエンザウイルスの感染過程

13 アミノ酸・タンパク質, および酵素

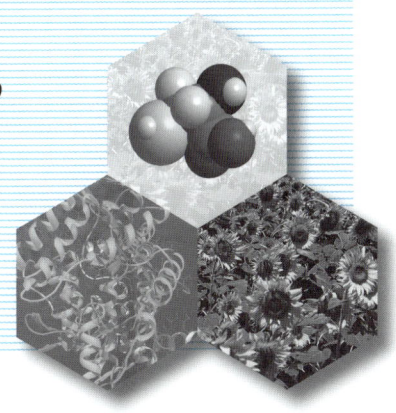

【この章の目標】

この章では，最初にアミノ酸の性質と立体化学を理解する．次にペプチド結合の性質を学び，アミノ酸の縮重合体であるペプチドとタンパク質の化学を学習する．最後に，生体触媒である酵素が促進する反応の特徴を学んで，それがどのように実現されているか考察する．

13.1 アミノ酸とタンパク質

タンパク質は生命活動を支える構造的な役割を担うとともに，酵素や抗体としての機能的な働きもしている．その構成要素であるアミノ酸は，同一炭素原子上に塩基性のアミノ基($-NH_2$)と酸性のカルボキシ基($-COOH$)をもつため，特徴のある性質を示す．

13.1.1 アミノ酸の構造と種類

タンパク質は20種類の**アミノ酸**(amino acid)から生合成されるが，タンパク質となった後に化学変換*を受ける場合もあるので，タンパク質を加水分解するとそれ以上の種類のアミノ酸が見いだされる．表13.1に示すタンパク質を構成するアミノ酸はすべて，カルボキシ基に隣接した炭素原子(α炭素)上にアミノ基をもつα-アミノ酸である．グリシン以外はすべてα位がキラル中心であり，それはL配置をもっている(L-アミノ酸†)．側鎖の構造も表に分類されるように多様で，タンパク質やペプチド中でさまざまな働きをしている．α-アミノ酸以外の構造をもつアミノ酸やD-アミノ酸†も生体関連の有機化合物中に存在し，その機能は多様であるが量は少ない．

* 皮膚，骨や軟骨に存在するタンパク質コラーゲンの重要な構成アミノ酸であるヒドロキシプロリンが化学変換の一例である．まずプロリンが取り込まれてタンパク質が合成され，その後ヒドロキシ基が導入されてヒドロキシプロリン(下図)となる．

表 13.1 タンパク質を構成するアミノ酸

アミノ酸	略号[a]		構造	
グリシン (glycine)	G	Gly	$H-CH-COOH$ $\quad\;\; |$ $\quad\; NH_2$	
アラニン (alanine)	A	Ala	$CH_3-CH-COOH$ $\qquad\quad |$ $\qquad\;\; NH_2$	⎫
バリン (valine)[b]	V	Val	$CH_3-CH-CH-COOH$ $\qquad\quad\; |\quad\; |$ $\qquad\;\; CH_3\;\; NH_2$	⎬ 側鎖はアルキル基
ロイシン (leucine)[b]	L	Leu	$CH_3-CH-CH_2-CH-COOH$ $\qquad\quad |\qquad\quad\;\; |$ $\qquad\;\; CH_3\qquad\;\; NH_2$	
イソロイシン (isoleucine)[b]	I	Ile	$CH_3CH_2-CH-CH-COOH$ $\qquad\qquad\; |\quad\; |$ $\qquad\qquad CH_3\;\; NH_2$	⎭
セリン (serine)	S	Ser	$HO-CH_2-CH-COOH$ $\qquad\qquad\quad |$ $\qquad\qquad\;\; NH_2$	⎫ 側鎖にヒドロキシ基を
トレオニン (threonine)[b]	T	Thr	$HO-CH-CH-COOH$ $\qquad\;\; |\quad\; |$ $\qquad CH_3\;\; NH_2$	⎭ もつもの
システイン (cysteine)	C	Cys	$HS-CH_2-CH-COOH$ $\qquad\qquad\quad |$ $\qquad\qquad\;\; NH_2$	⎫ 硫黄原子を含むもの
メチオニン (methionine)[b]	M	Met	$CH_3-S-CH_2CH_2-CH-COOH$ $\qquad\qquad\qquad\quad\; |$ $\qquad\qquad\qquad\;\; NH_2$	⎭
プロリン (proline)	P	Pro	(環状構造)−COOH	環状の第二級アミノ基
フェニルアラニン (phenylalanine)[b]	F	Phe	$C_6H_5-CH_2-CH-COOH$ $\qquad\qquad\qquad |$ $\qquad\qquad\qquad NH_2$	⎫
チロシン (tyrosine)	Y	Tyr	$HO-C_6H_4-CH_2-CH-COOH$ $\qquad\qquad\qquad\qquad |$ $\qquad\qquad\qquad\qquad NH_2$	⎬ 芳香族アミノ酸
トリプトファン (tryptophan)[b]	W	Trp	(インドール)$-CH_2-CH-COOH$ $\qquad\qquad\qquad\quad\; |$ $\qquad\qquad\qquad\;\; NH_2$	⎭
アスパラギン酸 (aspartic acid)	D	Asp	$HO-\underset{\underset{O}{\|\|}}{C}-CH_2-CH-COOH$ $\qquad\qquad\qquad |$ $\qquad\qquad\qquad NH_2$	⎫ 酸性アミノ酸
グルタミン酸 (glutamic acid)	E	Glu	$HO-\underset{\underset{O}{\|\|}}{C}-CH_2CH_2-CH-COOH$ $\qquad\qquad\qquad\qquad |$ $\qquad\qquad\qquad\qquad NH_2$	⎭
アスパラギン (asparagine)	N	Asn	$H_2N-\underset{\underset{O}{\|\|}}{C}-CH_2-CH-COOH$ $\qquad\qquad\qquad |$ $\qquad\qquad\qquad NH_2$	⎫ アスパラギン酸と
グルタミン (glutamine)	Q	Gln	$H_2N-\underset{\underset{O}{\|\|}}{C}-CH_2CH_2-CH-COOH$ $\qquad\qquad\qquad\qquad |$ $\qquad\qquad\qquad\qquad NH_2$	⎭ グルタミン酸のアミド
リシン (lysine)[b]	K	Lys	$CH_2CH_2CH_2CH_2-CH-COOH$ $|\qquad\qquad\qquad\quad\; |$ $NH_2\qquad\qquad\qquad NH_2$	⎫
アルギニン (arginine)	R	Arg	$H_2N-C-N-CH_2CH_2CH_2-CH-COOH$ $\quad\;\; \|\|\;\; |\qquad\qquad\qquad\quad\; |$ $\quad\;\; HN\; H\qquad\qquad\qquad\;\; NH_2$	⎬ 塩基性アミノ酸
ヒスチジン (histidine)	H	His	(イミダゾール)$-CH_2-CH-COOH$ $\qquad\qquad\qquad\qquad |$ $\qquad\qquad\qquad\qquad NH_2$	⎭

a) アミノ酸の略号には一文字略号と三文字略号があるが，タンパク質のアミノ酸配列が次つぎと明らかにされた現在，その表記に便利な一文字略号が主流となっている．
b) 必須アミノ酸（人間が体内で生合成できないアミノ酸）

13.1.2 アミノ酸の性質

一般にアミノ酸は水に可溶である一方，無極性な有機溶媒に不溶であり，また一般の有機化合物に比べ融点が高い．このことは，アミノ酸はきわめて極性の強い**双性イオン**〔zwitterion，**両性イオン**（amphoteric ion）ともいう〕構造を通常とっていることと一致する．アミノ酸の実際の構造は，その溶液のpHによって変化する(図13.1)．強酸性の溶液中ではカチオン構造を，強塩基性の溶液中ではアニオン構造をとっている．中間的なpHでは，双性イオン構造を主要な成分として，三者の混合物として存在する．アミノ酸が電気的に中性の状態で存在するpHを**等電点**（isoelectric point, pI）と呼ぶ．側鎖に官能基をもつアミノ酸の挙動はより複雑となる．

図13.1 pH変化に伴うアミノ酸の構造変化

アミノ酸はアミノ基とカルボキシ基，あるいは側鎖官能基それぞれに特徴的な反応を行う．アミノ酸独特の反応としては**ニンヒドリン反応**（ninhydrin reaction）がある(図13.2)．ニンヒドリンは，第一級アミノ基(-NH$_2$)をもつアミノ酸と反応して紫色の生成物を与え，アミノ酸の定量に利用される．プロリンは第二級アミノ基(-NH-)をもつアミノ酸なので，ニンヒドリンとは別の反応を起こし，黄色色素が生成する．

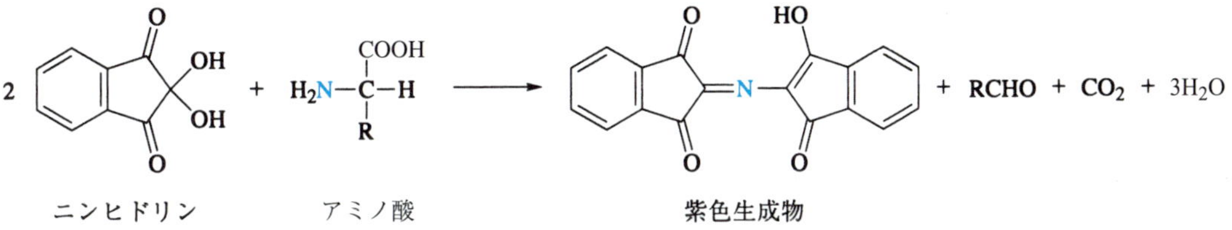

図13.2 ニンヒドリンとアミノ酸の反応

13.1.3 ペプチド

アミノ酸がアミド結合(-CONH-)でつながった化合物を**ペプチド**（peptide）と呼び，その場合のアミド結合をとくにペプチド結合という．アミノ酸の数によって，ジペプチド(2個)，トリペプチド(3個)，オリゴペプチド(数個)，そしてポリペプチド(多数)と分類される．自然界に存在するペプチドには，インスリンのようなホルモンとして働くものを含め強い生理活性をもつものもあり，その種類と機能は多様である．例として，人工甘味料であるアスパルテーム(ジペプチド)と，アレルギー物質の解毒や細胞内還元反応

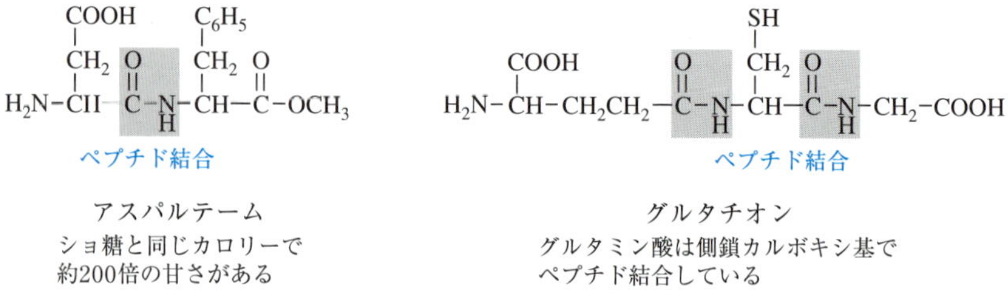
ペプチド結合
アスパルテーム
ショ糖と同じカロリーで
約200倍の甘さがある
ペプチド結合
グルタチオン
グルタミン酸は側鎖カルボキシ基で
ペプチド結合している

図 13.3　生理活性をもつペプチド

に働くグルタチオン（トリペプチド）をあげる（図 13.3）.

ペプチドを構成するアミノ酸の組成は，ペプチドを加水分解したあと，クロマトグラフィー[†]で分離し，ニンヒドリン反応などで定量して決定できる．これに用いる装置はアミノ酸分析機と呼ばれている．

また，ペプチドの末端には遊離のアミノ基（$-NH_2$）とカルボキシ基（$-COOH$）が存在し，それぞれをN末端，C末端と呼ぶ*．N末端アミノ酸の同定には**エドマン分解**（Edman degradation）が利用され，一連の化学反応で末端の一つのアミノ酸だけが切りだされる（図 13.4）．このプロセスを繰り返すことによってペプチドのアミノ酸配列が決定できる．現在では自動分析機が広く利用されている．一方，C末端アミノ酸の同定には，C末端に特異的に働く加水分解酵素が利用され，酵素反応の時間経過とともに遊離してくるアミノ酸を同定して配列を決めることができる．

クロマトグラフィー
化学成分を分離，分析する方法の一つにクロマトグラフィー（chromatography）がある．固定相を詰めた管（カラム）の一端に，分析したい混合物を入れる．そこに移動相を流すと，固定相と移動相に対する親和性が混合物中の各成分の間で異なるので，カラムからでてくる時間が各成分によって異なる．成分ごとにカラムから溶出する時間をあらかじめ測っておけば，混合物中の各成分をその溶出時間から同定することができる．固定相と移動相の組合せから，さまざまなタイプのクロマトグラフィーがある．アミノ酸分析機の場合は，固定相にはイオン交換樹脂，移動相には緩衝液が用いられる．

* 慣習として，ペプチドの構造はN末端を左に，C末端を右にして書く．タンパク質のアミノ酸配列を一文字略号で書く場合も，左がN末端で右がC末端である．

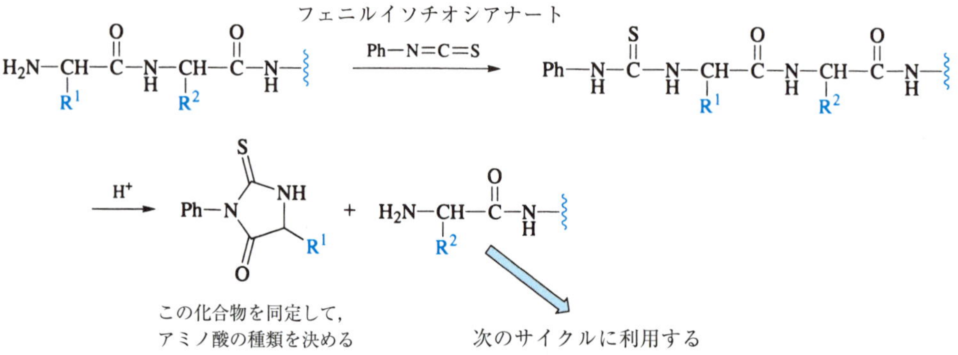
フェニルイソチオシアナート
Ph—N=C=S
H+
この化合物を同定して，
アミノ酸の種類を決める
次のサイクルに利用する

図 13.4　エドマン分解によるN末端アミノ酸配列の決定

13.1.4　タンパク質の構造

タンパク質（protein）は分子量が数千から数百万におよぶ巨大ペプチドである．タンパク質がその機能を発揮するには，特定のアミノ酸配列〔**一次構造**（primary structure）〕をもっているだけでなく，特定の立体的な形を保っていることが必要である．熱やpHの影響でこの形を失い，タンパク質の性質が変わることを**変性**（denaturation）という．

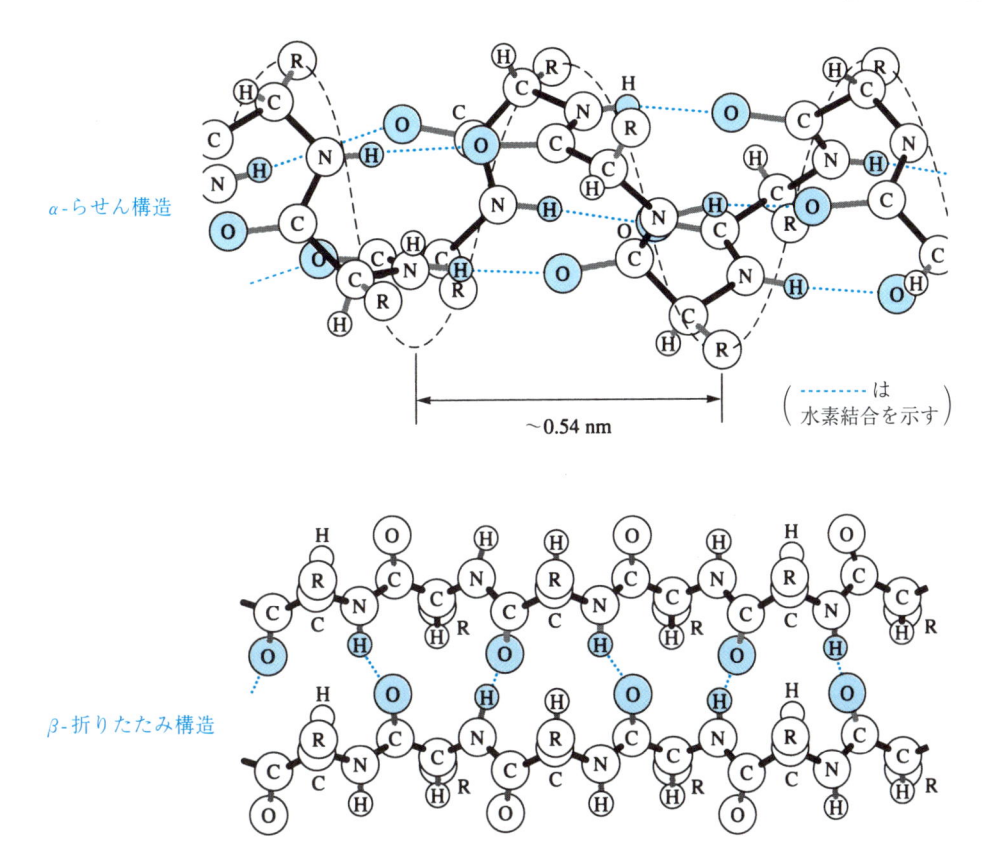

図 13.5 α-らせん構造と β-折りたたみ構造

　タンパク質の立体的な形をつくりあげている要因の一つに，ペプチド鎖に存在するペプチド結合のアミド水素原子とカルボニル酸素原子の間の水素結合があり，これによって α-らせん構造や β-折りたたみ構造がつくりあげられる（図 13.5）．これらの構造をタンパク質の**二次構造**（secondary structure）と呼ぶ．

　らせん構造や折りたたみ構造のペプチド鎖がところどころで折れ曲がり，全体的な立体構造が形成される．これは**三次構造**（tertiary structure）と呼ばれ，水素結合，システイン残基間でつくられるジスルフィド結合（S–S 結合，**7.4.1** 参照），静電気的な引力，あるいは疎水性の側鎖が寄りあう**疎水結合**[†]（hydrophobic bond）がその要因となっている．その結果，たとえば血清中に存在するグロブリンは全体として球状になり，一方，毛髪のケラチンは細長い繊維状となる．

　タンパク質分子が二つ以上会合してその機能を発揮している場合があり，このような立体構造を**四次構造**（quaternary structure）という．たとえば酸素の運搬を行うヘモグロビンの場合，二種のタンパク質分子が 2 個ずつ会合し，四量体として機能している．

疎水結合

水に溶けにくい有機化合物を水に溶解したとき，互いに引き合ってまとまろうとする傾向が見られる（図 12.11 参照）．この力は液体での水の構造の規則性に関係するもので，疎水結合あるいは**疎水性相互作用**（hydrophobic interaction）と呼ばれる．無極性な有機分子が互いに引きつけ合う分子間力（ファンデルワールス力）とは別のものであるので，混同してはいけない．

13.2　酵素と酵素反応

生体内での反応を触媒するタンパク質は**酵素**(enzyme)と呼ばれ，生命活動に欠かせない役割を果たしている．この節では，酵素反応の特徴とそのしくみの概略を説明する．また，いくつかの酵素を取りあげて，その働きを解説する．

13.2.1　酵素反応の基礎

一般の化学反応では高温，酸性あるいはアルカリ性といった厳しい条件でのみ進行するものが，酵素反応では室温，中性といった穏やかな条件で進行する．しかし，そのような条件からはずれると酵素の触媒能は低下し，極端な場合，タンパク質である酵素は変性して活性を完全に失ってしまう．

特定の基質の特定の反応のみを触媒する酵素の性質は**基質特異性**(substrate specificity)と呼ばれ，酵素反応の大きな特徴の一つである．ただし，基質特異性には幅があり，ウレアーゼのように，尿素の加水分解しか触媒しないという厳密なものがある一方，グリセリドのエステル結合(**12.3.1** 参照)を加水分解するリパーゼのように，グリセリドの脂肪酸部分はどのようなものであってもかまわないというものもある．

エナンチオマーの一方のみを基質としてその反応を触媒する酵素の特性は，酵素の**立体特異性**(stereospecificity)と呼ばれ，酵素反応で一般的に観測される．このことは **3.3.7**，**3.3.8** で説明したように，キラルな酵素と基質となるエナンチオマーのそれぞれとの相互作用が異なることに基づいている．具体的には，基質が三カ所で結ばれながら酵素の作用を受けるモデル(**三点結合モデル**†)で示すことができる．

以上のような特性を発揮しながら酵素は反応を触媒しているが，その際，次のようなしくみで反応の活性化エネルギーを低下させている(図 13.6)．① **酵素活性中心**(enzyme active center)に基質を取り込んで，基質と酵素の触媒部位を適切な向きで近接させる．② 酸性や塩基性の官能基をまわりに適切に配置して，反応の進行を助ける．③ 反応前の基質には立体的なひず

酵素の三点結合モデル
エナンチオマーの一方は作用点に完全に収まるが，もう一方は適合しない．

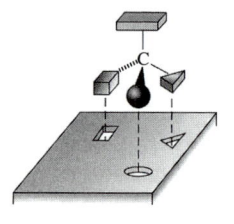

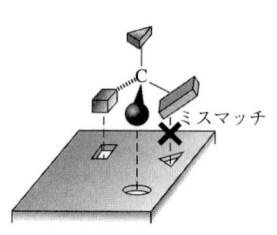

図 13.6
酵素反応における遷移状態の安定化

みを与え，反応の遷移状態ではそれが解放されるような基質取り込み空間をつくる．

また，金属イオンや**補酵素**(coenzyme)と呼ばれる有機小分子が酵素反応を補助するしくみもある．金属イオンはルイス酸として作用して，基質の反応性を高めたり基質を活性中心に捕捉する働きをする．また，基質から電子を引き抜いたり与えたりして，触媒作用の中核を担っている場合もある．補酵素の働きについては **13.2.2** で説明する．

一般の化学反応で用いられる触媒と同じように，酵素もさまざまな物質でその活性が阻害されることがある．しかし，みずから阻害されるように設計された酵素もある．たとえば，生体内では一つの反応経路ばかりが進行すると，代謝系全体のバランスが崩れてしまうため，蓄積された生成物が酵素に結合する．すると，酵素の構造が変化して触媒機能が低下する．その結果，生成物は必要以上には合成されなくなる．

13.2.2 酵素反応の例

酵素反応のなかには，基質に酸素原子を与えたり基質から水素原子を引き抜いたり，その逆反応を行う**酸化還元酵素**(oxidoreductase)や基質分子中の官能基をほかの分子に移す**転移酵素**(transferase)，さらにはペプチド結合やグリコシド結合を加水分解する**加水分解酵素**(hydrolase)などがある．

たとえば，アルコール脱水素酵素はアルコールを酸化してアルデヒドまたはケトンを与える酵素であり(図 13.7 左向き矢印)，ニコチンアミドアデニンジヌクレオチド(nicotinamide adenine dinucleotide，酸化型を NAD^+，還元型を NADH と略す)を補酵素として利用する．この反応はジヒドロピリジンからカルボニル基へヒドリド(H^-)を移す反応であり(図 13.7 右向き矢印)，アルデヒドやケトンの還元によく利用される水素化ホウ素ナトリウム($NaBH_4$)と同じ働きをする．しかし，$NaBH_4$ を用いてこの反応を行うとラセミ体アルコールが生成するのに対して，酵素反応ではエナンチオマーの一方のみが選択的に得られる．同時に，ジヒドロピリジン環上の水素原子の一

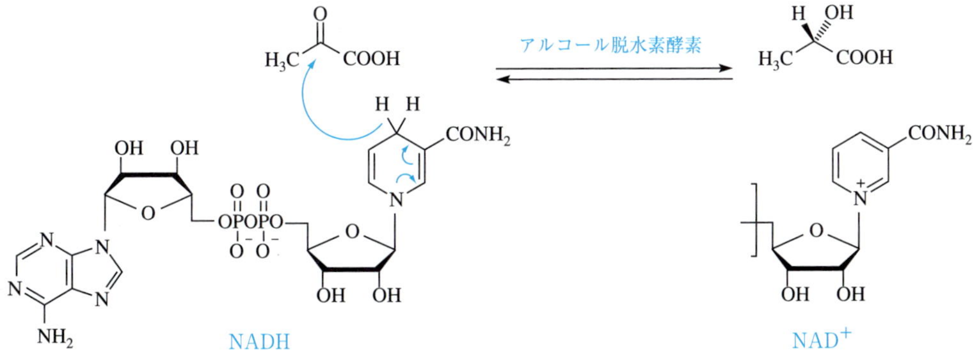

図 13.7　アルコール脱水素酵素の働き

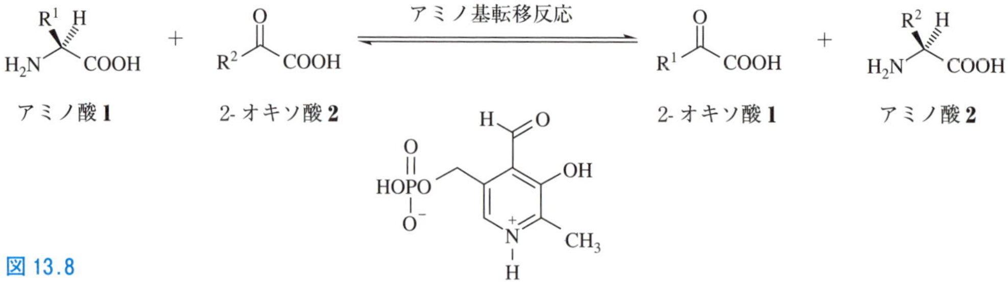

13章 アミノ酸・タンパク質，および酵素

図 13.8 アミノ基転移酵素の働き

方のみが特異的に移動する．

アミノ酸のアミノ基を 2-オキソ酸に転移する反応〔**アミノ基転移反応**（transamination または aminotransfer という）〕は，アミノ酸の代謝の鍵となる反応であり，アミノ基転移酵素によって触媒される．これはビタミンB_6 から誘導される**ピリドキサールリン酸**（pyridoxal phosphate, PLP）を補酵素として利用する（図 13.8）．この反応では，アミノ酸のアミノ基をいったん PLP が受け取り，それを 2-オキソ酸に渡している．その結果，アミノ酸 1 は 2-オキソ酸 1 に変換され，2-オキソ酸 2 はアミノ酸 2 に変換される．

Key Word

【基礎】 □アミノ酸 □双性イオン □等電点 □ニンヒドリン反応 □ペプチド □エドマン分解 □タンパク質 □一次構造 □変性 □二次構造 □三次構造 □四次構造 □酵素 □基質特異性 □立体特異性 □酵素活性中心 □補酵素 □酸化還元酵素 □転移酵素 □加水分解酵素 □NAD^+ □NADH □アミノ基転移反応 □ピリドキサールリン酸

章末問題

1. L-アラニン，L-プロリン，L-メチオニン，L-システインの立体構造をくさび形の実線と破線を用いて示し，立体配置を R, S 表示法で示せ．

2. 窒素原子を側鎖に含むヒスチジンは塩基性アミノ酸に分類されるが，同じように含窒素複素環を側鎖にもつトリプトファンは中性アミノ酸に分類される．その理由を述べよ．

3. バリンの強酸性水溶液に水酸化ナトリウムを徐々に加えたときの，溶液中でのバリンの構造変化を反応式で示せ．

4. 次のペプチドの構造式を書き，N 末端および C 末端アミノ酸を示せ．
   (a) GSFH　(b) QAIK　(c) PLDW
   (d) VMTC　(e) YNER

5. 酵素反応の特徴を箇条書きにまとめよ．

有機化学のトピックス

緑色蛍光タンパク質（GFP）の発見

あるタンパク質の細胞や組織での所在，動態，機能を調べるには，それを特異的に標識する必要があり，標的タンパク質に蛍光分子を化学的に導入する方法が盛んに研究されている．しかし，多くのタンパク質のなかで目的とするものを識別するには，かなりの工夫が必要である．もし蛍光を発するタンパク質があれば，それと標的タンパク質それぞれの遺伝子をつなげて融合タンパク質を発現することで，この目的は達成される．オワンクラゲの緑色蛍光タンパク質（Green Fluorescent Protein, GFP と略す）は，外部からの修飾なしで蛍光を発するようになるタンパク質である．その発見者である下村脩は，タンパク質ラベル化手法の開発者とともに，2008 年ノーベル化学賞を受賞した．

GFP の蛍光団は緑色の蛍光（509 nm）を発する特別な共役系をもっており，その構造と生成反応を下に示す．普通のアミノ酸から構成されるペプチドでこのような反応が自発的に起こることは，有機化学的には驚くべきことである．第二段階の脱水反応はごく普通の反応過程である．最後の脱水素過程は空気中の酸素分子による酸化反応であるが，二つの芳香環にはさまれたベンジル位（p. 93 参照）での反応であると考えれば理解できる．問題は最初の五員環が形成される反応である．これは，求核性の乏しいアミドの窒素原子による，求電子性の乏しいアミドのカルボニル基への求核付加である．この反応は普通には起こりえない．このタンパク質の三次構造では，二つの官能基が立体的にきわめて好ましい配置をしており，さらに周囲のアミノ酸残基がこの反応に巧妙に関与しているものと考えられる．

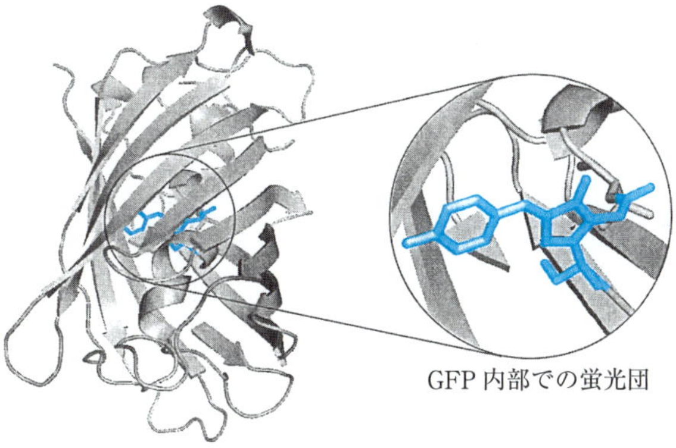

GFP 内部での蛍光団

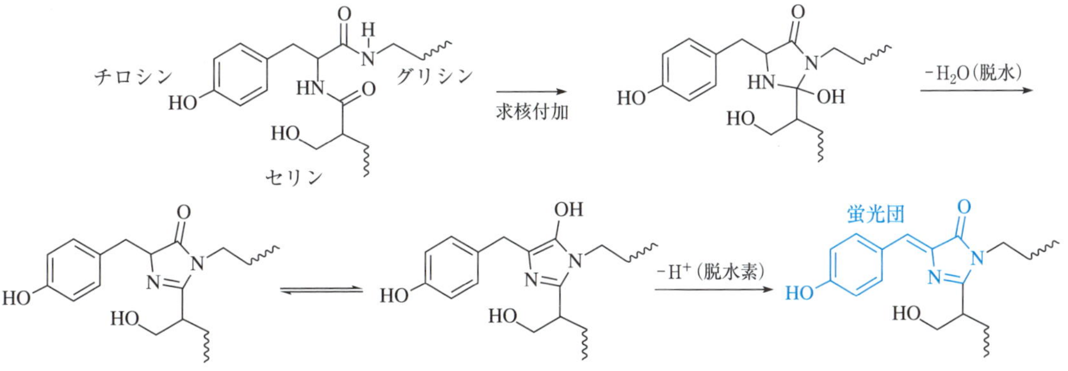

GFP の蛍光団の構造とその生成反応

【略　解】

1章
1.1　図1.3参照.　1.2　(a)～(i) 省略.
(j) H−O−N=O
(k) H−O−S(=O)(−O−H)−O⁻ などのルイス構造
(l) C≡O, :C::O:

1.3　(a) H^{δ+}−F^{δ−}　(b) H$_3$C−O^{δ−}−H^{δ+}　(c) H$_3$C^{δ+}−Br^{δ−}
(d) Br$_3$B^{δ+} (Br^{δ−})　(e) H$_3$C^{δ+}−Mg^{δ−}−Cl^{δ−}　(f) H$_3$C^{δ+}−C≡N^{δ−}

1.4　(a), (b), (c), (d), (e) 共鳴構造式（省略）

1.5　ヒント：酸素原子の sp^3 混成軌道それぞれにどれだけの電子が収まっているかを考える．次に，図1.13のメタン分子の構造を参考にして，非共有電子対を含めて，水分子の構造を考える．
1.6　ヒント：窒素原子について 1.5 と同様に考える．
1.7　図4.8を見よ．　1.8　**B** > **C** > **A**
1.9　ヒント：この混合物をエチルエーテルに溶解したのち，炭酸水素ナトリウム水溶液を加えて，よく混合する．安息香酸とフェノールがそれぞれどのように変化し，有機相あるいは水相のどちらに存在するか考える．

2章
2.1　二重結合のシス／トランス異性を考慮にいれ，不斉炭素原子に基づく異性体を無視したときの数を示す．
(a) 3 (b) 6 (c) 3 (d) 8 (e) 8 (f) 6 (g) 4 (h) 3 (i) 4 (j) 9
2.2　(a) 3-メチルノナン　(b) 3-エチル-2-メチルペンタン　(c) 1-エチル-3-メチルシクロヘキサン　(d) 3-プロピル-1-オクテン　(e) 5-メチル-1-ヘキセン　(f) 6-オクチン-3-オール　(g) 1,2-ジメチルシクロヘキサン　(h) 2-アミノ-4-ヘプタノール
2.3　(a) ブロモエタン　(b) クロロエテン（あるいはクロロエチレン）　(c) エタノール　(d) メトキシメタン
2.4　(a) 酢酸とエタノールのどちらを基質とみなしても置換反応．(b) 脱離反応．(c) ジアゾニウムイオンを基質とみなすと付加反応．フェノールについては置換反応．

3章
3.1　ヒント：C②を手前においたC−C結合(①−②)のニューマン投影式を示す．次にC−C結合(②−③)について考える．
3.2　省略．
3.3　ヒント：1,1-二置換体はアキラルである．1,2-二置換体については，図3.23を参照せよ．1,3-二置換体には対称面が存在することに注意せよ．
3.4　R,S 表示は，
(a) **A**：2R,3S,　**B**：2R,3R,　**C**：2S,3S,　**D**：2S,3R.
(b) **E**：2R,3R,　**F**：2R,3S(メソ形),　**G**：2S,3S.
フィッシャー投影式への変換例は以下のとおり．

3.5　(a) cis-1,3-ジメチルシクロヘキサン　アキラル（メソ形）
　　　trans-1,3-ジメチルシクロヘキサン　キラル
　　　cis-1,4-ジメチルシクロヘキサン　アキラル
　　　trans-1,4-ジメチルシクロヘキサン　アキラル
(b) cis-1,3-ジメチルシクロヘキサン
　　trans-1,3-ジメチルシクロヘキサン
　　cis-1,4-ジメチルシクロヘキサン
　　trans-1,4-ジメチルシクロヘキサン

3.6　$[\alpha]_D^{20}$ +16.0 (c 2.0, CH$_3$OH)
3.7　(a) S　(b) R　(c) R

略解 221

(c)のヒント:

3.8 (a) D, R (b) L, S

3.9
(a), (b), (c) 構造式

3.10
メソ形, (S,S), (R,R)

3.11 反応剤である水も触媒である硫酸もアキラルであるから, (R)-2-ブタノールと(S)-2-ブタノールの1等量混合物が生成する.

4章

4.1 (a), (b), (c), (d) 構造式

4.2 (a) cis-3,5-ジメチルシクロペンテン (b) cis-1-エチル-4-メチルシクロヘキサン (c) cis-5-プロピル-6-オクテン-1-イン (d) 1-エチル-5-メチル-1,4-シクロヘキサジエン (e) (2Z,4E)-3,4,6-トリメチル-2,4,6-ヘプタトリエン-1-オール

4.3 (a)〜(f) 構造式

4.4 (a)〜(f) 構造式

4.5 (a), (b), (c) 構造式

4.6 (a) 1. B-H, 2. H_2O_2, ^-OH (b) H_2O, H_2SO_4, $HgSO_4$ (c) H_2, リンドラー触媒 (d) 2 HBr

4.7 (a)〜(e) 構造式

4.8
トランス体: R,R + S,S
シス体: S,R

5章

5.1 (a), (b), (c), (d) 構造式

5.2 (a) p-ヨードアニリン (b) p-ブロモフェニルベンゼン (c) p-メチルベンゼンスルホン酸 (d) 1,4-ビス(ブロモメチル)ベンゼン (e) 4-(1-メチルプロピル)ヨードベンゼン (f) 1-エチル-5-(2-メチルプロピル)ナフタレン

5.3 (a), (b) 構造式

5.4 (a) p.86 参照.

(b) 図5.8 参照.

5.5 (a) 1. $KMnO_4$, 2. HNO_3, H_2SO_4 (b) HNO_3, H_2SO_4, 加熱 (c) 1. HNO_3, H_2SO_4, 2. $KMnO_4$, 3. $SnCl_2$, H_3O^+ (d)

1. CH₃CHClCH₃, AlCl₃, 2. HNO₃, H₂SO₄ (e) HNO₃, H₂SO₄
(f) 1. HNO₃, H₂SO₄, 2. SnCl₂, H₃O⁺, 3. H₂SO₄, SO₃

5.6

(a) 4-クロロ-2-ニトロフェノール (Cl, NO₂, OH 置換フェノール)
(b) 4-クロロ-2-イソプロピルフェノール
(c) ベンゼン-1,3-ジカルボン酸 (HOOC, COOH)
(d) トリフェニルメタン
(e) 1-メチルインダン

5.7 芳香族性を示す化合物は b,d,e,g,h．
ヒント：a〜e はカルボニル基の極性を考慮する．

5.8

無水フタル酸 →(H⁺)→ アシリウムカチオン中間体 →(フェノール)→
ケトン中間体 →(H⁺)→ カルボカチオン中間体 →(フェノール)→
トリアリールメタノール中間体 →(H⁺, −H₂O)→ フェノールフタレイン

6章

6.1 (a) 2-クロロ-2-メチルプロパン，塩化 *t*-ブチル (b) ジヨードメタン，ニヨウ化メチレン (c) フルオロシクロヘキサン，フッ化シクロヘキシル (d) 3-ブロモ-1-プロペン，臭化アリル (e) クロロフェニルメタン，塩化ベンジル (f) トリブロモメタン，ブロモホルム (g) 5-ブロモ-2-メチル-2-ヘキセン (h) シクロプロピルフルオロメタン，フッ化シクロプロピルメチル (i) *trans*-3,4-ジブロモシクロヘキセン

6.2
(a) (CH₃)₃COH
(b) C₆H₅CH(OCH₃)CH₂CH₃
(c) CH₃CH(N₃)CH₃
(d) H₂C=CHCH₂OC₂H₅
(e) C₆H₅CH₂CN
(f) (CH₃)₂CHOC(O)CH₃
(g) 1-メチル-1-アセトキシシクロヘキサン
(h) C₆H₅CH₂N⁺H(CH₃) Br⁻
(i) CH₃CH₂CH₂CH₂P⁺(C₆H₅)₃ Br⁻
(j) CH₃CH₂C≡CH

6.3
(a) Br─CH(C₂H₅)(CH₃) + ⁻OC₂H₅ →(Sₙ2)→ H₅C₂─CH(OC₂H₅)(CH₃) (反転)
(b) Br─CH(C₂H₅)(CH₃) →(Sₙ1)→ [カルボカチオン] →(C₂H₅OH)→ 両鏡像体の混合物
(c) シス-4-メチル-1-ブロモシクロヘキサン + N₃⁻ →(Sₙ2)→ トランス-4-メチル-1-アジドシクロヘキサン

6.4 (a) C > E > A > B > D   (b) D > C > A > E > B

6.5
(CH₃)₃C─CHBr─CH₃ →(H₂O)→ (CH₃)₃C─CH(OH)─CH₃ + (CH₃)₂C(OH)─CH(CH₃)₂

反応は Sₙ1 で進行する．カルボカチオン中間体においてメチル基が移動して，より安定な第三級カルボカチオンが一部生成する．

[(CH₃)₃C─C⁺H─CH₃ → (CH₃)₂C⁺─CH(CH₃)₂]

6.6 水酸化ナトリウムやナトリウムエトキシドのような一般的な塩基を用いた場合を記す．
(a) CH₃CH=C(CH₃)₂（主生成物）
    H₂C=CHCH(CH₃)₂（副生成物）
(b) CH₃CH₂CH=CHC₆H₅ (*E*体)
(c) 1-メチルシクロヘキセン
(d) 3-メチルシクロヘキセン

6.7
(a) (2*R*,3*R* または 2*S*,3*S*)-2,3-ジブロモブタン →(E2)→ (*E*)-2-ブロモ-2-ブテン
(b) (2*R*,3*S*)-2,3-ジブロモブタン →(E2)→ (*Z*)-2-ブロモ-2-ブテン

(c) 構造式 → E2 → (Z)-2-ブロモ-2-ブテン

7章

7.1 (a) 5-メチル-3-ヘキサノール (b) 6-メチル-2,4-ヘプタンジオール (c) シクロヘキシルメタノール (d) 5-メチル-3-シクロヘキセノール (e) 2,4,6-トリニトロフェノール，2,4,6-トリニトロベンゼノール，ピクリン酸 (f) m-メトキシフェノール，3-メトキシベンゼノール (g) o-ヒドロキシメチルフェノール，2-ヒドロキシメチルベンゼノール，サリチルアルコール (h) 3-ヒドロキシブタン酸

7.2
(a) F_2CHCH_2OH > FCH_2CH_2OH > $ClCH_2CH_2OH$ > $BrCH_2CH_2OH$ > CH_3CH_2OH > $(CH_3)_2CHOH$

(b) 2,4-ジニトロフェノール > 4-ニトロフェノール > 4-シアノフェノール > 4-ブロモフェノール > フェノール > 2-メチルフェノール

7.3 (共鳴構造式群)

7.4
A: H/OTs 構造, B: NC/H 構造, C: Br/H 構造
D: H/CN 構造, E: CH₃CH=C(CH₃)CH₃, F: シクロペンタノン, G: CH₃(CH₂)₅CHO

7.5 (a) ジイソプロピルエーテル (b) p-クロロエトキシベンゼン (c) m-ジメトキシベンゼン (d) 1,2-エポキシプロパン，メチルオキシラン，プロピレンオキシド (e) cis-2,3-エポキシブタン，cis-2,3-ジメチルオキシラン，cis-2-ブテンオキシド (f) 3-メチルテトラヒドロフラン，3-メチルオキソラン (g) 2-フェノキシオキセタン

7.6
(a) $(CH_3)_2CHBr$ + フェノキシド (b) CH_3I + 1-メチルシクロヘキサノキシド
(c), (d), (e) 構造式

7.7 (a)〜(f) シクロヘキサン誘導体の立体構造

8章

8.1 (a) 3-フェニル-2-プロペナール，シンナムアルデヒド(ケイ皮アルデヒド) (b) 4-ブロモペンタナール (c) 2,4-ジブロモベンズアルデヒド (d) 1,2-ベンゼンジカルバルデヒド，フタルアルデヒド (e) 1-フェニル-2-ブタノン，ベンジルエチルケトン (f) 3-ペンテン-2-オン (g) 5-イソプロピル-2-メチル-2-シクロヘキセノン (h) 6-ヒドロキシ-3-ヘプタノン (i) 1-ブロモ-3-ヒドロキシ-2,5-ヘキサンジオン (j) 4-メチルベンゾフェノン，(p-メチルフェニル)フェニルケトン

8.2
(a) $CH_3CHFCHO$ > CH_3CH_2CHO > $CH_3CH_2COCH_3$ > $H_3CCHCOCH_3$(?)

(b) NC-C₆H₄-CHO > Br-C₆H₄-CHO > C₆H₅-CHO > H_3C-C₆H₄-CHO > H_2N-C₆H₄-CHO

8.3 (共鳴構造式群)

8.4

(a) シクロヘキサノン 1,3-ジオキソランスピロ構造 (b) 1-シアノシクロヘキサノール (c) 1-エチルシクロヘキサノール

(d) シクロヘキサノン 2,4-ジニトロフェニルヒドラゾン (e) シクロヘキサノール

(f) N-ベンジルシクロヘキシルイミン (g) 1-(1-シクロヘキセニル)ピロリジン

(h) シクロヘキサノンオキシム

8.5

$BrCH_2CH_2COCH_3 \xrightarrow{HOCH_2CH_2OH, H^+} BrCH_2CH_2C(OCH_2CH_2O)CH_3$

$\xrightarrow{Mg, \text{エーテル}} BrMgCH_2CH_2C(OCH_2CH_2O)CH_3 \xrightarrow{CH_3CHO} \xrightarrow{H_3O^+}$

$CH_3CH(OH)CH_2CH_2C(OCH_2CH_2O)CH_3 \xrightarrow{H_2O, H^+} CH_3CH(OH)CH_2CH_2COCH_3$

8.6

$HOCH_2CH_2CH_2CH_2CHO \longrightarrow [\text{テトラヒドロピラン-2-オール}] \xrightarrow{CH_3OH, H^+, -H_2O} \text{2-メトキシテトラヒドロピラン}$

8.7

2,3-ジメチルキノキサリン イミン生成反応を2回繰り返す.

9章

9.1 (a) 3-フェニルブタン酸 (b) 2-ブロモ-5-クロロ-4-ヒドロキシペンタン酸 (c) 4-ヘキセン酸 (d) 5-メチル-3-シクロヘキセンカルボン酸 (e) 5-ヘプチン酸 (f) 4-オキソ-1-シクロヘキサンカルボン酸 (g) p-アセチル安息香酸 (h) 1,4-シクロヘキサンジカルボン酸

9.2 (a) $CH_3CHFCOOH > CH_3CHClCOOH > ClCH_2CH_2COOH > CH_3CH_2COOH > CH_3C(CH_3)_2COOH$

(b) o-フタル酸 > テレフタル酸 > p-ブロモ安息香酸 > 安息香酸 > p-イソプロピル安息香酸

9.3

(a) $C_6H_5COOH + NaHCO_3 \longrightarrow C_6H_5COONa + H_2CO_3$ 反応する

(b) $C_6H_5OH + NaHCO_3 \rightleftharpoons C_6H_5ONa + H_2CO_3$ 反応しない

(c) 2,4-ジニトロフェノール + $NaHCO_3 \rightleftharpoons$ 2,4-ジニトロフェノキシドナトリウム + H_2CO_3 反応する

(d) シクロヘキサノール + $NaHCO_3 \rightleftharpoons$ シクロヘキシルオキシナトリウム + H_2CO_3 反応しない

9.4

マレイン酸: $pK_{a_1} = 1.9$ (分子内水素結合により安定化する), $pK_{a_2} = 6.2$ (アニオンどうしの反発で不安定化する)

フマル酸: $pK_{a_1} = 3.0$ (分子内水素結合による安定化はない), $pK_{a_2} = 4.4$ (アニオンどうしの反発はほとんどない)

9.5

A: C_6H_5MgBr B: C_6H_5COOH C: $C_6H_5CH_2CN$
D: $C_6H_5CH_2COOH$ E: $C_6H_5CH_2CH_2OH$
F: $HOCH_2$-C_6H_4-CH_2OH (p-) G: $C_6H_5COCH_3$

9.6 (a) ブタン酸イソプロピル (b) p-ブロモ安息香酸 t-ブチル (c) ブタン二酸ジメチル,コハク酸ジメチル (d) フタル酸メチルフェニル (e) シクロヘキサンカルボキサミド (f) N-エチルベンズアミド (g) 塩化4-メチルヘキサノイル (h) 二塩化マロニル,二塩化プロパンジオイル (i) 1,2-シクロヘキサンジカルボン酸無水物 (j) 酢酸プロパン酸無水物 (k) 3-ブロモブタンニトリル (l) o-シアノ安息香酸

略解 225

9.7

(cyclohexyl)-COCl > C₆H₅-COCl > C₆H₅-CO-O-CO-C₆H₅ > C₆H₅-COCH₃ > C₆H₅-COOCH₃ > C₆H₅-CONHCH₃

9.8
(a) C₆H₅-CO-OH
(b) C₆H₅-CO-OC₂H₅
(c) C₆H₅-CO-O-CO-CH₃
(d) C₆H₅-CO-N(CH₃)₂
(e) C₆H₅-C(C₆H₅)(CH₃)-OH   ※ C(C₆H₅)₂-OH with CH₃
(f) C₆H₅-CO-CH₃

9.9

C₆H₅-CO-OC₆H₅ + C₂H₅ONa ⇌ C₆H₅-CO-OC₂H₅ + C₆H₅ONa

平衡は右に進む

9.10

CH₃CH₂COCl (A)   CH₃CH₂CONH₂ (B)   CH₃CH₂CN (C)

D: succinic anhydride
E: HOOC-CH₂-CH₂-CO-NHCH₃
F: CH₃O-OC-CH₂-CH₂-CO-NHCH₃
G: HO-(CH₂)₆-NHCH₃

H: HOCH₂-C₆H₄-CO-OC₂H₅
I: NCCH₂-C₆H₄-CO-OC₂H₅
J: C₆H₅-CO-CH₂-C₆H₄-C(C₆H₅)(OH)

10 章

10.1
(a) CH₃CH₂CHO   CH₃-CH=CH-OH
(b) CH₃COC₆H₅   H₂C=C(OH)-C₆H₅
(c) CH₃CH₂COOCH₃   CH₃-CH=C(OH)-OCH₃
(d) NCCH₂COOC₂H₅   NCCH=C(OH)-OC₂H₅   HN=C=CH-CO-OC₂H₅

(e) cyclopentane-1,3-dione (CH₂ forms with H); 3-hydroxycyclopent-2-enone (two tautomers)

(f) 2-cyanocyclohexanone; 1-hydroxy-2-cyanocyclohexene; 1-hydroxy-6-cyanocyclohexene; 2-iminocyclohexanone (=NH)

(g) C₆H₅CH₂COCH₃   C₆H₅CH=C(OH)-CH₃   C₆H₅CH₂-C(OH)=CH₂

(h) CH₃NO₂   H₂C=N⁺(OH)(O⁻)

(i) CH₃CH=CHCOCH₃   H₂C=CH-CH=C(OH)-CH₃   H₃C-CH=CH-C(OH)=CH₂

(j) cyclohex-2-enone; cyclohexa-1,3-dien-1-ol; cyclohexa-2,4-dien-1-ol

10.2
(a) CH₃CH=CH-O⁻ ↔ CH₃-CH⁻-CHO
(b) H₂C=C(O⁻)-C₆H₅ ↔ H₂C⁻-CO-C₆H₅
(c) CH₃CH=C(O⁻)-OCH₃ ↔ CH₃-CH⁻-CO-OCH₃
(d) NC-CH=C(O⁻)-OC₂H₅ ↔ NC-CH⁻-CO-OC₂H₅ ↔ ⁻N=C=CH-CO-OC₂H₅

(e) (cyclopentene enolate resonance structures, three forms)

(f) (cyclohexanone-2-CN enolate, three resonance forms including N⁻)

(g) C₆H₅CH=C(O⁻)-CH₃ ↔ C₆H₅-CH⁻-CO-CH₃ ↔ (cyclohexadienyl resonance forms with CH=... ring carbanions) ↔ ...

(h)

(i)

(j)

10.3

(a)

(b)

(c)

(d)

(e)

(f)

(g)

(h)

(i)

(j)

10.4

(a)

平面構造のエノール形を経由してラセミ化する

(b)

エノール形を経由してより安定な共役系となる

(c)

10.5

(a)

(b)

(c)

(d)

(e)

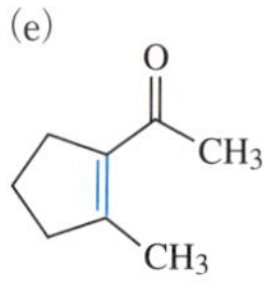

11章

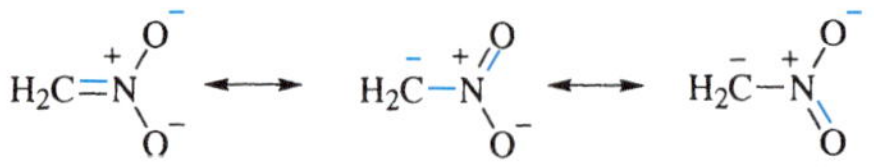

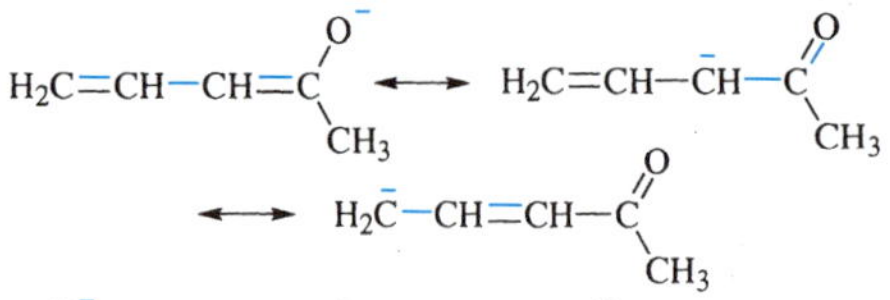

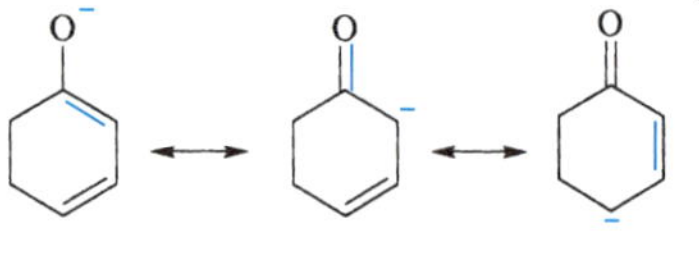

11.1 (a) プロパンアミン，プロピルアミン (b) 2-メチルブチルアミン (c) *N*,*N*-ジメチル-3-ブテニルアミン，4-(*N*,*N*-ジメチルアミノ)-1-ブテン (d) 4-アミノ-2-ブタノール (e) *p*-ジメチルアミノ安息香酸 (f) 3-アミノシクロペンタノン (g) *p*-ブロモ-*N*,*N*-ジメチルアニリン (h) 1,5-ペンタンジアミン (i) *N*-メチルピロリジン (j) 塩化ベンジルトリエチルアンモニウム

11.2

(a)

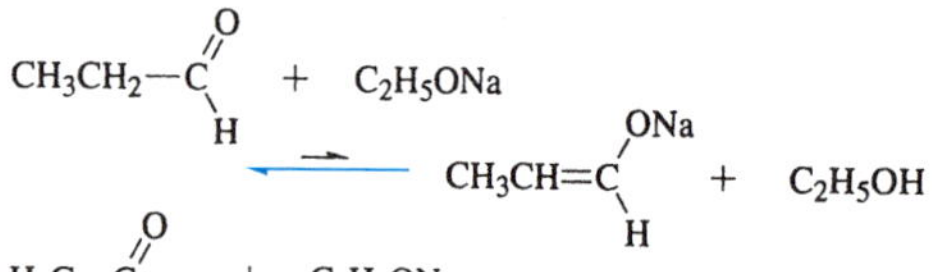

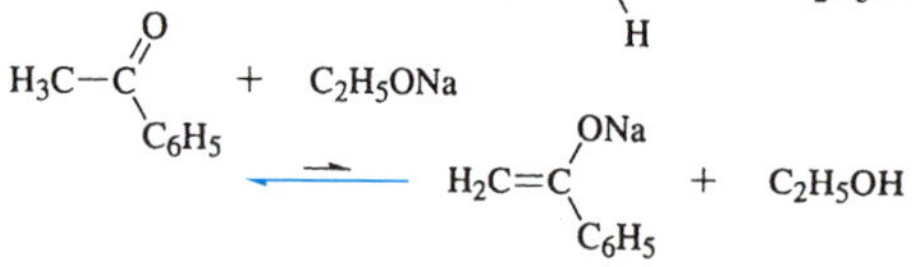

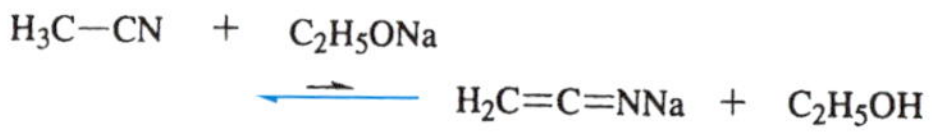

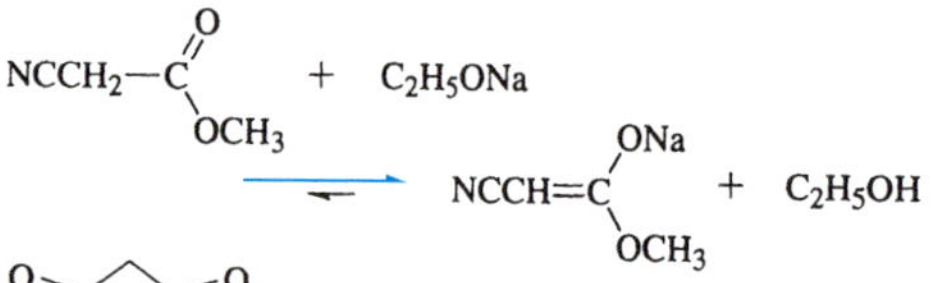

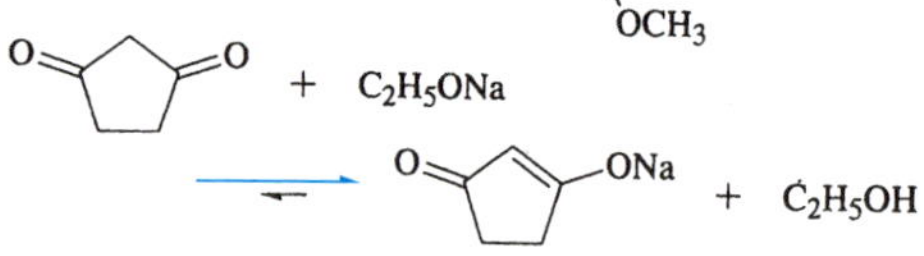

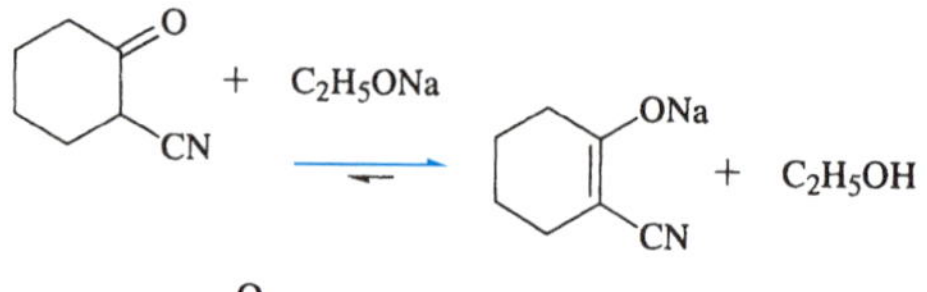

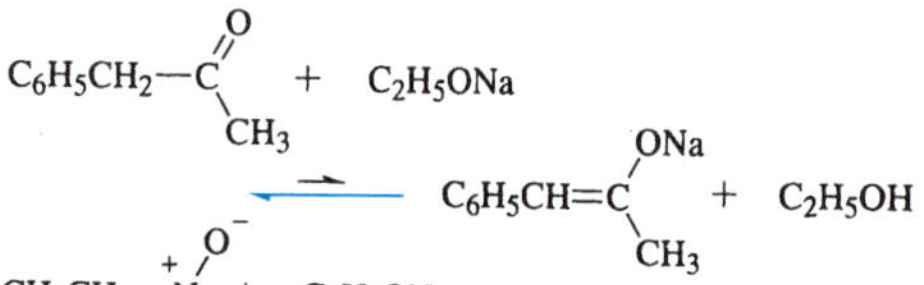

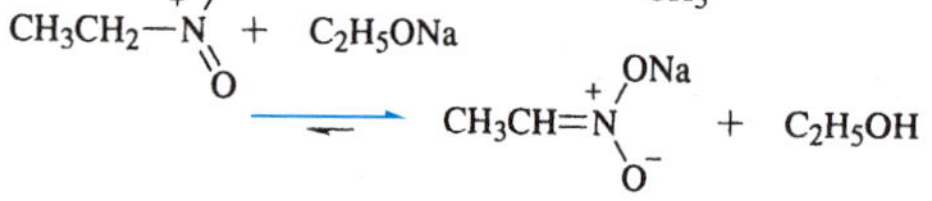

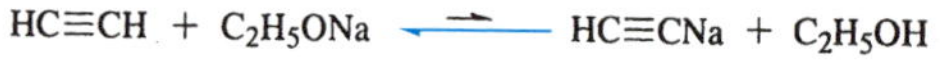

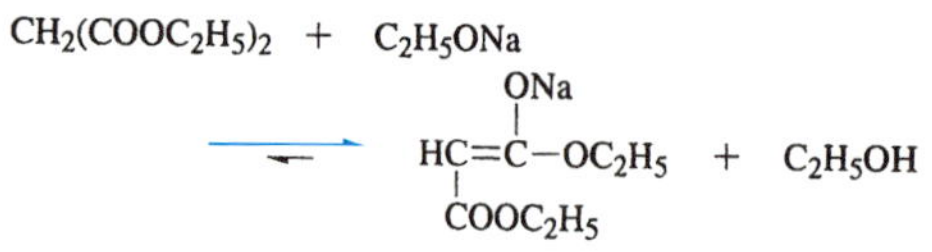

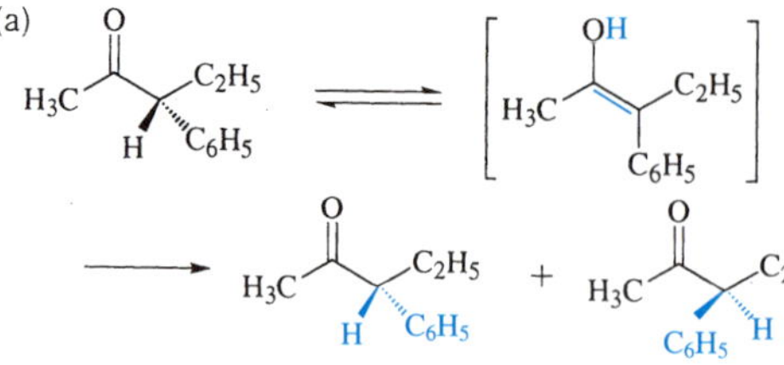

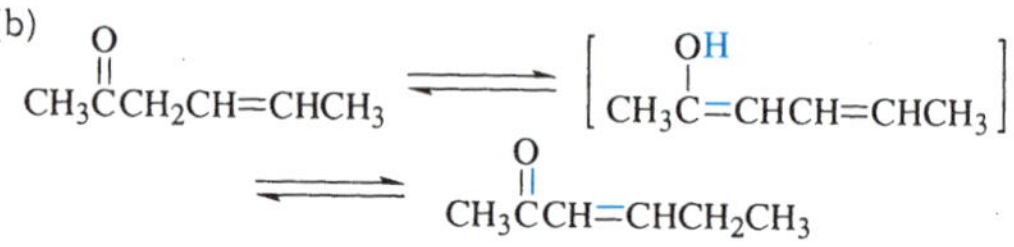

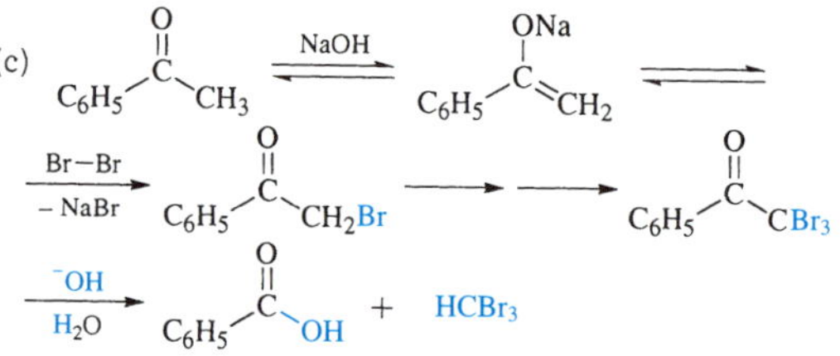

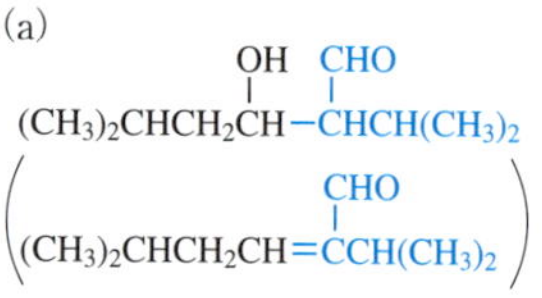

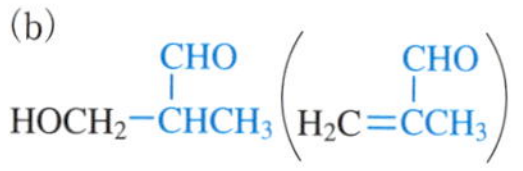

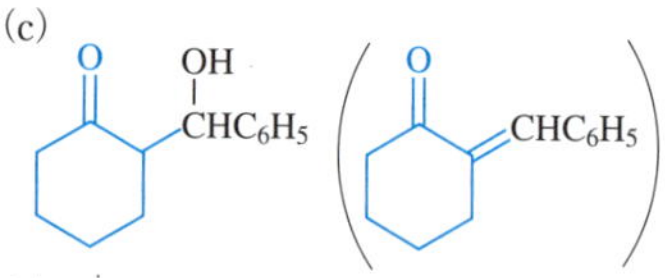

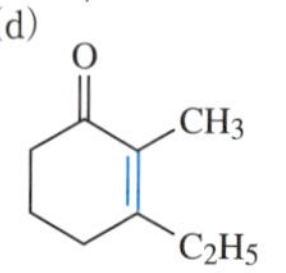

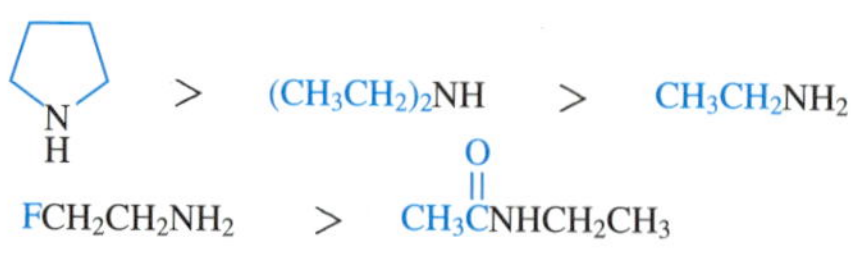

略解 227

(b)

$p\text{-}CH_3O\text{-}C_6H_4\text{-}NH_2 > C_6H_5\text{-}NH_2 > p\text{-}Cl\text{-}C_6H_4\text{-}NH_2 > p\text{-}NC\text{-}C_6H_4\text{-}NH_2 > p\text{-}O_2N\text{-}C_6H_4\text{-}NH_2$

11.3

A: $CH_3(CH_2)_2CH_2N_3$
B: $CH_3(CH_2)_2CH_2NH_2$
C: N-benzyl phthalimide
D: $H_2NCH_2C_6H_5$
E: $H_2C=CHCH_2CN$
F: $H_2C=CHCH_2CH_2NH_2$
G: $C_6H_5CH_2CONH_2$
H: $C_6H_5CH_2NH_2$
I: 1,1-dimethyl-2-methylpiperidinium iodide
J: 1,1-dimethyl-2-methylpiperidinium hydroxide
K: N,N-dimethyl-1-methyl-3-butenylamine

11.4

(R)-体, (S)-体 (via PBr$_3$/NaN$_3$/LiAlH$_4$ and TsCl/NaN$_3$/LiAlH$_4$ routes on 2-butanol)

11.5

$(CH_3)_3C\text{-}OH \xrightarrow{HBr} (CH_3)_3C\text{-}Br \xrightarrow{Mg} \xrightarrow{CO_2} \xrightarrow{H_3O^+} (CH_3)_3C\text{-}COOH$

$(CH_3)_3C\text{-}COOH \xrightarrow{SOCl_2} \xrightarrow{NH_3} (CH_3)_3C\text{-}CONH_2 \xrightarrow{Br_2, NaOH, H_2O} (CH_3)_3C\text{-}NH_2$

11.6 酸素原子上で起こる．(プロトン化した後の共鳴構造を考えよ)

11.7

(a) $C_6H_6 \rightarrow t\text{-}Bu\text{-}C_6H_5 \rightarrow p\text{-}O_2N\text{-}C_6H_4\text{-}t\text{-}Bu \rightarrow p\text{-}H_2N\text{-}C_6H_4\text{-}t\text{-}Bu \rightarrow p\text{-}HO\text{-}C_6H_4\text{-}t\text{-}Bu$

(b) $C_6H_6 \rightarrow C_6H_5NO_2 \rightarrow C_6H_5NH_2 \rightarrow 2,4,6\text{-tribromoaniline} \rightarrow 1,3,5\text{-tribromobenzene}$

(c) $C_6H_6 \rightarrow C_6H_5NO_2 \rightarrow m\text{-}Cl\text{-}C_6H_4NO_2 \rightarrow m\text{-}Cl\text{-}C_6H_4NH_2 \rightarrow m\text{-}Cl\text{-}C_6H_4Br$

(d) $C_6H_6 \rightarrow C_6H_5NO_2 \rightarrow m\text{-}CH_3\text{-}C_6H_4NO_2 \rightarrow m\text{-}CH_3\text{-}C_6H_4NH_2 \rightarrow m\text{-}CH_3\text{-}C_6H_4CN$

12章

12.1

D-グルシトール, D-マンニトール (Fischer projections)

12.2

β-D-ガラクトピラノース, β-D-マンノピラノース

12.3

セロビオース 還元糖

α,α-トレハロース 非還元糖

12.4

ペクチン

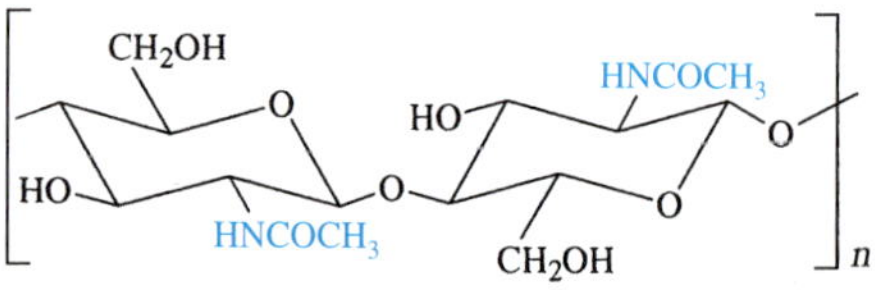

CH2OH
O
HO
HNCOCH3
O
HO
HNCOCH3
O
CH2OH
O
n
キチン

12.5

O
CH3
HN
O
N
HO
O
N3
AZT

12.6　ヒント：炭素数が同じであるから，融点は二重結合の数が増えると低下する．

ステアリン酸(72℃)＞オレイン酸(16.3℃)＞リノール酸(−5℃)＞リノレン酸(−11.3℃)

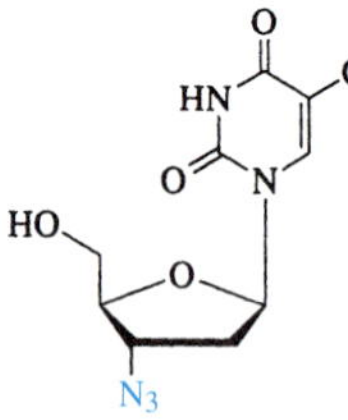

12.7

1
CH2—OH
2
HO—C—H
3
CH2—O—P—OH
O
OH

12.8

tail
head
O
tail
head
O
head
tail
tail
head
OH
tail
head

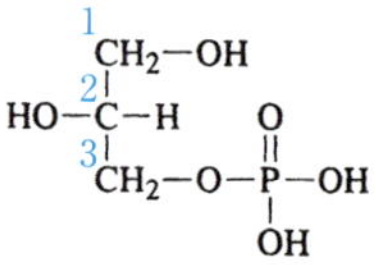

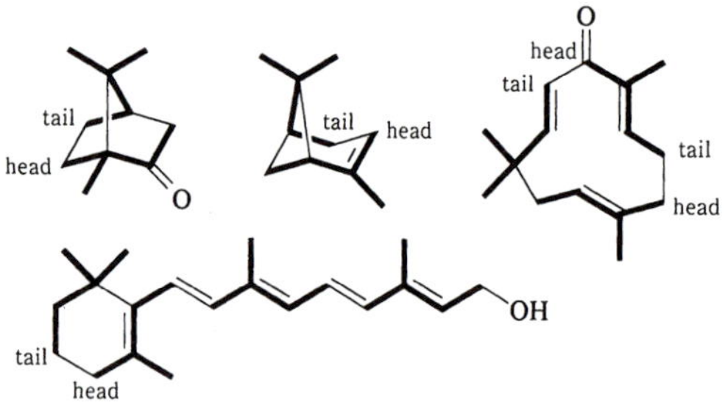

12.9　エストラジオールは5個．テストステロンは6個．

13章

13.1

CH3
H2N
H
COOH
(S)-アラニン

N
H
H
COOH
(S)-プロリン

CH2CH2SCH3
H2N
H
COOH
(S)-メチオニン

CH2SH
H2N
H
COOH
(R)-システイン

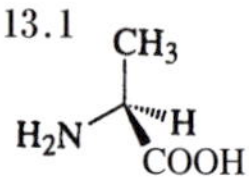

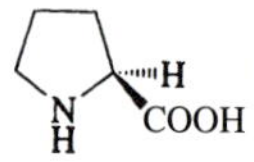

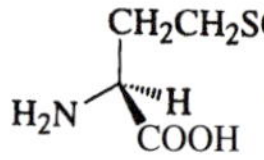

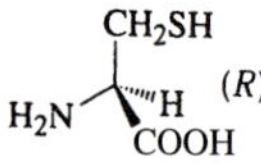

13.2　ヒント：窒素原子の非共有電子対と芳香族の6π 電子のかかわりを考える．

13.3

(CH3)2CH—CH—COOH
NH3
+
カチオン
⁻OH
H⁺
(CH3)2CH—CH—COO⁻
NH3
+
双性イオン
⁻OH
H⁺
(CH3)2CH—CH—COO⁻
NH2
アニオン

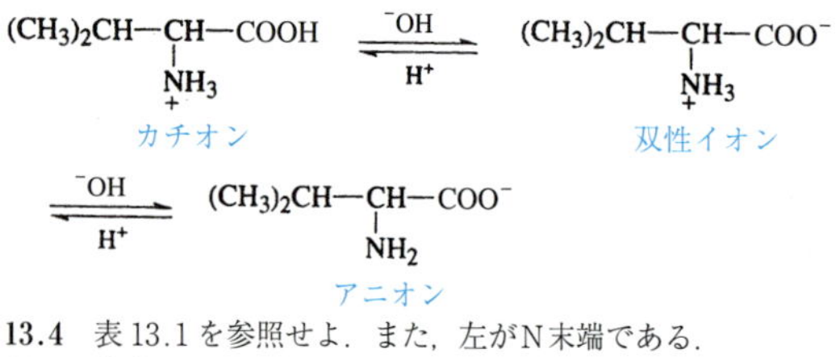

13.4　表13.1を参照せよ．また，左がN末端である．

13.5　省略．

【用語解説】

あ

アキシアル結合 (axial bond) いす形シクロヘキサン環をほぼ平面に見立てたとき，その平面と垂直になる結合．

アキラル (achiral) 分子構造中に対称面をもち，その構造とその鏡像が重ね合わせられる性質．反対語：キラル．

アジドアルカン (azidoalkane) アジド基($-N_3$)が結合したアルカン($R-N_3$)．

アシル化剤 (acylation reagent) アシル基(RCO-)を導入する反応剤．

アシル基 (acyl group) カルボン酸からヒドロキシ基(-OH)を除いた置換基(RCO-)．

アシロキシ基 (acyloxy group) カルボン酸(R-COOH)のカルボキシ基から水素原子を除いた置換基(-OCOR)．

アセタール (acetal) 同一の炭素原子に二つのアルコキシ基が置換した有機化合物 [$R^1R^2C(OR^3)(OR^4)$]．

アゾ化合物 (azo compound) アゾ基(-N=N-)をもつ有機化合物．

アゾカップリング (azo coupling) ジアゾカップリング (diazo coupling) とも呼ばれる．芳香族ジアゾニウムイオンと電子豊富な芳香族化合物との求電子置換反応によるアゾ化合物の合成反応．

アノマー炭素原子 (anomeric carbon atom) 糖は分子内のヒドロキシ基とカルボニル基との間でアセタール構造をつくると，新たにキラル部分が増える [$R^1R^2C(OR^3)(OR^4)$]．このアセタール構造形成にかかわる炭素原子のこと．

アミド (amide) カルボン酸誘導体の一つで，$RCONH_2$ の構造をもつ．

アミノ酸 (amino acid) タンパク質の構成単位であり，一つの炭素原子上にアミノ基($-NH_2$)とカルボキシ基(-COOH)をもつ．

アミン (amine) アンモニアの水素を炭化水素基で置換した化合物．

R,S 表示法 (R,S convention) キラルな分子の立体配置を表示する方法．中心性キラリティーについては，①キラル中心に結合する原子あるいは原子団に順位づけを行い，②順位が最も低いものが最も遠くになるように配置し，③残りの三つを順位の高いものから低いものへと見まわし，時計回りならば R，反時計回りなら S と指定する．

アルカナール (alkanal) 置換命名法による鎖式アルデヒドの命名．

アルカノン (alkanone) 置換命名法による脂肪族ケトンの命名．

アルカン (alkane) 一般式が C_nH_{2n+2} で示される脂肪族飽和炭化水素．

アルカン酸 (alkanoic acid) 置換命名法による脂肪族カルボン酸の命名．

アルキルオキソニウムイオン (alkyloxonium ion) アルコール中のヒドロキシ基の酸素原子は，二組の非共有電子対をもっている．この非共有電子対にプロトン(H^+)が結合したカチオン($R^{-+}OH_2$)．

アルキン (alkyne) 一般式が C_nH_{2n-2} で示される脂肪族不飽和炭化水素．官能基として炭素-炭素三重結合をもつ．

アルケン (alkene) 一般式が C_nH_{2n} で示される脂肪族不飽和炭化水素．炭素-炭素二重結合をもつため反応性が高い．

アルコキシ基 (alkoxy group) アルコールのヒドロキシ基から水素を除いた官能基(RO-)．

アルコキシドイオン (alkoxide ion) アルコールのヒドロキシ基(-OH)からプロトンが脱離して生じるアニオン(^-OR)．アルコールの共役塩基．

アルコール (alcohol) 水の水素原子を一つアルキル基で置換した有機化合物(R-OH)．

アルデヒド (aldehyde) カルボニル基(-CO-)の炭素原子に少なくとも一つ水素原子が結合している有機化合物(R-CHO)．

アルドース (aldose) グルコース(炭素数6)やリボース(炭素数5)で代表されるアルデヒド基をもつ単糖．

アルドール縮合 (aldol condensation) アルドール反応で生成した β-ヒドロキシカルボニル化合物が脱水反応により α,β-不飽和カルボニル化合物を与える反応．

アルドール反応 (aldol reaction) カルボニル基(-CO-)が置換した炭素原子(α炭素)に結合する水素原子(α水素)をもつアルデヒドやケトンが反応して，カルボニル基から二つ離れた位置(β位)にヒドロキシ基(-OH)が結合した β-ヒドロキシカルボニル化合物を生成する反応．

アンチ形 (anti form) 1,2-二置換エタン形構造($R-CH_2CH_2-R'$)で，注目する二つの置換基が互いにアンチ(逆側)の関係にある形．

アンチ脱離 (anti-elimination) 隣り合う二つの炭素原子から二つの原子あるいは原子団が脱離するとき，互いにアンチ(逆側)の関係から脱離する反応．

アンチペリプラナー配座 (anti-periplanar conformation) 脱離する原子あるいは原子団どうしがアンチの関係にあるペリプラナー配座．

イオン化エネルギー (ionization energy) 原子が電子を失ってカチオンになるために必要なエネルギー．

イオン結合 (ionic bond) アニオンとカチオンの間の静電的引力に基づく化学結合．共有結合と対極にある結合．

いす形 (chair form) シクロヘキサンの代表的な立体配座の一つで，いすの形をした最も安定な配座．

異性体 (isomer) 分子式が同じで構造が異なる化合物．

E,Z 表示法 (E,Z convention) 置換アルケンの立体配置の表示法．シス/トランス表示ではあいまいな場合でも明確に表示できる特長がある．

イソシアナート (isocyanate) 一般式 R-N=C=O で表される有機化合物．

位置選択性 (regioselectivity) 複数の反応点が存在する反応において，一つの位置異性体を優先的に生成する選択性のこと．

一分子求核置換 (S_N1) (unimolecular nucleophilic substitution) 最初に脱離基の解離によってカルボカチオン中間体が生じ，続いてこれに求核剤が結合する二段階で進行する求核置換反応．基質の濃度に依存する一次反応速度式に従う．

一分子脱離 (E1) (unimolecular elimination) 最初に脱離基の解離によってカルボカチオン中間体が生成し，それから β 水素が脱離する二段階で進行する脱離反応．基質の濃度に依存する一次反応速度式に従う．

イミド (imide) 第一級アミンあるいはアンモニアに二つのカルボニル基が結合した有機化合物(RCO-NH-COR')．

イミニウムイオン(iminium ion) イミン($R^1R^2C=NR^3$)の窒素原子にさらに置換基(プロトンも含む)が結合した窒素陽イオン($R^1R^2C=N^+R^3R^4$).

イミン(imine) シッフ塩基(Schiff base)とも呼ばれる.炭素-窒素二重結合をもつ有機化合物($R^1R^2C=NR^3$).

エクアトリアル結合(equatorial bond) いす形シクロヘキサン環をほぼ平面に見立てたとき,その平面とほぼ平行になる結合.

s性(s-character) 混成軌道に含まれるs軌道の割合をいう.sp混成軌道は50%,sp^2混成軌道は33%,sp^3混成軌道は25%となる.

エステル(ester) カルボキシ基(-COOH)のヒドロキシ基(-OH)がアルコキシ基(RO-)で置換された有機化合物(RCO-OR′).

sp混成軌道(sp hybrid orbital) s軌道一つとp軌道一つが混成して生じる原子軌道.二つのsp混成軌道は,互いに180°の角度をなしている.

sp^2混成軌道(sp^2 hybrid orbital) s軌道一つとp軌道二つが混成して生じる原子軌道.三つのsp^2混成軌道は,同一平面上で互いに120°の角度をなしている.

sp^3混成軌道(sp^3 hybrid orbital) s軌道一つとp軌道三つが混成して生じる原子軌道.四つのsp^3混成軌道は,正四面体構造の中心から四つの頂点の方向に向かい,互いに109.5°の角度をなしている.

エーテル(ether) 水分子の二つの水素原子がアルキル基(-R)やアリール基(-Ar)で置換された有機化合物(R-O-R′).

エナミン(enamine) 二重結合を構成する不飽和炭素原子にアミノ基が置換した有機化合物[$R^1R^2C=CR^3(NR^4)$].

エナンチオマー(enantiomer) 互いに鏡像関係にある立体配置異性体のことで,鏡像異性体,鏡像体ともいう.

n軌道(non-bonding orbital) 非共有結合性軌道ともいう.結合に関与しない非共有電子(対)(n電子)が収まっている軌道.

エノラートアニオン(enolate anion) カルボニル化合物でカルボニル基が置換した炭素原子(α炭素)に結合している水素(α水素)が,塩基によって抜かれて生成するカルボアニオン.カルボニル基との共鳴によって安定化している.

エノール形(enol form) カルボニル基(-CO-)が置換した炭素原子上に水素原子をもつアルデヒド,ケトン,エステルなどの互変異体.α水素がカルボニル基の酸素原子に移動し,アルケンの炭素原子にヒドロキシ基(-OH)が結合した形[$R^1C(OH)=CR^2R^3$].

エポキシ化(epoxidation) 炭素-炭素二重結合をペルオキシカルボン酸(過酸)(RCOOOH)を用いて酸化してエポキシ化合物を与える反応.

エポキシド(epoxide) 環式エーテルの一つで,三員環構造をもつもの.オキシラン(oxirane)ともいう.

塩化スルホニル(sulfonyl chloride) スルホン酸(RSO_2OH)のヒドロキシ基(-OH)を塩素原子で置換した有機化合物(RSO_2Cl).

塩基(base) ブレンステッド-ローリーの定義に基づき,プロトン(H^+)の受容体を示す.

塩基解離定数(K_b)(base dissociation constant) 化合物が水溶液中で共役酸と水酸化物イオンへ解離するときの平衡定数.

塩基性度(basicity) 化合物がプロトンに結合する能力の高さの程度を表す指標.

オキシム(oxime) アルデヒドやケトンとヒドロキシルアミン(H_2N-OH)から生成するイミン(RR′C=NHOH).

オキシラン(oxirane) 1,2-エポキシエタンの系統名のうちの一つ.

オクテット則(octet rule) s軌道とp軌道が電子ですべて満たされた状態が安定であり,原子(水素原子を除く)の最外殻軌道が8個の電子で満たされた電子構造が安定であるとする規則.8電子則ともいう.

オゾン酸化(ozonolysis) オゾン(O_3)により炭素-炭素二重結合や三重結合を酸化的に開裂してカルボニル化合物が生成する反応.

オリゴ糖(oligosaccharide) 数個の単糖がグリコシド結合でつながってできた糖類.オリゴとはギリシャ語で「少ない」を意味し,少糖とも呼ばれる.

オルト-パラ配向性(ortho-para orientation) 芳香族求電子置換反応の際に,求電子剤が置換芳香環のオルト位またはパラ位を選択的に置換する性質.

か

加アンモニア分解(ammonolysis) エステル(RCO-OR′)がアンモニアと反応してアミドが生成する反応.

開環反応(ring opening reaction) 環式化合物の結合の一部が開裂し,非環式化合物が生成する反応.

重なり形(eclipsed conformation) エタン型構造においてニューマン投影式で示したとき,すべての置換基が重なったかたちとなる最も不安定な立体配座.

活性化エネルギー(activation energy) 反応の原系と遷移状態の間のエネルギー差.活性化エネルギーが大きくなると反応速度は小さくなり,逆に小さくなると反応速度は大きくなる.

活性メチレン基(active methylate group) 二つのカルボニル基(または強い電子求引性基)ではさまれたメチレン基(-CH_2-).水やアルコールよりも酸性度が高い.

価電子(valence electron) 原子価電子あるいは外殻電子(outer shell electron)ともいう.原子の電子配置において,最外殻の電子殻を占める電子.原子と原子との結合の性質やそのほかの化学的性質を決める.

カルバミン酸(carbamic acid) -NHCOOHという官能基をもつ有機化合物(R-NHCOOH).

カルボアニオン(carboanion) 炭素原子上に負電荷をもつアニオンの総称.

カルボカチオン(carbocation) 炭素原子上に正電荷をもつカチオンの総称.

カルボキシ基(carboxy group) カルボニル基にヒドロキシ基(-OH)が結合した官能基(-COOH).

カルボキシラートアニオン(carboxylate anion) カルボン酸のヒドロキシ基から脱プロトン化したアニオン(R-COO^-).

カルボニル基(carbonyl group) 炭素-酸素二重結合をもつ官能基[-(C=O)-].

カルボン酸(carboxylic acid) カルボキシ基をもつ有機化合物(R-COOH).

カルボン酸誘導体(carboxylic acid derivative) カルボキシ基のヒドロキシ基(-OH)をほかの官能基に置換した有機化合物(RCO-Y).

還元(reduction) ある分子に対して,電気陰性な原子(ハロゲンや酸素など)を引き抜く,あるいは水素を付加する過程.

還元的アミノ化反応(reductive amination) アルデヒドやケトンを還元的条件下でアンモニアや第一級ならびに第二級アミンと反応させることで,より高級なアミンを合成する方法.

環式エーテル(cyclic ether) 酸素が環のなかに組み込まれたエーテル.

環式化合物(cyclic compound) 環構造を含む化合物の総称.

含窒素複素環化合物(nitrogen heterocyclic compound) 窒素原子が環骨格に組み込まれた環式アミン.

官能基(functional group) 有機化合物の分子内に存在し,その化合物の特徴的な性質や反応性の原因となるような原子あるい

は原子団のこと．

慣用名 (trivial name)　IUPAC 命名規則の制定前にすでに古くから用いられ，多くの文献に統一的に広く使用されてきた化合物名のこと．

基官能命名法 (radicofunctional nomenclature)　母体となる部分の炭化水素基名と，化合物の官能基名をならべる命名法．単純な炭化水素基名をもつ化合物に対しては，化合物の特徴が端的に表現できる．

基質 (substrate)　有機反応で反応を受ける出発物質．反応剤と対をなす語．

逆性セッケン (inverted soap, cationic soap)　長鎖のアルキル基が結合した第四級アンモニウム塩．通常のセッケンは極性基がアニオン性だが，これは逆のカチオン性を示す．

逆マルコウニコフ則 (anti-Markovnikov rule)　マルコウニコフ則とは逆の経験則．→マルコウニコフ則を見よ．

求核アシル置換反応 (nucleophilic acyl substitution)　求核剤によってアシル基に結合した脱離基 (RCO-Y) が置換される反応．付加-脱離機構で反応は進行するため，一般的な求核置換反応とは異なる．→付加-脱離機構を見よ．

求核剤 (nucleophile, nucleophilic reagent)　電子不足の反応中心の原子核（プロトンを除く）に対して高い親和性をもった電子豊富な反応剤．一般に非共有電子対をもち，負電荷をもつかあるいは中性のものがある．広い意味では，ルイス塩基としての挙動を示す．

求核性 (nucleophilicity)　プロトン (H^+) 以外の原子核〔有機化学ではおもに炭素核（カルボカチオン）〕と結合する能力．

求核置換反応 (nucleophilic substitution)　基質の脱離基が求核剤によって置換される反応．

求核付加反応 (nucleophilic addition)　電子豊富な求核剤が電子不足な不飽和炭素原子に付加する反応．

求電子剤 (electrophile, electrophilic reagent)　基質の電子密度の大きな（電子豊富な）反応点を攻撃しやすい電子不足な反応剤．カチオン，ルイス酸などがこれにあたる．

求電子付加反応 (electrophilic addition)　不飽和結合の π 電子に求電子剤が付加する反応．

協奏反応 (concerted reaction)　遷移状態において，結合の形成と切断が同時に起こる反応で，中間体は存在しない．

共鳴エネルギー (resonance energy)　π 電子や n 電子は軌道内で共鳴（非局在化）することによって安定化するが，このときの安定化エネルギーをいう．非局在化エネルギーとも呼ばれる．

共鳴効果 (resonance effect)　共鳴（電子の非局在化）による分子の電子構造の変化が，分子の物性や反応性などに与える効果．

共鳴混成体 (resonance hybrid)　共鳴の考えで，複数の共鳴構造の重ね合わせとして表現される分子の真の構造．

共鳴理論 (resonance theory)　オクテット則に基づいて描かれた一つの構造式では分子の構造や性質を十分表せない場合がある．このとき複数の構造式（共鳴構造式）の重ね合わせで分子の真の構造を適切に表現できるとする考え．

共役塩基 (conjugate base)　ブレンステッド-ローリーの定義に基づく酸・塩基において，ある酸 HA がプロトンを失って生じた塩基 A^- のこと．

共役酸 (conjugate acid)　ブレンステッド-ローリーの定義に基づく酸・塩基において，ある塩基 B がプロトンを受け取って生じた酸 BH^+ のこと．

共役ジエン (conjugated diene)　ブタジエンのように二つの二重結合が単結合を一つはさんだ構造をもつ 1,3-ジエン．

共有結合 (covalent bond)　二つの原子が電子対を共有してできる結合．

極性結合 (polar bond)　電気陰性度の大きな原子と小さな原子が共有結合しているとき，共有している電子が電気陰性度の大きな原子に引きつけられ，電子の分布が偏っている結合．

極性反応 (polar reaction)　イオン反応 (ionic reaction) ともいう．イオン性の反応中間体を経由する反応や，結合が分極してイオン性を帯びた状態を経由して進行する反応．求電子反応や求核反応がこれに分類される．

キラリティー (chirality)　実像とその鏡像が重なり合わない分子構造の性質．

キラル (chiral)　分子構造中に対称面をもたず，その構造とその鏡像が重なり合わない性質をもつこと．反対語：アキラル．

キラル中心 (chiral center)　ある原子に四つの異なる置換基が結合している場合（キラルな状態），その中心原子をいう．不斉炭素原子がその代表である．

クラウンエーテル (crown ether)　一般構造式 $(-CH_2-CH_2-O-)_n$ で表される大環状ポリエーテル．形が王冠に似ていることから命名された．

クラッキング (cracking)　熱分解ともいう．高沸点の石油留分の長鎖アルカンを熱分解して短鎖のアルカンに変換する方法．

グリコシド (glycoside)　配糖体ともいう．糖のヘミアセタール性ヒドロキシ基〔$R^1R^2C-\underline{(OH)}(OR^3)$〕がほかの有機化合物に置換された化合物．

グリコシド結合 (glycosidic bond)　糖のアノマー炭素原子とほかの有機化合物をつなぐ結合．有機化学的にはアセタール結合〔$R^1R^2(OR^3)C-O-C(OR^4)R^5R^6$〕である．この結合によって，単糖から二糖，オリゴ糖さらに多糖が形成される．

グリセリド (glyceride)　グリセロール（グリセリン）の脂肪酸エステルのこと．結合する脂肪酸の数によってモノグリセリド，ジグリセリド，トリグリセリドに分類される．

グリニャール試薬 (Grignard reagent)　炭素とマグネシウムの間に結合をもつ有機金属化合物 (R-MgX)．有機ハロゲン化物とマグネシウムとの反応によって生じる．

クロロフルオロカーボン (chlorofluorocarbon)　フッ素と塩素を含む有機ハロゲン化物．CFC と略す．日本では慣用名としてフロンが使われている．

クーロン力 (Coulomb's force)　静電引力 (electrostatic force) ともいう．電荷をもった粒子間に働く引力あるいは斥力．

形式電荷 (formal charge)　分子の結合をつくる共有電子をオクテット則に基づいてそれぞれの原子に分配したとき，原子が形式的にもつ正または負の電荷．

系統名 (systematic name)　組織名ともいう．IUPAC 命名規則でなるべく簡単に，しかも一義的に間違いなくその化合物の構造を表すことのできる名称．

結合解離エネルギー (bond dissociation energy)　25 ℃で気体状態の分子の結合が均一に開裂して二つのラジカルになるために必要なエネルギー．

結合性軌道 (bonding orbital)　分子を構成する原子の原子軌道の位相が，同符号どうしで重なってできた分子軌道．エネルギーが低い軌道となるため，電子が収まると結合が形成され分子が安定化する．

ケト形 (keto form)　カルボニル基 (-CO-) が置換した炭素原子（α炭素）上に水素原子（α水素）をもつアルデヒド，ケトン，エステルなどの互変異体．カルボニル構造をもつ形 (R-CO-CH_2R')．

β-ケトカルボン酸 (β-ketocarboxylic acid)　カルボキシ基 (-COOH) が置換した炭素原子（α炭素）の隣の位置（β位）にカルボニル基が存在しているカルボン酸 (R-CO-CH_2-COOH)．

ケトース (ketose)　フルクトース（果糖，炭素数 6）に代表されるケトン基をもつ単糖の総称．

ケトン (ketone)　カルボニル基の炭素原子に二つの炭化水素基

が結合している有機化合物(R-CO-R′).

ケン化(saponification)　脂肪と水酸化カリウムや水酸化ナトリウムを反応させると加水分解によりセッケンができる.この反応をケン化という.

限界構造式(canonical formula)　共鳴構造のこと.

原子価結合法(valence bond method)　一つの原子の原子軌道に電子が局在化し,それが相互作用して化学結合が形成されるという考えに基づいて分子の軌道を説明する手法.

原子軌道(atomic orbital)　原子の原子核のまわりに存在する電子の空間分布のこと.実際には波動関数と呼ばれる関数として表される.

光学活性(optical activity)　ある試料に平面偏光を通すとき,その偏光面を回転させる性質,すなわち旋光性を示す性質.

光学活性体(optical active substance)　一方のエナンチオマーから構成され,光学活性を示す物質.

光学分割(optical resolution)　ラセミ体(エナンチオマーの等量混合物)から一方または両方のエナンチオマーを分離すること.

交差(混合)アルドール反応(crossed(mixed) aldol reaction)　異なる二種類のアルデヒドやケトンのアルドール反応.

構成原理(Aufbau principle)　原子軌道あるいは分子軌道に電子を収める際の指針で,エネルギーの低い軌道から順に,パウリの排他原理に従って電子を2個ずつ埋め,エネルギーの等しい軌道の場合にはフントの規則に従って収まることを示す.

ゴーシュ形(gauche form)　1,2-二置換エタン形構造のねじれ型配座の一つで,注目する二つの基どうしが隣にくる立体配座.

五配位構造の遷移状態　S_N2 反応での遷移状態.中心炭素原子では,sp^2 混成と類似の平面に対して垂直に脱離基と求核剤が相対して位置している.

互変異性(tautomerism)　カルボニル基が置換した炭素原子($α$炭素)上に水素原子($α$水素)をもつアルデヒドなどは,構造の異なる二つの異性体(互変異性体)の平衡混合物として存在する.このような構造異性を互変異性という.

混合酸無水物(mixed acid anhydride)　カルボン酸無水物のうち,二種類の異なるカルボン酸から生成する酸無水物(RCO-O-COR′).

さ

ザイツェフ型反応(Zaitzev-type reaction)　1,2-脱離($β$脱離)反応において,置換基の多いアルケンが優先的に生成するように進行する脱離反応.

鎖式化合物(acyclic compound)　環構造を含まない有機化合物の総称.

酸(acid)　ブレンステッド-ローリーの定義に基づき,プロトン(H^+)の供与体を示す.

酸塩化物(acid chloride)　塩化アシル(acyl chloride)ともいう.カルボン酸のヒドロキシ基(-OH)を塩素原子で置換した化合物(RCO-Cl).

酸化(oxidation)　ある分子に対して,電気陰性な原子(ハロゲンや酸素など)を付加する,あるいは水素を引き抜く過程.

酸解離定数(K_a)(acid dissociation constant)　化合物が水溶液中で共役塩基とプロトンへ解離するときの平衡定数.

酸化-還元系(redox system)　酸化と還元が可逆的に起こる反応系.

酸性度(acidity)　酸の強さの程度を表す指標.酸からプロトンが放出される解離反応の平衡定数を K_a とすると,負の常用対数 pK_a で表される.

酸ハロゲン化物(acid halide)　カルボキシ基(-COOH)のヒドロキシ基(-OH)がハロゲン原子で置換された有機化合物(RCO-X).

酸無水物(acid anhydride)　カルボキシ基のヒドロキシ基がアシロキシ基(-OCOR′)で置換された有機化合物(RCO-OCOR′).

ジアステレオマー(diastereomer)　ジアステレオ異性体ともいう.分子内に二つ以上のキラル中心をもつ分子において,エナンチオマーのほかに存在する,互いに鏡像関係にない立体配置異性体.

ジアゾニウムイオン(diazonium ion)　ジアゾニウム基($-^+N≡N$)が結合した有機化合物($R-^+N≡N$).

シアノヒドリン(cyanohydrin)　同一の炭素原子にヒドロキシ基とシアノ基(ニトリル基)が置換した有機化合物〔RR′C(OH)-(CN)〕.

ジアルキルオキソニウムイオン(dialkyloxonium ion)　エーテルの酸素原子にプロトンが付加して生成するカチオン($R-^+OH-R′$).

ジアルキル銅リチウム反応剤(lithium dialkylcuprate reagent)　2当量のアルキルリチウムと1当量の1価の銅ハロゲン化物との反応で調製される有機銅化合物(RR′CuLi).

1,2-ジオール(1,2-diol)　隣接した炭素原子に二つのヒドロキシ基がそれぞれ結合したアルコール〔-(OH)C-C(OH)-〕.

***gem*-ジオール**(*gem*-diol)　同一の炭素原子に二つのヒドロキシ基(-OH)が置換したアルコール〔RR′C(OH)$_2$〕.

ジカルボン酸(dicarboxylic acid)　二酸(diacid)ともいう.カルボキシ基を二つもつ有機化合物.

$σ$軌道(sigma orbital)　分子内の電子を収容する軌道の一つ.結合軸方向にあり,結合軸に対して軸対称性をもつ分子軌道のこと.有機化合物の単結合をつくりあげる.

シクロアルカン(cycloalkane)　一般式が C_nH_{2n} で示される環式飽和炭化水素.

シクロアルカンカルボン酸(cycloalkanecarboxylic acid)　環式アルカンにカルボキシ基が結合したカルボン酸.

脂質(lipid)　一般に水に不溶で低極性有機溶媒に溶けやすい生体成分をさす.構造や機能で分類された化合物群ではない.

ジスルフィド(disulfide)　2分子のチオール(-SH)が酸化されて生成するS-S結合をもつ化合物(RS-SR′).

シッフ塩基(Shiff base)　窒素原子にアルキル基(-R)やアリール基(-Ar)などが結合したイミン構造($R^1R^2C=NR^3$)をもつ化合物をさす呼称.

ジヒドロキシ化(dihydroxylation)　炭素-炭素二重結合を酸化して1,2-ジヒドロキシ化合物(1,2-ジオール)を与える反応.反応剤には過マンガン酸カリウム($KMnO_4$)または四酸化オスミウム(OsO_4)が用いられ,生成物として *cis*-1,2-ジオールが得られる.

脂肪族化合物(aliphatic compound)　芳香族化合物以外の有機化合物のこと.

シン形(syn form)　1,2-二置換エタン形構造の重なり型配座の一つで,注目する二つの基が同じ方向を向いている立体配座.

シン脱離(syn-elimination)　隣り合う二つの炭素原子から二つの原子あるいは原子団が脱離するとき,互いに同一(シン)方向から脱離する反応.

シンペリプラナー配座(syn-periplanar conformation)　脱離する原子または原子団どうしがシン形の関係になるペリプラナー配座.

水酸化物イオン(hydroxide ion)　水から脱プロトン化したアニオン(^-OH).

$α$水素($α$-hydrogen)　官能基が置換した炭素原子($α$炭素)に結合した水素原子.

水素結合(hydrogen bond)　酸素や窒素などの電気陰性な原子に結合した水素原子が部分的に正電荷を帯び,隣接するほかの電

気陰性な原子との間に静電的相互作用を生じることによる分子間結合.

水和物(hydrate) ある分子に水分子が結合して形成される化合物の総称.

ステロイド(steroid) 三つのシクロヘキサンと一つのシクロペンタンが連続的につながった構造をもつ脂溶性の生体物質の総称. 細胞膜の構成要素であるコレステロール, 胆汁酸, ステロイドホルモンなどがある.

スルホンアミド(sulfonamide) スルホン酸のヒドロキシ基(-OH)をアミノ基(-NH$_2$)で置換した有機化合物(R-SO$_2$NH$_2$). 塩化スルホニルとアミンとの反応によって生成する.

スルホン酸エステル(sulfonate ester) スルホ基(-SO$_2$OH)が結合した化合物であるスルホン酸(R-SO$_2$OH)のエステル(R-SO$_2$O-R'). 安定なスルホン酸イオン(R-SO$_2$O$^-$)が優れた脱離基として機能し, さまざまな求核置換反応に用いられる.

節(node) 原子軌道あるいは分子軌道において電子の存在確率がゼロとなる点で, 一般に節面として現れる. 節が多いほど軌道のエネルギーは高い.

セルロース(cellulose) 多数のグルコース分子がグリコシド結合〔β(1→4)結合〕によってつながった直鎖状の多糖. 植物細胞の細胞壁および繊維の主成分.

遷移状態(transition state) 化学反応において, 系が原系から生成系へと変化する途中で, 系のエネルギーが最大となる状態.

選択性(selectivity) 反応においてある異性体が優先的に生成する性質.

双性イオン(zwitterion) 両性イオン(amphoteric ion)ともいう. 分子中にアニオンとカチオンの両方をもつイオン.

た

第四級アンモニウム塩(quaternary ammonium salt) 窒素原子に四つの原子あるいは原子団が結合した塩. イオン対構造をもつ(R^{1}R^{2}R^{3}R^{4}N$^+$X$^-$).

1,2-脱離(1,2-elimination) β脱離(β-elimination)ともいう. 隣り合う炭素原子から二つの原子あるいは原子団が脱離する反応. 不飽和結合が生成する.

脱離基(leaving group) 分子から脱離する原子あるいは原子団.

脱離反応(elimination reaction) 分子から原子あるいは原子団が脱離する反応.

多糖(polysaccharide) 単糖分子がグリコシド結合によって多数つながった糖.

炭水化物(carbohydrate) 生体物質の重要な構成要素であり, 糖質ともいう. その多くは分子式(C$_n$H$_{2n}$O$_n$)として形式的に表される.

炭素酸(carbon acid) 炭素原子に直接結合した水素原子がプロトンとして解離し, 酸として機能する有機化合物.

単糖(monosaccharide) 炭水化物の構成要素であるポリヒドロキシアルデヒド(アルドース)あるいはポリヒドロキシケトン(ケトース). 炭素数によってトリオース(三炭糖), テトロース(四炭糖), ペントース(五炭糖), ヘキソース(六炭糖)などさらに分類される.

タンパク質(protein) 生体物質の重要な構成要素であり, 多数のアミノ酸がアミド結合(ペプチド結合)を介してつながった分子量数千から数百万の高分子化合物.

置換基定数(substituent constant) 安息香酸とさまざまな置換安息香酸の酸解離定数の比の対数. 置換基の電子的効果を数値化した置換基固有の定数.

置換命名法(substitutive nomenclature) 特性基をもつ有機化合物を命名する場合の標準的な命名法. 基本となる炭化水素をまず命名し, その水素原子を特性基で置換することで命名する方法.

中心性キラリティー(central chirality) 中心原子に結合するすべての原子あるいは原子団が異なる場合のキラリティー.

超共役(hyperconjugation) p軌道と隣接するC-Hσ結合の軌道との重なりによって生じる電子の非局在化によって安定化を説明する考え方. 空のp軌道と隣接するアルキル基のC-Hσ結合軌道の重なりによるカルボカチオンの安定化が代表例.

D,L 表示法(D,L convention) 立体配置を表示する方法の一つで, 糖やアミノ酸の立体配置を指定するときのみ用いられる.

テルペン(terpene) イソプレンを構成単位とする生体物質の総称.

電気陰性度(electronegativity) 化学結合している原子が, 結合電子を引きつける傾向の大小を示す尺度. 同一周期では右にいくほど, 同族では上にいくほど増大し, フッ素で最大となる.

電子求引性(electron-withdrawing) 誘起効果や共鳴効果により電子を引きつける性質. 電子的効果の要因となる.

電子供与性(electron-donating) 誘起効果や共鳴効果により電子を与える性質. 電子的効果の要因となる.

電子親和力(electron affinity) 電子を取り込んでアニオンとなり, 希ガス配置をとろうとする傾向. ハロゲンで最大となる.

電子的効果(electronic effect) 水素原子を基準として, ほかの原子あるいは原子団の電子的性質が反応などに与える効果.

同位体効果(isotope effect) 化合物を構成する原子の同位体(たとえばHとD)により, 反応速度などが変わること.

糖質(saccharide) 単糖を構成成分とする有機化合物の総称であり, 炭水化物と同じ意味の用語.

等電点(isoelectric point) おもにアミノ酸などの双性イオン構造をもつ有機化合物が電気的に中性の状態で存在するpH.

特異性(specificity) 反応によりある異性体からは生成物として単一の異性体が生じ, ほかの異性体からは別の異性体が生成する性質.

トシラート(tosylate) p-トルエンスルホン酸エステル(p-CH$_3$C$_6$H$_4$SO$_2$OR). p-トルエンスルホニル基(p-CH$_3$C$_6$H$_4$SO$_2$O-)は優れた脱離基として機能するので, 求核置換反応によく用いられる.

トレンス試薬(Tollens reagent) 銀イオン・アンモニア錯体を用いたアルデヒドを選択的に酸化する反応剤. 銀鏡が生成する.

な

二糖(disaccharide) 二つの単糖がグリコシド結合でつながってできた糖類.

ニトリル(nitrile) カルボン酸類縁体の一つで, ニトリル(シアノ)基(-CN)を含んだ化合物.

ニトリル基(nitrile group) シアノ基(cyano group)ともいう. 炭素-窒素三重結合をもつ官能基(-C≡N).

N-ニトロソアミン(N-nitrosoamine) 窒素原子にニトロソ基(-N=O)が結合したアミン(RR'N-N=O).

ニトロソニウムイオン(nitrosonium ion) 酸性条件下で亜硝酸から生じる窒素-酸素二重結合をもつ窒素陽イオンの反応活性種($^+$N=O).

二分子求核置換(S$_N$2)(bimolecular nucleophilic substitution) 脱離基の解離と求核剤の結合が同時に起こる一段階で進行する求核置換反応. 基質と求核剤の両方の濃度に依存する二次反応速度式に従う.

二分子脱離(E2)(bimolecular elimination) β水素と脱離基の解離とπ結合の生成が同時に起こり, 中間体を生じない一段階で進行する脱離反応. 基質と塩基の両方の濃度に依存する二次

反応速度式に従う.

二分子膜(bilayer membrane) 水中でリン脂質が親水的な部分を外側に,疎水的な部分を内側に向けて面状に会合した状態によって生じる膜.二重層の構造をもつ.

ニューマン投影式(Newman projection) 分子内の一つの結合に注目して,その結合軸に沿って結合両端の各原子を一端から投影した図.これによって結合両端の原子の置換基の相対的な位置関係を表すことができる.結合の向こう端の原子を円で,手前の原子を円の中心位置で表示する.

二量体構造(dimeric structure) 分子間相互作用(おもに水素結合)によって2分子が会合した構造.

ニンヒドリン反応(ninhydrin reaction) 第一級アミノ基をもつアミノ酸とニンヒドリン2分子が反応して,紫色生成物を与える呈色反応.

ヌクレオシド(nucleoside) 核酸の構成要素であり,リボースあるいはデオキシリボースにプリン塩基あるいはピリミジン塩基がグリコシド結合した N-グリコシド.

ヌクレオチド(nucleotide) ヌクレオシドの糖部分と結合したリン酸エステル.デオキシリボ核酸(DNA)やリボ核酸(RNA)の構成単位である.

ねじれ形(staggered conformation) エタン型構造においてニューマン投影式で示したとき,前方の置換基が後方の置換基の中央に位置する立体配座.二面角が60°となる.

は

配位結合(coordination bond) ある原子間の結合に関与する電子対が,一方の原子からのみ供与されている結合.

π軌道(pi orbital) 分子内の電子を収容する軌道の一つ.p軌道とp軌道が平行に配向して側面で重なってできた分子軌道のこと.二重結合のうちの一つに相当する.

配向性(orientation) 芳香環上で置換位置を決める性質.オルト-パラ配向性とメタ配向性に大別される.

パウリの排他原理(Pauli exclusion principle) 一つの原子軌道には,スピンが互いに逆の2電子まで収容できることを示す.

発色団(chromophore) 分子内にある不飽和結合を含む原子団が存在すると,有機化合物は発色する(可視光領域に吸収をもつ).この原子団を発色団という.アゾ基(-N=N-),ニトロ基(-NO₂),カルボニル基(-CO-)などが代表的な構成要素としてあげられる.

ハメット則(Hammett's rule) メタおよびパラ置換ベンゼンとベンゼン自体の反応速度や平衡定数の比の対数が置換基定数と一次の関係になる経験則.

ハロヒドリン(halohydrin) 分子内にハロゲンとヒドロキシ基(-OH)をもち,それぞれが隣り合って結合している$β$-ハロアルコールをハロヒドリンという.

反結合性軌道(antibonding orbital) 分子を構成する原子の原子軌道の位相が異符号どうしであるために,結合軸に垂直な節面をもってできた分子軌道.エネルギーが高い軌道となるため,電子が収まると結合が弱まり分子が不安定化する.

反応エネルギー図(energy profile) 反応の進行に伴う化学種のエネルギー変化を表した図.

反応機構(reaction mechanism) 化学反応式で表される化学変化は,多くの場合,複数の素反応と反応中間体から成り立っている.この素反応の組合せおよびそれぞれの素反応の詳細を反応機構と呼ぶ.有機反応ではこれを電子の移動で表現する.

反応剤(reagent) 有機反応で基質に作用する化学種のこと.一般に反応点が炭素原子であるほうを基質と呼び,他原子であるほうを反応剤と呼ぶ.

反応中間体(reaction intermediate) 一つの化学反応過程の中間に生じる不安定で短寿命な化学種のこと.単離することはできないが,検出することは可能である.イオンやラジカルが知られている.

非共有電子対(unshared electron pair) 孤立電子対(lone pair)ともいう.価電子のうちほかの原子との結合に関与しない電子対のことをいう.

非局在化(delocalization) 特定の結合に局在している電子が,二つ以上の結合に関与するようになること.また,電荷や$π$電子および不対電子が特定の原子上にあるのでなく,共役系全体に広がっている状態.共鳴の電子的表現ともいえる.

pK_a 酸解離定数 K_a の常用対数を負にした値. $pK_a = -\log K_a$. これが小さいほど強い酸である.

pK_b 塩基解離定数 K_b の常用対数を負にした値. $pK_b = -\log K_b$. これが小さいほど強い塩基である.

ひずみエネルギー(distortion energy) シクロアルカンの環構造のひずみによって生じるエネルギー.シクロプロパン(三員環)が一番大きい.

比旋光度(specific rotation) 光学活性物質の旋光能を示す尺度のこと.実際に測定した旋光度を試料濃度と試料管の長さで割って,物質ごとに標準化したもの.

ヒドラゾン(hydrazone) アルデヒドやケトンとヒドラジン(H_2N-NH_2)から生成するイミン($RR'C=N-NH_2$).

ヒドリドイオン(hydride ion) 水素化物イオン(H^-).

ヒドロキシ基(hydroxy group) 水(H-O-H)から水素原子を一つ除いた官能基(-OH).

ヒドロホウ素化(hydroboration) ボラン(BH_3)のアルケンやアルキンへの付加反応.付加反応後,生成物を塩基存在下,過酸化水素(H_2O_2)で酸化するとアルコールが得られる.

ヒュッケル則(Hückel rule) 芳香族性はどのような化合物にみられるかを示した法則.この法則では,$4n+2$個の$π$電子(nは整数)をもつ平面環状共役構造は芳香族性をもち,安定であるとされている.

ピラノース(pyranose) 六員環ヘミアセタール構造をもつ単糖.

ピリドキサールリン酸(pyridoxal phosphate, PLP) アミノ基転移,脱炭酸,脱アミノ化,ラセミ化などのアミノ酸の分子変換に関与する補酵素.

ヒンスベルグ試験(Hinsberg test) アミンと塩化ベンゼンスルホニル($PhSO_2Cl$)を塩基性条件下で反応させ,アミンの種類(第一級,第二級,第三級)を識別する実験的方法.

ファンデルワールス力(van der Waals force) 電荷をもたない中性の原子や無極性分子が非常に接近したときに分子間で働く引力の総称.

フィッシャー投影式(Fischer projection) 不斉炭素原子をもつ分子の立体配置を紙面に表示するために考案した表示方法.分子の炭素鎖を上下に置いて,紙面より奥に折れ曲がるように配置し,左右へでている原子・原子団を紙面より手前にくるように置いて紙面に投影することにより生じる構造式.

フィッシャー-トロプシュ反応(Fischer-Tropsch reaction) 金属触媒(コバルトまたは鉄)を用いて一酸化炭素(CO)と水素(H_2)の反応により飽和炭化水素を得る反応.

フェニルカチオン(phenyl cation) ベンゼンからヒドリドイオン(H^-)を除いて生じるカルボカチオン.

フェノキシドイオン(phenoxide ion) フェノールのヒドロキシ基(-OH)からプロトン(H^+)が抜けたアニオン(Ph-O$^-$).ベンゼン環との共鳴により負電荷が非局在化して安定化する.

フェノール(phenol) 水の水素原子を一つベンゼン環(フェニル基)で置換した有機化合物(Ph-OH).

フェーリング試薬(Fehling reagent) 2価の銅イオンと酒石酸

を用いたアルデヒドを選択的に酸化する反応剤．赤い酸化銅（I）の生成からアルデヒドが確認できる．

1,2-付加 (1,2-addition)　不飽和結合に反応剤が隣接して付加する反応．

1,4-付加 (1,4-addition)　共役ジエンなどのような，二つの二重結合が共役した系で，反応剤が両端の1位と4位に付加する反応．

付加-脱離機構 (addition-elimination mechanism)　付加反応と脱離反応が連続して起こる二段階で進行する反応機構で，結果的に置換反応生成物を生じる．求核アシル置換反応もこの機構で進行する．

複素環化合物 (heterocyclic compound)　炭素以外の元素（ヘテロ原子）を一つ以上含む環式化合物の総称．ヘテロ環式化合物ともいう．

不斉合成 (asymmetric synthesis)　アキラルな基質から光学活性な生成物（一方のエナンチオマー）を選択的に合成する反応．

舟形 (boat form)　シクロヘキサンの代表的な立体配座の一つで，舟の形に似ている．すべての結合について重なり形ブタンとみなせるため，きわめて不安定な配座となる．

フラノース (furanose)　五員環ヘミアセタール構造をもつ単糖．

フリーデル-クラフツ反応 (Friedel-Crafts reaction)　ルイス酸，たとえば塩化アルミニウム触媒などを用いて，ベンゼン環をハロゲン化アルキルでアルキル化，ハロゲン化アシルでアシル化する反応．

フレミー塩 (Fremy salt)　$NO(SO_3)_2K_2$．フェノールを酸化してp-ベンゾキノンを与える反応によく用いられる酸化剤．

プロトン (proton)　水素イオン（H^+）．

フロン　フッ素を含むハロゲン化炭化水素（フルオロカーボン，クロロフルオロカーボン）の慣用名．海外ではフレオン（Freon）と呼ばれている．

分子軌道法 (molecular orbital method)　分子を構成するすべての原子の原子軌道が重なり合うことにより分子全体に広がった分子軌道ができ，それに関係するすべての電子は分子全体に分布していると考える方法．

分子内アルドール縮合 (intramolecular aldol condensation)　分子内で起きるアルドール縮合．環式化合物を生成し，五員環および六員環化合物を生成するときに反応は最も速やかに進行する．

分子内水素結合 (intramolecular hydrogen bond)　一つの分子内でヒドロキシ水素と酸素などで形成される水素結合．

フントの規則 (Hund's rule)　エネルギーの等しい軌道が複数あるとき，それぞれに同スピンで1電子収まった後，2個目の電子（逆スピン）が収まるという規則．

平面偏光 (plane polarized light)　直線偏光 (linear polarized light) ともいう．振動面が一平面に限られている光．

ヘテロリシス (heterolysis)　不均一開裂 (heterolytic cleavage) ともいう．共有結合が切断されるとき，結合電子対が一方に偏って，アニオンとカチオンを生じる切断様式．

ベネディクト試薬 (Benedict reagent)　2価の銅イオンとクエン酸を用いたアルデヒドを選択的に酸化する反応剤．赤い酸化銅（I）の生成からアルデヒドが確認できる．

ペプチド (peptide)　二つ以上のアミノ酸がアミド結合によってつながった化合物．この場合の結合をとくにペプチド結合という．タンパク質はポリペプチドである．

ヘミアセタール (hemiacetal)　同一の炭素原子にヒドロキシ基（-OH）とアルコキシ基（-OR）が置換した有機化合物〔$R^1R^2C(OH)(OR^3)$〕．アルデヒドまたはケトンをアルコールと少量の酸を加えて加熱すると中間体として生成する．

ペリプラナー配座 (periplanar conformation)　隣り合う二つの炭素原子から二つの原子または原子団が脱離する場合，二つの脱離基，ならびにπ結合を形成する二つの炭素原子がすべて同一平面上になる立体配座．

ベンジル位炭素 (benzyl position carbon)　芳香環に隣接した炭素原子をいう．

ベンゼンジアゾニウム塩 (benzenediazonium salt)　ベンゼンにジアゾニウム基（$-^+N\equiv N$）が置換したイオン対（$Ph-^+N\equiv NX^-$）．

変旋光 (mutarotation)　糖のアノマー炭素原子の配置による立体配置異性体（アノマー）間には，鎖状構造を介した平衡が存在する．水溶液中でそれら異性体の構成比が変動することで水溶液の旋光度が変化する現象．

芳香族化合物 (aromatic compound)　狭義にはベンゼンに代表される三つの炭素-炭素二重結合をもった六員環化合物をさす．広義では芳香族性をもつ化合物をさす．

芳香族カルボン酸 (aromatic carboxylic acid)　芳香環にカルボキシ基が結合したカルボン酸（Ar-COOH）．

芳香族求電子置換反応 (aromatic electrophilic substitution)　求電子剤が芳香環と反応して芳香環の水素原子を置換する反応．ハロゲン化，ニトロ化反応などがある．

芳香族ジアゾニウムイオン (aryl diazonium ion)　芳香環にジアゾニウム基（$-^+N\equiv N$）が結合したカチオン（$Ar-^+N\equiv N$）．芳香環との共鳴により比較的安定である．

芳香族スルホン化 (sulfonation)　HSO_3^+または三酸化硫黄（SO_3）が求電子剤となる芳香族求電子置換反応．芳香族スルホン（$Ar-SO_3H$）が生成する．

芳香族性 (aromaticity)　ベンゼンは，6個の電子が六つのp軌道からなるπ軌道に非局在化することによって大きく安定化している．この特別大きく共鳴安定化する性質をいう．芳香族性はベンゼン環をもった化合物にかぎらない．→ヒュッケル則を見よ．

芳香族ニトロ化 (nitration)　ニトロニウムイオン（NO_2^+）が求電子剤となる芳香族求電子置換反応．芳香族ニトロ化合物（$Ar-NO_2$）が生成する．

補酵素 (coenzyme)　酵素反応において，一つの基質からほかの基質への原子あるいは原子団の授受を仲立ちする低分子量の有機化合物．その多くはビタミンとして知られており，必須栄養素となる．

保護基 (protecting group)　ある反応に対してある官能基が反応しないように別のかたちに変換して，反応終了後にもとの官能基に戻せる置換基をいう．

捕捉剤 (scavenger)　捕獲剤 (trapping agent) ともいう．反応中に生成するイオンやラジカルなどの副生成物や反応中間体と選択的に反応し，それらを捕捉する化合物．

ホフマン型反応 (Hofmann-type reaction)　1,2-脱離（β脱離）反応において，置換基の少ないアルケンが優先的に生成するように進行する脱離反応．

ホモリシス (homolysis)　均一開裂 (homolytic cleavage) ともいう．共有結合が切断されるとき，形成していた電子対が一つずつに分かれて，二つのラジカルを生じる切断様式．

ボラン (borane)　ホウ素の水素化物で，常温，常圧で二量体の気体として存在する．ホウ素原子は価電子を6個しかもっていないので電子不足であり，反応性に富む．

ま

マルコウニコフ則 (Markovnikov rule)　非対称アルケンに求電子剤〔たとえばハロゲン化水素（HX）〕が付加する場合，「Hは水素原子の数の多い炭素に結合し，Xはアルキル置換基の多い

炭素に結合する」という経験則.

ミセル(micelle) 水中で界面活性剤などの両親媒性物質が親水的な部分を外側に，疎水的な部分を内側に向けて球状に会合した構造.

メシラート(mesylate) メタンスルホン酸エステル(CH_3SO_2OR). トシラートとともに，優れた脱離基をもつエステルとして求核置換反応によく用いられる．→トシラートを見よ.

メソ形(meso form) キラル中心をもつが，分子内に対称面があり，分子全体ではアキラルになる構造.

メタ配向性(meta orientation) 芳香族求電子置換反応において，求電子剤が置換芳香環のメタ位を選択的に置換する性質.

や

有機金属化合物(organometallic compound) 炭素–金属結合をもつ化合物.

誘起効果(inductive effect) σ結合を通して電子を与えたり求引したりする性質．その強さは原子の電気陰性度と置換基の極性によって決まる.

有機ハロゲン化物(organohalogen compound) 炭素とハロゲン(F, Cl, Br, I)との共有結合をもつ有機化合物.

有機リチウム化合物(organolithium compound) 炭素–リチウム結合をもつ有機金属化合物(R-Li).

油脂(oils and fats) グリセロール(グリセリン)の脂肪酸エステルの総称．脂質の主要な成分である.

四中心遷移状態(four-center transition state) 2分子の反応で，反応する分子の反応点二つずつが同時に反応して協奏的に四角形を形成する遷移状態.

ら

ラクタム(lactam) 環式骨格のなかにアミド構造をもつ環式アミド.

β-ラクタム(β-lactam) 四員環構造をもつラクタム.

ラクトン(lactone) 環式骨格のなかにエステル構造をもつ化合物.

ラジカル(radical) 不対電子をもつ原子あるいは分子．通常R・のように表され，非常に反応性に富んだ化学種.

ラジカル反応(radical reaction) ラジカルを経由して進行する反応．ラジカルを反応中間体に含む反応.

ラジカル連鎖反応(radical chain reaction) 中間体がすべてラジカル種で，連鎖開始・成長・停止の三段階を含むラジカル反応.

ラセミ化(racemization) 光学活性化合物(一方のエナンチオマー)が両方のエナンチオマーの等量混合物の状態へと変化すること．光学活性は低下する.

ラセミ体(racemate) エナンチオマーの等量混合物.

リチウムジイソプロピルアミド(lithium diisopropylamide, LDA) $LiN(i-C_3H_7)_2$の構造式で示される．強塩基性であるが，求核性は低いのでカルボニル化合物からα水素を引き抜いて，エノラートアニオンを発生させるときなどにしばしば使われる.

律速段階(rate-determining step) S_N1反応のような多段階を経る反応で，最も反応速度の遅い段階．これが全体の反応速度を決める.

立体異性体(stereoisomer) 構成原子が同じでその結合順序も等しいが，原子または原子団の空間的な配置が異なっている異性体.

立体化学(stereochemistry) 有機化合物の立体構造に関係する化学現象を取り扱う化学の一分野.

立体効果(steric effect) 原子あるいは原子団の立体的かさ高さが分子の安定性や反応などに与える効果.

立体障害(steric hindrance) かさ高い置換基で立体的に混み合うことにより，分子が接近しにくくなること.

立体電子的効果(stereoelectronic effect) 分子がある特定の立体配座や立体配置を保持するときに働く軌道間相互作用が，分子の安定性や反応性に影響を及ぼす効果.

立体配座(conformation) 分子内の単結合を軸とした回転で生じる，立体的に異なった分子構造.

立体配座異性体(conformational isomer) 配座異性体ともいう．立体配座の違いによる異性体のこと.

立体配置(configuration) 立体異性を発生する部分を構成する原子や置換基の空間的配置.

立体配置異性体(configurational isomer) 立体配置の違いによる異性体のこと．通常は単結合の回転では相互変換できない.

立体配置の反転(inversion of configuration) 基質の立体配置が生成物において反転すること．光学活性な出発物質を用いると，S_N1反応ではほぼ半量が，S_N2反応ではほぼ全量が立体配置の反転した反応生成物を生じる.

立体配置の保持(retention of configuration) 基質の立体配置が生成物において保持されること．光学活性な出発物質を用いると，S_N1反応ではほぼ半量が立体配置の保持した反応生成物を生じ，S_N2反応ではほとんど生じない.

立体反発(steric repulsion) 分子内または分子間の置換基間の立体的相互作用による反発．この反発力が大きいときは，分子や遷移状態は不安定化する.

リホーミング(reforming) 改質ともいう．直鎖アルカンをベンゼンやトルエンのような芳香族炭化水素に変換する方法.

リン脂質(phospholipid) リン酸エステル構造をもつ脂質のことで，親水的な部分と疎水的な部分をもつ．二分子膜を形成して生体膜の主要な構成要素となる.

リンドラー触媒(Lindlar catalyst) 炭素–炭素三重結合を二重結合に水素化還元する際に使うパラジウム触媒．cis-アルケンが生成する.

ルイス塩基(Lewis base) ルイスの定義による塩基で，電子対供与体と定義される.

ルイス酸(Lewis acid) ルイスの定義による酸で，電子対受容体と定義される.

【索　引】

【あ】

IUPAC	30
アキシアル結合	41
アキラル	44
——な反応剤との反応性	50
アグリコン	200
アジド	188
——アルカン	188
アジピン酸	146, 168
亜硝酸	192
アシル化剤	159
アシル基	88, 151
アスパルテーム	213
アスピリン	98, 201
アセタール	140
アセチリドアニオン	66, 73
アセチルコリン	196
アセチレン	4, 66
——の構造	21
アセト酢酸エステル合成	177
アセト酢酸エチル	176
アセトニトリル	111
アセトン	120, 173
アゾ化合物	194
アゾ基	194
アデニン	202
アデノシン	203
——二リン酸	203
——三リン酸	203
デオキシ——	202
アトロピン	207, 208
アニオン	12, 34
——重合	71
アニリン	120, 184, 186
アノマー	199
——炭素原子	199
油	204
アミド	155, 163
——の共鳴構造	16
——の水素結合	156
——の命名法	155
アミノ基転移反応	218
アミノ酸	211
——の構造と種類	211
——の不斉合成	51
——の略号	212
L- ——	50, 211
D- ——	50, 211
γ-アミノ酪酸	196
アミロース	201
アミロペクチン	201
アミン	143, 183, 186
——の合成	187
——の水素結合	185
——の反応	190
——の命名法	184
アリルアルコール化合物	179
アラミド繊維	168
R, S 配置	47
R, S 表示法	45
RNA	203
アルカナール	136
アルカノン	136
アルカロイド	207
アルカン	55
——酸	150
——の命名法	31
——のハロゲン化反応	58
環式——	39
鎖式——	38
シクロ——	55, 58
直鎖——	30, 31, 56
直鎖——の物理的性質	56
アルキル(基)	30, 116
——オキソニウムイオン	119
ジ——オキソニウムイオン	129
フリーデル-クラフツ——化反応	88
アルキン	31, 65
——の命名法	31
アルケン	31, 59
cis- ——	69, 72
$trans$- ——	73
——の重合	71
——の生成	122
——の命名法	31
アルコキシドイオン	118, 119
アルコール	115
——脱水素酵素	217
——の求核置換反応	120
——の四面体構造	117
——の水素結合	117
——のスルホン酸エステル	105
——の生成	142
——の分類	116
——の命名法	116
アルデヒド	135
——の命名法	136
アルドース	197
アルドール	172
——縮合	173
——反応	172
R 配置	45
α-アノマー	199
α 水素	173
α, β-不飽和カルボニル化合物	178
α-らせん構造	215
アレン	
——の構造	64
1,3-二置換——	51
安息香酸	150
アンチ形	39
アンチ脱離	107
アンチペリプラナー配座	107
安定配座	40
アントラセン	85
アンビデントイオン	174
アンモニア	187
アンモニウム塩の生成	190
イオン化エネルギー	12
イオン結合	13
イコサペンタエン酸	82
いす形	41, 199
異性体	27
——の分類	28
位置——	28
官能基——	28
光学——	44
構造——	27
骨格——	28
互変——	17, 170
配座——	37
配置——	37
有機化合物の——	38

— 237 —

索引

立体——	28, 37, 49
立体配座——	37
立体配置——	37, 43
E, Z 表示法	47
位相	11, 17, 21, 75
逆——	17, 21, 75
同——	17, 21, 75, 79
イソシアナート	190
イソブチレン	71
イソプレノイド	206
イソプレン	65, 206
イソプロピルベンゼン	120
位置異性体	28
位置選択性	108
1,2-脱離	105, 106
1,2-付加	65, 178
1,4-付加	65, 178
一分子求核置換反応	102〜104, 108
一分子脱離反応	106〜108, 122
一酸化炭素	58
E1 反応	106〜108, 122
E2 反応	106〜108, 122
遺伝子	203
E 配置	47
EPA	82
イブプロフェン	98
イミド	187, 188
イミン	143
医薬品	98
イリド	145
リン——	145
陰イオン	12
ウィッティヒ反応	145, 146
ウィリアムソン	2
——エーテル合成法	127, 128
ウェーラー	2
右旋性	44
ウッドワード	4
——-ホフマン則	5, 77
ウラシル	202
ウリジン	202
液化石油ガス	57
エクアトリアル結合	42
sn-グリセロール	205
S_N1 反応	102〜104, 108
S_N2 反応	102〜105, 108
s 軌道	11, 17, 18
エステル	155, 160, 162
——の命名法	155
フィッシャー——合成法	160
エストラジオール	207
S 配置	45

sp 混成軌道	21
sp^2 混成軌道	20, 102
sp^3 混成軌道	19, 126
エタノール	119
エタン	
——のニューマン投影式	38
——の立体配座とエネルギー	38
エチレン	4, 20, 59, 71
——グリコール	129, 141
——の構造	20
——の低圧重合法	7
ATP	203
ADP	203
エーテル	125
——の四面体構造	126
——の水素結合	126
——の生成	122
——の命名法	125
ウィリアムソン——合成法	127, 128
エドマン分解	214
エナミン	143, 178
エナンチオマー	43, 44, 49, 52, 53, 185
——と生物活性	50
NAD$^+$	217
NADH	217
N-グリコシド	202
エネルギー	
イオン化——	12, 13
活性化——	34
共鳴——	64, 84
結合解離——	56
非局在化——	84
ひずみ——	58
立体配座と——	38, 39
エネルギー準位	
原子軌道の相対的——	10
エノラートアニオン	170〜172, 174
エノール	68
——形	17, 169, 170
——誘導体	174
エピマー	198
エフェドリン	207
エポキシ化	63
エポキシド	125, 128
MMPP	63
MCPBA	63
L-アミノ酸	50, 211
LSD	207
LDA (リチウムジイソプロピルアミド)	175, 187
塩化スルホニル	121, 191

塩化チオニル	121, 158, 164
塩化パラジウム触媒	69
塩基	22, 119
——解離定数	186
共役——	22
シッフ——	143
塩基性	110, 119
——度	186
オキシム	144, 165
オキシラン	125, 128
オキソニウムイオン(中間体)	22, 130
アルキル——	119
オクタトリエン	79
オクタン価	57
オクテット則(8 電子則)	4, 12
O-グリコシド	202
オゾニド	64
オゾン	64
——酸化	64
——層	7
——ホール	114
オリゴ糖	201
オルト	32
——-パラ配向性	91

【か】

過安息香酸	63
加アンモニア分解	162
開環重合	168
改質(リホーミング)	57
化学結合	9, 12
可逆反応	15
核酸	203
重なり形	38
加水分解酵素	217
ガス成分	57
ガソリン	57
片鉤の曲がった矢印	60
カチオン	12, 34
——重合	71
活性化エネルギー	34
活性メチレン基	171
カテキン	134
カテナン	36
価電子	12
果糖	200
カフェイン	196
ガブリエル合成	188
ε-カプロラクタム	166, 168
カーボンブラック	58
過マンガン酸カリウム	63
過ヨウ素酸	123

索引 239

カリチェアミシン	82
カルバミン酸	190
カルベン	70
カルボアニオン	71
カルボカチオン	
——中間体	60, 86, 91, 92, 102, 104
——の相対的安定性	61
——の溶媒和	111
共鳴安定化された——	140
ビニル型——の安定性	66
カルボキシ基	149
カルボキシラートアニオン	152
カルボニル基	135
——の共鳴構造式	137
——の反応性	137
——への求核付加反応	138
カルボン酸	149
——の構造	150
——の酸性度	152
——の命名法	150
——誘導体	155
ジ—	151
シクロアルカン——	150
ベンゼン——	150
芳香族——	151
カロザース	7, 168
β-カロテン	82
還元糖	201
非—	201
環式アルカンの立体配座	39
環式化合物	28
環式炭化水素の命名法	32
含窒素化合物	183
含窒素複素環化合物	185
官能基	28
——異性体	28
——と命名法	29, 32, 33
——をもつ化合物の命名法	32
環の反転	42
慣用名	30
希ガス	12
——配置	12
基官能命名法	33, 100
基質	33, 102
——特異性	216
キシリトール	199
基底状態	76, 77
軌道	11
——対称性保存則	77, 78
s —	18
sp混成——	21
sp^2混成——	20, 102
sp^3混成——	19, 126
結合性(分子)——	18, 75
原子——	10, 12, 19
混成——	19
最高被占——	76
最低空——	76
σ —	18, 75
π —	18, 75
反結合性(分子)——	18, 75
p —	11, 18
非結合性——(n——)	75
フロンティア——(理論)	5, 76, 77
分子——	17, 75, 76
逆性セッケン	190
逆旋的環化	80
逆マルコウニコフ則	62
GABA(γ-アミノ酪酸)	196
求核アシル置換反応	157
求核剤	102, 110
求核性	110, 111
求核置換反応	102, 105
——の形式	102
アルコールの——	120
一分子——	102〜104
二分子——	102〜105
ハロアルカンの——	102
芳香族——	93
求核付加反応	
カルボニル基への——	138
求電子剤	85
求電子置換反応	85
芳香族——	85
求電子付加反応	59, 66
鏡像異性体	44
協奏機構	74, 75
協奏反応	75
共鳴	5, 15
——効果	90
——混成体	15
——理論	17
——を表す矢印	15
共鳴安定化されたカルボカチオン	
	140
共鳴エネルギー	64, 84
ベンゼンの——	84
共鳴構造	15
アミドの——	16
ケトンの——	16
酢酸イオンの——	15
ベンゼンの——	15
共役	
——塩基	22
——酸	22, 186
——ジエン	64
——付加	178
超——	59, 61
共有結合	13
——の軌道論的取り扱い	17
極性	14
——をもつ結合	14
——反応	34
極性溶媒	111, 112
非プロトン性——	111, 112
プロトン性——	111, 112
無—	111
キラリティー	44, 50
軸性——	51, 52
中心性——	45
面性——	52
キラル	44
——中心	44, 45, 51
グアニン	202
グアノシン	202
クメン法	120
クライゼン縮合	175
交差——	176
クライゼン転位	80
15-クラウン-5	130
18-クラウン-6	130
クラウンエーテル	130, 148
クラッキング(熱分解)	57
グラファイト	95
グリコーゲン	202
グリコシド	200, 202
——結合	200
N- ——	202
O- ——	202
グリセリド	204
グリセルアルデヒド	198
グリセロール	204, 205
グリニャール	3
——試薬	3, 109, 129, 142, 153, 159, 162, 165, 179
クリプタンド	148
グリコシドの合成	200
グルコース	
——のいす形構造	199
——のピラノース構造	199
グルコピラノース	199
グルタチオン	214
クロマトグラフィー	214
クロラムフェニコール	100
m-クロロ過安息香酸	63
クロロクロム酸ピリジニウム	123

索引

クロロフルオロカーボン	100
クロロホルム	101
クーロン力	21
形式電荷	13
系統名	30
ケイ皮アルデヒド	173, 174
ケクレ	3
——構造	3, 84
結合解離エネルギー	56
結合性軌道	18
結合性分子軌道	75
ケト-エノール互変異性	169
ケト形	17, 169
ケトース	197
ケトン	135
——の共鳴構造	16
——の命名法	136, 137
ケミカルバイオロジー	8
ケン化	162
限界構造式	15
原子	9
——核	10
——の電子構造	9
——番号	11
多電子——	10
ヘテロ——	15
原子価	12
——(結合)構造式	13
——電子	12
原子軌道	10
——の形と広がり	12
——の相対的エネルギー準位	10
炭素原子の——	19
元素	11
原油の分別蒸留留分	57
光学異性体	44
光学活性	43
光学分割	50
交差アルドール反応	173
交差クライゼン縮合	176
構成原理	10
合成高分子	168
酵素	216
——活性中心	216
——の三点結合モデル	216
——反応	216, 217
アルコール脱水素——	217
加水分解——	217
酸化還元——	217
転移——	217
構造異性体	27
五塩化リン	158
黒鉛	95
国際純正・応用化学連合	30
ゴーシュ形	39
五炭糖	197
骨格異性体	28
コデイン	196
五配位構造遷移状態	102
コープ転位	80
互変異性(体)	17, 169
孤立電子対	13
コルベ	2
コレステロール	207
コール酸	207
混合アルドール反応	173
混合クライゼン縮合	176
混合酸無水物	159
混成軌道	19

【さ】

最高被占軌道	76
ザイツェフ	3
——型反応	108
最低空軌道	76
酢酸	
——イオンの共鳴構造	15
——の合成	2
鎖式アルカンの立体配座	38
鎖式化合物	28
左旋性	44
サリシン	200
酸	22
——塩化物	158
——ハロゲン化物	155, 156, 158
共役——	22
三塩化リン	158
酸・塩基の定義	
ブレンステッド-ローリーによる——	4, 22
ルイスによる——	24
酸解離定数	22
酸解離平衡	22
酸化-還元系	124
酸化還元酵素	217
三臭化リン	121
三重結合	13
C≡C——	21, 65, 66
酸性度	118
三炭糖	197
ザンドマイヤー反応	194
酸無水物	155, 156, 159
非対称(混合)——	159
1,3-ジアキシアル相互作用	43
ジアステレオ異性体	49
ジアステレオマー	49
ジアゾカップリング	194
ジアゾニウムイオン	192
ジアゾメタン	161
シアノヒドリン	141
ジアルキルオキソニウムイオン	129
ジアルキル銅リチウム反応剤	159, 179
シアン化水素	141
CFC	100
GFP	219
gem-ジオール	139
gem-二置換化合物	67
四塩化炭素	101
1,2-ジオール	123
cis-——	64
紫外線照射反応	77
ジカルボン酸	151
軸性キラリティー	51, 52
σ 軌道	18
σ 結合	18
σ 分子軌道	75
シグマトロピー転位	80
シクロアルカン	55, 58
——カルボン酸	150
——のひずみエネルギー	58
シクロブタン	79
——の安定配座	40
——の立体配座	40
シクロプロパン	59
——化	69
——の立体配座	40
シクロヘキサン	
——のいす形配座	41
——の舟形配座	41
シクロヘキセン	78
シクロペンタン	
——の安定配座	41
ジクロロカルベン	70
p,p'-ジクロロジフェニルトリクロロエタン	114
ジクロロメタン	101
自己組織化	148
四酸化オスミウム	63
C-C 結合の生成	73
C=C 二重結合	20
C≡C 三重結合	21, 65, 66
脂質	203
シス形	20
ジスルフィド(結合)	131, 215
シチジン	202

シッフ塩基	143
ジテルペン	206
シトシン	202
2,4-ジニトロフェニルヒドラジン	144
1,2-ジハロアルカン	61
ジヒドロキシ化	63
脂肪	204
——族化合物	28
脂肪酸	204
天然の——	205
飽和・不飽和——	204
ジボラン	62
ジメチルスルホキシド	111
ジメチルホルムアミド	111
四面体構造	19, 117
——モデル	3, 43
アルコールの——	117
エーテルの——	126
下村脩	8, 219
シモンズ-スミス反応	69
周期表	10
縮合重合	168
酒石酸	43
硝酸	14
ショ糖	201
ジョーンズ酸化	123
白川英樹	8
C_{60}	4, 36, 95
シン形	39
シン脱離	107
シンペリプラナー配座	107
水酸化物イオン	120
水素	
——原子	10
——分子の形成	17
α——	173
水素化アルミニウムリチウム	
	143, 154, 163〜165, 189
水素化ホウ素ナトリウム	143, 217
水素結合	21, 117, 215
アミドの——	156
アルコールの——	117
エーテルの——	126
分子内——	153
水和反応	62, 67
数詞	30
スクアレン	206
スクロース	201
鈴木章	8
スチレン	71, 72
ステレオ図の見方	40
ステロイド	206
スフィンゴ脂質	205
スルフィド	131
スルホキシド	132
スルホニウム塩	132
スルホン	132
——アミド	191
——化	87
スルホン酸エステル	
アルコールの——	105
有機——	121
生分解性プラスチック	168
生分解性ポリエステル	168
石油	57
セスキテルペン	206
絶対不斉合成	53
節	18
Z配置	47
セルロース	201, 202
セロトニン	196
遷移状態	34
五配位構造の——	102
四中心——	62
線結合式	13
選択性	60
相間移動触媒	131
双性イオン	145, 213
速度論支配の反応	74
疎水結合	215
【た】	
ダイオキシン類	114
タウリン	207
脱離	
アンチ——	107
1,2-——	105, 106
シン——	107
付加-——機構	157
β——	106
ホフマン——	191
脱離基	102, 105
——の能力(脱離能)	105
脱離反応	34, 105
一分子——	106〜108, 122
二分子——	106〜108, 122
ハロアルカンの——	105
多電子原子	10
多糖	201
田中耕一	8
炭化水素	
——基	115, 135, 142, 183, 184
——の命名法	30
環式——の命名法	32
橋かけ環——	69
芳香族——の命名法	32
単結合	13
炭水化物	197
炭素原子	
——の原子軌道	19
アノマー——	199
不斉——	43
単糖類	197
タンパク質	211, 214
——のα-らせん構造	215
——のβ-折りたたみ構造	215
——の一次構造	214
——の二次構造	215
——の三次構造	215
——の四次構造	215
——の変性	214
——の立体構造	215
チオエーテル	131
チオフェノール	131
チオフェン	85
チオール	131
置換基定数	152
置換反応	34
置換命名法	32, 99
チーグラー	7, 71
チーグラー-ナッタ触媒	71, 72
チミジン	202
チミン	202
超共役	59, 61
超分子化学	148
直鎖アルカン	30
——の物理的性質	56
——名	31
チロキシン	100
THF	66, 125
DNA	203
——複製モデル	204
D-アミノ酸	211
2,4-DNP	144
DMSO	111
DMF	111
D,L配置	47, 48
D,L表示法	47
ディークマン縮合	176
DDT	6, 114
ディールス-アルダー付加環化反応	74, 77
デオキシアデノシン	202
デオキシグアノシン	202
デオキシシチジン	202

デオキシリボ核酸	203	トリメチルアミン	185	π 分子軌道	75
D-2-デオキシリボース	202	トレンス試薬	145, 201	バイヤー-ビリガー酸化	146
テストステロン	207	【な】		パウリの排他原理	11
テトラクロロメタン	101			パーキン	3
テトラテルペン	206	ナイロン	7, 168	橋かけ環炭化水素	69
テトラヒドロフラン	66, 125	ナッタ	7, 71	パスツール	3, 43
テトロース	197	ナフサ	57	ハース投影式	199
テルペン	206	ナフタレン	85	バーチ還元	94
ジ——	206	ニコチン	183, 207	八隅説	4
セスキ——	206	ニコチンアミドアデニン		8電子則	12
テトラ——	206	ジヌクレオチド	217	発煙硫酸	87
トリ——	206	ニコルのプリズム	43	発がん物質	98
モノ——	206	二酸	151	発色団	194
テレフタル酸	93	二重結合	13	バナナ結合	40
転位反応	34	——の異性化	20	ハメット則	152
転移酵素	217	C=C——	20	パラ	32
電気陰性度	5, 14	二重らせん	203, 204	ハロアルカン	
ポーリングの——	14	1,3-二置換アレン	51		99, 164, 174, 175, 178, 187, 188
電子	10	gem-二置換化合物	67	——の求核置換反応	102
電子殻	10	vic-二置換化合物	67	1,2-ジ——	61
電子環状反応	79	二糖	200, 201	ハロアルコール	62
電子求引性	90	ニトリル	153, 164, 165	ハロゲン	12
——基	90	ニトロ化	87	ハロゲン化	85
電子供与性	89	N-ニトロソアミン	192, 193	——アルキル	100
——基	90	ニトロニウムイオン	87	ハロヒドリン	62
電子構造		ニトロベンゼン	87	反結合性(分子)軌道	18, 75
原子の——	9	二分子求核置換反応	102~105, 108	反応機構	33
電子親和力	12	二分子脱離反応	106~108, 122	反応剤	33
電子スピン	11	二分子膜	206	反応中間体	34, 35
電子スペクトル	18	二面角	38, 39	反芳香族性	95
電子的効果	138, 139	ニューマン投影式	38	PLP	218
電子配置	11	尿素	2	ヒオスシアミン	207, 208
希ガスの——	12	二量体構造	152	p 軌道	11, 18
元素の——	11	ニンヒドリン反応	213	非共有電子対	13
デンドリマー	36	ヌクレオシド	202	非局在化	15
天然ガス	57	ヌクレオチド	203	——エネルギー	84
糖アルコール	199	根岸英一	8	vic-二置換化合物	67
同位体効果	106	ねじれ形	38	pK_a 値	22
糖質	197	熱反応	77	アルコールとフェノールの——	118
同旋的環化	80	熱分解(クラッキング)	57	カルボン酸の——	153
等電点	213	熱力学支配の反応	74	有機化合物の——	23, 171
銅リチウム反応剤	159, 179	野依良治	8, 52	pK_b 値	186
特異性	60	【は】		非結合性軌道(n 軌道)	75
特性基	33			ビシクロ[3.2.1]オクタン	69
ドコサヘキサエン酸	204	BINAP	52	PCC	123
トシラート	105, 121	配位結合	13	PCB	114
トランス形	20	π 軌道	18	ひずみエネルギー	58
トリアルキルボラン	62	π 結合	18	比旋光度	44
トリエチルアルミニウム	71, 72	配向性	91	非対称酸無水物	159
トリオース	197	配座異性体	37	ビタミン A	82
トリクロロメタン	101	倍数接頭辞	30	ビタミン E	124
トリテルペン	206	配置異性体	37	ヒドラジン	144

ヒドラゾン	144	舟形	41	ヘミアセタール	140, 198
ヒドリドイオン	143	α,β-不飽和カルボニル化合物	178	ペリ環状反応	75, 77
p-ヒドロキシアゾベンゼン	194	不飽和脂肪酸	204	ヘリシティー	53
ヒドロキシルアミン	144	フラノース	198	ヘリセン	36
ヒドロキノン	124, 125	フラーレン	4, 36, 95	ヘキサ――	53
ヒドロホウ素化	62, 68	フラン	85	ペリプラナー配座	107
ビニルアニオン	66	フリーデル-クラフツ		ヘロイン	196
ビニルボラン	68	――アシル化反応	88	ベンジル位炭素	93
非プロトン性極性溶媒	111, 112	――アルキル化反応	88	変性	214
比誘電率	111	プリン	202	ベンゼン	5
ヒュッケル	5, 85	フルクトース	200	――カルボン酸	150
――則	5, 85	フレオン	100	――ジアゾニウムイオン	193
ピラノース	198	フレミー塩	124	――ジアゾニウム塩	120
ピラノース構造	199	ブレンステッド-ローリーによる		――スルホン酸	87
グルコースの――	199	酸・塩基の定義	4, 22	――の共鳴エネルギー	84
ピラン	125	プロトン	22	――の共鳴構造	15
ピリジン	85	――性極性溶媒	111, 112	変旋光	200
ピリドキサールリン酸	218	1,2-プロパジエンの構造	64	p-ベンゾキノン	124, 125
ピリミジン	202	プロピレン	7, 59	ベンゾ[a]ピレン	98
ピロール	85	ブロモニウムイオン中間体	61	ペントース	197
ヒンスベルグ試験	191	フロン	7, 100, 114	芳香族	
ファンデルワールス力	21	フロンティア軌道	76	――化合物	28, 83
フィッシャー	3	――理論	5, 77	――カルボン酸	151
――エステル合成法	160	分子軌道	17, 75, 76	――求核置換反応	93
――投影式	3, 47	――法	5, 17	――求電子置換反応	85
――トロプシュ反応	57	結合性――	75	――炭化水素の命名法	32
フェニルカチオン	123, 124	反結合性――	75	芳香族性	85, 95
フェノキシドイオン	118	分子内アルドール縮合	174	――を示す化合物	85
フェノール	115, 119, 123, 193	分子内水素結合	153	反――	95
――フタレイン	89	分子内脱水反応	163	飽和脂肪酸	204
――類の命名法	117	分子認識	148	補酵素	203, 217
フェーリング試薬	145, 200	分子キラリティー	51	補酵素 Q (ユビキノン)	124
付加環化反応	77	分子モデル	26	保護基	141
付加-脱離機構	94, 157, 162, 163	フントの規則	11	ホスト・ゲスト化学	148
付加反応	34	平面偏光	43, 50	ホスホニウム塩	145
ハロゲン化水素の――	59, 67	1,3,5-ヘキサトリエンの		ホスホラン	145
ハロゲンの――	61, 67	π 分子軌道	77	捕捉剤	121
福井謙一	5, 77	ヘキサヘリセン	53	ホフマン	
複素環式化合物	28, 207	ヘキサメチレンジアミン	168	――型反応	108
不斉合成	50, 52	ヘキソース	197	――脱離	191
アミノ酸の――	51	β-アノマー	199	――反応	189
絶対――	53	β-折りたたみ構造	215	HOMO	76, 77
不斉水素化反応	8, 52	β-カロテン	82	ホモリシス	34
不斉炭素原子	43	ペダーセン	130	ボラン	62, 154
1,3-ブタジエン	74	β 脱離	106	ジ――	62
――の構造	64	β-ラクタム	163	トリアルキル――	62
――の π 分子軌道	76	ベックマン転位	165	ポリイソブチレン	71
フタルイミド	188	PET (ペット)	168	ポリエチレン	71, 72
ブタン		ヘテロ原子	14, 15, 28	――テレフタレート	168
――の立体配座とエネルギー	39	ヘテロリシス	34	ポリクロロビフェニル	114
不対電子	34	ベネディクト試薬	145	ポリスチレン	71, 72
2-ブテン	20	ペプチド	213	ポリフェノール	134

ポーリング	4, 14
ホルマリン	139
ホルムアルデヒド	138, 173
ボンビコール	82

【ま】

マイケル付加反応	179
マイゼンハイマー錯体	94
曲がった矢印	60
片鉤の――	60
両鉤の――	60
膜	206
マルコウニコフ	3
――則	60
――型水和	68
逆――則	62
逆――則型付加	68
マルトース	201
マロン酸エステル合成	177
ミセル	205
無極性溶媒	111
命名法(名称) → 慣用名, 系統名	
も見よ	
アミドの――	155
アミンの――	184
アルカンの――	31
アルキンの――	31
アルケンの――	31
アルコールの――	116
アルデヒドの――	136
エステルの――	155
エーテルの――	125
カルボン酸の――	150
環式炭化水素の――	32
官能基と――	29, 32, 33
基官能――	33, 100
ケトンの――	136, 137
酸ハロゲン化物の――	156
酸無水物の――	156
炭化水素の――	30
置換――	32, 99
ニトリルの――	164
フェノール類の――	117
芳香族炭化水素の――	32
有機化合物の――	27, 30
有機ハロゲン化物の――	100
メシラート	105, 121
メソ形	49
メタ	32
――配向性	91
メタノール	119
メタン	4, 19

――分子の構造	19
メチルシクロヘキサン	42
2-メチル-1,3-ブタジエン	65, 206
2-メチルプロペン	71
メチルレッド	194
面性キラリティー	52
モノテルペン	206
モノペルオキシフタル酸	
マグネシウム	63
モルヒネ	196

【や】

有機化合物	
――の異性体	38
――の分類	27
――の命名法	27, 30
有機金属化合物	109, 142
誘起効果	61, 90, 101, 152
有機電子論	5
有機銅反応剤	179
有機ハロゲン化物	99, 114
有機反応の分類	34
有機リチウム化合物	
	109, 142, 162, 179
油脂	204
ユビキノン	124
陽イオン	12
幼若ホルモン	82
溶媒効果	111
溶媒和	111
カルボカチオンの――	111
非プロトン性極性溶媒の――	112
プロトン性極性溶媒の――	112
四炭糖	197
四中心遷移状態	62

【ら】

ラクタム	163
ラクトース	201
ラクトン	161
ラジカル	34
――重合	71, 72
――反応	34
――反応開始剤	71
――連鎖機構	58
ラセミ化	103
ラセミ体	43, 50
らせん性	53
リセルグ酸	207
リチウムジイソプロピルアミド(LDA)	
	175, 187
律速段階	102

立体異性体	28, 37
――の分類	37
立体化学	37
立体効果	62, 139
立体構造式	26
立体障害	104
立体電子的効果	107
立体特異性	216
立体配座	37
――異性体	37
――解析	40
エタンの――	38
環式アルカンの――	39
鎖式アルカンの――	38
シクロブタンの――	40
シクロプロパンの――	40
ブタンの――	39
メチルシクロヘキサンの――	42
立体配置異性体	37, 43
立体配置の反転	102, 104
立体配置の保持	102
立体反発	59, 104
リボ核酸	203
D-リボース	202
リホーミング(改質)	57
リモネン	50, 82
両鉤の曲がった矢印	60
両親媒性物質	205
緑色蛍光タンパク質	8, 219
リンイリド	145
リン脂質	204
リンドラー触媒	69
ルイス	4
――構造式	12, 13
――酸	88
――による酸・塩基の定義	24
ル・ベル	3, 43
LUMO	76, 77
励起状態	76, 77
レシチン	205
連鎖	
――開始	58
――停止	58
――伝播(連鎖成長)	58
六炭糖	197
ローゼンムント還元	159
ロタキサン	36
ローブ	11
ローリー	22

【わ】

ワッカー法	69, 138

著者略歴

山口　良平(やまぐち　りょうへい)

1947 年　東京都生まれ
1975 年　京都大学大学院工学研究科
　　　　博士課程修了
現　在　京都大学名誉教授
　　　　（大学院人間・環境学研究科）
専　門　有機化学, 有機合成化学
工学博士

山本　行男(やまもと　ゆきお)

1949 年　京都市生まれ
1974 年　京都大学大学院農学研究科修了
現　在　京都大学名誉教授
　　　　（大学院人間・環境学研究科）
専　門　有機化学
農学博士

田村　類(たむら　るい)

1953 年　北海道生まれ
1980 年　京都大学大学院理学研究科
　　　　博士課程修了
現　在　京都大学名誉教授
　　　　（大学院人間・環境学研究科）
専　門　有機化学
理学博士

ベーシック有機化学(第 2 版)

1998 年 11 月 1 日　第 1 版　第 1 刷　発行	著　者	山口良平
2010 年 11 月 15 日　第 2 版　第 1 刷　発行		山本行男
2025 年 2 月 10 日　　　　　　第 16 刷　発行		田村　類
	発 行 者	曽根良介

検印廃止

JCOPY 〈出版者著作権管理機構委託出版物〉

本書の無断複写は著作権法上での例外を除き禁じられています. 複写される場合は, そのつど事前に, 出版者著作権管理機構（電話 03-5244-5088, FAX 03-5244-5089, e-mail: info@jcopy.or.jp）の許諾を得てください.

本書のコピー, スキャン, デジタル化などの無断複製は著作権法上での例外を除き禁じられています. 本書を代行業者などの第三者に依頼してスキャンやデジタル化することは, たとえ個人や家庭内の利用でも著作権法違反です.

乱丁・落丁本は送料小社負担にてお取りかえします.

発 行 所　（株）化学同人
〒600-8074　京都市下京区仏光寺通柳馬場西入ル
編 集 部　TEL 075-352-3711　FAX 075-352-0371
企画販売部　TEL 075-352-3373　FAX 075-351-8301
　　　　　　　　　　　振替　01010-7-5702
e-mail　webmaster@kagakudojin.co.jp
URL　https://www.kagakudojin.co.jp
印 刷
製 本　創栄図書印刷(株)

Printed in Japan　Ⓒ R. Yamaguchi, et al. 2010　無断転載・複製を禁ず　ISBN978-4-7598-1439-2

エネルギーの単位の換算表

単　位	kJ mol^{-1}	kcal mol^{-1}	eV
1 kJ mol^{-1}	1	0.239006	1.03643×10^{-2}
1 kcal mol^{-1}	4.184	1	4.33641×10^{-2}
1 eV	96.4853	23.0605	1

圧力の単位の換算表

単　位	Pa	atm	Torr
1 Pa	1	0.98692×10^{-5}	7.5006×10^{-3}
1 atm	101325	1	760
1 Torr	133.322	1.31579×10^{-3}	1

1 Pa = 1 N m^{-2} = 10 dyn cm^{-2} = 10^{-5} bar

SI 接頭語

大きさ	SI 接頭語	記号	大きさ	SI 接頭語	記号
10^{-1}	デ　シ (deci)	d	10	デ　カ (deca)	da
10^{-2}	セ ン チ (centi)	c	10^2	ヘ ク ト (hecto)	h
10^{-3}	ミ　リ (milli)	m	10^3	キ　ロ (kilo)	k
10^{-6}	マイクロ (micro)	μ	10^6	メ　ガ (mega)	M
10^{-9}	ナ　ノ (nano)	n	10^9	ギ　ガ (giga)	G
10^{-12}	ピ　コ (pico)	p	10^{12}	テ　ラ (tera)	T
10^{-15}	フェムト (femto)	f	10^{15}	エ ク サ (exa)	E
10^{-18}	ア ッ ト (atto)	a	10^{18}	ペ　タ (peta)	P

ギリシャ文字

A	α	alpha	アルファ	I	ι	iota	イオタ	P	ρ	rho	ロー
B	β	beta	ベータ	K	κ	kappa	カッパ	Σ	σ	sigma	シグマ
Γ	γ	gamma	ガンマ	Λ	λ	lambda	ラムダ	T	τ	tau	タウ
Δ	δ, ∂	delta	デルタ	M	μ	mu	ミュー	Y	υ	upsilon	ウプシロン
E	ε, ϵ	epsilon	イプシロン	N	ν	nu	ニュー	Φ	ϕ, φ	phi	ファイ
Z	ζ	zeta	ゼータ	Ξ	ξ	xi	グザイ	X	χ	chi	カイ
H	η	eta	イータ	O	o	omicron	オミクロン	Ψ	ψ	psi	プサイ
Θ	θ, ϑ	theta	シータ	Π	π	pi	パイ	Ω	ω	omega	オメガ